生物信息学数据分析丛书

生物学家必备大数据实用计算技巧

Practical Computing for Biologists

〔美〕S. H. D. 哈多克　C. W. 邓恩　著

陈士超　杨曼琳　陈姝婷　马　婷　陈杨昊宇　译

科学出版社

北京

图字：01-2019-8065 号

内 容 简 介

面对生物数据的急速增长，对大数据的分析处理能力是生物学家普遍缺乏又急需掌握的能力。本书是在作者开发计算工具和帮助许多生物学家解决计算问题时总结经验的基础上诞生的，是针对生物学家撰写的简明实用教程，它将一系列强大而灵活的实用工具汇集到一起，容易学习入门。本书内容以分子生物信息学数据为主，但也适用于多种其他生物数据的分析工作。本书原版问世至今，一直是欧美高校生物专业和相关研究机构必备的热销图书。

本书适用于生态学家、分子生物学家、生理学家，以及任何与大型或复杂数据集作斗争的人。本书也适合生物学领域的本科生、研究生作为入门教材，也适合生物学领域及相关学科的科研人员和教师参考。

图书在版编目（CIP）数据

生物学家必备大数据实用计算技巧 / （美）S. H. D. 哈多克（Steven H. D. Haddock），（美）C. W. 邓恩（Casey W. Dunn）著；陈士超等译.—北京：科学出版社，2020.4

（生物信息学数据分析丛书）

书名原文：Practical Computing for Biologists

ISBN 978-7-03-064490-9

Ⅰ.①生… Ⅱ.①S… ②C… ③陈… Ⅲ.①生物学–数据处理 Ⅳ.①Q

中国版本图书馆 CIP 数据核字（2020）第 032118 号

责任编辑：罗　静　岳漫宇　刘　晶 / 责任校对：严　娜
责任印制：吴兆东 / 封面设计：刘新新

科学出版社 出版
北京东黄城根北街 16 号
邮政编码：100717
http://www.sciencep.com

北京凌奇印刷有限责任公司印刷
科学出版社发行各地新华书店经销
*
2020 年 4 月第　一　版　开本：787×1092　1/16
2024 年 7 月第三次印刷　印张：29 1/2
字数：697 000

定价：199.00 元

（如有印装质量问题，我社负责调换）

本书献给 Erika 和 Lucy

译者的话

我几年前在美国访学期间首次接触到这本书，立刻就被它深深吸引了。当时我正在佛罗里达大学和佛罗里达自然历史博物馆从事植物系统发育研究工作。与以往运用少数基因数据的研究方法不同，我首次开始自己生成转录组数据并进行序列分析工作。面对突如其来的海量序列数据，传统的分析方法完全无法应对，顿感束手无措，导师和同事见状，都建议我需要学习一些新的计算机编程技术。此前我只是在久远的学生时代学过一点BASIC语言，时光荏苒，也都忘光了，自学过的DOS命令行操作也很少用，非常陌生，可以说毫无计算机编程技术基础。面对浩如烟海的计算机编程技术和数据库技术的图书，入门学习让人望而却步，我也因此感到非常为难。

幸运的是他们把此书及时推荐给我，刚开始阅读，我就立刻爱不释手，深深地被它吸引了。原著是一本生物学领域的畅销书，在美国和欧洲的很多大学和生物医学研究机构中广受欢迎，常用来作为课程教材或者短训研讨会的培训教材。按照书中的指导，反复练习一些命令行操作技巧，很快就掌握了一组实用的计算工具，尤其是首次成功批量处理成百上千的文件、提取和整理数据、编写循环处理数据的程序、设置自动化数据管道，等等，处处留下令人心潮澎湃的惊喜。本书针对生物学家最常见的计算任务，尤其是针对海量的序列数据，介绍了一组实用的数据计算技巧，包括文本处理、shell指令、Python编程、绘图技巧、远程计算和物理硬件编程等内容。让读者在较短的时间里就能掌握处理大量数据的能力，能够胜任复杂的生物学计算任务。

对生物学家和生物专业的学生而言，面对指数增长的生物大数据，掌握大数据分析技能越来越有必要了，但花费太多时间学习计算机技术并不实用。两位原著作者给生物学家撰写的这本简明实用的教材，刚好满足了此类需求，只要学习少量必需的计算机技能，就可以解决掉90%的常见生物计算问题。因而，此书当下流行于欧美高校，成为争相抢购的热门图书，竟然出现二手书的售价高过新书定价的奇景。中国生物医学领域的学者和学生数量极为庞大，亟待此类优秀实用的教材，于是我萌发了将此书翻译成中文版的念头。幸运的是我很快招募到了几位极为优秀的学生(除封面译者外，还包括马俊娴、邢子康、冯羽、陈欣泓、黄忆鑫、李靖瑜、何寒绛)，他们不仅英语基础好，而且充满热情，通过两年的不谢努力，我们一同顺利完成了此书的翻译。也十分感谢科学出版社的编辑们付出的辛勤努力，让此书能够及时出版。感谢同济大学提供了舒适的工作环境，并提供了研究生教改基金(2018GH160)支持本工作。如果此书能够给国内生物学领域的年轻人在学习上带来一点帮助，就是我们的最大心愿。

陈士超

2020年3月17日

致　谢

Erika Edwards 在这本书写作的所有阶段和很多方面都给予了支持。她的热情帮助让我们有了充足的写作时间，并一起思考和讨论书中内容的关键问题及呈现方式。Lucy 的耐心和富有想象力的建议，对本书提纲的编排有很重要的意义。

Casey W. Dunn 感谢 Steve Dunn 在他年龄很小时，教他如何组建逻辑电路，还教会他在海藻林中自由潜水，同时也感谢 Karin Dunn 鼓励他拆开摆弄家里的电器。Steven H. D. Haddock 感谢他的父母给他提供了一个既有趣又不受约束的学习和做实验的环境（工具箱、65 合一的电子套件、小斧头等）。没有朋友和家庭的帮助，我们是不可能完成这本书的。

我们实验室的工作人员给我们的写作贡献了许多建议和案例。他们在学习新的计算机技术过程中遇到的问题和经历是我们打算写这本书的直接灵感。在写作期间我们对他们的不断打扰也表示了充分的理解。

我们感谢 Andy Sinauer 把这本书放在考虑采纳的首选位置上，也感谢 Bill Purves 给我们带来了再次改变生活的机会。

Sinauer Associates 的工作人员提供了非常专业的支持，并帮我们找到一种让读者能更好地理解这本书的方法。特别感谢 AzelieAquadro、Joan Gemme、Chris Small、Marie Scavotto 和 Andy Sinauer。

很多人对本书的初稿都提出了重要的审阅意见，帮助标出书中容易混淆的内容，帮助删除错误，他们是：Randy Burgess（我们的编辑）、Julie Stewart（我们的头号支持者）、Katie Mach、Ashley Booth、Kevin Raskoff、Joan Gemme、Dan Barshis、Susanna Blackwell、Carl Haverl、Michael Alfaro、Dan Riskin、Chris Perle、Carolyn Tepolt、Kevin Miklasz、Jason Ladner、Megan Jensen、Lou Zeidberg、Katherine Elliott、Alana Sherman、Tim McNaughton、Stefan Siebert、Henry Astley 和 Rebecca Helm。几个班级的学生们充当最初测试者的角色，其中包括布朗大学 2009 年春季学期生态学和进化生物学课程的学生，以及霍普金斯海洋站研究生研讨会的学生们。

在海伦里亚布夫怀特中心，维纳尔文作家庇护所的 Pat Lundholm 和 Ted Johanson 给我们提供了一个舒适的写作环境。在普罗维登斯，Jim Edward 经常带 Lucy 玩耍，给我们创造了更多写作时间。Mark Bertness 帮助指导并支持 Casey Dunn 在开始一个新教师职位和写书之间保持平衡。

Highlight 程序（www.andre-simon.de）帮助我们快速格式化我们的示例代码，iAnnotate 程序让我们在飞行的旅途中也可以审阅各章节。

在我们的一些反复权衡，仍然犹豫难决的写作关键时期，Jean-Philippe Rameau 和 Philip Glass 提供了一些重要的音频录音。

我们非常感激Ann P. Smith (burrowburrow.com) 给我们设计了一个富有灵感的封面雕塑，将许多电子组件拼凑起来对我们有着非常特殊的含义。

STEVEN H. D. HADDOCK
CASEY W. DUNN

目　录

第一部分　文本文件

第二部分　Shell 命令

第三部分　编　　程

第四部分　多种方法合并

第五部分　绘　图

第六部分　高级话题

附 录

在开始之前

引　言

这本书的目标是告诉你如何利用你的计算机中很多现有的工具去帮你做更多的工作。你用几十分钟或者几小时做一些小任务，就能学到一些实用技能，因为这些技能有很强的可扩展性，用它们可以迅速完成一些用人工需要数周甚至数年才能完成的一些事情。这本书的关注重点是适用于一系列普遍问题的通用解决方案，而不是稍微换一种环境就无法使用的操作说明。除了学习新的计算机技能之外，你也能学会何时采用何种工具能让你的分析工作更容易进行。一旦熟悉了这些基本工具，你就可以把它们结合起来使用，这样会大大提高整体工作流程的效率、灵活性和重复性。某有些情况下，你甚至不用接触键盘就能把你的数据搬来移去，完成一系列的分析流程。

已经有一些给生物学家们编写的计算机方面的书籍，尤其是和生物信息学相关的书籍，它们主要关注如何编程。本书不是一本纯生物信息学书籍，它囊括了更广泛的内容和方法，无论在工具选择的范围还是应用程序的变化等方面都更加多样化。正如你将看到的，有效的计算不仅有利于分析处理分子序列，也在诸多方面有益于科学进步。

为什么要写这本书？

我们这本书中涉及的每一个独立的主题在很多书中都写过，包括程序编写、数据库、制图和 Unix 指令等。大多数这类资料的目标都是尽可能地描述所述内容的概念、理论和科技历史等详尽的背景信息。然而，我们了解到，对大多数沮丧泄气的生物学家和对知识如饥似渴的学生来说，由于他们没有任何基础且缺乏实践经验，导致这些深奥的书籍能提供的帮助极少。根据我们的经验，生物学家如今面临的 90%的计算问题，只需不到 10%的常用工具就能顺利解决，但是多数科学家却完全不了解这 10%。这就是我们决定写这本“以问题为中心”的书的原因，以补充许多已经存在的“以技术为中心”的书。我们想从生物学家用户的视角，创造一个有用的资源。

从短期来看，编写一个特殊的程序来帮助分析你的数据，不管在时间还是精力上似乎都需要花费巨大的投资，尤其是在花 6 个小时左右写脚本还是花 2 个小时复制粘贴数据之间做选择时。但是从长期来看，却是编写脚本更合算，因为它以后只要花几分钟时间就可以处理成百上千的文件。还有另一个好处，就是当有更多的样本加入到数据集中时，你可以快速重新做分析[1]。你自己生成工具来进行分析的过程，会变得一

---

1 就像我们同事 Sönke Johnsen 所说“这就是我们称它为 re-search(科研)的原因”。

次比一次容易，你也会对计算机语言和工具越来越熟悉，最终你写出脚本的速度可能比手工处理完一个文件还快。你还会慢慢积累一堆程序，将来只要花费很少时间略加修改，就能适用于新的目的。

将计算机用于你的研究时，学习编写程序只是一个方面。更常见的挑战是，当你从数据收集过渡到开始进行分析和展示的时候，如何解决何时以及怎样去应用那些可用的合适工具。我们知道一个钉子需要一个锤子、一个螺栓需要一个扳手，知道你的工具箱里有哪些工具，与知道如何使用它们一样重要。通常的观点是用流程图来帮助你决定如何选择合适的工具，在你组织数据的章节，甚至在你开始收集数据之前也同样如此。

为什么只针对生物学家？

我们选择聚焦在生物学家而不是更广泛的科学家身上是有原因的。我们自己是生物学家，而且碰巧有一点计算机应用的知识背景。这本书源于在我们自己的研究中开发工具的多年经验，以及帮助其他生物学家解决计算方面问题的经验。虽然我们在本书中提供的方法和背景知识对其他学科的科学家，比如对工程师和其他专业人员也同样适用，但我们认为最合适的读者应该还是我们一直以来服务的对象。针对一些极为常见的问题，我们也希望能列举一些有代表性的例子，以便读者在日常面对应用材料分析解决问题时，在考虑技术细节之前就能产生一些具体的想法。

在生物学研究中，已经越来越多地涉及高强度的计算，然而在本科生和研究生的生物课程中还没有足够重视这个现实。结果导致许多生物学家都发现，他们在处理信息的技能方面缺乏必要的训练，尤其是在面对按指数迅速增长的数据集和越来越复杂的分析时一筹莫展。本书的目标就是填补这个空缺，提供一个对科学成功越来越重要的训练机会。最后，我们希望这本书能鼓励各个学校的生物学系可以给他们的学生开发出一些标准的计算课程。

需要使用特定计算机或程序吗？

这是一本关于计算机实践操作的书籍。所以我们主要关注常见的、灵活的和可扩展的工具，而不是仅告诉你如何点击一个特定版本程序的菜单去完成一个指定的任务。我们集中探讨在生物学领域里运用最频繁的技术，以便能够极大增强你的技能，去理解、循环利用和重复使用已经由其他生物学家开发出来的工具。我们也一贯倾向于学习开源软件，很大程度上是因为它们的可用性、灵活性和透明度高。

生物学家们在数据分析中所面临的最大挑战是要弄清楚如何组织好他们的数据和工作流程，这些问题与使用的计算机类型无关。然而，如果要对每一种计算机和操作系统都列举出实例，这本书将会变得极为臃肿。因此，我们选用苹果 OS X 操作系统作为我们的示例和程序的主要默认设置。苹果操作系统是一种很容易使用的 Unix 变体。Unix 本身至今已经有 40 年历史了，已经非常成熟。长期以来它都是用于科学分析的标准，现在也可以在任何个人计算机上使用了。

另外，附录1提供了在Microsoft Windows或Linux操作系统中安装使用本书中所涉及工具的大量细节。Microsoft Windows不是基于Unix系统，所以许多细节都有轻微不同，还有一些主题也有不同，如命令行的使用有对工作环境的要求。Linux和OS X系统一样，也是基于Unix系统的，所以这种情况下，这本书与之相关的差异就很小[2]。附录1也解释了如何在Windows系统的计算机上安装Linux系统，这对一些使用Windows计算机系统但又想试试Unix系统的人来说是一个很好的选择。

在本书中，你将要学会最灵活、最强大的技能是如何编写程序。编程有两个主要的方面：概念构建模块(循环、决策、数组、输入、输出)和特定语言的语法(你输入的能体现这些概念的语句)。大多数初学编程的人关心的是语法，但更重要的是概念构建模块——一旦你习惯它们，你就可以很快地适应任何编程语言。这本书里我们选择Python作为示例编程语言是基于如下几个原因：Python很强大，而且很容易理解；它也越来越受欢迎，正迅速被作为生物信息学、网页开发和编程入门课程中的标准程序；你的基本编程能力永远不会过时，你学习的Python编程语法未来应该也能很好地为你服务很多年。

写给使用这本书自学的读者

我们希望即将使用这本书的生物学家们能够提高他们做研究的效率，帮助扩大他们现有的项目，或者开发新型研究所需的技能。这本书是专门为这些独立的读者设计的，事实上，我们自己的研究生和同事就是以这种方式使用本书手稿的一些章节的。很多内容就是我们自己在实践中获得的直接经验，我们已经尝试把这些知识收集起来，让其他科学家在做同样的事情时能更容易些。

对跟随这本书学习的一些建议：尽可能多的做例题，多探索与书中描述密切相关的其他内容；开始在你的计算机里建立一个文件夹，用来保存有用的命令和你发现的好东西，这能帮助你生成自己的快速参考卡。

当事情并不像预期的那样进展顺利时，是很难独立寻找并解决故障的。如果到了自己不能解决问题的关头，就要充分利用我们网络社区的优势。通过我们建立在`http://practicalcomputing.org`的网上社区，阅读相关文章或者向其他读者求助，你可以得到帮助和支持，也能获得一个快速解决你所遇问题的方法。你也可以反馈有用的地方和不太有用的地方，或者告诉我们文本中可能出错的地方。最后，你们可以交流关于你的研究中用到的新技能的各种想法。

写给使用这本书的教师

尽管这本书是写课堂之外的教学内容，但它同样被设计为可以在课堂上作主要或次要使用的教科书。我们是把它当教科书来使用的：让学生提前阅读与所学章节相关

2 Unix是一种“幕后”操作系统，在许多家用设备中使用，例如录像机和iPhone手机等。

部分，然后在课堂上我们就能更详细地学习书本里的例子，对于他们容易产生困惑或感兴趣的内容加以扩展。这可以帮助一些原本聪明自信但对计算机概念讨论感到害怕或沮丧的学生们把知识记牢，他们可能以不同的方式互动，因为他们对被发现“无知”会很敏感。

在同一个课堂环境中，学生们可能会使用不同类型的计算机，你总是要选择安装一个独立的操作系统。许多课程内容都是独立于平台的，但第 4～6 章中假定 Unix 命令行是可用的。Windows 用户在这些章节可能会感到不公平，不过在附录 1 中我们提供了一些通用的解决办法。最终，你需要选择是否在本课程的实验室里都用 OS X 系统的计算机，要求那些用 Windows 系统的学生们安装 Linux 系统(如附录 1 里描述的，随着虚拟机的广泛使用现在变得更容易了)，或者让学生安装一个能提供一些 Unix 功能的程序包(Cygwin)(在附录 1 里也有描述)。

这本书分成了几个部分，但是只有第一、二、三部分需要你按照顺序讲授。这三部分的计算机技能不仅彼此密切联系，也给整本书提供了一个基础背景知识。除此之外的其他章节，你可以按照需要自由地跳来跳去地看。例如，第 4～6 章都是关于 Unix 的 shell，在第 16 章和第 20 章中还有更多关于 shell 的学习资料。关于图像处理的三个章节，你可以在任何时间讲授。

在本书开发新技能练习的时候，我们给出一些例子和练习的机会，但是没有提供正式的训练或用于测试的科学问题。生物学中的实际数据种类非常丰富，所以无论是分子生态学还是生物化学，开发出与你的学科密切相关的练习题都不会很难。

超越这本书

我们希望这本书能马上开始帮助你快速解决许多实际问题，同时给你展示如何去做以前不知道怎么做的事情。除此之外，它还可以被看成是学习更高深论题的敲门砖。本书的长远目标是让你知道如何以持续发展的方式使用好你的计算机，如何利用其他的书籍和网络资源不断训练与提高自己。我们发现许多生物学家面临的主要障碍是面对新的计算挑战时不知道如何下手，而一旦给他们指出了正确方向，他们就会很快获得动力和专业知识。在很多章节的结尾，我们都提供了更多的阅读建议。

我们的愿望就是给生物学家们展示出如何用好他们计算机中已经安装好的各种工具，让他们花费更少的时间去做各种令人沮丧的数据处理工作，从而能有更多时间去自由享受科学探索的乐趣。

如何使用好这本书

当然，你也可以只挑选这本书中对你最有价值的章节来学习。但是，我们强烈建议你最好遵循本书的第一至第三部分章节的顺序。这些章节里的内容前后有较强的连贯性，都是假设你已经学会了前一章提到的概念和技能(在一些情况下，这是系统设定好的)。

第四部分在方法上具有更加全局性的视野，合并使用多种工具，用数据管道来处理大数据集。第五部分是绘图，当你准备绘制用于出版或报告用的数据时，它是最实用的部分。第六部分包括了更多的专业话题，这些或许会与你的特殊需求相关。附件作为参考资料，主要描述了在第一至第三部分中提及的各种工具。

在整本书中，运用一些图形元素有助于突出显示某些特定的内容。书中在某些页面边上出现的图标，用来提示这里有特殊意义或是重要的部分：

能使你的工作变得更容易的小技巧；

小心，容易导致常见错误的一个潜在陷阱；

小心，极可能让大多数人都失败的陷阱；

此部分不适用于 Windows 用户，请参考附录 1 或旁注；

此部分不适用于 Linux 用户，也包括在 Windows 系统里使用 Linux 虚拟机时。

本书的正文也做了一些版式设计，以便指明其用途：

系统项目包括文件和文件夹、程序名称和菜单命令行。

代码字符显示其是编程语言和终端命令行。用不同的边框和底色指示它们是来自一个终端窗口或者是脚本文档的一部分。

我们特意使用了 `Courier` 字体，以便更容易区分数字 `1`、小写字母 `l` 和大写字母 `I`，同样也容易区分数字 `0` 和大写字母 `O`。文本中一些地方，用△代表一个制表符。如果你还想了解更多信息，可以查看我们的指南网站 `http://practicalcomputing.org/`。

第一部分 文 本 文 件

第1章 开始设置

在开始学习新的计算机技能之前，你需要注意几件重要的事情。在这一章中，我们会告诉你如何准备好你的计算机，以方便你能依照书中的介绍，顺利操作实例和应用新工具。我们还将对文本文件的一些基本概念进行探讨。

关于文本文件的操作介绍

生物学家们常常要面临各种各样看起来相当复杂而且各不相同的计算任务的挑战，这些任务大多都可以被重新转化成简单的文本，然后使用一组通用的工具就可以解决。这些任务包括收集不同来源、格式各异的数据，或者对来自仪器或数据库的文本文件进行重新格式化，以便它们可以被另一个程序进一步处理。学习如何自动化处理这样的任务，不仅可以大大节省你的时间，还能使你的工作规模得到扩展。这是一个很好的学习机会，掌握对一般文本文件的通用操作技能，可以在未来直接适应多种完全不同的挑战。因此，专注于文本处理的一般通用方法，比学习如何操作特定程序去完成一个特定的任务更重要，能帮助你更好地利用宝贵时间。

对许多编程环境和它们伴随的数据来说，简单的文本文件就相当于通用的货币。甚至对于多数使用特殊属性的文件格式来储存数据的软件包和各种仪器，你依然可以选择使用简单文本文件来输入和输出数据。这就对数据的处理提供了各种各样的方法，甚至可以超出软件编写人员的本来意图。例如，你可以从一个通常用于某一科目的软件中输出数据，然后将这些数据输入用于另一科目的分析程序。一般来说，一种软件产生的文件极少能够原样直接应用于另一个软件，通常都需要事先修改一下，所以你需要学习一些小技巧来做这件事。学习如何做这件事，能极大增强你进行基础分析的能力，还能帮助你开辟研究的新天地，这就是本书的主要目标。

什么是文本文件

所有计算机文件都是由二进制数的线性序列组成的。文本文件就是一种特殊类型的二进制文件，在这种文件中，各种二进制数分别对应于人类可读的字符(如数字、字母和标点)，以及空白的空间(如空格、制表符和行尾结束符)。

用数字表示文本 特殊数字与特殊字符之间的对应关系要遵循一套公认的协议，最常用的是美国信息交换标准代码(ASCII)。例如，在ASCII码中，数字65(二进制为 `0100 0001`)代表大写字母A，数字49(二进制为 `0011 0001`)代表数字1。

注意最后一个例子，数字 1 不是直接储存为二进制的数字 1（二进制是 0000 0001）。像 12 一样的多位数也不是直接储存为二进制表示的数字 12（二进制是 0000 1100），而是将它存储为数字 1 和 2 的两个按顺序排列的编码。文本文件天生就更适合人类使用而不是计算机阅读，人们看它们原本的样子就可以读出来，但是计算机必须对其进行翻译才能进一步将数据用于计算或者其他分析。

附录 6 列出以 ASCII 为标准编码的全套字符。另有一个叫 Unicode 的扩展字符集，包括强调符号和特殊符号，它提供像 UTF-8 和 UTF-16 这样的编码。国际读者尤其容易遇到 Unicode 标准。

虽然所有的文件本质上都是二进制形式，不过一个文件通常要么被称为一个**二进制文件（binary file）**（一种不是仅包括一系列编码文本字符的文件），要么被称为一个**文本文件（text file）**（一种编码一系列文本字符的二进制文件）。很多二进制序列信息都不代表文本，甚至不能被显示出来。使用二进制编码来储存数字和其他数据，而不是直接使用字母和数字来描述它们的值，对计算机来说会更紧凑、更快捷。在过去，由于计算机的内存少且运行慢，所以这些基于性能上的考虑尤其重要。

对大多数生物数据来说，文本表示的数据都能很好地运行，也很符合实际需要。为什么？因为它对文件的透明度和可移植性的要求，要高于对文件大小和运算速度的要求。透明度好，意味着文本文件的内容很容易访问。如果是一个二进制文件，你需要先知道一个数据的存储结构，然后才能提取它们。而文本文件就不需要了，如果预先不知道一个二进制文档的完整结构，想去窥视一个二进制数据文件到底包含了什么内容是很困难的。例如，一个包含压缩的二进制图像数据 JPEG 文件，试着把它在文件编辑器中打开，你会发现它看起来全是乱码。如果有一个已经停止了支持或发布的程序产生的文件，那么它的可移植性就变成了一个大问题。在实验室的角落里，经常能看到还保留一个破旧的老式计算机，这是为了要运行一个 15 年前的老程序，因为这是从已淘汰的文件格式中提取出数据唯一的方法了。

与此相对，一个构思周密的文本文件在任何文本编辑器打开，都应该能让打开这个文件的人完全明了其中的内容。即使生成一种特殊类型文本文件的程序完全消失，也有能力看懂这些文件内部包含的数据，你还能重新排列、提取和继续利用这些数据。所以，用一个精心组织的文本文件来存储数据，不仅能延长数据的生命周期，还能增加你利用数据可做的事情。

在一个文本文件内组织数据

在文本文件中组织数据最常用的办法是**字符分隔文本（character-delimited text）**。用列和行来形成二维的布局。每一行中的字段都是由一些特殊的字符分隔开的，这些分隔符通常是一个逗号、空格或制表符。如果文本使用一般字符作为字段的分隔符，就要用引号将这一字段整个包围起来，以表明这一部分的所有字符都属于同一字段数据，而当分隔符出现在引号内，它就不意味着像平常那样对字段的分隔了。字符分隔文本文件中的第一行，通常是一组对列的描述，它们由相同的分隔符分隔开，是数据本身的组成部分，这样的描述行被称为**表头(header)**。

字符分隔文本是一种处理二维数据的好方法，如一系列跨时间或是跨多个样品的测量值。许多数据记录器和仪器都可以被设置成用这种方法储存或输出它们的数据。所有的电子表格程序都可以输出分隔的文本，它们通常会提供一些选择，让你自己设定用哪种字符把文本分开。但是，字符分隔的方法并不是对所有数据类型都是最好的选择。如果数据原本就是分等级的，这就是一个非常低效的储存信息的方式，例如，具有不同程度的嵌套，并且每个嵌套级别都有不同数量的嵌套元素的数据。系统发育树就是这样数据分等级的例子。字符分隔同样不能适用于数据字段非常大，并且不同样本间的数据长度差别也很大的情况，就像分子序列的数据。大数据值更方便的存储方法是跨多行存储，而不是置于表格中的某个单列中。

由于这样或那样的原因，有一系列种类繁多的文本格式，可以按照多种不同类型的数据结构记录生物数据，许多类型完全一样的数据也常常会有多种不同的文本格式。例如，FASTA、GenBank 和 NRBF 格式都常用在分子序列数据上，而 SDTS、Google Earth 和 GRASS 等格式都可用于空间数据。

我们会教你怎么从一种类型的文本文件格式中提取数据，再进行整理，然后再用另一种格式来储存它们。后面我们会指导你通过一些步骤去分析，为什么有的文件明明可以被一个特定的程序支持，但是它却不能被软件正确理解；最后你可以使用这些相似的重要组织技能去解决这类问题。

文本编辑器

由于文本文件对科学研究的重要性，你花费最多时间经常面对的应用程序将是文本编辑器程序。虽然刚开始，你可能打算使用早已熟悉的 word 文字处理器，但 word 文字处理器实际上不能保存纯文本格式。它们的文件中除了显示的文本信息，还包括了附加的格式和布局等信息。这些格式信息不仅是不必要的，而且它还会通过填充一些意想不到的字符，导致你的文件损坏。实际上，你在处理文本数据或脚本的任何阶段，几乎永远都用不到 word 文字处理器。有多种文本编辑器程序都可以取代 word，它们专注于在文本文件中能找到的原始字符。这些编辑器通过一个一个的显示字符来精确地告诉你文件中有什么，还会提供一定范围的有用工具，能让你更容易查看和编辑这些字符。

安装 TextWrangler

虽然苹果的 OS X 系统自带了一个文本编辑器(准确的名称是 TextEdit，它位于你计算机的 Application 文件夹里)，我们不推荐你使用它来完成本书中描述的任务。因为它实际上是 word 处理器和文本编辑器的一种混合体。当你将格式化文本和原始文本比较时，你会发现它有时会出现混乱，而且它没有被专门优化用于显示和编辑数据及软件。因而，我们推荐你下载 TextWrangler 软件，这是 BBEdit 软件的免费版本，包含了大多数编辑器所需的重要功能。虽然还有很多非常棒的文本编辑器软件可用，但是 TextWrangler 非常强大而且免费发行。这本书中所有的编辑都可以用这个程序重现出来。

WL **其他的文本编辑器**　这本书里所有的例子都可以使用 TextWrangler 完成。如果你使用 Windows 系统，我们建议你用 Notepad++作为等价的替代软件。用 Linux 的话，我们建议你用这两个编辑器其中的一个，或者用比较流行的文字编辑器 jEdit(详情请查阅附录 1)。有很多种文字编辑器软件，每种都有它的支持者阵营。大多数的商业软件产品都会有个合理的价格。如果你还想试试其他的编辑器，一些可供 OS 系统选择的比较流行的编辑器有 BBEdit 和 TextMate，它们各有各的优点；或者用 Emacs，它在程序员中很受欢迎，因为程序员要花费大量时间在文本编辑程序中做重复的任务，一个性能完备的文本编辑软件会集成大量的内建功能，它可以帮助你简化操作流程和自动检查错误，这会对你非常有用。这些特性还包括：基于上下文给文本赋予不同的颜色以便查看，自动完成脚本中项目的名称，填写常用的程序模板，为清晰起见重新格式化你的程序。

你可以从 BareBones 软件网站上下载 TextWrangler，网址为 `www.barebones.com/products/textwrangler`。我们用 3.0 版本，这个版本可能会与其他版本有一些较小的差异。TextWrangler 可以在一个窗口展示多个打开的文件，并把它们放在编辑窗口的右侧，你就可以在它们之间进行切换。安装 TextWrangler 后，当你双击打开它时，默认情况下是没必要打开所有适用文件的。你还可以直接拖拽一些文件到程序的图标，或者点击 TextWrangler 内的打开对话框去使用它们。

在文本编辑器里优化文本外观

虽然你主要处理的都是没有包含任何格式化信息的文本文件，但你还是得通过文本编辑器的参数选择来控制屏幕如何显示文本。例如，你可以设置显示的字体。对数据和程序来说，使用固定宽度字体(也叫做固定空间或等宽字体)通常是可取的，比如字体 `Courier`。这些固定空间字体的优点就是每个字符的宽度都一样，数据和程序代码将更好地从行到行进行排列。你可以做一个快速测试——在连贯的两行中分别输入字母 iiii 和 OOOO，看看你的字形是不是等宽的。如果左边和右边的字符都对齐了，那么你使用的就是等宽字体：

等间距字体	等宽字体
iiii	`iiii`
OOOO	`OOOO`

大多数文件编辑器会提供一个便利的特性——在文本左侧显示行数。当你在其他程序中测试某个大文件并发现问题时，利用这一特性你可以很快地找到问题的准确位置。要启用 TextWrangler 中的显示行数的功能，需打开一个现有的或空白的文件，点击窗口最上

方的文本操作(Text Option)图标，然后在下拉菜单中选择显示行数(Show Line Number)。

记住，这些显示设置并没有改变文本文件本身，它们只是用来控制文件内容是如何显示的。你可以对不同的文件用不同的显示设置，但是这些设置不会像word文字处理器一样储存在文件里。文本编辑器会为每个文件，分别存储你的设置。

行尾结束符

有些指定字符用于指示每行的结尾，每当你点击 return 键时，就会自动插入这个标志，但是它们在不同的操作系统中还没有统一标准。这可能会造成复杂难懂的技术问题，当你把文本文件从一台计算机转移到另一台计算机，或者只是在同一台计算机的不同程序间转移文件，这就是导致问题最常见的原因之一。很有可能你之前已经遭遇到过这种问题，比如当你用远程计算机打开一个结果文件，发现所有的内容都显示在一行。如果一个程序不能接受看上去已经正确校正过的文本数据，这也是最常见的原因之一。许多程序不能处理不同类型的行尾结束符，它也不给你一个错误的提示，它只是显示文本毁坏。如果你无法在程序中运行某些文件，那么首先认真检查你输入文件的行尾结束符是个好主意。

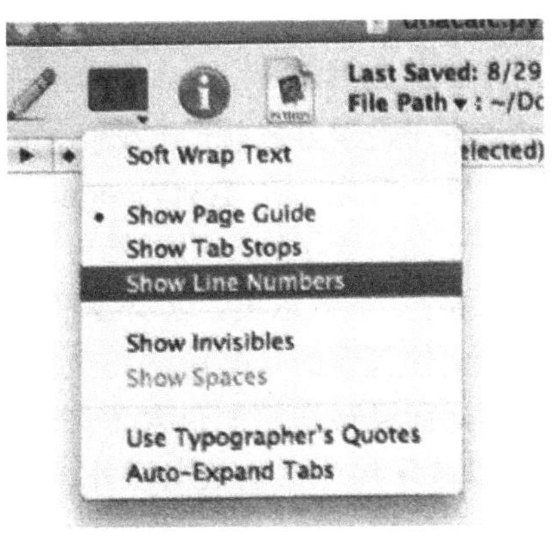

有两种行尾结束符，即**回车(carriage return)**，(缩写为CR或者\r)和**换行(line feed)**(缩写为LF或者\n)。Unix系统(包括OS X系统)用换行；一些较老的麦金塔(Macintosh)程序用回车；而Microsoft Windows系统则先用一个回车，然后再加上换行。当由你控制决定用哪个行尾结束符，或者当你在做第一次尝试而不知道会发生什么时，就用一个换行。这通常会使在跨操作系统时导致的问题降到最低。

你可以通过在TextWrangler中打开某个文件，然后看看窗口底部的状态栏，来检查这个文件中用了哪个行尾结束符。紧挨着水平滚动条的地方有一个下拉菜单，它可以显示这个文件当前的行尾结束符。如果要改变行尾结束符，就点击这个下拉菜单，选择一个不同的选项，然后保存这个文件。

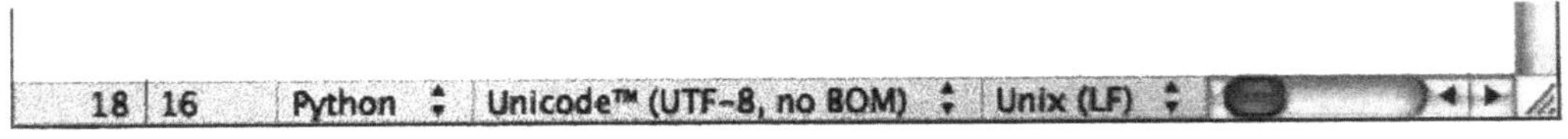

改变行尾结束符，这不是仅仅表面的改变，也会修改文件，并将被记录在文件自身里。

示例文件

在整本书中，你将会使用各种各样的示例文件。这些都是可以从网站 `http://www.practicalcomputing.org` 内下载压缩后的zip文件。

安装示例文件

下载了 zip 文件之后，把它放在你的主文件夹(home folder)里。你的文档(Documents)和图片(Pictures)文件夹都会默认被存储在这一文件夹中。如果你在 OS X 系统中创建一个新的 Finder 窗口，它也是通常要打开的主文件夹[1]。双击这个 zip 文件，提取它的内容，这将产生一个名叫 pcfb 的新文件夹。在这个 pcfb 文件夹内有三个文件夹：第一个文件夹，示例(examples)，这里面有你跟随这本书学习时将需要的数据文件；第二个文件夹，脚本(scripts)，它包含了你将使用和修改的程序与脚本；第三个文件夹，沙盒(sandbox)，它是一个空的文件夹，给你提供一个方便的地方，用于存储你将生成的文件。许多示例都假定它们位于上面描述的这些指定位置的文件夹里，所以，如果你把它放到了别的地方，你将需要相应地调整这些示例。

探索示例文件

在开始学习之前，让我们先用你之前安装的文本编辑器去探索一下示例文件夹里的文件。首先，在 TextWrangler(或者你计算机里其他的文本编辑器)内打开 ctd.txt。这个文件包含了许多用逗号分隔的列，分别是在加利福尼亚海岸的不同深度测量的盐度、温度、氧气浓度，以及各种其他的测量值。现在，在 TextWrangler 内打开 ctd.rtf。这个文件包含的是与前面完全相同的数据，但这些数据已经在 word 文字处理器被编辑过，而且现在它们包含了许多隐藏的格式化信息(字体、字体大小和一个黑体的标题)。除了原先这些数据以外，你还可以看到各种各样的字符，它们是用来解释 word 文字处理器是如何显示文本的，但它们本身不是数据。这个例子说明了为什么我们要坚持用一个像 TextWrangler 一样的原始文本编辑器来处理数据：额外的附加格式化信息会导致其他程序解释文本文件时产生混乱。用原始的文本编辑器，你所看到的就是你得到的——文本文件的所有内容都会显示出来，这样你才能精确地知道你处理的信息是什么。

现在，在你计算机的文件浏览器(不是在 TextWrangler 中打开对话框)里，找到相同的文件 ctd.rtf，然后双击它。它可能在一个 word 文字处理器中打开，也可能在我们之前提到的那个混合程序 TextEdit 中打开。你可以看到，当你用 word 文字处理器时，不会显示用于格式化信息的字符，只有格式化后的数据。这样很难知道文件实际的内容是什么，很难判断其他程序将如何解释这些数据。尽管我们用 word 文字处理器打开文件，可以试图使用不同字体、不同颜色或者高亮显示文件中不同类型的信息，但是用这种窥视文件内容的方法，应当开始让你感到危机了。如果在纯文本文件中使用易于辨认理解的策略去组织数据，明晰地注释数据(例如，用列表头 column header)，最终可以让它更加灵活、清楚。

1 如果你不知道你的主目录是什么，请参见图 4.2 附带的解释。如果是 Windows 和 Linux 用户，将下载的文件夹放在用你的用户名命名的目录中，更多有关文件结构的信息请参见附录 1。

总　　结

你已经学习了：

- 文本文件的性质；
- 关于组织文本文件内数据的更多考虑；
- 什么是文本编辑器，以及如何安装 TextWrangler 编辑器；
- 文本文件中使用的不同行尾结束符；
- 如何安装整本书都会用到的示例文件。

第2章　正则表达式：强大的搜索和替换

生物学中的许多计算任务，相当于一系列纯文本操作。虽然有各种各样的程序可以帮助你把一些文本修改为特定类型的数据，但有一组通用的工具可以用在很多不同的环境中，如正则表达式。正则表达式中有很多灵活的手段都可以搜索和替换文本。在这一章里你将学习正则表达式的基本组成，在后面的章节中将进一步增强使用这些工具的灵活性。

一种用于搜索和替换的广泛语言

科学家所面对的最为普遍的计算问题之一，就是重新组织一个程序产生的文本文件，使它的内容可以被另一个程序所识别。在某些案例中，只需要很少的手动修改即可达成此目的。其他情况下，简单的搜索和替换就足够了，例如，某文档中被逗号隔开的数据经修改后，可以适用于另一个要求用空格来分隔数据的程序。虽然如此，但更为普遍的是，所需要的操作对于这些方法来说还是太复杂了，如将每一行中的元素都进行重新排列。我们每一位都曾在某些时刻徒手完成了那些复杂的修改，但是当需要修改的文件很多或者很长时，事情就变得很冗长乏味了。或许你还会陷入一种比你所预期的更为危险的处境中：大多数人都曾经历过花费好几个小时辛苦手工转换文件格式，但是到最后却发现，因为原始的文件出了错误而导致我们要全部重做。

这些大量的、看上去很复杂的问题，其实是可以通过使用一种强大的用于搜索和替换的语言来处理的，这就是人们所知道的**正则表达式(regular expression)**[1]。正则表达式应用广泛并被内建到许多环境中，包括文本编辑、程序语言、一些网络搜索引擎，还有许多应用中。因为正则表达式是一个如此有力而便捷的工具，所以它们将是你在这里所要学习的第一项重要技能。一旦开始使用它们，你就能在许多环境下通过运用一组技能完成复杂的文本操作。

任何简单的搜索和替换，正则表达式都能顺利完成，例如，那些在word文字处理程序中所遇到的问题，包括把一大篇特定的文本(如“水母”)改成另外一个内容(“钵水母”)。你也可以把要修改的字符变成空格，即把文档中所有与此一致的字符全部删除。

和许多其他的搜索替换工具一样，正则表达式可以使用**通配符(wildcard)**。通配符是一些在查询过程中使用的特殊字符，它们可以与所查文本中一个以上的特定字符相对应。当你所要匹配的文本很多变时，通配符很大程度上拓展了搜索替换工具的用途。举

1 正则表达式有时也被简写为regexp，regex，或者**grep**。最后那个简写是“**g**lobal **r**egular **e**xpression **p**rint”的首字母缩写，是一种正则表达式通用工具，它的使用非常频繁，以至于经常作为语言一样使用。

个例子，如果你想要找到所有的数字(如数字字符)，但是你并不知道这些数字具体是多少，这时可使用通配符。和大多数其他的搜索替换工具相比，由于通配符的设计和使用，正则表达式提供了更高的灵活性和准确度。我们已有许多随时可用的通配符，你还可以定义你自己的通配符去对应你所喜欢的任意组合的字符。

正则表达式的功能扩展比自定义的通配符还要好。正则表达式还可以捕捉所有或部分的搜索关键词并将它应用在替换关键词中。正是这个功能使得正则表达式表现得如此万能，既可以从复杂的文本文档中提取数据，又能在不同的序列中替换它们。例如，你可以找到任何后面跟着“cm”的数字序列(不仅仅是某个特殊的数字)，然后把这些数字(有“cm”或没有“cm”)插入到文本中的其他位置。

为了让你开始熟悉正则表达式，你将先通过一个文本编辑程序的对话框首次使用正则表达式。在附录 2 中，总结了所有允许使用的语法表格，你可以参考。当你对它的语言感到熟悉之后，你会发现自己在文本编辑器中只要使用少量构思巧妙的搜索，就能做许多快速的“一次性的”文档处理。正则表达式功能如此强大，以至于你将来所写的许多程序，都可以完成远不止打开一个文档、在文本中做一系列替换操作(也可能在文档的不同部分应用不同的替换)、最后保存结果等这样简单的任务了。

了解这个新工具箱的组件

设置文本编辑器

打开 TextWrangler(在第 1 章中介绍过的文本编辑器)并创建一个新的文件。Windows 和 Linux 的用户需要参考附录 1，找到类似的可以支持正则表达式的编辑器。

我们从一个普通的、老式的替换操作开始学习。在你的文件中输入如下文本：

```
Agalma elegans
```

现在从 Search 菜单中选择 Find(或者敲击⌘+F 键)[2]。在对话框中，在 Grep 前打钩(图 2.1)并确认 Case Sensitive 一栏也被选中。除非你取消选中它们，否则你每次打开这个程序，这些选项都会保留被选中的状态。

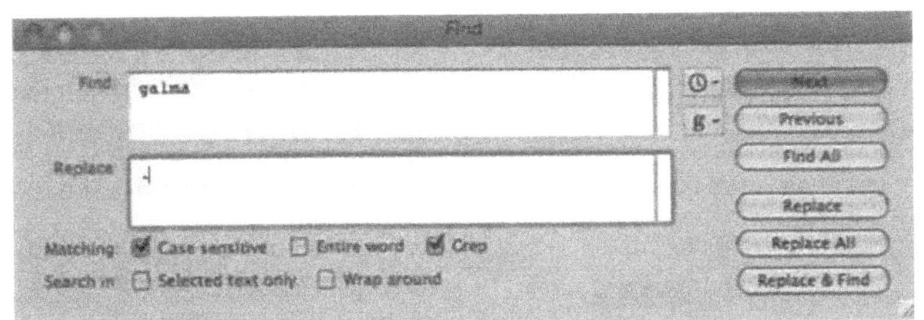

图 2.1　TextWrangler 软件中的“查找”和“替换”对话框

2 这个符号参考苹果键盘的命令键，就是 space 键左边的按键；不是 ctrl 键，后面的终端操作将会用到 ctrl 键。在 Windows 程序中，find 命令通常可以用 ctrl+F 起动。

在 Find 框中打出下列文本

    galma

并在 Replace 框中打出一个句号

    .

然后点击 Replace All。正如所预期的，原来写着

    Agalma elegans

现在变成了

    A. elegans

当文件窗口被放置在最前面时，撤销上一个操作(⌘+Z)，文本又会重新变成 Agalma elegans。当你只处理一个物种时，这样的文字搜索功能很好用；但是如果你的数据中包含其他物种时，这种单一精确匹配的方式就不管用了，比如：

尝试 ctrl+Z

Agalma elegans

Filla**galma** vityazi

Corda**galma** tottoni

在这里，上述同样的替换将会给你带来以下结果：

    A. elegans
    Frilla. Bityazi
    Corda. Tottoni

当你要搜索的关键词，在除了你想要替换的地方以外的其他地方也有时，就会发生类似的窘境，如：

Mus musculus

替换这个文本所产生的问题，要比它本身所解决的问题还多：

    M. m. cul.

在接下来的几页中，你将会通过构建正则表达式来解决所有这些问题，甚至能解决更多的问题。

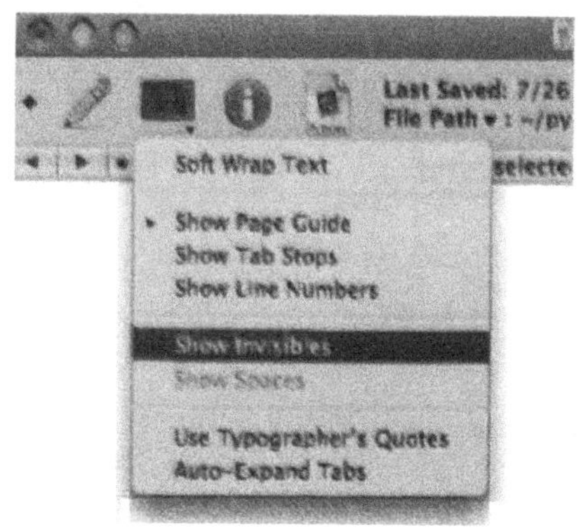

不可见字符　默认情况下，在大多数编辑程序中，空间占位符符号都是不显示出来的。但是有时候，能看到这些或者那些不可见字符会有所帮助，比如制表符。在 Textwrangler 的下拉菜单中，允许你去打开这个选项，你可以选择 Show invisibles (显示不可见)，然后再选择 Show spaces (显示空格)。由于程序版本的原因，这个菜单会在不同的小图标下。在其他程序中，你可能需要搜索帮助去找到等效的命令。暂时把显示不可见和显示空格都打开，你应该就能在文本文件中看到小占位符了。

你的第一个通配符：\w 代替字母和数字

> 一些程序不支持\w。详情参见附录 1 或使用 jEdit

为了让你的搜索增加更多的灵活性，你可以使用通配符。一个通配符是一个可以代表一些特定字符的某个特殊字符，如可以代表任意数字。不同的通配符对应不同范围和集合的字符，其中的大部分都列在附录 2 中并做出了解释。

使用正则表达式的通配符有几个不同的标记法。最普遍的情况下，通配符是由一个反斜杠再加一个字母表示的。这里介绍的第一个通配符是\w。它对应任意字母(A-z)和数字(0-9)，还有下划线(_)。

为了检测这个通配符，请在一个新的文件中打出下列纬度和经度值：

```
+40 46'N +014 15'E
+21 17'N -157 52'W
```

在这个案例中，假设你想要删掉所有经纬度后面的方向指示，如北(N)和东(E)。你可以使用 4 次不同的搜索功能去按顺序删除 N、E、S 和 W。为了代替这个操作，你可以仅使用一个搜索关键词覆盖所有的代表方向的字母，即使用通配符\w。你要记住，\w 不仅可以对应字母，还可以对应数字。如果你搜索并且删除\w，你最终将得到：

```
+ ' + '
+ ' - '
```

(你可以尝试一下上面所说的，然后再撤销，恢复到原来的文本。)为了避开这个问题，通过观察，你会发现你在这个案例中想要处理的字母，总是出现在一个单引号之后。所以你可以使用搜索这个查询要求：

```
'\w
```

然后用一个单引号替换掉，就会得到以下结果：

```
+40 46' +014 15'
+21 17' -157 52'
```

正如你所看见的，这个方法可以搜索到一个单引号和其后面任意的字母、数字或者下划线，然后用一个单引号去替代它。

特殊的标点符号　在经纬度的数据中有刻度线标记(')，或者关于化学结构(5'-AGTC-3')的标记，这不同于用在如 won’t 的缩写或者引用的文本中弯曲的引号(’)。当你使用键盘上的双、单引号键时，大多数文本编辑器会出现刻度线标记，但是 word 文字处理器通常会使用“智能括号”特性，自动插入弯曲的引号。在 Mac OS X 系统中，你可以用 option + shift 键和左右括号组合起来键入弯曲引号：用 option +]可以得到左单引号，用 option +[可以得到左双引号。当再组合上 shift 键后，在上述两种情况下都能输入相对应的右引号。

你可能会在经度、纬度、角度和温度中遇到“度”的符号(°)，在 Mac OS X 系统中可以用 option + shift +8 输入(记住这替代了原来的上标符号*)。

一般来说，如果在你处理的文本中有一个特殊的标点字符，而且你想把它包括在你的搜索项中，通常最容易的办法就是从文档中复制这个字符，然后粘贴到搜索框。这将确保你使用的是正确的字符——这可以避免一些琐碎的麻烦，因为很多标点符号看起来确实非常相似。它还能避免为了去创建一个晦涩的字符而到处去搜寻一些特殊的键。

请注意组成通配符的字母是**区分大小写(case sensitive)**的，也就是说`\W`和`\w`的意思并不相同(事实上，它们表示的刚好相反！)。另一方面，在搜索关键词中，非通配符的字母仅仅和与它相同的且大小写一致的字母相对应，所以搜索 `agalma` 在通常情况下是不会找到 `Agalma` 的。

用()来捕获文本

或许正则表达式搜索功能最重要的特点是，可以用括号获取原始文本中的某一部分，然后用它们去产生替换文本。数据集经常会含有额外的字符，这会导致一些困难，使文本无法直接输入到绘图程序或电子表格中。

故障排除 如果你的搜索和替换命令不能正常工作，那么有很多地方都需要检查。首先你的文本编辑器必须支持grep搜索，而且应该确保已经选中了使用UseGrep选项。还有大小写和空格也要考虑，所以你要注意检查你的搜索词的开头和结尾中是否有你没注意到的空格(你可以用鼠标选中搜索项中的所有文本来显示空格)。在创建搜索项时，记住，虽然你看不到空格，但并不意味着它们可以被忽略，对待它们应该像对其他字符一样。TextWrangler会使查询结果显示得更加清晰，在搜索对话框中，特殊字符会用红色高亮，通配符用蓝色高亮，剩下普通字符则显示为黑色。其他编辑器可能有稍微不同的通配符，相关的描述请见附录1。

举一个简单的例子：假设你有一串普通的数字：

```
5th
3rd
2nd
4th
```

你的任务是删掉数字后面的所有字母，只保留一列数字。通常情况下，在试图转化成正则表达式的术语之前，你需要思考一下你期望用搜索和替换获得什么结果。根据你目前所学的知识，你可以写出像这样的搜索关键词：

```
\w\w\w
```

这对应着一串三个字符。现在你想要保留第一个字符(即数字)并删掉其余两个字符。如果你只搜索`\w\w`，它会对应 `5t`、`3r` 等。正则表达式是不允许重复的，例如，在该例第一行中，`\w\w` 不会既对应 `5t` 又对应 `th`，因为在这里 `t` 不能重复出现在两种对应方式中。

解决方法应该是捕获搜索关键词所找到的特定部分文本，然后把它们放到替换关键词的位置上。为了达到这个目的，可以把你想要保留的搜索关键词放在括号里。在上面的例子中，你可以保留住三个字符中的第一个字符(即数字)，如下：

> 有些其他文本编辑器和编程语言可能会用$1、$2 等代替\1、\2。如果遇到不能正常工作的情况，在花时间去找解决方案之前，请先用简单的测试来确认一下你使用的编辑器和编程语言的行为习性。

```
(\w)\w\w
```

为了把捕获的文本插入要被替换的文本中，用反斜杠加上一个数字来表示你提取的文本是来自哪一组括号。在这个例子中，你只有一组括号，所以替换关键词应该是：

```
\1
```

用(\w)\w\w 来搜索，并用\1 来替换以上所给出的一串原始的数字，将会得到：

```
5
3
2
4
```

请你试试用 TextWrangler 进行以上尝试，并移动括号位置，去捕获三个字符中不同的部分。

为了捕获文本中其他两个部分，你可以使用类似于(\w)(\w\w)的搜索关键词。在本例中，数字将会被插入到替换关键词中写着\1 的地方，而接下来的两个字母将会被插入到写着\2 的地方。

请记住：搜索关键词和替换关键词都可以同时包含普通的文本和正则表达式。例如，替换关键词 Position: \1 会把原始文本变为：

```
Position: 5
Position: 3
Position: 2
Position: 4
```

这个查询的例子不能恰当地应用在二位数和更多位数中，但接下来你将会看到能适应其他情况的方法。

量词：用+来对应一个或多个实体

像\w 这样的通配符提供了一种灵活性，从而使我们可以一次改变不同形式的字符。然而，为了变得更加实用，一个搜索关键词也应该可以处理不同数量的字符，然后根据它所找到的内容来修改所替换的文本。在默认情况下，每个通配符仅对应一个字符。用通配符来调整一个元素所对应次数的方法，称为**量词(quantifier)**。把加号(+)紧跟在一个字符后面，表示该项能对应一次或多次连续的字符。例如，\w+可以代表一个字符(如字母 a)，或者多个字符(如数字 123)。

为了进一步说明，我们回到第一个例子，把属名和种名替换成它们的缩写形式。以下是我们的原始清单：

> 需要修改文本片段时，不用每次都从头输入它们，只要把文本置于当前窗口中，选择撤销(⌘+Z)就可以返回到原来的状态；或者你在练习的时候也可以用 Find 搜索项而不是用 Replace。⌘+G 是查找下一个(Find Next)的快捷键，如果有多处匹配的地方，你就可以找到每个项目。

```
Agalma elegans
Frillagalma vitiazi
Cordagalma tottoni
Shortia galacifolia
Mus musculus
```

你可以仅使用\w+来作为搜索关键词，去匹配物种名称清单中任意位置上的一个完整单词。这样搜索一个或者更多的词，将会匹配任意序列的字符串，直到遇到下一个非词语的字符(例如，一个空格、标点符号或是一行的末尾)。为了保留每个单词的第一个字母，在最前面添加一个非重复的\w，并且用()来捕捉第一个字母。

```
(\w)\w+
```

为了产生替换项目，使用捕捉字母(由\1 来表示)，再加上一个句号：

```
\1.
```

现在你可以用例子中的名单来尝试一下这个搜索和替换功能，但你或许能想象到为什么它还无法正确地运行。

有很多方法来修改这个搜索关键词，使它能够正确运行，哪一个方法是最好的则取决于你要修改的剩下的数据文本。在目前这个例子中，这个搜索关键词将要被修改用于单独捕捉第二个单词——物种名，这样你就可以把它添加回替换的文本中。

试着用以下搜索和替换组合来行使 Replace All 的功能：

Find	Replace
(\w)\w+(\w+)	\1.\2

这种组合将产生一个如下的缩写属名和种名列表：

```
A. elegans
F. vitiazi
C. tottoni
S. galacifolia
M. musculus
```

注意我们通过在圆括号中使用数量词来捕获第二个项目\w+，所以直到下一个非词语的字符(在本例中是每行的行尾结束符)出现前的所有字符都会被保留，并且可以用\2 来恢复。在文本中出现的所有空格已经被直接输入在搜索查询项中。

> 在 jEdit 应当使用$2

分析程序通常要求简写分类群的名称，仅用一个下划线与其他项隔开。针对上述情况，我们需要清楚地知道如何通过修改替换，可以产生 A_elegans 这样格式的名字。你甚至可以重复使用以上的捕获文本，以保留原本的属名和种名组合，同时产生简写版本的种名：

Find	Replace
`(\w)(\w+) (\w+)`	`\1\2 \3 \1_\3`

```
Agalma elegans A_elegans
Frillagalma vitiazi F_vitiazi
Cordagalma tottoni C_tottoni
Shortia galacifolia S_galacifolia
Mus musculus M_musculus
```

利用你之前学习的正则表达式中的基本元素——通配符、量词和捕获项目，你已经可以做一些非常强大的操作了。

用\进行标点符号字符转义

符号+和()都具有特殊的用途，或许你会开始想该如何在文本中搜索这些特殊字符本身呢？同样，反斜杠也有特殊用途，它被用来转义一个字符是如何解释的。为了除去这些标点符号在搜索项中的特殊含义，可以把\加在字符之前。这是一个你将会在其他情形中也能看到的通用技巧，被称为**转义(escaping)**某个字符。这个技巧甚至能运用到\这个字符本身——可以用\\来搜索\。事实上，许多标点符号都有特殊的含义，所以当你想要用一个字符的字面意思时，用一个前置的\会是一个很好的方法。在转义这个功能中，\和某些字母一起使用时会赋予它们特殊的意义，使其具有相反的效果，比如`\w`。

举个例子，为了获得 `Physalia physalis (Linnaeus)`中最后一个单词，我们先产生这样一个搜索项去对应文本的每一个部分：

```
\w+ \w+ \(\w+\)
```

在这个公式中，没有任何一个文本会被`\1 \2`捕获，因为这里的圆括号被前置的反斜杠转义了。现在只需要在最后一个元素的单词外面加上圆括号：

```
\w+ \w+ \((\w+)\)
```

这样，变量`\1`现在就包含文本`Linnaeus`了。

你可能已经发现了，正则表达式的样子可能会迅速变得很混乱。所以最简单的办法是，直接复制你将要搜索文本的实际示例，然后在你的文本编辑窗口中粘贴两次，再将其中一个拷贝逐步修改成搜索项。一旦你的文本窗口有了一个好的搜索项，它就可以复制并粘贴到 Find 对话框中。在你粘贴之前要事先确定一下已经选择了 Use Grep 项，这样的话，这个搜索应该能被正确解释。另一方面，如果你没有选中，程序可能会为你转义所有的标点符号，那么你的通配符和数量词就会被解释为平常的字符了。

这是一个类似循序渐进的方法来产生一个复杂的搜索词，使用同样的示例文本。第一步中已经插入空格，这样使元素更明显：

原始文本	`Physalia physalis (Linnaeus)`
搜索关键词	`\w+ \w+ \( \w+ \)`
标识要捕获的文本	`(\w+) (\w+) \( (\w+) \)`
去除多余的空格	`(\w+) (\w+) \((\w+)\)`
替换关键词	`\1_\2_\3`

运用这个搜索，就把文本中的圆括号去掉了：

```
Physalia_physalis_Linnaeus
```

更为特殊的搜索项：\s \t \r . \d

除了\w，还有其他许多通配符和特殊的字符。一些最常用的通配符已列在表 2.1 中，更完整的列表请见附录 2。

表 2.1　一些最常用的搜索通配符

搜索项	含义
\w	一个单词字符，包括字母、数字和下划线
\t	一个制表符(也可以在替换中使用)
\s	一个空白字符，包括空格、制表符和行结尾符
\r \n	行尾标记(也可以用于替换) TextWrangler 使用\r，但 jEdit 和 Python 程序将使用\n
\d	一个数字，从 0 到 9
.	任意字母、数字或符号，除了行尾字符

制表符(\t)在正则表达式的搜索中广泛应用，因为制表符经常作为列与列之间的分隔。将制表符插入替换关键词里的被捕获的文本之间(例如，在属-种-命名者的搜索中的\1\t\2\t\3)，你可以把一个纯文本文件迅速重新格式化为电子表格的格式。这个可以用在从 PDF 文件或网络文件复制来的数据上——任何数据排列格式已知的地方。

例如，对 GPS 产生的纬度和经度数据(注意在度数和分数之间有一个空格)：

```
-9 59.8'S -157 58.2'W
+21 17.4'N +157 51.6'W
+38 30.5'N +28 17.2'W
+40 46.1'N +14 15.8'E
+10 24.8'N +51 21.9'E
```

为了将这些数据输入到一个不同列的、存放不同信息的电子表格中，目标是要捕获每一个度数-分数组合，并用替换\1\t\2\t\3\t\4 来分开它们。此时，在每一个值的开头可以保留正负符号。

纬度和经度的格式是相同的，所以一个通用的搜索关键词可以被复制使用。这个搜索关键词的任务是捕获所有空格前面的数值，还有在空格和引号(')之间的值。

先看一下这个数据的通用查询方式：

- 数字前的符号可以是加号也可以是减号(+或者-)。
- 用来表明度数的数字符的个数可以是一个、两个或者三个，所以此处需要一个可变的数量词(+)。
- 分值中间有一个小数位，这个必须算上(转义它使其不被读作一个通配符)。最后一个字符可以是 N、E、S 或者 W。

本例有很多需要考虑的点，但都是你之前学过的。首先，复制任意一行数据到新的文本中，这样你就可以开始对原始文本进行正则表达式的替换了。然后在你所要捕获的内容外面加上圆括号：

原始文本	+3830.5'N
标出要捕获的文本	(+38) (30.5)'N
有通配符的正则表达式	(.\d+) (\d+\.\d)\'\w
替换关键词	\1\t\2\t

为了读懂正则表达式，把反斜杠和它后面的字符看成是单独的个体。否则，它会变得十分混乱，特别是存在括号和句号的时候。从左到右阅读第三行中的搜索表达式，把它翻译为类似这样的话：

“任何后面跟着一个或多个数字的字符，将会被当作\1 而保留下来。然后是一个空格符号。接着，后面跟着一个小数点和一个单独数字的一个或多个数字将会被当作\2 而保留下来。最后，是一个单引号和一个字母字符，这些未被捕获，因此会被删除。”

要搜索之后的经度，复制这个字段，用空格字符将不同类别分开：

```
(.\d+)(\d+\.\d)\'\w\s+(.\d+)(\d+\.\d)\'\w
```

第一个值　　空格　　第二个值

用一个扩展的替代项解释所有捕获的字段：

```
\1\t\2\t\3\t\4
```

当你编写这个搜索关键词时，记得在文本中的句号前要加上反斜杠；并且+适用于所有紧挨着句号之前的字符，不管是一个或是一串相似字符。

默认情况下，TextWrangler 和其他编辑器应用搜索项时会逐行查询，直到整个文件被查完。如果你想跨行搜索，你可以把行尾字符(\r，有时候是\n)放在搜索关键词的结尾。这是一种连接行的方法，如果你想保存行尾，你需要在替换项最后的地方添加\r。

示例：分子数据文件的重新格式化

现在你已经了解了正则表达式的关键元素，所以你可以去做一个更大的格式修改工作了。当数据提供的是这一种格式但你需要的是另一种格式时，正则表达式是非常有用的。以下的蛋白质序列(可以在举例文件夹中找到 FPexamples.fta)，其表头内容为检索号、蛋白质的描述，以及方括号内的属名、种名。

```
>CAA58790.1=GFP [Aequorea victoria]
MSKGEELFTGVVPILVELDGDVNGQKFSVRGEGEGDATYGKLTLKFICTTGKLPVPWPTL...
>AAZ67342.1=GFP-like red fluorescent protein [Corynactis californica]
MSLSKQVLPRDVKMRYHMDGCVNGHQFIIEGEGTGKPYEGKKILELRVTKGGPLPFAFDI...
>ACX47247.1=green fluorescent protein [Haeckeliabeehleri]
MEFEPEFFNKPVPLEMTLRGCVNGKEFMIFGKGEGDASKGNIKGKWILSHSEDGKCPMSW...
>ABC68474.1=red fluorescent protein [Discosoma sp. RC-2004]
MRSSKNVIKEFMRFKVRMEGTVNGHEFEIEGEGEGRPYEGHNTVKLKVTKGGPLPFAWDI...
```

相较于这个格式，如果把名字缩短到仅保留开头的检索号和属名，去掉空格并保持序列信息的原样不做任何改动，操作起来或许会更适合随后的工作。

```
>CAA58790_Aequorea
MSKGEELFTGVVPILVELDGDVNGQKFSVRGEGEGDATYGKLTLKFICTTGKLPVPWPTLV...
>AAZ67342_Corynactis
MSLSKQVLPRDVKMRYHMDGCVNGHQFIIEGEGTGKPYEGKKILELRVTKGGPLPFAFDIL...
```

你可以根据每个名称始于>、物种名称在[]中这一事实，去构建一个只修改标题而不修改序列的查询。

开始先复制一行数据到一个新的文档中，然后确定你将要捕获的部分：

原始文本	>CAA58790.1=GFP [Aequorea victoria]
用()标识要捕获的文本	(>CAA58790).1=GFP [(Aequorea)victoria]
转化为通配符(为方便辨认保留空格)	(>\w+) .+ \[(\w+) .+
最终关键词(去除多余空格)	(>\w+).+\[(\w+).+
替换关键词	\1_\2
结果	>CAA58790_Aequorea

这个查询发现并保存>符号后的第一个词，直到句号，这个句号是不在\w字符集中的。这个句号被用作通配符去匹配下一个方括号(表示为\[)前的所有字符，括号中捕获的第一个单词作为\2，空格后面剩余的行会被丢弃。这有点让人觉得混乱，因为句号应该是一个通配符，然而在这种情况下却要匹配实际的句号。同样，在搜索查询中，>不需要用\去转义，但是这样做的话也不会有影响。

对这里的替换关键词来说，你可以使用 captured identifier(这也包括了括号内的>)，还可以在属这个地方使用下划线。

关于生成正则表达式的评论

正则表达式搜索是很挑剔的。虽然你可以编写一个表达式去捕捉几乎任何类型的文本，一旦你指定一些事物是不存在的，这个搜索就会失败。即使关键词的一部分出错，往往也会导致整个查询无法匹配。因此你需要去考虑你的数据中所有可能出现的变化。

另一个问题则是不小心把隐藏的字符加入关键词，这通常发生在从文档中把文本粘贴到对话框中时。要注意检查你的文档和关键词，判断是否含有空格和额外回车字符——它们在 Find 窗口中是不可见的，即使你在文档操作中已经选中

> 调试表达式的一般方法，是去掉搜索项的不同部分，然后分别测试搜索项的不同子集，再把去掉的部分逐渐添加回来，就容易看出它是在哪里出错了。用 Find 项来代替 Replace 做这项工作从而使文本的匹配高亮显示，能给出更多信息。通常校对一份手稿需要非常仔细，但校对正则表达式需要更加认真，需要更仔细地审查每一个字符。

显示不可见字符了。

你可以在附录 2 中，找到一个正则表达式的术语及其用法表。

总　结

你已经学习了：

- 编写搜索和替换关键词，以及把它们应用在一个文本编辑器上；
- 使用下面的通配符和特殊字符：

  \w 表示字母、数字和下划线

  . 表示换行符以外的任何字符

  \d 表示数字

  \r(或者\n)表示换行符

  \s 表示空格、制表符和行尾字符

  \t 表示制表符
- 用()捕获的搜索的某一部分；
- 用\1 重新使用捕获的文本；
- 用\进行标点符号和特殊字符的转义；
- 使用量词+去重复一个字符或通配符。

第 3 章　探索正则表达式的灵活性

现在你已经了解一些不同类别的正则表达式的工具和方法，接下来你将更详细地探索该语言的灵活性。我们将向你展示如何去调整关键词，然后完成专门的任务；还会教你处理你可能会面临的许多文本操作上的挑战。

字符集：定义你自己的通配符

用 [] 定义定制的字符集

虽然你现在知道的通配符对于许多常见的搜索来说是足够了，但即使是这样，你也常常需要创建自己特殊的通配符。例如，还没有只代表字母表里的字母的内置正则表达式通配符。你可以通过在方括号 [] 内指定一组字符来创建通配符，括号里的字符在搜索中会被当作一个单一字符，如 [AGCT] 只匹配一个 A 或 G 或 C 或 T。和使用\w 一样，如果你想连续匹配一个或多个字符，你可以把括号后边当一个加号：

```
[AGCT]+
```

你还可以指定一系列数字或字母，这样你就不必逐个指定每一个字符，你甚至可以将单个字符用一个范围混合起来。[A-Z] 可以和任何一个大写字母相匹配，[0-9\.] 可以匹配任何一个数字或者匹配一个小数点。括号中的表达式是区分大小写的，所以匹配任何字母(小写或大写)指定用 [A-Za-z]。注意，两个范围之间是没有分隔符的；每个破折号在邻近它的两个字符之间定义一个范围。你当然也可以用转义的方法，让一个字符集包括一个破折号，所以 [A-Z\-] 可以匹配任何大写字母或破折号。

字符的范围　这些范围是基于 ASCII 字符集的顺序(见第 1 章和附录 6)，这使得它可以只需要指定一个范围 [A-z]，就能包括所有大小写字符。但需要注意的是，这个范围里还包括 6 个标点符号 [\]^_`，它们在 ASCII 字符集中位于 Z 和 a 之间。你可以查阅附录 6 中的表，去看看什么范围既是允许又是有用的。

应用自定义字符集

一些初看起来相当复杂的格式转换任务也会经常需要处理，通常将它分解成几个简单的搜索和替换操作，一个接一个来完成。在接下来的示例中，你要把纬度和经度的 N、E、S、W 值转换成用正负值来标识。你还要把两个相关的数据行转换成一行。

我们前面用到的纬度和经度的例子与正常的有些不同，那些数据的开头有+/-符号，而且在数据的结尾都带有 N、E、S、W 字母。而在通常情况下，经纬度数据只会有这两种符号中的一个。下面的数据集(名为 LatLon.txt——你在示例文件夹中可以找到)中有 5 个位置信息，纬经度分别位于连续的两行中：

```
 21 17'24.68"N
157 51'41.50"W
 38 30'36.62"N
 28 17'16.87"W
  8 59'53.30"S
157 58'13.70"W
 10 24'47.84"N
 51 21'54.61"E
 22 52'41.65"S
 48  9'46.62"E
```

开始编写一个表达式，需要把每一对纬度和经度值放入同一行中，带上正负值，并且使用制表符分割开。例如，前两行指定的记录将成为：

```
21 17'24.68"      -157 51'41.50"
```

注意，如果我们需要删除以"N 或"S 结尾那一行的行结尾符\r，但不删除以"E 或"W 结尾行的行结尾符。这可以通过如下搜索来完成：

```
(\"[NS])\r
```

并代之以：

```
\1\t
```

[NS]的意思是“N 或 S”，因为\r 在()外面，所以它不是替换项\1 的一部分，因此这个换行符将被制表符取代。

在这个例子中，你可以尝试不加第一个\"进行搜索，或者你也可以编写一个关键词，以一个单引号结尾的值。在字母前加上双引号而不是仅搜索字母，可以在数据还包括其他名称的情况下让我们的关键词更加可靠，但是在有些情况下，秒(")可能不会被指定。

> 尝试用\n 代替\r

进行了这个初始的搜索和替换后，会出现如下的数据，每行由一对值组成：

```
21 17'24.68"N    157 51'41.50"W
38 30'36.62"N     28 17'16.87"W
 8 59'53.30"S    157 58'13.70"W
10 24'47.84"N     51 21'54.61"E
22 52'41.65"S     48  9'46.62"E
```

接下来，使用指南针方向(字符 N、S、E 或 W)来决定在移除指南针方向字符之前，是否需要在数值前面先添加一个减号(-)。赤道南部的经度和本初子午线西部的纬度，按照惯例都要转换成负值，所以你可以找到末尾是 W 或 S 的坐标，然后在这个坐标值前面加一个负号。

查询的第一部分是用于表示经度或纬度值的任意数字和符号的组合，但只有那些结尾处是 W 或 S 的，才能匹配：

```
([0-9]+[0-9 \'\"\.]+)[WS]
```
←这里指匹配 W 或 S，而不是同时匹配它们

用-\1 取代：

```
 21 17'24.68"N    -157 51'41.50"
 38 30'36.62"N    - 28 17'16.87"
 -8 59'53.30"     -157 58'13.70"
 10 24'47.84"N      51 21'54.61"E
-22 52'41.65"       48  9'46.62"E
```

如果要删除北部和东部，你可以搜索[NE]然后替换成空白。这次你不需要捕捉任何文本。

在一个包含大量条目的文件中，连续完成这三个命令所耗费的时间，要比手动完成修改短得多。当然，如果你必须在许多不同的文件上进行这种转换，或者需要在很长一段时间内不断重复，你就会想要编写一个程序或脚本去自动完成所有的修改。在后面的章节中，我们将给你展示如何才能做到这一点。

否定字符集：用[^]定义自定义字符集

你想在[]中放多少字符都可以，但这很快就会失控。如果字符集很大，你可能会忘记一些东西。因此，有时候你指定不想匹配的字符会更容易。这可以通过使用补字符号(^，在美式键盘中用 *shift* +6)作为方括号内的第一个字符实现。在这种情况下，括号内的词可以匹配除了那些插入在符号后的字符以外的其他任何字符(字母、数字、标点符号和空格，包括行尾符\r)。例如，搜索[^A-Z\r]然后用 x 替换它，就会把文档中除了大写字母和行尾以外的其他任何东西都替换掉。

这可能看起来像一个比较难懂的技巧，但它至少有一个非常重要的用途：这是一个很好地识别字符分隔文件中的列的捷径。分隔符只是一个字符，用于分隔每个列的值，最常见的是制表符或逗号。比如下面这个例子，\t 指定的是一个制表符，每一行都是由三列组成的制表符分隔的文件，具有以下格式(其中的 X、Y 和 Z 代表数据值)：

```
X\tY\tZ\r
```

像这样从一行中提取出单个数据片段的行为被称为**解析(parsing)**数据，这是分析数据的一个重要技能。为了快速分离制表符分隔的数据，你可以使用否定字符集构建一个通配符[^\t]+来匹配“除了制表符以外的任何符号”。

使用这种方法，可以构建一个通用搜索项，用于捕获制表符分隔文本中的一列数据：

```
([^\t]+)\t
```

换句话说，就是要捕获“任何后面跟着一个制表符的符号，但不包括制表符本身”。在每个字段之间都会有制表符，但并不是在每个字段之后都一定有。例如，在一行三列的数据中，只有两个制表符，因为最后一列后面是没有制表符的。

把从制表符分隔的文件中提取出的值，逐次复制粘贴到你的数据集的每一列中，只要用\1、\2、\3 等来载入你的数据即可。这为改变文本中列的顺序，或者修改某些特定的列，提供了一个非常简洁的方法。如果在一个程序中，由制表符分隔的文本文件中数据的顺序是 X\tY\tZ，而在另一个程序中，你则期望这些数据的顺序是 Z\tX\tY，你可以搜索([^\t]+)\t([^\t]+)\t([^\t])+)去捕获这些值，然后把它们用新序列

\3\t\1\t\2 重新写出来。

注意，由于在这个搜索关键词中，并没有标志要捕获制表符，所以在替换关键词中必须包含制表符，否则它们会被全部删除掉。当然，如果你愿意，可以在替换关键词中使用另一种分隔符。例如，在某个步骤中你想要改变列的顺序，并且将分隔符改用逗号，你就可以使用\3、\1、\2 这样的替换关键词；你也可能想在行结尾处使用\r，或在方括号内用\r，因为行尾结尾字符也被包含在[^\t]内了。

按这种写法，([^\t]+)\t([^\t]+)\t([^\t])+)将只匹配每一行的第一、第二和第三列。这是因为正则表达式通常会匹配它们遇到的第一个指定模式的实例，以及之后每个与它不重复的实例(即某次匹配的最后部分，不能再出现在下一个匹配的第一部分)。如果文本中只有 3 列，这个正则表达式将正好匹配这三个列。如果有超过 3 列但小于 6 列，它将只能匹配前 3 列，其余的列则不会被触碰。如果超过 6 列，它将会匹配两次或者更多次，这取决于列的实际数量。如果小于 3 列，它将无法匹配，因为没有哪一行能包含完整的搜索项。有时候你可能只想要精确地匹配 3 列，而不管后面还有多少列，也只匹配前 3 列；还有时候，你甚至想把搜索项锚定到行尾，只去修改最后一列即可。在下一节中，将给你提供完成所有这些任务所需的工具。

边界：^开头和$结尾

有一些正则表达式符号不对应于某个字符，而是与单词或行中某些指定位置的字符旁的边界相匹配。其中最有用的字符都展示在表 3.1 中。

表 3.1　用于正则表达式的边界项

边界项	匹配
^	行开始的边界
$	行结尾的边界

^符号会有点让人摸不着头脑，因为它在不同的情况下有不同的含义。我们刚刚告诉过你，它是用在否定字符集的，但那是在方括号内时；如果在括号之外的话，它就有不同的含义，匹配这一行的开头，就是正好在第一个字符之前。$符号是用来匹配行尾的，就是特定行尾符之前。如果你“替换”了开始或结尾的锚定符号(这不是真的取代，因为行的开头仍然存在)，只会对行之前或之后的插入字符有影响。相反，如果你更换了行尾符\r，那么最终会导致把所有的行组合成了一行。

有个使用^的例子：在一个制表符分隔的文本文件中，要在每一行前面都添加一个叫 Sample 的列。想做到这一点，你要先搜索^，然后用 Sample\t 代替它即可。你还可以做得比这更精确一点。例如，在搜索行开始符号^时，你还可以附加上只搜索由数字开始的行，而忽略其他不是数字开始的行，通过搜索^(\d)然后再用>\1 取代它。

边界匹配除了能跟踪每行的开头或结尾处的文本之外，还有另一个重要的功能——一种很方便的锚定搜索的方法。例如，由制表符分隔的文件可能会在第一列中使用-1 标识作为占位符，代表非法字符或者缺失的数据，但当你想要用另一个程序读取时，它却期望使用的是 NaN 标识（“Not a Number”，它是一个标准符号，常用来表示非法值、不适用或者缺失数据，许多程序都是这么用的）。但是在其他的列中，-1 可能是一个合法值，你不需要用 NaN 替换它。这时你就可以使用锚定搜索项^-1\t，然后用 NaN\t 替换它。只有当它出现在行首时，才会找到这样的组合。因为处理过程中不会删除边界，所以你就不需要在替换项内包含^符号了。

在前面那个用首字母和点号替换属名的例子中，你还必须捕获种加词，因为你不希望它也被点号替换。现在，只要使用锚定，就可以很容易编写一个更稳定可靠的查询式，它只会用首字母取代第一个单词，即使后面跟随有其他的单词也没有问题。这个是我们之前使用的示例文本：

```
Agalma elegang
Frillagalma vitiazi
Cordagalma tottoni
Shortia galacifolia
Mus musculus
```

这一次，我们使用这个搜索项：

```
^(\w)\w+
```

和这个替换项：\1\.　←注意这个转义的点号，它是用来替换第一个单词中首字符后面所有字符的

可以获得这个结果：

```
A. elegans
F. vitiazi
C. tottoni
S. galacifolia
M. musculus
```

使量词更加精密

另一个量词：*为零次或多次

鉴于量词符+表示其前面的元素可以匹配一次或多次，而量词符*则表示它可以匹配零次或多次。如果你不能确定在文本中该元素是否出现，这个功能就很有用，而且确实很关键。

有时候，你可能只想提取某一行中的一部分，而且不想花时间去分析剩下的部分。在这里，可以囊括一切的通配符.*是非常有用的。如果你把这个点加星号放在一个具体的搜索表达式后，它将匹配查询元素后面剩余的所有字符，直到行尾结束。你已经捕获了这些信息（记住.可以匹配所有字符，但除了\r 和\n），可以在替换项中重新使用它们，当然如果这些数据你不需要，也可以删除它们。

用?修改贪婪程度

+和*量词的一个重要特性是“贪婪”，这意味着它们会尽量匹配所有能够匹配的最多的字符。这有时会导致令人惊讶和难以理解的结果。例如，你可能想要搜索一个序列，在序列尾部有一系列重复的 A，你希望找出在重复 A 之前的所有字符，然后删除尾部重复的 A：

CCAAGAGGACAACAAGACATTTAACAAATCACATCTTTGTATTTTTGGTTAGAGTTGAAAAAAA

你的第一反应，可能是用搜索项(\w+)A*或([ACGT]+)A*，然后用\1 去替换。不过，如果你做了这个尝试之后，就会发现你的 A*项(零或者更多的 A)居然搜索不到任何东西！即使你使用了 A+(如果这个序列的结尾根本就不是 A，就会有运行失败的风险)，你也只会删掉序列中的最后一个 A。记住，正则表达式是非常渴望去讨好你的，所以它们会尽可能多地匹配这一行的字符。量词也同样试图这样从左到右尽可能多地去匹配字符。在这种情况下，\w+也能够匹配到最后不断重复的 A，而且与后面的 A*项(零个或多个)还能保持不冲突。为了解决这个问题，你可以指定在最后重复的 A 之前，必须有一个非 A 的字符，这样就会留下重复的 A 去匹配了：

```
(\w+[CGT])A*    ←这要求序列没有缺口或其他意料之外的字符才能正常工作
```

通过另一种作法也可以达到这个目的，就是在+符号后添加一个?符号，迫使第一个量词产生最小的匹配：

```
(\w+?)A*    ←这样还不行
```

这个搜索项代表匹配最短的一系列字符，它后面跟零个或多个重复的 A。它仍然是不能工作的，因为哪怕序列只有一个字符 C，它都能最低限度地匹配这一项。如果想让它扩展到序列的最后，你必须使用$符号去锚定最终重复的 A 字符串：

```
(\w+?)A*$
```

如何解决这类问题，常常由个人喜好来决定。你应该意识到贪婪和不贪婪的量词，会导致潜在的意外后果。

用{}符号控制匹配的数量

我们已经向你展示了如何去匹配一个实体一次(只用单个字符、字符集或通配符)、一次或多次(通过在一个实体后添加一个+符号)、零次或多次(通过在一个实体后添加一个*符号)。不过，我们经常需要用一个更加精准的尺度去控制它，比如定义在一个序列中，一个实体应该匹配的具体次数，或一个实体可以匹配的最小和最大次数。

你可以用大括号{}做这件事情。这个大括号一般放置在字符或字符集后面。例如，{3}就表示准确地匹配前面的实体三次，而{2,5}表示匹配前面的实体至少 2 次，但不超过 5 次。你也可以省去最大值直接输入{3,}，这个表示至少匹配 3 次，但如果可能，它还能匹配更多次。你可以在表 3.2 中看到更多的示例。

表 3.2 使用大括号{ }控制匹配次数的一些例子

开始	搜索项	替代项	结果
CTAAAAGCATAAAAAAAAAAAA	A{8,}		CTAAAAGCAT
34.2348753443	(\d+\.)(\d{3})\d+	\1\2	34.234

把所有都放在一起

想象一下，你的同事已经给你一个数据文件(/Ch3observations.txt 可作为例子)，里面的日期和变量是以下这种格式：

```
13 January, 1752 at 13:53△ -1.414△ 5.781△ Found in tide pools
17 March, 1961 at 03:46△ 14△ 3.6△ Thirty specimens observed
1 Oct., 2002 at 18:22△ 36.51△ -3.4221△ Genome sequenced to confirm
……此处省略 800 行类似数据……
20 July, 1863 at 12:02△ 1.74△ 133△ Article in Harper's
```

这些数据是由制表符(由小灰三角形表示)和空格的组合分隔开的。这些月份的名字可能是也可能不是缩写，X 和 Y 的值可正可负。最后一列包含的注释，可以丢掉。假设我们的目标是将数据重新排列成包含以下各项的列表，而且这些项由制表符来分隔。作为一个附加的挑战，你要转换它们在文件中出现年月日的值，让它们出现在不同的位置上。我们想要的输出字段看起来是这样的：

Year	Mon.	Day	Hour	Minute	X data	Y data

这个操作需要根据几种不同的属性，把每个值分离开。第一步是仔细看这些行上的数据，然后思考你可以用什么去识别和分离这些值。在这一点上，你甚至可以不用先考虑你将如何表述实际的搜索项，只需要用文字描述特征。

如果你只通过空格和制表符分隔这些字段，你最终会得到以下元素：

13	January,	1752	at	13:53	-1.414	5.781	Found in tidepool

这是一个充满希望的开端。现在用括号括住你想留下的部分，然后把数字放在括号相应处。这还是在做整体观念的考量，思考你想要的与哪些东西相关：

(13)	(Jan)uary,	(1752)	at	(13):(53)	(-1.414)	(5.781)	etc.
1	2	3		4 5	6	7	

有些事情需要注意：在第二组中，你只用保存前三个字符，这样就可以形成“月”的缩写。之所以没有给“at”和行尾备注分别编号，是因为你不需要把它们保存在最后的文件中，因此没有必要捕获它们。在“时、分”的字段中，你想要单独保存小时和分钟。最后，你还要保存 X 和 Y 的数据字段。刚开始时，你的确要同时思考很多东西，但

如果你像这样一块一块地思考数据，它就变得容易驾驭了。

现在，你已经清楚哪些是原始文件中的“保留者”了，接下来你需要弄清楚如何把它们改写成关键词。从示例的行中取特定字符，然后根据需要用通配符替换它们。首先考虑括号内的字符，然后再继续处理其他内容：

(13)	(Jan)uary,	(1752)	at	(13):(53)	(-1.414)	(5.781)	etc.
(\d+)	(\w\w\w)[\w\,\.]*	(\d+)	at	(\d+):(\d+)	([-\d\.]+)	([-\d\.]+)	.*
1	2	3		4　5	6	7	

综上所述，在这个表的第二行中是我们编写的查询关键词，看起来比较复杂。但是每个元素本身并不是那么复杂，第一组就相当简单明了——天数应该一直都是一个或多个数字。

第二组会是三个或三个以上的字母，后面还有一个可选的点号或逗号(或两者)。你只希望捕获前三个字符。因为在默认情况下点号是一个通配符，你需要在它之前加一个反斜杠去转义它，另外你也要转义逗号。

跳过 at 这一组，去看后面的第 4 和第 5 组里的时间值，这里应该一直都是由冒号分隔开的一些数字。接下来的数据值可以是正的也可以是负的，所以我们设置括号中可以包含数字、破折号和点号(这些数字可能会有小数点)。

在形成替换关键词之前，还要再次考虑查询关键词以处理那些你不想保留的空格和中间字符。

(13)	(Jan)uary,	(1752)	at	(13):(53)	(-1.414)	(5.781)
(\d+)\s+(\w{3})[\w\,\.]*\s+(\d+)\sat\s+(\d+):(\d+)\s+([-\d\.]+)\s+([-\d\.]+).*						
1	2	3		4　5	6	7

在其他各个元素间，需要插入\s+(意为一个或多个空格字符)。你也可以使用实际的空格符。

在你构建查询关键词的时候，甚至在此之前，尝试先运行一下以确保你没有遗漏什么,这显然是一个很好的办法。你可以用 TextWrangler 打开你的数据文件,然后在 Find(查找框)中输入这个查询关键词(请再次检查 Grep 选项是不是打开的)。然后点击查找按钮,确认整个行都被高亮显示了，这意味着已经找到了文本。这时你可以点击⌘+G 来重复后一次查找，每行的数据文件都应该被连续地高亮显示出来。

请花一分钟回顾一下搜索关键词，欣赏一下呈现出来的这种模式是如何彻底地不可预测。逐项地构建查询项，会让你更容易跟踪你所做的事。这种“分而治之”的方法，是你可以从这本书中得到的最重要的工作实践方法。

生成替换关键词

尽管已经做了这些工作，但你还没有全部完成。你仍然需要进行替换工作，这样就可以生成你想要的输出了。幸运的是，生成一个替换关键词，通常比搜索关键词要容易得多。

括号内的搜索关键词部分已经被保存在内存中了，取回它用于生成替换关键词即可。你可以在斜杠后面加上各组对应的数字，然后使用这些元素生成替换关键词。

根据它们在原始文本中被找到的字段顺序，依次替换这些文本。要用制表符分隔开，按照如下操作：

```
\1\t\2\t\3\t\4\t\5\t\6\t\7
```

所需的最终替换稍微复杂一点，因为你需要重新排列一些输出变量的顺序。

这是在搜索的各组原始数据集中出现的顺序：

Field	**Day**	**Mon.**	**Year**	**Hour**	**Minute**	**X data**	**Y data**
Group Number	1	2	3	4	5	6	7

要生成替换字符串，接下来的步骤是把这些字段重新排列成所需的正确顺序。之后，再插入任何想要的标点符号(在这个例子中，要在字段 2 后加一个点号)，最后插入制表符，让这些字段被导入到单独的各列中去：

Year	Mon.	Day	Hour	Minute	X data	Y data
\3	\2\.	\1	\4	\5	\6	\7
\3\t\2\.\t\1\t\4\t\5\t\6\t\7						

这个替换字符串让你只用一个搜索和替换命令(尽管复杂)就可以去重新格式化，编辑和整理好你的数据文件。在这里，我们会看到这个结果：

```
1752Δ Jan.Δ 13Δ 13Δ 53Δ -1.414Δ 5.781
1961Δ Mar.Δ 17Δ 03Δ 46Δ 14Δ 3.6
2002Δ Oct.Δ 1Δ 18Δ 22Δ 36.51Δ -3.4221
1863Δ Jul.Δ 20Δ 12Δ 02Δ 1.74Δ 133
```

在处理数据时，你不必一定要在一个步骤内完成所有替换。你也可以用多个步骤去完成这些任务——尽管你需要反复做一系列的操作。在阅读 Python 编程章节之后，你可能会再考虑回顾这些过程。有时你也可以使用一些便捷的小技巧，比如用一个独特的占位符去创建一个过渡的替换(例如，用 zzz 或###代表换行符)，然后你再在随后的搜索操作中替换它。

构建可靠的搜索

如果你一直跟随本书进度键入了一些例子，或者用这些工具尝试你自己的数据，一定会遇到有些正则表达式由于输入错误或其他问题而出现故障。故障可能源于关键词设计时的一些小错误、数据文件中的错误，或者是没有充分预料到数据文件会出现的所有潜在的变化。因为在你试用正则表达式时，总是会在某些时候出现故障，所以最重要的事不仅是要考虑如何让关键词能工作，而且要考虑如何让这些关键词不出故障。这并不是说你故意设计让它们不能工作，而是想要把它们设计成在它们工作万一出错的时候就以特定的方式出现故障。如果一个搜索关键词看起来似乎能够工作了，但是却带有些微妙而难以察觉的故障，还不如让它完全出故障好。

当查询失败时，有两种可能的结果：第一，它可能完全阻塞了，无法提供任何输出；第二，它可能制造意料之外的、不正确的替代文本。后一种情况，你有时甚至根本就没有注意到，但是这将会危及你的后继分析。因为这可能导致灾难性的后果，所以通常最好是过度细化你的搜索，让它超出完成任务所需要的程度。过度细化是指在你的搜索关键词中，使用尽可能多的不同元素，并尽可能使它们更具体。例如，不要用(.+)去一直捕获到行尾，而是拼出你期望看到的字段。对于那些复杂的、难以一眼就看懂的查询，这是非常重要的。对于将被应用到大型数据集的查询，这也同样重要，因为你不可能用眼睛来验证全部结果。还有，在对输入文件的一致性有疑问的情况下，这样做也是非常重要的，例如，由于文件格式不够清楚，只能靠你去努力猜测最可能的情况，或者数据全部由手工输入时，就极有可能出现拼写错误。

为了使你的设想更精确，需要添加一些冗余信息。举例来说，如果你认为标题是通过在行首用字符>来标示出来的，那就寻找^>而不是只找>或只找行首字符(^)。这是因为如果你只用了>，而>也可能会出现在标题内部或者文件的其他部分中，这样你就可能会被误导。

另一种使查询更可靠的简单方法，就是强制搜索与整个行匹配。你可以通过在搜索项里故意包含一些字符去匹配你并不需要处理的一部分文本来达到这个目的，或者可以用^和$查询符号来锚定每一行的两端。对于你所期望的查询行为，这是一种增加可靠性的好方法。

一旦你的基本关键词能工作了，你还应该寻找其他方法去增加冗余度。例如，大多数程序都会反馈替换操作的次数，所以一定要把它和预期的替换数核对一下(有时就是文件中的行数)，看看文件中是否隐藏有一些不当格式化的行，导致关键词没有匹配。

思考你定制的计算解决方案可能会以什么样的方式失败是有重要意义的，故意使它们以一种确定的方式失败，可以很好地扩展对正则表达式的理解。大多数商业软件在发布之前，都经历过大量的测试，但是几乎所有主要的软件包还是会有缺陷。如果你只进行了极少量测试，就用你制作的计算工具去分析重要数据，同样也有出错的机会。此外，由于许多类型的生物数据没有明确定义的数据格式，所以你遇到糟糕的数据文件也是很常见的事。因此你需要给你自己建立一个安全网，仅仅把数据放入然后得到答案，这些还不足以证实你一直都在正确的轨道上。

总　　结

你已经学会了：

- 用[]去定义你自己的字符集；
- 在制表符分隔的文本中，用([^\t]+)\t 去分离字段；
- 用行首(^)和行尾($)字符去匹配边界；
- 用*和{}定义更多量词；

- 用?去控制你的量词的“贪婪”，然后产生一个最小的匹配；
- 一步一步建立复杂的查询。

进一步学习

在文本编辑器的环境中，应用正则表达式，应该是最通用和最易用的工具之一(表 3.3)。我们在自己的实际工作中，几乎每天都要使用它。就像本章所演示的那样，你可以使用正则表达式去插入、删除和简化文本，还可以执行其他一些常规操作。在附录 2 中可以找到一个表格，它可以作为你构建查询项时的快速参考指南。

表 3.3　一些可以使用正则表达式的常见操作

操作	查找	替换
分解元素，用 Nano_128.dat 数据为例	(\w+)_(\d+)\.(\w+)	\1\t\2\t\3
合并或重新安排各列的值	(\w+)\t(\w+)	\2 \1
把多行合并为一行 (\n 或\r，这取决于特定程序)	\r \n	,
把一行分割为多行	,	\r
把一个独特的元素清单转换为一个长的项目(如 URL 超链接、表格、文本行)	见第 6 章里的例子	
转换一个名字的列表，移动第一个名字，并把首字母放在最后，中间用逗号隔开(像“Jr.”这样的名字不能用)	(.*)(\w+)$	\2, \1
删除与出现 X 字符相关的内容		
从开始到最后一次出现	^.*X(.*)	\1
从开始到第一次出现	^[^X\r]*(X)	
同上	^.*?(X)	
从第一次出现到最后	(X).*?$	
一直到最后一次出现	^.*(X)	
注意：如果找不到匹配的 X，将导致整行被删除		

尝试将你的任务分解为这些操作的组合。结合 TextWrangler 中一些其他的特性一起使用，如排序(Sort)和线性流程包(Process Lines Containing)，无需编写脚本就可以支持高级文件操作。你还可以使用编辑器的跨多文件搜索的能力(Search ▸ MultiFile Search...)，作为扩展你能力的一个方法。

第二部分　Shell 命令

第 4 章　命令行操作：shell

在这一章，你会了解到 shell 的基本原理。我们可以用这个工具，通过在命令行输入指令使你和计算机之间实现信息交互。本章的中心内容是通过命令行操纵你的计算机，而后面几章会聚焦于如何使用这个强大的界面去处理文本、使用程序和自动执行任务。

初次接触：不要惧怕命令行

为了帮助你领会什么是 shell，可以先将它与一些你熟悉的事物进行比较，如**图形用户界面(graphical user interface)**。图形用户界面也称为 GUI，是现在大多数用户用来与计算机进行交互的平台。常见的 Windows 和 Mac OS X 操作系统，运行在 Linux 上的多个界面(如 KDE、GNOME)，还有 X Window 等，都是 GUI 的实例。通过使用这其中的任何一个系统，你都可以用一种直观的方式打开并处理文件和文件夹，与程序进行交互的方式就是使用鼠标移动光标点击屏幕上的图标和菜单。

GUI 确实极大地提高了计算机的易用性，界面友好还可以处理许多复杂任务。但是，这些优势来自于很多深思熟虑后的仔细取舍，而其中的一些不足在科学家们看来比其他用户看来更为敏感。GUI 的一些潜在弊端包括如下几个方面。

- 科学家需要做的许多分析都是操作一系列的长序列，这些运算可能需要在不同的数据库中重复多次，或者在同一个数据库中做小的修正后重复多次。这个过程不能很有效地把序列提交给 GUI。一遍又一遍不断地反复点击同一个序列的菜单和对话框是每个人都有过的沮丧经历。
- 大多数程序不会记录用户通过 GUI 发出的所有指令，如果你想要重复分析步骤，就得再次分析你的数据，而这些分析步骤和数据是被分开记录的。
- GUI 也不利于控制在计算机集群或远程机器上的分析。当你需要完成复杂的或者大规模的计算任务时，这会是个问题，因为你会对计算效率的要求越来越高，而这不是个人计算机可以完成的任务。
- GUI 的设计开发相当耗时耗力，而且通常只能在少数特定的操作系统上运行。

幸运的是，还有一种方式能与计算机进行交互，并且可以避免这些问题，这就是常常令人害怕的命令行方式，它是一个完全基于文本的界面。使用命令行确实需要预先投资，去学习一组新的技能，但是从长远来看，它会为许多数据的处理和分析任务提供巨大的净收益。对于缺少经验的人来说，命令行似乎很原始，倒退到了鼠标出现以前的时代。然而命令行一直存在着并且发展得很好，事实上，命令行界面是许许多多不同的计算工具优先选择的界面。在很多情况下，它比 GUI 为数据操作和分析提供了更方便的操作环境。

我们会从解释命令行是什么，以及如何通过这个强大的界面操纵计算机开始说起。接下来几个章节会阐明更多的操作指令，尤其是文本操作。这本书旨在使你更适应命令行环境，但这不是一个全面的指导。为了更深入地了解，你可以查看附录 3 中的 shell 指令和网上参考文献，以及任何致力于探讨这个话题的书(我们在这章的末尾特别推荐了几本)。

开始了解 shell 然后产生兴趣

开始了解 shell

shell 在终端模拟器里运行，或者简单来说，在终端里运行。在 Mac OS X 中，默认终端程序被叫做 Terminal，位于应用程序(Utilities)文件夹下的实用程序(Applications)文件夹里[1]。双击图标启动程序。打开终端窗口后，会有一个问候语、一个命令符和一个光标(图 4.1)。问候语通常简短，包含着一些信息，比如上次是何时登录的。命令符的具体内容会根据你计算机的名称、你的用户名、你目前的网络连接和其他因素而改变。在这本书中，我们将设想你是一个计算机专家，你的用户名是 `lucy`，所以图解中的示范命令符包含单词“lucy”。

Windows 用户请参见附录 1；Linux 用户可以直接使用程序 Terminal

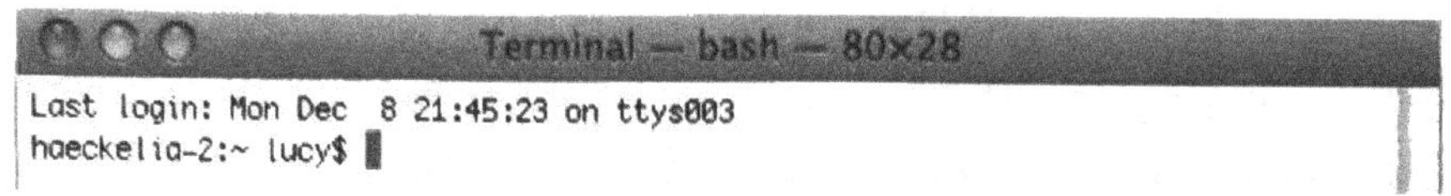

图 4.1 OS X 中 Terminal 窗口的一部分，此处显示有问候语、命令符和光标。

终端窗口里的命令行，就是指提示符和光标，它是由叫做 **shell** 的程序在终端窗口中展示的。shell 是可定制的，而且功能很强大，但有时它的思维简单到好笑。你可以通过发出简短的指令或者编写简单的脚本来做些很棒的事，但是你也可能因为错误敲击了几个字符，导致从硬盘中彻底误删一堆重要的数据。shell 总是假定你说啥是啥，几乎不会给你机会召回已发出的指令或者撤销结果。

有许多种不同的 shell 程序，而且每一种都有自己忠实的支持者阵营。这些 shell 大多数都有一样的功能，但是采用的叙述事物的方式有细微不同。在 OS X 系统中曾经安装过几种 shell 都可以在 Terminal 窗口使用，但是从版本 10.3 开始系统默认使用 `bash` shell。在这本书中我们就使用 `bash`。

现在，是时候来尝试你的第一条指令了。为了核查你是否已设置好了 `bash` shell，请在打开的终端窗口的命令提示符处输入如下文字：

1 还有一个有时安装在 OS X 上的终端程序是 xterm，通过 X11 应用程序的菜单可以使用。因为 xterm 的操作与 Terminal 不同，所以在书中的这几章不做介绍。

```
echo $SHELL    ←这个名称必须用大写字母
```

终端会输出正在活动的 shell 的名称，应该显示出/bin/bash。你也可以看 Terminal 窗口顶端是否写着 bash。如果显示正在活动的 shell 不是 bash，你需要打开 Terminal 首选项，更改默认的启动项为/bin/bash，然后通过关闭终端后再次打开重新加载 Terminal[2]。

不同操作系统中的命令行界面　在本书的例子中，假定你使用的是苹果计算机提供的 OS X 操作系统，这是一个 Unix 操作系统。如果你使用的不是 OS X 操作系统，请查看附录 1 中针对你的系统的特别说明。还有很多其他的操作系统也是以 Unix 为基础的，比如 Linux，它们与 OS X 很相似，因此本书中的大多数例子都适用，或者只进行少量的修改就能工作得很好。事实上，在许多 Unix 系统中已经广泛使用 DOS 或 PowerShell 命令提示符。Microsoft Windows 操作系统提供的命令行界面从根本上与 Unix 命令行不同，也不等价。正如在附录 1 中描述的那样，你可以在 Windows 里安装一个叫做 Cygwin 的工具，它类似 Unix 的命令行，可以提供部分功能。你也可以在 Windows 中再安装 Linux，就能充分体验命令行功能的所有好处。

文件系统的命令行视图

计算机中文件夹和文件的嵌套分层结构叫做**文件系统(filesystem)**。你在计算机中使用图形用户界面浏览各种各样的窗口时应该已经熟悉了文件系统。例如，你会常常在各种程序的 Save 和 Open 对话框里浏览文件和文件夹。而在 OS X 中，你会使用 Finder 来创建新文件夹，以及在文件夹之间拖动文件。这些图形对话框和工具使你能够俯瞰计算机中文件是如何建构的。

你通过命令行获得的对文件系统的理解与图形界面(GUI)提供的视角理解不同。使用命令行更像是处在第一人称视角——就像是在任何一种特定时刻，你都是处在文件系统中的某一个位置上来观察文件系统。你所观察到的视图，是依赖于你所处的位置。有时你站在原地，从远处与文件交互更容易；但有时首先到达文件所在的地方，再对它进行处理会更容易。

当你使用图形用户界面工作，比如 Finder，经常不清楚**根目录(root directory)**是什么作用。根目录是系统里包含性最广的文件夹，它装着所有其他的文件和文件夹(目录和文件夹是一回事；不过当使用命令行时，谈到目录比谈到文件夹更常见)。正如你将看到的那样，使用命令行时根目录的意义会明显得多，也更重要。以 Unix 为基础的系统(如 OS X)有一个单一的根目录，你可以把它看成是计算机中文件树的根基，或者看成是包含性最广的目录，是包含所有其他文件的容器(图 4.2)。甚至硬件驱动也包含在这个从根部发出的单一的文件系统里。如果你把一个光盘插入 DVD 驱动器或者插入一个 U 盘，这些东西也会在目录树中得到它们自己的文件夹。

2 如果你找不到一个合适的设置，请加入我们的 PCfB 支持论坛 practicalcomputing.org。

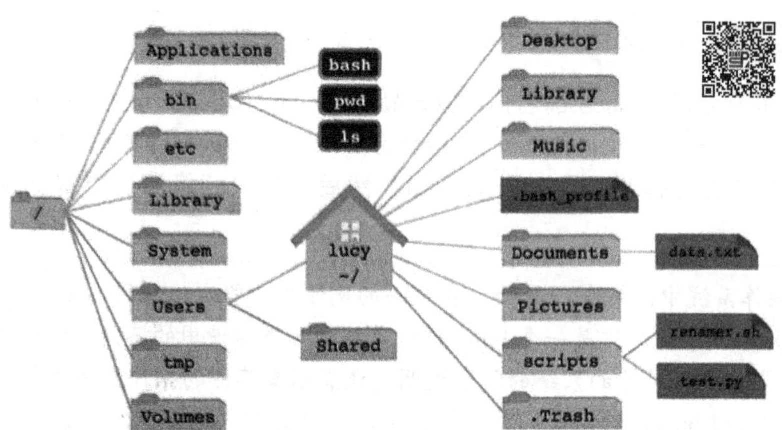

图 4.2　部分文件系统结构的树状图。绿色的是文件夹（也叫做目录），红褐色的是文件（也叫做文档），灰色的是 Unix 程序（也叫做指令）。最左边的是根目录。（彩图请扫二维码）

对 Unix 根目录的组成产生误解是很常见的。Windows 的用户更习惯于每个磁盘驱动器都有它自己的根，事实上会产生多个根（`C:`、`D:`等），这取决于计算机的硬件配置。在 Mac OS X 里，一些用户会把他们的 Home 文件夹当作根目录，但事实上那台计算机的每一个用户都有自己的 Home 文件夹，它们不过是个人账户设置和用户生成文件的默认位置。还有一些用户觉得文件系统的根是他们的桌面，但事实上，桌面只是嵌套在 Home 文件夹里的一个文件夹。

当使用命令行时，你对文件系统的看法常常基于你当前所处的目录。所以你需要做的第一件事就是学习如何移动到不同的位置、找到你在什么位置，然后看四周都有什么文件和文档。

路径

对事物在文件系统中位置的描述称为路径。路径列举了一系列目录的名称并用斜杠隔开。如果要描述一个文件的**路径（path）**，那么路径的最后一个元素就是文件名。在以 Unix 为基础的操作系统中，分隔符是正常的斜杠（/），而不是 Microsoft DOS 里的反斜杠（\）。举个路径的例子：`/Users/lucy/Documents/data.txt` 指的是叫做 `data.txt` 的文件在 Documents 文件夹里，Documents 在 lucy 文件夹里，lucy 在 Users 文件夹里，Users 在根目录里。路径既可以指示文件的路径，也可以指示文件夹的路径。例如，在这个例子中，`/Users/lucy/Documents/`表示包含着 `data.txt` 的文件夹，也可以说，Documents 文件夹是属于用户 lucy 的。

路径分为绝对路径和相对路径。**绝对路径（absolute path）**是对事物与根的关系的完整而清楚的描述，根是文件系统的根基。由于文件系统里只有一个根，你不再需要任何其他信息就能了解绝对路径中指明的文件或文件夹的位置。某种意义上，这就像是知道了文件和文件夹的经度与纬度一样，从而知道了它们的确切位置。相比之下，**相对路径（relative path）**只描述了一个文件或文件夹与另一个文件夹的关系。

为了理解相对路径，你需要知道参考点。相对路径本质上是一种偏移量（offset）。在这种意义上，这就像是说“房子里的厨房”，为了知道厨房在哪，你需要知道房子在哪。为什么绝对路径已经很精准了却还要动用相对路径呢？在很大程度上这是方便与否的问题。尤其是当你不断深入，离根越来越远的时候，要完全确切知道每个事物的位置太麻烦。比如说，如果你已经知道你在房子里，为什么还要说/mycity/mystreet/myhouse/kitchen？

斜杠放置在不同位置，对应着两种不同的意义。最常见的是用于将目录名称与紧接着它的文件或目录名称分隔开。如果斜杠是路径中的第一个字符，则代表根目录。事实上，你总能很容易辨别出绝对路径，因为它以/开头，一眼就能看清楚。例如，我们之前提到的那个路径，/Users/lucy/Documents/data.txt，就是一个绝对路径，因为开头的斜杠代表了根，而根是唯一的，所以你已经获得关于 data.txt 文件在哪里的所有信息。

> 你的根目录路径应该与此不同

要记住，当你与 shell 进行交互时，你总在某个特定的目录里看文件系统。这个优势位置叫做工作目录，通过改变工作目录你可以改变对文件系统的视角。根据这个想法，相对路径不是以斜杠开头，而是以文件或目录名称的首字母开头。它们描述了某个文件或文件夹到当前工作目录的路径。

如果说工作目录是/Users/lucy/，那么相对路径 Documents/data.txt 与绝对路径/Users/lucy/Documents/data.txt 明确指出的是同一个文件。注意到 Documents/data.txt 没有斜杠开头，所以你知道它不是一个绝对路径，并且它指出了到你所在地方的路径(在实际应用中，一个文件夹的路径末尾是否有斜杠结尾是无所谓的)。如果你查阅/Documents/data.txt 就会出错，因为开头是斜杠，而系统中根目录下并没有这样的文件或文件夹。

到达你工作目录里的某文件的相对路径，就是该文件的名称，因为它跟你在同一个文件夹里。比如说，在文件夹/Users/lucy/Documents/里，相对路径 data.txt 本身已经足够明确地指出/Users/lucy/Documents/data.txt。在实际应用中，这通常是你通过命令行摆脱与文件系统交互纠缠的方式。也就是说，如果你想对文件进行一系列操作，首先要把工作目录改到包含着该文件的文件夹，然后再从近距离做一系列操作。

利用 shell 在计算机里遨游

用 ls 列出文件，用 pwd 找出你在哪里

每次当你打开一个新的终端窗口，你就是在重新登录计算机的 Unix 系统。你会位于 Unix 的主目录，这和你在 Finder 窗口里点击了代表文件夹的房子图标一样。每个在你的计算机里拥有账户的用户都会有自己的主目录，所有这些主目录以各自用户名的形式保存在/Users 目录里。由于我们在这本书中假定 lucy 为用户名(当然你的用户名可能会不一样)，在后面所有主文件夹的例子中我们都会使用/Users/lucy。

你要学的第一个指令将会被很频繁地使用，那就是 ls(**list** 的简写)。它可以列出一个指定目录里包含的文件和目录。如果你不指定目录，它就会列出工作目录，即列出你目前所处的目录中的东西。由于到目前为止，你所做的只是打开终端窗口启动一个新的 shell，系统默认的工作目录是主目录(/Users/lucy)。因此，ls 展现了主目

录中的内容(图 4.3)。

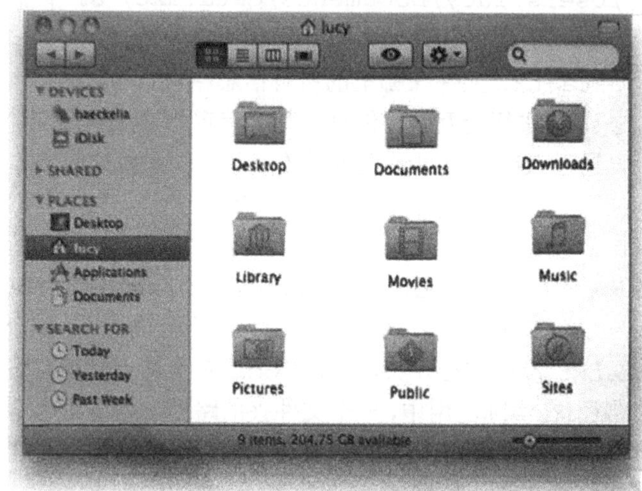

图 4.3　从两个不同的界面看主文件夹的内部，Terminal 窗口(上部)以及熟悉的 Finder 窗口(下部)。请注意在这两个界面里罗列出了相同的文件夹。

在下面的例子中，那些黑体字部分是你需要输入的字符，正常字体是系统打出的字符，在每行开头我们可能显示也可能不显示命令行提示符。在我们显示 lucy 的位置上，你会看到自己的用户名，在每行开头你也会看到不同的主机名称。这是你的网络身份，当你初次在计算机上设置账户就被创造好了。

> 先只键入 ls，然后再加上别的文件夹名称，试试列出它们的目录清单

当你处于主目录，想要看桌面文件夹的内容，输入：

```
host:~lucy$ ls Desktop
```

在 Desktop 字符之前我们没有加入别的东西，ls 就会认为 Desktop 是工作目录里的一个目录。这是到达桌面的一个相对路径，因为它与你现在所处的位置相关。执行命令后你会在一瞬间看到桌面上储存的所有文件。

> 在其他系统中可能不存在桌面文件夹

为了看工作目录的绝对路径，要用到 pwd(**p**rint **w**orking **d**irectory)命令：

```
host:~lucy$ pwd
/Users/lucy
```

由于你自从启动 shell 后就没有去过其他任何位置，所以你就会看到主目录的绝对路径。桌面是主目录里的一个文件夹，那么它到主目录的绝对路径是/Users/lucy/Desktop，你可以用如下命令列出它的内容：

```
host:~lucy$ ls /Users/lucy/Desktop
```

这条命令会得到和之前用 ls Desktop 指令完全一样的结果，因为它们展示的是同一个文件夹的内容，只是用了两种不同的方式。

如何用 cd 来回移动位置

为了移动到另一个目录，要用到 cd(**c**hange **d**irectory) 命令。试试输入如下命令移动到桌面目录里：

```
host:~ lucy$ cd Desktop
host:Desktop lucy$
```

你会注意到提示符从 host:~ lucy$变成了 host:Desktop lucy$，这显示出了新的工作目录的名称。

你需要记住，各种 Unix 包括 OS X 通常都会使用大小写敏感的指令。把大写的指令弄错为小写，就像把它拼错一样糟糕。这种大小写的行为难以预测，所以请记住，不要依赖它来区分相似的文件名。

这次我们是从桌面目录里看它的内容，这样你直接输入 ls 本身就行了：

```
host:Desktop lucy$ ls
```

如果你接下来输入 ls Desktop，就会出错，因为在桌面文件夹里没有另一个桌面文件夹(除非你自己建一个)。

```
host:Desktop lucy$ ls Desktop
ls: Desktop: No such file or directory
      ↳出现错误，因为你已经移动到了桌面文件夹里
```

如果这样尝试也会出现错误，但是原因不同：

```
host:Desktop lucy$ ls /Desktop
ls: /Desktop: No such file or directory
      ↳出现错误，因为根文件夹没有桌面文件夹
```

使用这条命令就会返回到目录结构里根的位置(也就是到图 4.2 的最左边)：

```
host:Desktop lucy$ cd ..
```

要注意 cd 和两个点之间有个空格。这条指令执行后在命令符后面不会出现任何反馈。由于系统的命令提示符默认简要显示出当前的工作目录，所以它会立刻改变，能显示出

你的新位置。

> 在终端窗口中输入一个很长的路径有个简便方法，就是在 Finder 里将文件或文件夹拖拽到终端窗口。因此，如果你正在图形用户界面中的浏览文件夹或在另一个程序里编辑文件，你就可以在终端里输入 cd 和一个空格，然后将文件夹图标拖拽到随后的空白地方就行了。

命令中的两点代表包含当前文件夹的文件夹。这只是另一种形式的相对路径。它不断使你从当前工作目录移动到包含着当前目录的上一级目录——当然除非你已经到达根目录，只有它没有被包含在其他任何目录里。

..还可以用作与其他目录名称连接的符号。它可以使你只凭借这一条命令从一个目录移动到另一个与该目录是同一层级的目录。举个例子，如果你想从 Desktop 文件夹移动到 Documents 文件夹，就等同于向后退一层(图 4.2 左边)，然后再移动到另一个与开始时的目录不同但是与之平行的目录中。当你处于桌面文件夹时，可以输入：

```
host:Desktop lucy$ cd ../Documents
```

在 Documents 中，你还可以输入 cd..再次回到主目录。注意在一条命令中你可以不止一次使用..。比如说，cd../..就会一步将你送回到两层目录前。

用~表示主目录

到达主目录有一个捷径，就是用波浪字符(~键，在大多数键盘中位于 esc 键的下方)。例如，无论你在系统的什么位置都可以输入：

```
host:Desktop lucy$ cd ~/Documents
```

这样就能直接进入主文件夹里的 Documents 文件夹。这与从根目录开始明确指出位置，即输入绝对路径是一样的：

```
host:Desktop lucy$ cd ~/Users/lucy/Documents
```

把~/之后的内容看成是另一个相对路径。这个路径不是到达你现在所处的工作目录，而是到达你注册时所用名字的主目录里。如果你在文件系统里摸不清位置，可以很容易地在路径开头用~/到达主目录里的文件，就好像你可以用 cd~直接到达主目录一样(cd 命令本身也可以直接带你到主目录)。另外，无论在任何情况下都可以毫不犹豫地使用 pwd，这样就能得知你在哪个目录里。

如果你输入命令时输到一半想要从头开始，ctrl+C 可以清除这一行(按住 ctrl 或 control 键同时按 C)。这是中断程序或进程的一个通用键序[3]。

3 不幸的是，在 Windows 中这条指令代表复制，所以它的通用性没有期望的那么好。如果你使用的是 Cygwin，就像附录 1 里描述的那样，你可能需要重新学习一些快捷键。

用 mkdir 和 rmdir 来添加和移除文件夹

截至目前，我们已经讨论了如何在文件系统里移动位置，但是这样只是像个无头苍蝇到处乱飞，你并没有在你的尝试过程中对文件系统产生任何影响。你对文件系统可以进行一个很小的修正，就是添加目录，这项任务可以用 mkdir(**make dir**ectory)指令完成。

下面的一系列命令可以把叫做 latlon 的文件夹放进沙盒(sandbox)文件夹(你在第 1 章中和示例文件夹一起安装的文件夹)。当你做这些时，打开 Finder 里的图形浏览器窗口，窗口里会展现 pcfb/sandbox 文件夹里的内容，可以此作为例证，证明 latlon 确实放入了 sandbox 文件夹。ls 命令能显示出 mkdir 命令执行前后的变化：

```
host:~ lucy$ cd~/pcfb/sandbox  ←如果你安装了示例就会在这里
host:sandbox lucy$ ls
host:sandbox lucy$ mkdirlatlon
host:sandbox lucy$ ls
latlon
host:sandbox lucy$ cd latlon
host:latlon lucy$ ls
host:latlon lucy$ cd ..
host:sandbox lucy$ ls
latlon
```

mkdir 命令执行后，你会发现出现了一个新的目录叫做 latlon。如果你用 Finder(要记得这个你经常使用的 GUI)看 sandbox 文件夹，你也会在那里看到一个一样名字的文件夹。最后几条命令只是使你移动到新目录的四周看看(目录里面什么都没有，因为你没有在里面放任何文件)，然后返回。接下来用 rmdir(**remove dir**ectory)命令移除空的目录：

```
host:sandbox lucy$ rmdir latlon
host:sandbox lucy$ ls
```

你可以看到现在 latlon 不见了。根据系统默认，rmdir 比较保守，它只移除空目录。rmdir 和 rm 都可以删除文件夹，但使用 rmdir 出现的使用警告会比用 rm 多。这些命令与放入回收站(Trash)的命令不同，回收站里的东西你还可以再拿回来，而这样删除的文件会永久丢失而不能恢复了。

复制文件

复制文件的命令是 cp(**copy**)。它之后紧跟的是文件的当前名称和位置(也就是源)，最后跟着你想复制到的位置(也就是目标)做结尾。在下面假设的例子中，源文件是叫做 original.txt 的文件，目标文件是一个相同类型但名字不同的文件，是 duplicate.txt：

```
host:~ lucy$ cp original.txt duplicate.txt
```

你可以用 cp 把一个文件复制到同一个目录中，并给它换一个新名字，就像我们刚才做的那样。你也可以把文件复制到另一个目录中，既可以给它一个新名字，也可以保留原名。这些行为乍一看可能不同，但实际上很相似，并且很自然地与源文件和目标文件定位方式相对应。如果源文件或目标文件是通往不同目录中某文件的路径，那么该文件就可以在两目录间移动。甚至工作目录可以和源文件及目标文件地址都不同，这就需要源文件地址和目标文件地址都被定位出路径。如果源地址和目标地址不同而文件名相同，那么源文件就会以相同名字复制到目标目录中。

当移动或复制文件时，shell 系统默认不会警告你在目标地址里是否有相同名字的文件或文件夹。如果真的存在相同的名字，它会被“打垮”，也就是说在没有警告或通知的情况下被删除并被替代，也许直到你哪一天想起来去找原来的文件，你才会知道这件事。在第 6 章你会学到如何修正这样的行为。

关于 cp 还有一个刚开始使用时会觉得奇特的小技巧，这在今后可以让你节省时间，少输入一些字符：如果你只是指出一个到达目标目录的路径而没有写出实际的文件名，那么文件就会以原来的名字复制到该目录。

还有，请记住包含两个小点的命令选项（..），它代表包含当前工作目录的上一级目录。相似地，一个句号（.）代表当前工作目录，如果你想把某文件从别处复制到工作目录，这会很有用。在下面的例子中，你将会移动到 sandbox 文件夹中，并将某文件从示例文件夹中复制到那里：

```
host:~ lucy$ cd~/pcfb/sandbox
host:sandbox lucy$ ls  ←也许目前在这个目录里还什么都没有
host:sandbox lucy$ cp ../examples/reflist.txt ./
host:sandbox lucy$ ls
reflist.txt
```

源 ../examples/reflist.txt 的实际意思是“先进入包含着工作目录的这个目录中，然后再进入 example 目录并拷贝其中的 reflist.txt 文件”。随后的一点后跟斜杠（./），意思是“在当前的工作目录中，以相同名字放置该文件的复制件”。由于只有一个目录被指定为目标地址，并且没有指定文件名，所以该文件的复制件与原文件有同样的名字 reflist.txt。

现在再次复制 reflist.txt，但是以不同的名字作为新文件复制到同一个目录里：

```
host:sandbox lucy$ ls
reflist.txt
host:sandbox lucy$ cp reflist.txt reflist2.txt
host:sandbox lucy$ ls
reflist.txt    reflist2.txt
```

该目录里原来只有一个文件 `reflist.txt`，现在有两个文件 `reflist.txt` 和 `reflist2.txt`。它们的内容是完全一样的。

移动文件

移动文件的命令是 mv(**move**)。除了在移动过程中原来的文件会消失，移动文件的方式和复制则完全相同。在下面的例子中，将移动你刚刚建立的 `reflist2.txt` 文件到桌面上：

```
host:~ lucy$ cd ~/pcfb/sandbox
host:sandbox lucy$ ls
reflist.txt     reflist2.txt
host:sandbox lucy$ mv reflist2.txt ~/Desktop
host:sandbox lucy$ ls
reflist.txt
```

请记得，当你不使用目标地址处的文件名时，系统会默认它用原来的名字。如果现在看看桌面，你应该会在那里看到文件 `reflist2.txt`。你还可以用下面这条命令删除它：`rm~/Desktop/reflist2.txt`。

mv 命令还可以用来重命名文件，因为重命名文件就等同于将该文件以不同的名字移动到同一个目录里。下面的示例说明了如何使用它：

```
host:~ lucy$ cd ~/pcfb/sandbox
host:sandbox lucy$ ls
reflist.txt
host:sandbox lucy$ mv reflist.txt reflist_renamed.txt
host:sandbox lucy$ ls
reflist_renamed.txt
```

在下一节中，你会知道如何一次性快速移动或复制多个文件。

命令行快捷键

向上箭头键

接下来我们向你介绍两个在未来能帮你少输入很多字符的 shell 快捷键。毕竟，这本书的主旨就是减少你的大量额外工作。你要养成使用这些快捷键的习惯，因为它们不仅仅会为你节省许多时间，而且还会减少许多你常常需要更正的字符输入错误。

第一个快捷键是 ↑ 键。在大多数的 shell 中，使用 ↑ 键会返回到先前的历史命令。举个例子，如果你在编写一个长命令，然后按了 *return* 键，却发现你执行命令的目录弄错了。你可以很容易地移动到正确的目录，只需要按一次或多次 ↑ 键，直到你看到了正确的命令，然后再点击 *return* 键执行命令。现在请你尝试按 ↑ 键，看看你目前执行过的所有 cd 和 ls 命令[4]。

以前的历史命令，在你再次执行之前是可以被编辑的。如果你执行命令后显示错误，就可以按↑键使命令再次出现，然后用←和→键找到出错的地方后修正它。待修正了错误，命令正确后，再按下 *return* 键。这时你不需要用→键使光标移动到最后一行，就可以执行命令。编辑命令时，根据终端程序和操作系统的不同，你也可以在终端窗口里用鼠标而不是←键或→键来改变光标的位置。现在来尝试一下：按↑键显出历史命令，然后用鼠标指着你想让光标插入的位置，按住 *option* 键后点击鼠标，光标就会在那点插入，这对快速编辑很有用。

Tab

另一个十分节省时间的是 *tab* 键。这事实上是命令行的自动完成键。例如，在光标提示符处开头这样输入：

```
host:~ lucy$ cd ~/Doc
```

然后在按 *return* 之前按 *tab* 键。命令行会根据提示，自动填入单词 Documents，并在末尾附加斜杠。现在请尝试这条命令：

```
host:~ lucy$ cd ~/D tab
```

你可能会得到无法执行命令的系统提示音，或者什么反应都没有。这是因为在你的主目录里不只有一个以 D 开头的文件夹。shell 不能辨别你指的是 Documents 文件夹还是 Desktop 文件夹。再次按 *tab* 键可以看有什么选项。终端会针对你目前为止所打的字反馈给你一个列表。如果什么都没有出现，请检查开头的斜杠是否正确、有没有丢掉波浪线等，来确认你输入路径是否存在。

如果在目录名或文件名中包含空格，这种完成方式尤其方便。如果你试着输入一条包含空格的命令，比如 cd My Project，shell 会认为有两段不同的信息(参数)要求 cd 命令执行。基于你可能并没有一个称为 My 的目录，因此命令执行时就会报错。

如果你在这个情况下使用 *tab* 键自动完成命令，shell 打出的命令会自动在空格前添加额外的反斜杠：

```
host:~ lucy$ cd ~/My\ Project/
                   └如果你在这里按 tab 键，计算机就会自动完成剩下部分的输入
```

从第 2、3 章中，我们知道经常会用反斜杠(\)来修改其后字符的解释。在这种情况下，shell 把空格当作文件名的一部分，而不再是两个文件名中的分隔。你不需要一定通过自动完成来使用反斜杠，你也可以自己打入反斜杠作为指令的一部分。

在文件或目录名里是允许包括空格的，只要用单引号或双引号把包括空格的整个路径括起来就行了。但是，当你打算使用波浪线快捷键或通配符作为路径的一部分时，就

4 按↓键会显示下一条历史命令。

不能这样做，因为它们的意义无法再延伸了。

通常最好的策略是当你命名数据文件和脚本时，避免使用空格。这会使后来的工作更容易。其他有一些标点符号(?、;、/)在命令行有特殊的意义，所以也应该避免使用。下划线(_)是可以使用的。

用命令行参数来修正命令的行为

目前我们所讨论的所有命令，如 ls、cd 和 pwd 等，实际上只是 shell 运行程序中很少的一部分。每个程序读入少量的信息，然后反馈一个结果。在命令行中，传递给程序的信息片段叫做**命令行参数(argument)**。每个命令行参数通常与程序名及其他参数通过空格分隔开，但除了这个特点外，并没有任何全球化的通行规定来说明程序是如何接收和解释参数的。你已经使用过了命令行参数，比如当你告诉 cd 要移动到哪个目录，或者当你告诉 mkdir 程序要创建什么目录。一些程序通过特定的顺序解释参数，而还有一些程序允许参数以任意顺序来排列。

除了路径名称外，ls 命令还有许多可选参数；在格式上，这些参数用一个连字符后跟着一个字母。最常用的两个参数或选项是-a 和-l。我们先来看看-a 参数。系统中的一些名称以单个句点开头文件和文件夹，在视图中通常是被隐藏的。为了让 ls 命令显示出所有文件，包括那些被隐藏的文件，请输入 ls -a(意思是 **list all**)。如果你位于主目录时尝试 ls -a(或者位于任意文件夹时使用 ls -a ~/)，你就会注意到一些原本隐藏的文件会被展现出来。比如说，.Trash 就是一个隐藏文件夹。当你在图形用户界面中，把一些文件拖拽到了回收站图标，这些文件其实并没有彻底删除，而是都装在回收站里面了。还有一些你可能看到的隐藏文件，是系统中的一些设置文件。在下一章里，你将编辑其中一个重要的隐藏设置文件，叫做.bash_profile[5]。

为了使 ls 反馈出一个更详尽的目录内容列表，你可以用-l 参数(这是 L 的小写字母，不是数字 1)。列表栏的内容从左到右的顺序依次是指文件或目录的权限、文件夹里包括隐藏项目的项目数量、文件的所有人、所属的组、文件大小、修改日期，以及文件名或目录名。我们后面才会讨论权限的问题，不过在操作中权限的很多信息最后会被证实是很有用或是很必要的。

```
host:~lucy$ ls -l
total 0
drwx------+  3 lucy  staff   102 Mar  9  2008 Desktop
drwx------+  4 lucy  staff   136 Mar  9  2008 Documents
drwx------+  4 lucy  staff   136 Mar  9  2008 Downloads
drwx------+ 30 lucy  staff  1020 Sep 28 13:07 Library
```

5 这些隐藏文件通常在 Finder 或 Mac GUI 里默认都是不可视的。要使它们在 Finder 里可视，可以在终端窗口中输入如下文字：defaults write com.apple.finder AppleShowAllFiles TURE，然后通过注销或者输入 killall Finder 重启 Finder，就会生效了。你也可以用⌘+shift+G 快捷键隐藏文件夹。

```
drwx------+  3 lucy  staff  102 Mar  9   2008 Movies
drwx------+  3 lucy  staff  102 Mar  9   2008 Music
drwx------+  4 lucy  staff  136 Mar  9   2008 Pictures
drwxr-xr-x+  5 lucy  staff  170 Mar  9   2008 Public
drwxr-xr-x+  5 lucy  staff  170 Mar  9   2008 Sites
drwxr-xr-x   3 lucy  staff  102 Apr 19  22:48 scripts
```

如果你既想看到详尽的视图，又想看到所有的隐藏文件，请在同一条命令里同时使用这两个参数：

```
host:~ lucy$ ls -l -a ~/
```

这条命令会显示你的主文件夹里所有隐藏文件的详细视图。在许多程序中，你可以通过使用一个连接号紧跟几个参数，且参数间没有空格，直接将几个参数结合起来。因此，`ls -la ~/`就等同于上面的命令。对于 `ls`，参数的顺序也不重要，所以 `ls -al ~/` 也与它们等价。请参看附录 3，就能了解更完整的选项清单。

用 less 命令浏览文件内容

有很多指令都可以用来展示文本文件里的内容。当你有一个巨大的文件，并且想要快速看一眼里面的内容，或者只想在终端里看文件的某一部分而不需要特意启动另一个程序，这些指令就会派上用场。最常用的文件浏览指令是 `less`[6]。输入 `less`，其后跟上文件名和路径，文件内容就会呈现在屏幕的整个页面上。表 4.1 罗列了一些你在 `less` 命令中可以使用的快捷键。例如，若要移动到下一页，就输入空格符(也就是按一次 space 键)；若要返回到之前的页面，按 `b`。使用方向键每次向上或向下滚动一行。若要移动到某特定的一行，输入行号加上字符 `g`(如果输入的是大写 `G`，则会带你移动到文件的最后一行)。

表 4.1　用 less 查看文件时用到的键盘指令

q	放弃查看	↑或↓	上移或下移一行
space	下一页	/abc	搜索 abc
b	返回上一页	n	寻找 abc 的下一项
## g	跳转到##行	?	寻找 abc 的上一项
G	跳转到底部	h	显示有关 less 的相关帮助

请尝试用 `less` 命令查看你的一些文档或数据文件，要么输入文件的完整路径(请记得使用 tab 键自动完成会更简便)，要么用 `cd` 移动到目录然后再在 `less` 后直接输入文件名。

---

6 这可能看起来难以记住，我们知道 Unix 的研发人员喜欢为他们的程序选择一些奇怪的名字。原来的文件查看程序被命名为 more，而当重写这个程序并添加了一些新功能后，将它改名为 less，因为 less 与 more 已经是相当不同的程序了。如果你的系统似乎没有安装 less 程序，请尝试 more。

为了在你当前查看的文件中寻找某个字，先输入/，再跟上你想查找的单词或字母，然后敲击 *return* 键。如果找到了，那么包含该字的那行会出现在屏幕的顶端。若要找该字符下一个出现的位置，按 n。

如果你已经看得足够多了，按 q 退出查看。这些导航快捷键在 shell 程序(尽管它们并不一定通用)里反复出现，所以在你的工作中，牢记它们是很有价值的。附录 3 中对它们做了总结，以便快速查阅。如果当你尝试在终端里查看文件，却发现在屏幕上显示的是一堆奇怪的文字或乱码，那么它可能不是普通的文本文件。它们必须用特殊的、知道如何展开二进制数据的程序来打开。

在给你展示的时候，less 程序不会将整个文件加载到存储器中，它只加载正在展示的部分。所以，如果你有一个 500M 字节的数据集，并且只想查看一下它开头的一小部分(也许就是看看是否是你需要的内容，或者是想知道表头的每列有什么内容)，使用 less 命令查看一下，比在文本编辑器中打开整个文件好得多(因为后者可能花费不少时间，并且在这段时间里整个系统都动弹不得)。随后我们还会学习如何使用 grep，在不打开文件的情况下就可以在里面搜索内容。

在命令行中使用 man 命令查看帮助文件

大多数命令行程序都会将用户指南安装在你的计算机上了。这些指南会解释各个程序是用来做什么的、它们能理解什么参数，以及这些参数应该怎样被输入、使用等。这些用户指南可以用 man 程序来查看，你想看哪个程序的指南，该程序的名字就可以作为 man 命令的参数。比方说，man ls 会展示出关于 ls 的许多实用信息，以及它能理解的可选参数等。

man 程序会利用上述的 less 程序来展示帮助文件，所以当你在帮助文件里需要操纵它时，使用的是相同的键：*space* 键使文件一页一页前进，斜杠使你找到某个特定的词，按 q 可以在你结束阅读后退出文件而回到命令行状态。

请尝试使用 man 来研究一下你已经用过的其他程序的一些选项，如输入 man pwd 或 man mkdir。你也可以用 man 研究一下在随后的章节中遇到的任何其他程序。奇怪的是，一些最基础的命令，包括 cd、alias 和 exit，反而没有自己的 man 程序的入口。

很多时候，你也许并不知道具体是哪个命令可以帮助你做某事，只有一个大致的线索。在这种情况下，你可以在系统的所有指南内容中搜索。使用 man -k，后跟上一个关键词(**key**word)。例如，要寻找一个处理日期(date)的命令，输入 man -k date，然后查看对匹配命令的大概描述。Unix 系统中内建了许多实用功能，包括日历程序、计算器、单位换算器，甚至还有词典。

命令行最终会使你的操作更容易

路径描述中的通配符

到目前为止，你所学会的有关命令行的知识还不能让你像在图形界面里一样便捷地操作（甚至可能更便捷）。而一旦学会使用**通配符（wildcard）**，就会使得命令行一下子比图形用户界面强大很多，它可以使你在一次操作中处理许多文件。

在回顾正则表达式章节中的查询关键词时，你就会遇到几种类型的通配符——也就是用来代表多个字符的速记方式。shell 有它自己的通配符，但是这些通配符容易令人迷惑，因为 shell 使用了许多我们曾经遇到过的一样的通配符号，但是它们代表的意义却有显著不同。你在 shell 里最频繁使用的通配符是星号（`*`）。在 shell 的环境中，它是包含最广的通配符，代表着任何数目的任何类型字符（除了一个斜杠）。而在正则表达式的语言里，它却等同于 `.*`（点代表任意字符，星号代表其数目可以为零至更多）。

例如，若要列出你的当前目录里所有以 `D` 打头命名的文件和文件夹，以及那些目录里包括的内容，你可以输入：

```
host:~ lucy$ ls D*
```

若要列出以 `.txt` 结尾的文件，你可以输入：

```
host:~ lucy$ ls *.txt
```

你可以在路径里同时使用多个通配符。所以，若要列出所有目录里以 `D` 打头的目录中的文本文件，你可以输入：

```
host:~ lucy$ ls D*/*.txt
```

请注意星号不会包括路径分隔符（/）之后的内容。因此，`ls D*.txt` 与上面的命令不等同，因为它只能显示在当前目录里面以 `D` 打头并以 `.txt` 结尾的文件（不包括次级目录内的文件）。

> ⚠ 通配符会有意外匹配错误文件的风险。在使用通配符来移除、复制或者移动重要文件前，你要尤其小心，它可能会意外修改你根本没有意识到在这里的文件。通常用无害的 `ls` 测试一下通配符是明智的做法。这样会先给出所有被命令识别的文件列表，因此你可以认真查看里面是否包括你没有预料到的文件。

`*/*.txt` 结构很方便，它可以指出当前目录和紧随的次级子文件夹里的所有文本文件。它甚至可以搜索更深一层的文件夹，比如说使用 `*/*/*.txt`。这些命令只会显示指定层数文件夹里的文件，所以它们不会显示当前目录里的一个 `.txt` 文件。

当使用通配符时，如果用 `ls` 找到一个符合条件的文件，它会列出文件名；如果它找到一个符合条件的目录，它会将目录和它包含的内容也一起列出来。

复制和移动多个文件

通过使用通配符，你可以很快复制或者移动多个名字匹配某个特定模式的文件。在下面的例子中，所有在示例目录里以 `.txt` 结尾的文件都会被复制到 sandbox 文件夹里：

```
host:~ lucy$ cd ~/pcfb/sandbox
```

```
host:sandbox lucy$ ls
host:sandbox lucy$ cp ../examples/*.txt./  ←与/完全不同
host:sandbox lucy$ ls
reflist.txt  ←你还会看到其他这样的文件
```

这应该会开始给你一种有的任务用命令行比用图形用户界面简单的感觉了。复制和移动命令都可以与通配符连用。在处理大量文件时，它们是重要的节省时间的工具。你可以想象，比如说，你该如何从开头是生物分类学名字、路径末尾是特定的数据格式(Nanomia*.dat)的数据中，收集特定物种的所有生理学数据，还要无视任何在那个文件夹里可能存在的有着相似名字的图像或文档，这时用命令行来完成任务就会容易得多了。

结束你的终端会话

输入 exit 就可以结束你的会话。你也可以直接关闭窗口，但这有点像直接拔掉你的计算机电源插头而不是事先关机：如果终端窗口里仍然有任何程序在运行，它们就会唐突地停止。当你要在终端里登录另一台计算机时，关闭窗口也不是个好的选择。如果 exit 没有起作用，一些 shell 可能会采用 logout 或 quit 结束会话[7]。

总　结

你已经学习了：

- 图形界面 GUI 与命令行的区别；
- 绝对路径和相对路径的区别；
- 指出相对路径的方法，包括：
  - ~代表根目录
  - ..代表上一级目录
  - .代表当前目录
- 如何用 cd 在终端里移动；
- 常用命令，包括：
  - ls 用于列出目录里的内容
  - pwd 用于指出当前工作目录的名称
  - mkdir、rmdir、rm 用来新建和移除目录或文件
  - less 用来查看文件
  - cp、mv 用来复制和移动文件
  - man、man -k 用来得到命令程序的帮助信息或寻求帮助

7 如果所有这些都不管用，那只有拔插头了。

exit 用来终止会话

- 如何在 shell 命令中使用通配符*；
- 命令行的快捷键，包括：

  tab 键用来自动完成程序和路径名称

  ↑ 键用来返回到先前的历史命令。

推荐阅读

Kiddle, Oliver, Jerry D. Peck and Peter Stephenson. *From Bash to Z shell: Conquering the Command Line.* Berkeley, Calif: Apress, 2005.

Newham, Cameron. *Learning the Bash Shell*, 3rd Edition. Sebastopol, Calif: O'Reilly Media, 2005.

第5章　在shell中处理文本

现在你已熟悉了如何在 shell 里到处移动，可以开始用它来工作了。在本章中你会开始处理大数据文件，学习如何查看、合并、抽提文本数据等；还会看到如何用命令行从 Web 中检索收集数据。

用nano在命令行里编辑文本文件

你已经熟悉了如何通过 TextWrangler 软件的图形用户界面编辑文本文件。然而，有时直接在命令行里创建或者修改文件会更加方便。以后，当你在远程机器上工作时，直接修改文件的唯一方法可能就是使用命令行编辑器。

尽管在前一章中学的 less 是一个便捷的文本文件的命令行查看器，但它不允许用来编辑文件内容。因此，你需要从许多可用的命令行文本编辑器中选一个用来编辑文件，比如 vi 或者 emacs。这些程序中的每一个，都针对不同任务专门优化过，各自都有自己的忠实追随者。每个程序都有自己独特的组合键，来执行相似的功能，所以就算学习了一种编辑器，也不一定能轻松地使用其他编辑器。对于初学者，我们推荐 nano，它是一个被广泛使用、通用性很高的命令行文本编辑器[1]。它会在屏幕的下方列出类似菜单的各种选项。

如果你使用 nano 而不带任何参数，它就会创建一个新的空白文件。现在请移动到你的工作文件夹，并且新建一个空白文档：

```
host:~ lucy$ cd ~/pcfb/sandbox
host:pcfb lucy$ nano
```

在空白文档里输入文本：

```
Helpful shell commands
```

正如你看到的这样，你键入的大部分字母马上就会显示出来，就和你期望出现在文档中的一样。然而在窗口底部，你会看到一系列字符，每个字符前面都有一个插入符号(^)，其后跟着相应的简短功能描述(图 5.1)。插入符号表示若要使用这些功能，请你按住 ctrl 键，同时再按相对应的字母。

---

1 如果你的 shell 环境里没有 nano，请尝试使用 pico。

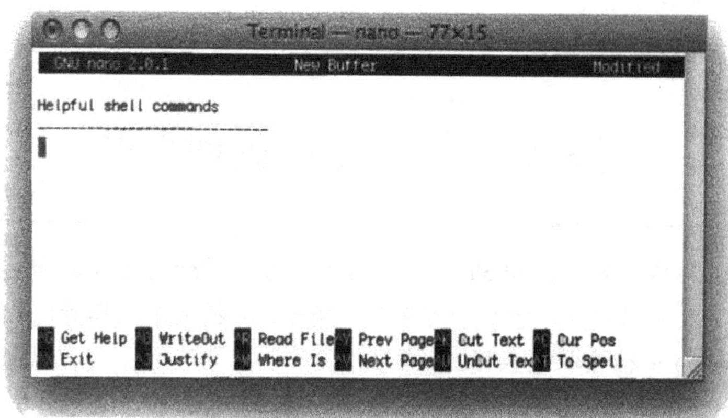

图 5.1　流行的命令行文本编辑器 nano 的视图，其上带着你刚输入的文本。一些可使用的命令显示在窗口底部。

接着尝试用 ctrl +X，用来退出 nano。然而在本例中，你并不会真正地退出，而是会看到屏幕底部的选项内容发生变化了。这是因为文档还没有被保存，nano 想知道你要如何处理其中的内容。如果文档已经被保存过了(或者自从它被打开就没有修改过)，你就会立刻退出 nano 并回到命令行。如果还没有被保存过，就会出现新命令，你会看到 nano 询问是否想要保存修改过的缓冲寄存区（Save modified buffer)。选项 Y 代表“是”、N 代表“否”，或者^C(ctrl +C)代表“取消”。就像你在图形用户界面中被问到同样的问题时预料的一样，选择 Y 会保存文件、选择 N 会丢弃你所做出的任何改变，或者选择^C 会使你重新回到编辑的文档界面。

按 Y 来保存文件，nano 会给你一个提示符(File Name to Write:)，其下方还带有一系列新的选项。请在这里键入 shelltips.txt，然后按 return 键，nano 程序就会退出，然后你就会回到命令行状态。用 ls 列出目录内容，应该会显示出你刚创建的 shelltips.txt 文件，用 less shelltips.txt 命令帮助你查看一下文件内容。如果要用 nano 再次打开它，这次要准确地指定文件名：

```
host:pcfb lucy$ nano shelltips.txt
```

你可以用方向键移动光标。如果文档在窗口中显示的位置不适合，你可以用 ctrl +Y 移动页面，每次向上翻一页； ctrl +V 每次向下翻一页(再次说明，你会看到这些组合键都罗列在屏幕下方)。另一个有用的组合键是 ctrl +O，它在你使用时就能保存文件而不会关闭它。一旦你完成了上述探索，就可以用 ctrl +X 退出了。

你也可以在图形界面(GUI)中用以前的旧方式删除文本文件，即把它从 Finder 窗口拖拽到回收站，也可以在命令行里用 rm shelltips.txt 来实现。请记得 rm 命令和用来移除空目录的 rmdir 命令一样，一旦确认后(这取决于你的系统配置)就会彻底删除文件，而不会将它移动到回收站文件夹里，所以你得小心使用它。

尽管 nano 在所有使用 OS X 的计算机里均可使用，但你也可能发现，如果你的计算机上安装的是不同类型的 Unix，有时它并不包含 nano。在这种情况下，你可以看看 pico 是否可用。它与 nano 十分相似，事实上 nano 就是以它为基础的。如果你的计算机中也没有 pico，你可能需要给自己上一节速成课，学习一下其他命令行文本编辑器的使用。你也可以在命令行中，用 edit 命令打开一个独立的 TextWrangler 窗口，当你在安装 TextWrangler 时要顺便安装这个命令行工具才行。如果你事后想要安装这个工具，可以在 TextWrangler 的下拉菜单里找到如何操作的命令。

控制 shell 里的数据流

用>重定向输出到一个文件

在很多情况下，把某个程序的输出信息发送到一个文件中会更加有用，而不是仅仅把它们发送到屏幕上。尽管这一开始听起来像是一个很好但是深奥的技巧，它的确能在你抽提和合并数据时增添极大的灵活性，但它也创造了一个用新方法把不同软件连接在一起的可行性。分析程序通常会将结果发送到屏幕上，当你想要将输出结果保存时，这就会很有用。你可以使用图形界面(GUI)的复制和粘贴功能，将屏幕上的结果复制下来，但是这样不能实现自动化的操作，而且如果面对大文件或者很多文件时，就显得非常笨拙。

用>重定向某程序的输出到文件中，而不是屏幕上。>符号是**右三角括号(right angle bracket)**或大于符号，它在美式键盘上位于句号键的上位。你先按照原来常用的方法键入命令，然后在同一行加上>符号，随后输入一个文件名，你想要发送的结果将会保存在这个文件里。你可以把>当成是一个箭头，它指向输出结果应该去的地方。

如果该文件还没有存在，重定向功能就会创建它。然而需要小心的是，如果已经存在有相同名字的文件，它其中的内容会被擦除，并且代之以程序新输出的结果。所以使用它时，很容易不小心摧毁一个重要的文件(以后我们会描述一种避免这种危险行为的方法，那就是用两个右三角括号>>来重定向即可)。

为了尝试重定向功能，先用 cd 移动到 sandbox 文件夹，然后用 ls 列出 examples 文件夹里以.seq 结尾的文件：

```
host:~/Desktop lucy$ cd ~/pcfb/sandox/
host:sandox lucy$ ls -l ../examples/*.seq
-rw-r--r-- 1 lucy staff  524 Nov 1 2005 ../examples/FEC00001_1.seq
-rw-r--r-- 1 lucy staff  600 Nov 1 2005 ../examples/FEC00002_1.seq
-rw-r--r-- 1 lucy staff  538 Nov 1 2005 ../examples/FEC00003_1.seq
-rw-r--r-- 1 lucy staff  622 Nov 1 2005 ../examples/FEC00004_1.seq
-rw-r--r-- 1 lucy staff  490 Nov 1 2005 ../examples/FEC00005_1.seq
-rw-r--r-- 1 lucy staff  548 Nov 1 2005 ../examples/FEC00005_2.seq
-rw-r--r-- 1 lucy staff  495 Nov 1 2005 ../examples/FEC00006_1.seq
-rw-r--r-- 1 lucy staff  455 Nov 1 2005 ../examples/FEC00007_1.seq
-rw-r--r-- 1 lucy staff  501 Nov 1 2005 ../examples/FEC00007_2.seq
-rw-r--r-- 1 lucy staff  569 Nov 1 2005 ../examples/FEC00007_3.seq
```

现在尝试使用相同命令，但是重定向输出结果到名为 files.txt 的文件里(你可以直接按↑方向键，再从>开始输入新文本)：

```
host:sandox lucy$ ls -l ../examples/*.seq > files.txt
```

这次，不会有任何输出出现在屏幕上，然后你会立刻回到命令行界面。用 ls 再查看 sandbox 里的内容，你就会看到 files.txt 文件已经创建好了。用 less 或者 nano 查看这个新文件内容，它就恰好包含着如果你没有重定向输出结果到文件，用 ls 本该发送到屏幕上的那些文本。你也会注意到 files.txt 列出了 examples/FEC 文件夹的内容，即使 files.txt 文件自身是在 sandbox 目录里的。这是因为当前的工作目录是 sandbox，但是当使用../时，我们告诉 ls 要回到 examples 文件夹里开始查看。

创建一个内容为目录里包含所有文件名的文件，这种想法并不罕见，可能是要发送给同事，或者是作为一项包含所有这些文件的自动化任务里的一个起点。在这种情况下或者其他时候，一个简单的 ls 加上重定向就会非常有用。

用 cat 来显示和连接文件

还有一个有用的命令是 cat。它非常简单，可以列出一个或多个文件名，它们之间用空格分隔，并且把这些文件的内容输出到屏幕上。不像 less 或者 nano 那样把内容列在特定的查看器或编辑器里，cat 直接把结果倾倒在显示区域，一点也不间歇，这就像是许多其他命令的结果一样，比如 ls。尽管这最初看起来非常无用，但是实际上 cat 有很大可能，会成为你使用最频繁的命令之一。

刚开始使用 cat，可以把它作为查看短小文件内容的便利工具。例如，cat files.txt 会输出在之前例子中 files.txt 文件里保存的内容。你最好别用 cat 来查看那些大文件，因为那会耗费一些时间来滚动显示文件内容(请记得 less 十分适合用来查看大文件，因为它一次只会将内容的一小块载入存储器)。如果你的文件似乎要用很长时间来滚动屏幕，可以按 *ctrl*+C 来强制终止 cat，回到命令行界面。无论何时，当一个程序在终端里停止响应了，这就是终止程序的一个有用技巧。

来看看另一个 example 文件的内容。位于 sandbox 里时，输入如下命令(或者在 F 后按 *tab* 键完成剩余部分的文件名)：

```
host:sandoxlucy$ cat ../examples/FEC00001_1.seq
```

正如你预想的那样，这条命令会将在 examples 目录里 FEC00001_1.seq 文件的内容都显示在屏幕上。

现在，用 cat 来查看两个文件。请注意在表明两个文件的路径之间有一个空格：

```
cat ../examples/FEC00001_1.seq ../examples/FEC00002_1.seq
```

你可以看到，cat 将两个文件的内容都一股脑地显示在屏幕上，一个接着一个，在它们之间也没有任何形式的分隔。现在，让我们试试一次看 10 个文件会是什么样，它们都是以.seq 结尾的文件。你可以逐个写出每个文件的路径，但是如果像我们在 ls 中操作的那样使用通配符，会简单得多：

```
cat ../examples/*.seq
```

这时候，只要非常简单地使用 cat 和重定向功能组合，就可以创建一个新文件，其中会包含着所有其他文件的所有内容，并且首尾逐个相连：

```
cat ../examples/*.seq > chaetognath.fasta
```

用图形界面(GUI)工具，如 Finder，来合并文件，会是一项枯燥乏味、不断循环往复的任务。而这条仅有一行的命令，迅速帮你打开 10 个不同的文件，复制每一个文件的内容粘贴到一个新的空文档里，然后立刻保存你刚创建的文件，把你从一系列复杂操作中解放出来。最妙的是，这条命令针对只有两个文件与针对上百个文件是一样方便的。这是一个扩展性好的方案，你只需要针对一个任何大小的项目，学一次就够用了。还有一件值得注意的事，这条命令不只是把所有文件内容连接在一个文档里，它还会只是寻找以.seq 结尾的文件。这个特征非常重要，因为在 examples 目录里，有许多其他我们不想合并入 chaetognath.fasta 的文件，而这条命令会为你节省许多分拣这些文件的时间。

> 当你把 cat 和通配符一起使用时，要注意不要让输入文件和输出文件使用同样的扩展名。如果你尝试用 cat *.txt > combined.txt，那么 shell 会把 combined.txt 也当作是一个输入文件，然后持续不断重复写入它自身的内容……一直循环永远不停，就变成了死循环。如果你不小心编写了一个永不能停止的命令，就像这个情况，请记得用 ctrl+C 来终止它。

注意到这里所有.seq 的文件名都有着通用的格式 FEC00001_1.seq，而下划线后的数字会是 1、2、3 中的一个。你也许想要一个合并文件，里面只含有原来文件名在下划线后是 1 的那些文件，可以通过如下命令来实现：

```
cat ../examples/*1.seq > chaetognath_subset.fasta
```

*后添加的 1，增强了匹配文件名的特殊性。如果你现在想将文件名的下划线后为 2 的所有文件添加到 chaetognath_subset.fasta，你可以使用略微修改过的重定向符号，添加到已经存在的文件中：

```
cat ../examples/*2.seq >> chaetognath_subset.fasta
```

这与之前的那条命令有两处不同。一处是*后的 1 改为了 2，另一处是多加了一个>，现在的重定向符号是>>。如果你只是把 1 改为了 2，重新执行了命令之后，cat 会找到对应的文件且合并连接它们的内容，但是>会把这些内容覆盖已存在的 chaetognath_subset.fasta 文件里的内容。这样的话，文件中第一次执行的结果就不存在了。>>的行为和>基本一样，但是如果文件已经存在了，它会把重定向的内容附加在该文件的末尾，而不是把整个文件都替换掉。如果文件还没存在，它就和>的结果一样会生成一个新文件，所以在大多数情况下，你可以默认使用>>，来避免意外丢失文件的风险。你可以这样来记忆它们的区别：第二个>是加在第一个之后的，就和操作命令本身一样(第二次执行的结果

加在第一次后面)。这之后你会学习其他的重定向，可以将数据从一个文件定向到一个程序，或者从一个程序的输出直接定向到另一个程序的输入，而不用再生成文件。

用 grep 在命令行中使用正则表达式

处理一个大数据集

你现在将要跃入一个更大的数据集里，它是 Gus Shaver 和他的同事在北极地区对植物采集的测量结果的汇编。它可以在网上获取[2]，这里将它放入 examples 文件夹里的 `shaver_etal.csv` 文件中。文件扩展名 csv 通常指有着逗号分隔符的文件，在这个例子中就是这样的。

用 TextWrangler 打开 `shaver_etal.csv`，对它的总体布局有个概念。你可以看到它是用逗号分隔的文本(迄今为止，我们只处理过制表符分隔的文本，但是在文本文件中，理论上任何字符都可以被用来分隔数据的字段)。在数据文本中，行代表不同的样本，列是各项测量结果。第一行是表头，用来描述每列是什么测量项目。你也会注意到许多逗号之间是空的，没有任何数据。即使是有些数据空缺了(要么因为它们没有被采集到，要么因为它们对于某特定样本不适用)，也要用逗号占据那些特定的位置；这确保空缺数据后的数值能够位于正确的列中。最后一行完全没有任何数据——全都是逗号(如果你足够机敏，你就会注意到在文件右边还有两个空列)。这种情况在电子表格程序生成的字符分隔文件中并不罕见，当曾经某处有过数据而现在没有了，或者由于用不同格式重新格式化过了，这样文件就会输出空行或者空列。

从文件中抽提特定的行

要是你只想要从 `shaver_etal.csv` 中，摘录包含关于 Toolik Lake 的记录，该怎样操作呢？命令行程序 `grep` 是一个很容易使用的工具，它可以很快采集出文件中符合特定正则表达式的几行。这是我们第一次使用正则表达式技巧，其实在更早的时候你就接触到了——在图形界面(GUI)的本文编辑器中，比如在 TextWrangler 的环境里。在本例中，不需要使用通配符或者量词。正则表达式就是你要寻找的字段“Toolik Lake”：

```
host:~/Desktop lucy$ cd ~/pcfb/sandbox/
host:sandbox lucy$ grep "Toolik Lake" ../examples/shaver_etal.csv
```

第一个参数(`"Toolik Lake"`)是正则表达式，第二个参数是明确指出你想要查看的源文件。`grep` 程序将扫描文件内容，并且只列出那些包含着检索词组的行。我们需要在这个正则表达式参数的两边写引号，因为它包含了一个空格；否则，`grep` 就会把 `Toolik` 当作检索项，把 `Lake` 当作独立的参数。

在上面的例子中，结果会简单地发送到屏幕。现在请使用重定向，将结果发送到文件：按 ↑ 键回到之前的命令，然后在末尾添加`>toolik.csv`：

---

2 数据来源于：`http://tinyurl.com/pcfb-toolik`。也可以在 `practicalcomputing.org` 中获取。

```
grep "Toolik Lake" ../examples/shaver_etal.csv > toolik.csv
```

现在你已经有了一个源文件的子集，它只包括关于 Toolik Lake 的那几行。现在唯一的问题是，新文件还没有表头标题。为了解决这个问题，你可以用 nano 或者 TextWrangler 复制粘贴表头，也可以创建另一个只包含表头标题的文件，然后用 cat 把它拼接到你刚建立的新文件的子集中。

如果让 grep 在搜索匹配内容时忽略字母大小写的问题，这样你不仅可以找到 toolik，也可以找到 TOOLIK 和 tOOlik。其实你只要在命令行中加入-i 作为一个参数就行。

你会经常需要根据已知的某些词组，搜索文件中各行的内容，不过上述例子还远远没有发挥出正则表达式的强大功能；我们刚刚检索的词组只是一小段文字文本而已。grep 的命令行版本在语法上，与 TextWrangler 使用的正则表达式有些细微差别[3]。例如，grep 不理解\d 是什么意思，而需要你指定范围[0-9]。关于 grep 的 man 文件(你可以用命令 man grep 来查看)解释了其中一些专用命令的语法，一旦出现结果与预期不同时，你可以向它咨询。

> 有时当你输入一条命令，然后按 return 键，shell 会好像冻住一般，只显示出空白行。如果你在输入命令时出现了键入错误，比如忘记添加收尾的引号，这种情况就会发生，它通常意味着 shell 正在等待剩余未完成的指令。这要根据情况来判断，你既可以试着输入完剩余的命令，然后再次按 return；也可以使用 ctrl+C 来终止命令，然后重新开始一遍。

现在创建一个文件，里面只有关于 Toolik Lake 在 8 月的记录。一种方法是分两步来完成这个任务，在上述例子的基础上，用 grep 再创建新文件 toolik.csv 的一个子集，它只包含上述文件中含有 Aug 的行。还有一个更直接的策略，同时搜索既包含 Aug 又包含 Toolik Lake 的行。这需要在两项之间有一个通配符和数量词，用来匹配中间过渡文本。你将再次使用正则表达式中.*的格式，.是通配符，*是量词。

```
grep "Aug.*Toolik Lake" ../examples/shaver_etal.csv > toolik2.csv
```

在命令行中使用 grep 检索一些对于 shell 和正则表达式都有特殊含义的字符时，会产生一些复杂情况。为了让这些字符按照字面上的意义被当作文件名的一部分，而不是被当作特殊字符对待，它们需要用反斜杠来使它们转义，这样 shell 就会把它们直接传递给 grep。现在，我们把这个问题留给你，如果你愿意的话，可以自己来做更多的探索。

你可以通过在命令中输入-v，使 grep 将所有不符合检索表达项的行都反馈给你。因此，如果你有个刚好相反的任务，需要建立一个排除 Toolik Lake 记录以外的其他所有记录的文件，就可以使用这条命令：

> 当用正则表达式去寻找子序列或者其他跨行数据时，如果有一个行尾结束符在被检索项的中间，那么这一行就不会被匹配。请查看第 16 章中的 agrep 命令，可以找到执行跨行检索的方法。

3 在附录 2 中，可以查看更多关于各类正则表达式语法的区别。

```
host:sandbox lucy$ grep -v "Toolik Lake" ../examples/shaver_etal.csv
```

这次表头标题行会包含在输出里了，因为这一行里没有包含 Toolik Lake。

用管道 | 将输出从一个程序重定向到另一个程序

你已经学会使用>和>>，将输出从一个程序重定向到一个文件中。而通过使用**管道**(**pipe**)重定向，可以直接把一条命令的输出信息重定向到另一条命令的输入，而不需要再生成一个文件。管道字符是一个垂直的条(|)，在键盘上位于反斜杠键的上面。在之前 grep 的例子中，我们指定了一个被检查的文件名。如果你不指定文件名，而是只用正则表达式，grep 就会从其他来源获得输入。在这种情况下，这个其他来源就是指管道的输出信息。

为了阐明它的用法，我们使用命令 history，它会一行行列出你所有的最近命令。这是一个很好的办法，可以用来知道你做过什么，或者找到以前的命令，这样你就可以重新使用它。现在来尝试一下：

```
lucy$ history
```

有时从上百条命令结果里寻找一条特定的命令是很难的。为了找到对的命令，如果你记得参数值，或者其他在发起命令时使用的文本，就有个好办法，即使用 history 来陈列历史命令，然后用 grep 寻找那些包含着你感兴趣文本的行。当然，你可以用>把历史记录重定向到一个文件，然后在新文件上使用 grep；但是那样会很繁杂，你得生成一个你只临时使用一次的文件，这样还会使你的系统变得杂乱无章。用管道把 history 的输出直接送到 grep 就方便得多了。

```
lucy$ history | grep Toolik
```

这条命令会列出所有你执行过的包含 Toolik 一词的命令。history 命令的输出结果，与你运行它时所处的目录位置是无关的。

你也可以通过把两个连续的 grep 操作结合起来，去创建一个搜索项目。在之前有关 Toolik Lake 的例子中，你创建了一个匹配"Aug.*Toolik"的正则表达式。如果你想使其中一个项目有大小写之分而其他没有，或者如果你想反转一个查询项得到与它相反的内容而另一项照旧，就可以使用管道来操作。要实现这个操作，首先运行 grep 命令寻找包含 Aug 的行，然后不是将输出发送到屏幕或者一个文件，而是用管道发送到另一个寻找有关 Toolik 的 grep 命令。这会为你建立指定检索项目提供更大的灵活性：

```
grep "Aug" ../examples/shaver_etal.csv | grep "Toolik" > toolik2.csv
 ↳原初的 grep  ↳要被检索的文件             ↳输送到第二个 grep  ↳重定向到文件
```

大多数但不是所有程序，都可以像上面 grep 那样的方式，接收来自管道的数据。但是仅仅从一个程序发送输出内容到另一个程序还是不够，数据还必须按照要求整理好，只有这样，接收它们的程序才能正确理解。由于 grep 可以处理任何文本，所以在上述这些例子中都不成问题。

用 grep 跨越搜索多个文件

要想在多个文件中一步完成对一小段特别是文本内容的搜索，你可以使用 cat 先把文件的内容连接起来，然后用管道把它们发送到 grep：

```
host:sandbox lucy$ cd ~/pcfb/examples/
host:examples lucy$ cat *.seq | grep ">"
>Fe_MM1_01A01
>Fe_MM1_01A02
>Fe_MM1_01A03
>Fe_MM1_01A04
>Fe_MM1_01A05
>Fe_MM1_01A06
>Fe_MM1_01A07
>Fe_MM1_01A08
>Fe_MM1_01A09
>Fe_MM1_01A10
```

注意，这条命令中的>是在引号里的。这表示>是被检索的字符，而不是将结果发送到文件的重定向符号。这个通用方法，对于总结或者摘录分布在多个文件中的数据非常实用，但是如果你忘记了用引号，就会发生灾难性的后果。

在某些情况下，你可能同时想要看到符合搜索条件的行，还有它们所在的文件名。当你用通配符指定了输入文件名时，grep 命令就会默认执行这样的操作：

```
host:examples lucy$ grep ">" *.seq
FEC00001_1.seq:>Fe_MM1_01A01
FEC00002_1.seq:>Fe_MM1_01A02
FEC00003_1.seq:>Fe_MM1_01A03
FEC00004_1.seq:>Fe_MM1_01A04
FEC00005_1.seq:>Fe_MM1_01A05
FEC00005_2.seq:>Fe_MM1_01A06
FEC00006_1.seq:>Fe_MM1_01A07
FEC00007_1.seq:>Fe_MM1_01A08
FEC00007_2.seq:>Fe_MM1_01A09
FEC00007_3.seq:>Fe_MM1_01A10
```

现在你得到了每个匹配条件行的文件名及内容，它们之间用冒号分隔。

最后，也可以只列出包含特定文本模板的文件名。如果你在 grep 中使用-l 参数，它就会输出每一个包含匹配行的文件名列表，而不是列出符合匹配条件的每一行：

```
host:examples lucy$ grep -l  "GAATTC" *.seq
FEC00001_1.seq
FEC00002_1.seq
FEC00004_1.seq
FEC00005_1.seq
FEC00005_2.seq
FEC00007_2.seq
```

要注意到这里的查询模板已经被修改过了，它只是包含指定模板的一个文件子集。

在与重定向命令一起使用时，上述命令可以生成一个有着这些文件名列表的新文件：

```
host:examples lucy$ grep -l  "GAATTC" *.seq > ../sandbox/has_EcoRI.txt
```

改善 grep 的行为

有很多其他有用的参数可以修改 grep 的行为，你可以用 man grep 在 grep 的指南页里探索这些参数。其中有很多参数列在了附录 3 里，也有些列在表 5.1 中。最有用的参数之一是-c，它会让 grep 输出显示包含被匹配的字符的行的总数，而不是这些行的内容本身。你还可以使用它在一个 FASTA 文件里计数到底有多少条 DNA 序列：grep -c ">"会计数标题行的总行数，而与它们序列的长度无关。它也可以快速查明文件中有多少行数据。实现这个计数的一个途径是用 grep -c $，它会反馈计数所有的行尾结束符，因此也就得到了总行数(命令 wc file.txt 会给出你文件里所有字母、单词和行的总数)。请记得-c 显示包含模板的行数，而不是符合模板的次数，所以如果有些行里有多个匹配项，-c 会低估它们的总数。

表 5.1　修改 grep 行为的选项

使用示例：**grep -ci** 文本文件名	
-c	只显示文件中结果的计数
-v	反转检索，只显示不符合条件的行
-i	匹配时不区分大小写
-E	使用正则表达式的句法(像第 2、3 章描述的那样)，不包括通配符；用 [] 指出字符范围，用引号把检索项目括起来，见附录 3
-l	只列出包含匹配行的文件名
-n	显示匹配的行数
-h	在输出里隐藏文件名

当搜索一个很长的文件时，使用参数也很有用，它不仅可以使你看到包含你感兴趣模板的行，还可以告诉你这些行在文件的什么位置。根据默认设置，grep 会按照它们被检索到的顺序输出行，但是-n 通过显示被匹配的行的行数，添加了进一步的位置信息。

这些参数可以与之前提到的其他参数组合起来使用：-i 可以模糊大小写的区分，-v 可以反转检索内容。-v 选项对于一些任务很重要。你不需要知道查询“不包含>的行”的正则表达式（嗯……可能是"^[^>]*$"?），可以直接使用-v 选项来运行 grep 命令去查询不包含">"的行（请记得在>两边使用引号）。你也不用去想怎样建立一个 grep 查询来寻找匹配三个不同项目的匹配行，只需要用管道将三个独立的查询链接起来，最终就会输出你想要的内容。

如果你在建立一个 grep 查询项时，包含了>作为查询项的一部分，就要格外小心。要确保它在引号里，不然 shell 会把它理解为重定向，导致替代掉你想要查询的内容。当你不确定而有疑问时，就使用引号。如果模板（如查询项文本）里有通配符或数量词，引号也必需要用。

关于 awk 和 sed 命令 在大多数 shell 环境里，awk 和 sed 这两个强大的命令都适用。它们与 shell 里的 grep 相似，可以让你查询并且修改文件内容，但是它们更像是程序语言，会有更多的机会来完成复杂的任务。awk 和 sed 都很复杂，并且学习它们与学习其他命令行技巧没有太大关联。就是因为这个原因，也因为我们聚焦 Python 程序，在这里我们就不做介绍了。当然，如果你感兴趣的话，你可以在网上阅读有关它们的资料，来看看它们是否恰好符合你的需求和偏好。

用 curl 获取 Web 上的内容

在很多项目进程中，从网上的在线数据库或其他网络资源中获取数据是很有必要的。实现这个操作的标准做法是浏览网页，然后要么点击下载相关文件，要么从浏览器窗口复制粘贴文本到另一个文档里。当数据分散在许多页面时，或者数据来源需要定期更新时，使用这些办法都不太现实。幸运的是，有一个 shell 程序 curl（也就是“see URL”），可以帮助你实现直接获取网络文件，不再需要浏览器窗口就可以直接下载网页文本内容。随后你会学到，如何使 curl 和其他工具结合成为一体，创建一个自动化的工作流，用来收集和利用外部数据。

查看附录 1 来寻找其他替代操作

最简单的 curl 命令是在 curl 后加你想要获取项目的网址（也叫做 URL）。URL 是 Web 浏览器窗口地址栏中显示的那一行，它通常以 http://开头（图 5.2）。由于这个 http 文本十分常见，几乎不需要再多说，所以在本书的许多 URL 中我们都把它省略了，但是你要记得在 curl 命令里还要写出它。

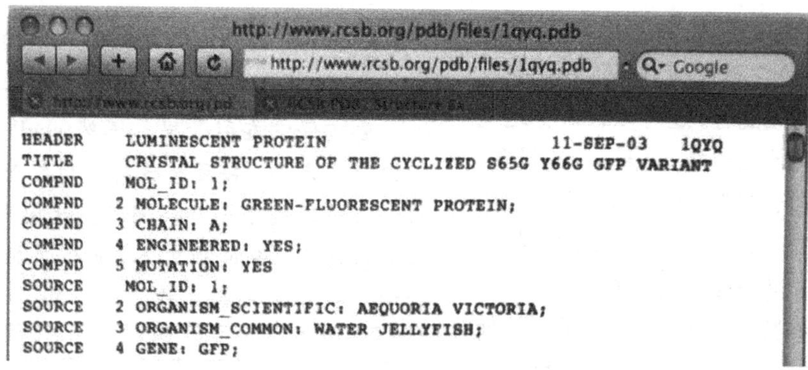

图 5.2　位于 Web 浏览器地址栏的 URL 图例。

在 shell 窗口里，输入如下命令(或者从~/pcfb/scripts/shellscripts.sh 中复制粘贴)：

```
curl "http://www.rcsb.org/pdb/files/1ema.pdb"
```

当你按下 *return* 键，这个地址的内容(一个描述 3D 蛋白结构的文件)就会下载到你的终端中，因此屏幕上会出现来回移动的滚轴。如果你想要保存信息到一个文件，你可以使用重定向>后加文件名：

```
curl "http://www.rcsb.org/pdb/files/1ema.pdb" > 1ema.pdb
```

若想不用重定向操作就存储文件，可以使用-o 选项(output)后加上目的文件名。在这种情况下，你可以输入：

```
curl "http://www.rcsb.org/pdb/files/1ema.pdb" -o 1ema.pdb
```

当你用它来一次性下载一系列文件时，curl 命令就真正开始变得强大起来。举个例子，若要获取一个月里每天的天气数据，在括号里确定日期范围[01-30]。这条命令会获取 8 月份里每天的记录：

```
curl "http://www.wunderground.com/history/airport/MIA/1992/08/[01-30]/
DailyHistory.html?&format=1" >> miamiweather.txt
```

这条命令应该把所有内容键入到同一行里(再次说明，你也可以从~/pcfb/scripts/文件夹里的 shellscripts.sh 示例文件中复制粘贴)。它会依次生成 30 个独立的 URL，并且从网站上一个接一个把它们下载下来。因此，你需要使用附加的重定向>>，而不是只有一个>，否则每个数据文件都会覆盖在前一个下载的文件上。

替代用>>来保存文件的另一个方法，就是再次使用 curl 的-o 选项。根据系统默认设置，curl 只会保存最后一页面到那个文件名中，而不是把同一条命令从头到尾的下载结果全部存储起来。但是正如我们即将看到的那样，通过-o 可以很容易地修改这个行为来保存多个文件，每个都具有一个唯一的名字，对应你指定范围中的某个值。在一定范围内被检索的当前值，会以名为#1(这让人想到在正则表达式中使用的/1)的变量形式存储在存储器里。它可以用来为每个独立检索的结果生成唯一的文件名。

所以要下载每个月第一天的天气数据，并且每一天作为一个独立的文件，可以使用如下命令，命令中为月份的范围，而不是日期的范围：

```
curl "http://www.wunderground.com/history/airport/MIA/1979/[01-12]/01/
DailyHistory.html?&format=1" -o Miami_1979_#1.txt
```

共有 12 个文件会被获取然后存储起来，文件名中的#1 会被 01、02 直到 12 替代。下面来看看这些保存下来的文件的名称：

```
host:sandbox lucy$ ls Mi*
Miami_1979_01.txt   Miami_1979_05.txt   Miami_1979_09.txt
Miami_1979_02.txt   Miami_1979_06.txt   Miami_1979_10.txt
Miami_1979_03.txt   Miami_1979_07.txt   Miami_1979_11.txt
Miami_1979_04.txt   Miami_1979_08.txt   Miami_1979_12.txt
```

范围也可以用字母[a-z]，而且根据你如何输入它们，它们会很灵活地添加填充字符。因此，[001-100]会把 URL 取回的结果从 file001 开始生成，而不是 file1，会自动保留多余的零作为填充字符。你也可以同时从两个范围里检索数据(例如，有序号的文件存在于有序号目录里)；在那种情况下，#2 会成为占位符用来插入文件名中的第二个范围值。

> 请确保你在使用这些命令之前，用 cd 移动到了~/pcfb/sandbox，或者一个合适的目的文件夹内，因为这些命令会生成一大堆文件，它们会使你的主目录杂乱无章。如果命令失去控制，或者运行了很久也不停，或者生成了比你预计更多的文件，无论何时，你都可以用 ctrl+C 终止它。

除了给 curl 在一段范围内提供连续的文件名之外，你可能还会希望用一个 URL 清单来检索，清单中只有一小部分地址在变，但不是按照一个可以预测的规律来改变。为了建立这种查询，请把清单中的变化元素放在大括号{}里，并且以逗号隔开。举例来说，若要一次性检索一组四个特定的蛋白质结构，你可以使用：

```
curl "http://www.rcsb.org/pdb/files/{1ema,1gfl,1g7k,1xmz}.pdb"
```

用 curl 建立查询还有很多变化形式。你可以用 man 查看 curl 的指南来获取更多信息，了解如何才能更适合你的网页下载任务。

其他 shell 命令

到目前为止，我们所介绍的 shell 命令已经使你能够完成范围很广的任务了，但是实际上我们仅仅接触到了 shell 可用功能的一点皮毛。在第 16、20 章，还有附录 3，你会了解到各种各样其他非常有用的 shell 命令，它们能够帮助你更加有效地处理和分析数据，这些命令包括 sort、uniq 和 cut。通过这些命令，你能够做很多事，比如在一个大数据集中计数一个特殊条目的数量——即使是 10 亿字节的庞大数据集，而这通常对于许多数据集类型的应用都是个极大的挑战。如果你发现到目前为止学到的命令行技能，已经对你的数据分析能力带来了巨大影响，那么你可能想要提前浏览第 16 章和附录 3 的内容，可以现在就翻过去看，或者继续学习下一章；这些补充材料就摆在那里，为更加深入学习 shell 命令提供了一些入门的小技巧。

总　　结

你已经学会了：

- 用 nano 在命令行编辑文件；
- 用>和>>将输出发送到某文件，而不是屏幕；
- 用 cat 将多个文件连接起来合并到一个文件里；
- 用 grep 在某文件里抽提特定的行；
- 用 | 将输出传送到另一个命令；
- 用 curl 在命令行中从网页中下载数据。

第6章　使用shell编写脚本

现在你已经熟悉了 shell 中可用的一些强大命令，至少到了用一种操作(打字)顺利取代另一种操作(点击和拖拽)的程度。现在你将学习如何把多条命令收集到一个文件中，并且在 shell 中把该文件作为一个单一的命令来执行。这种集合一系列命令的文件就叫做脚本，它本身就是一种定制程序。

组 合 命 令

shell 脚本是一个文本文件，里面装着一系列你想要按顺序依次执行的 shell 命令。接下来我们会描述这种文件的某些特殊属性，它会告诉 shell 如何理解文件中的这些命令。执行的时候，通常是在命令行提示符处输入脚本的文件名，文件里的命令就会被执行，就好像你在命令行里依次输入了每条命令一样。当你想要在多个不同情况下使用一组相同的命令，或者当你想要一次性执行一组多个命令时，脚本都会派上大用场。下面是一些可能用到 shell 示例脚本的情形：

- 从网络下载 20 个文件，并且把它们保存在一个大文件里；
- 使文件从一种格式转换到另一种，在程序里处理它，然后重新格式化输出格式；
- 批量重命名一组文件，或者把它们复制到不同的目录里。

所有这些任务都可以用特殊定制的程序完成，也可以用 shell 脚本来完成，而且通常 shell 的方法也是最直接的。

在开始编写任何脚本之前，我们先浏览几个必要的步骤，它能使 shell 把一个文本文件识别为一系列的命令。在这章和随后的章节中，我们都会用如下格式惯例，在命令行处(在终端窗口里)键入的文本用这个背景，脚本(一个文本编辑文档)里的文本用这个格式。和前面一样，你在命令提示符处输入的文本都用加黑的粗体表示。

搜 索 路 径

命令行如何找到它应执行的命令

到目前为止，我们展示过的每条命令(`ls`、`cd`、`pwd` 等)都是当你将它输入到命令行窗口时，`bash` shell 能识别并调用的独立小程序。使用 `which` 命令，可以找出这些特定的小程序储存在哪个目录里。例如：

```
host:~ lucy$ which cd
/usr/bin/cd
host:~ lucy$ which ls
/bin/ls
host:~ lucy$ which which
/usr/bin/which
```

甚至连生成命令行的 bash 本身也是一个 shell 程序，它有着自己的位置：

```
host:~ lucy$ which bash
/bin/bash
```

这些文件夹(/usr/bin 和/bin)是系统里存放程序的标准目录[1]。若要列出在这些目录里提前安装好的程序，请输入 ls/usr/bin 和 ls /bin。如果 which 对于你尝试查找的命令给出了不同的位置，那就要看那个目录里还有哪些内容。

当你创建了自己的脚本或者程序之后，输入它的名称时，shell 如何得知去哪里找它呢？有个办法就是由你来提供绝对路径。比方说，输入/bin/date，就会运行 date 命令。但是，调用每一个指令程序都要输入全部的路径是非常烦琐的，而且需要多次重复操作时也很容易出错。每次使用时都把程序复制到数据目录里，这样操作也是不正确的——这也是人们时常容易犯的一个错误。把程序复制到保存有数据文件的各个目录里，可能会导致同一个程序有很多份拷贝，分别出现在不同的地方。如果这样的话，当你的程序需要更新版本时，就会发现这简直是个噩梦，你必须不断了解哪个版本在哪里。注意：你应该希望计算机中每个程序都只有一个工作副本，而不需要多个拷贝。

重要事项　这里描述的步骤，对于把计算机设置为适合脚本编写的环境十分关键，对计算机的编程和后面几章的其他任务也同样十分重要。如果你还没有过尝试其他任何类似的设置，毫无设置经验，请紧跟着下面的提示步骤操作。

出于多种原因，我们不要把由我们创建的程序放在/bin 目录里，和系统程序放在一起。首先，你的计算机通常不会允许你这样做，除非你授予自己特别的管理员权限(我们后面会提到如何获得这个权限)。其次，你一定不想迷失在计算机的各种核心文件之中，那会导致浪费很多时间。如果那样的话，你很可能会遇到不小心删除了一个重要核心命令(想象一下，如果没了 ls 你该怎么办？)或者不小心改变了什么东西产生了隐蔽的严重后果。所以，你要形成良好的个人存储习惯，最好自己设置一个自定义目录，专门用来放置你自己的程序，这样被破坏的风险最小，然后告诉 shell 每次都去那里找程序。虽然这个过程稍微有点复杂，但通常只需要设置一次就够了。

1 /usr 代表的是 Unix 系统资源，即使它看起来、听起来都像/User。这些命令在整个系统里都可用，而不仅适用于一个指定用户。

创建你的工作区——脚本文件夹

工作的第一步，是先创建一个安置程序文件的存储目录。首先，用 cd 返回到主目录；然后，用 mkdir 指令建立一个叫做 scripts（脚本）的文件夹（这个指令的效果等同于 Finder 的 File 菜单中 New Folder...这个选项）。输入 ls 来查看文件列表，确保新建的 scripts 目录已经存在了。

```
host:~ lucy$ cd
host:~ lucy$ mkdir scripts
host:~ lucy$ ls
```

无论你在系统中的任何位置，你都可以随时召唤这个新的 scripts 目录，例如，用完整路径（/Users/lucy/scripts）到达新脚本文件夹，或者用代表主目录的快捷键开头（~/scripts）。

尽管你现在已经创建好了一个存放自定义脚本的文件夹，但是你的 shell 还不知道脚本在这个文件夹里。shell 只会去查看/bin 和/usr/bin 文件夹，因为有一个系统默认设置文件，指出了程序可能会在这个两个文件夹里。当你每次登录系统时，系统就会以你的用户身份自动加载这些系统变量，包括程序列表的位置及其他默认设置。例如，当你在命令行输入程序的名字时，shell 就会在这个默认的列表里查找匹配的程序。这个列表自身被储存在一个叫做$PATH 的特殊 shell 变量里，请输入 echo $PATH（请记得在使用 shell 时，区分大小写是很重要的）。echo 命令会反馈你提供给它的任何输入，在这种情况下，它返回的是变量$PATH 里的内容。

```
host:~ lucy$ echo $PATH
/usr/bin:/bin:/usr/sbin:/sbin:/usr/local/bin:/usr/X11/bin
host:~ lucy$
```

当然，你实际操作时得到的路径可能和示例不完全一样，不过没关系，它们都显示了 shell 指令匹配的位置，当你在命令行处输入了指令之后，shell 就会在这些目录下寻找匹配的程序。你会发现每一个不同路径之间都用冒号分隔开了，并且这些路径中也包括了我们的老朋友/usr/bin 和/bin。

你可以通过输入 set 来观察 shell 中的其他变量，以 PATH 为例。

```
host:~ lucy$ set
BASH=/bin/bash
COLUMNS=80
HOME=/Users/lucy
HOSTNAME=hosts.local
LOGNAME=lucy
MACHTYPE=i386-apple-darwin9.0
```

```
OLDPWD=/Users/lucy/scripts
PATH=/usr/bin:/bin:/usr/sbin:/sbin:/usr/local/bin:/usr/X11/bin:
PWD=/Users/lucy
SHELL=/bin/bash
USER=lucy
```

上面这个列表只列出了 shell 中变量的冰山一角。shell 中的这些变量路径都是可知的，因此可以在命令行中对其进行操作，也可以在变量名前加上$号以进行提取。例如，有人问你的 shell 用户名是什么，你可以不说自己叫 lucy，而是回复“嗨，我是$USER”。如果想进入你用户的主目录，你可以不键入 cd /Users/lucy 而是输入 cd $HOME 来进入。在接下来的部分里，我们就要用到变量$HOME 和$PATH 的内容。

编辑你的.bash_profile 文件来进行个性化设置

我们现在向你演示如何永久地修改$PATH，使它能一直包括你的新脚本目录。

对 bash shell 的个人设置，是通过主目录里的一个叫做.bash_profile 的隐藏文件来修改的。这个文件本身就是一个脚本，它同样也包含着一系列命令，每次你登录或者打开一个新的 Terminal 窗口时，它就会自动加载运行。这个文件也可能不存在于你的系统里，但这取决于计算机里的默认偏好是否已经被修改过。为了编辑这个文件，确保你在主目录里，然后输入：

```
host:~ lucy$ cd
host:~ lucy$ nano .bash_profile    ←重要步骤#1
```

> 如果是 Linux 系统，这个文件就不是.bash_profile 而是.bashrc 了

请注意要确保在名称前有一个句点，在文件名中间有个下划线。nano 命令会打开已经存在的.bash_profile；如果该文件不存在，这条命令会创建一个新的空目录。如果比起 nano，你更喜欢 TextWrangler，你可以使用命令 edit .bash_profile 来运行 TextWrangler，把文件显示出来以供编辑。

现在要在 PATH 文件中加入一个新定义，把你的脚本目录添加进去。因为你还要保留其他的路径设置，所以你可以在已存在的路径文件末尾添加上你的脚本文件夹，这样就可以创建新的路径了。有趣的是，shell 中有一些变量，比如$PATH 读取时要加上符号$，但是在编辑设置时是不加$的，稍后你就会了解到这是什么意思。

输入如下的语句，注意不要有拼写错误：

```
export PATH="$PATH:$HOME/scripts"    ←重要步骤#2
```

注意，等于号前后都没有空格。第一个 PATH 前面没有$，因为那是在对它进行设置，而不是仅仅读取。上面这条命令把 PATH 从旧的值(就是在输入 echo $PATH 之后看到的那些路径)加上了你所创建的 scripts 文件夹的路径，成为新的值。如果你要快捷地创建脚本文件夹的绝对路径，只需要读取$HOME 的值，也就相当于/Users/lucy，在后面加上/scripts 即可。你也可以写下/Users/lucy/scripts，不过这样很可能使这个

文字配置文件不能在别的用户系统下使用了。等于号后边的整个语句都位于引号中间。export 这行语句的作用是告诉 shell，变量 PATH 在 shell 中的每个目录位置都应该是可用的，而不是仅仅局限于特定某几个文件。

> 不过在 Linux 或者 Cygwin 系统中则不同，比如对 HOME 进行设置操作时写为${HOME}，读取时则写作$HOME

如果你的路径以前是/usr/bin:/bin，那么在这条语句作用之后应该变成了/usr/bin:/bin:/Users/lucy/scripts。换言之，shell 已经能够从 scripts 文件夹中调用指令了。

如果 export PATH 的结果正确，那么保存文件即可。由于.bash_profile 文件名的开头是一个点，所以在 Finder 窗口或者使用 ls 命令都是看不见这个文件的。想要观察所有文件的列表，需要输入指令 ls -a ~/或 cat ~/.bash_profile[2]。

更改系统设置　更改系统设置的时候，你可以在.bash_profile 文件中添加一个安全设置的指令。还记得 cp、mv 命令和>重定向命令吗？这些指令执行后，shell 会不询问用户直接覆盖已经存在的同名文件。你可以通过在.bash_profile 中添加下面这样一行指令来提醒自己：

```
set -o noclobber    ←当你编辑.bash_profile 时添加这一行
```

这条指令的作用就是禁止 shell 直接重写或覆盖已经存在的文件。然而一般没有修改安全设置的工作系统是没有这个功能的，因此你在别的计算机上工作时要格外注意，不能过分依赖安全指令。不过作为初学者，你很容易就不小心犯下这种错误，因此我们建议你多加注意，确保在自己的系统中开启了 noclobber 的安全设置。

检查你的新$PATH

关键时刻到了：在设置完成后，要查看你的新设置是否有效！由于配置文件只在 bash 第一次运行时被读取，所以你需要打开一个新的终端窗口。在新窗口中，再次输入 echo $PATH。这次你应该会看到，在默认的$PATH 末尾处，加上了你的 scripts 文件夹的绝对路径。如果你看到你的 scripts 目录作为新路径的一部分列了出来，那么恭喜你已经完全设置完毕，可以准备编写和使用你自己的软件了。如果你打开新的终端窗口后，没有在路径中看到脚本目录，请查看有没有拼写错误，也可以在 practicalcomputing.org 论坛寻求帮助。如果你使用的不是 OS X 操作系统，请查询附录 1。

在将来，你可以用同样方法把其他脚本或程序文件夹添加到$PATH 中，就是附在 export 一行的末尾来添加到你的路径，别忘记要用引号。尽量让这种类型的文件夹保持少数。因为通常试图在一个脚本里发现问题要花费大量时间，如果到最后你才意识到你编辑修改的备份与你输入命令时 shell 找到并执行的程序不是同一个东西，这可不是什么好玩的事儿！shell 检索文件夹的顺序是按照它们在路径里列出的顺序，因此有可能在你的当前工作目录里虽然有一个脚本，但是当你把它的名字输入在命令行时，事实上被执行的版本是在计算机里的其他某处找到的。

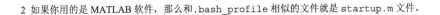

2 如果你用的是 MATLAB 软件，那么和.bash_profile 相似的文件就是 startup.m 文件。

目前，你已经创建了一个~/scripts 文件夹，并且已经编辑好了~/.bash_profile 配置文件，这样 shell 就会按照你输入的指令在这个文件夹里查找程序了。这部分的设置只需要做一次。现在你已经做好准备了，以后把你编写的各种脚本和其他自定义程序添加到这个特殊目录里就行了。

把文本文档型文件转变为软件

你已经有了一个放置脚本的地方，但是你如何真正地编写一个脚本放在里面呢？

这里是几个相关的操作步骤：

(1)把命令键入一个文本文件里；

(2)告诉操作系统，应该用什么程序来解析这些命令；

(3)授予脚本所需要的权限，使它能够被 shell 执行。

上述要求的步骤，只需要文本文档编辑软件和 shell 就可以完成——这两个软件现在你都已经很熟悉了。

打开你的文本编辑器，然后按照下面的文本准确无误地输入(当然，除了警告提示的文字)：

```
#! /bin/bash
ls -la   ←注意：这是一个小写的 L，不是数字 1
echo "Above are the directory listings for this folder:"
pwd
echo "Right now it is :"
date
```

这个文件会输出一个完整的目录清单，接着显示一句信息，然后输出工作目录的名称，最后再输出日期。把这个文件以 dir.sh 的名字保存在你的~/scripts 目录里，后缀名.sh 代表这是一个 shell 文件(图 6.1)。

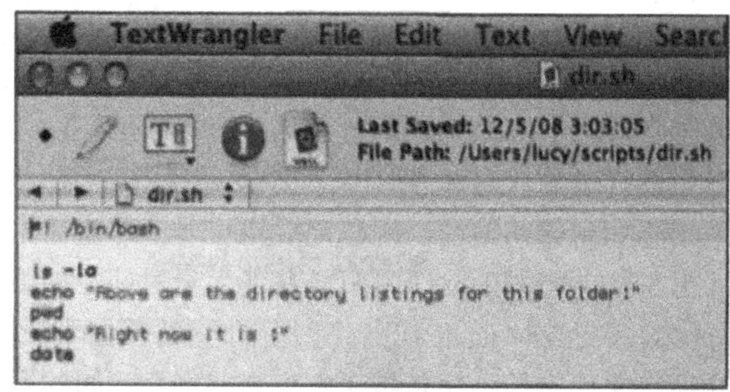

图 6.1 一个 bash 脚本 dir.sh。

如果你是在 TextWrangler，或者像 emacs 这样高级的命令行编辑器里编辑，你会注意到当你保存脚本时，文本的颜色会改变。这是因为当你保存的文件以.sh 为扩展名时，编辑器会识别出那是一个 shell 文件，然后会根据内容用不同颜色提示。当你操作本书其他章节的示例时，也会看到这个现象，因为 TextWrangler 被设置为能够识别多种程序和数据文件。

#!控制脚本文本用何种程序解释

脚本的第一行十分特殊。当 shell 执行一个文本文件，如果在文件的第一行碰到#!，shell 就会把文件的全部内容发送到#!后紧跟的程序中执行。这意味着你可以编写一个文件，它可以自动把一系列命令提供给任何 shell 程序。在这个例子中，我们要把命令送达的程序是 shell 本身，即/bin/bash。

当你稍后执行这个文本文件时，shell 会先查看第一行，当看到#! /bin/bash 时，就会把剩余内容发送到 bash 程序。你以前可能看过井号(#)在程序中是用来注释的(也就是说，这些文本在执行过程中是会被忽略的)，但是当它像这样出现在文件顶端的时候，就会代表不同的意思。

#!的组合被称为 **shebang**，这个名字源于井号“hash mark”的“sh”和单词“bang”，bang 是 Unix-y 描述惊叹号的方式。有时难以记住字符的顺序(#!还是!#)，但是如果记住 shebang，你就能正确使用它了。#!后的空格不是必需有的，但是我们习惯在这里使用它，这样能更容易地看清楚文件的路径，并且帮助你确保没有拼写错误(如忘记开头的斜杠，写成了#!bin/bash)。

你现在已经达成了把文本文件变成脚本文件的关键一步：你已经告诉了 shell，哪一个程序应该用来解析这些特定的文件内容。这个步骤(即在包含脚本的文本文件开头加#!)对于你编写的每个脚本都很重要，甚至是用其他语言编写时它也同样重要。

通过调整权限使文本文件可以被执行

来尝试一下你写的新脚本，输入 dir.sh 然后按 *return* 键。你可以在任意工作目录下进行操作：

```
host:~ lucy$ dir.sh
-bash: /Users/lucy/scripts/dir.sh: Permission denied
```

它不能执行！因为你仍然必须明确地指定文本文件可执行。#!告诉了 shell 当文本被执行时应该做什么，但是你还需要给 shell 把这些文本当成命令的权限许可。根据系统默认，文件的创建者可以读取并编写文件，但不可以执行它。原因很简单——为了安全。如果任何文本文件都可以被执行，那么别人给你的，或者从网页上下载的看起来无伤大雅的文本文件，可能会对你的系统造成十分恶意的破坏。

有一条 shell 命令可以使文件可执行。第一步，要先检查一下脚本目前所在目录：

```
host:~ lucy$ cd ~/scripts
host:scripts lucy$ ls -l    ←再次注意，小写 L
-rw-r--r--  1 lucy  staff   45 Dec 18 13:52 dir.sh
```

请记得 ls 和 -l 一起使用会列出所有文件和目录，它们每个会占据一行，并且每行上都会提供更多的信息。具体信息包括：文件权限的简写示意(每行开头的短横线和字母)，文件的拥有者，文件的组，文件的大小，文件上次的更改日期，文件的名字。关于权限描述的那一段中，r 代表谁可以读取它，w 代表谁可以编辑它，x 代表谁可以执行它。这些按照它们适用的对象排列：用户、群组成员和所有其他用户。短横杠表示权限对于那类用户不开放。查看图 6.2 来近距离观察它们是怎样排列的。

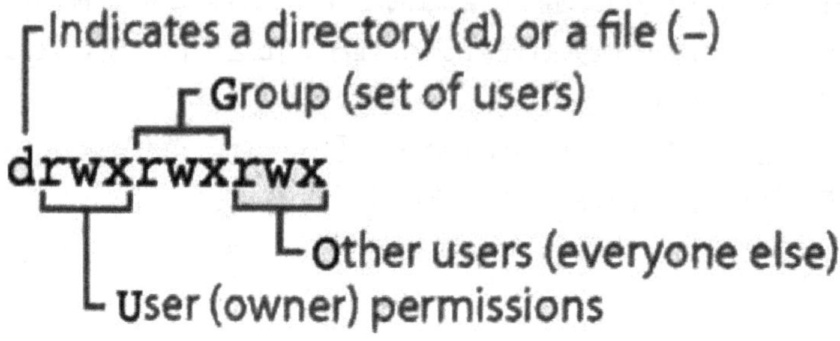

图 6.2　ls 显示出的权限。

在 dir.sh 权限的那一行，你可能会看到现在还没有 x 类型的权限，这也解释了为什么这个文件不可以作为程序被执行。你需要用 chmod(**ch**ange **mod**e 更改模式)命令来修改文件权限。以后，对于你编写的每个脚本都需要做如下操作：

```
host:scripts lucy$ chmod u+x dir.sh
```

语句执行后，再用 ls -l 指令检查一遍：

```
host:scripts lucy$ ls -l
-rwxr--r--  1 lucy  staff   45 Dec 18 13:52 dir.sh
```

dir.sh 的权限现在包括了一个 x，表示现在该文件可以被用户(在本例中，这用户是你)执行了。chmod 的 u+x 参数在命令名和文件名之间，它告诉 shell "对于这个文件的主要用户/拥有者，授予执行权限"。你也可以在参数中使用减号来移除某个权限(例如，chomd o-x dir.sh，o 代表 others 其他用户)；当然你也可以修改一个目录或文件的读取(r)和编写(w)权限。不过要小心别把自己修改文件的权限取消了。现在，你会使用 u+x 修改文件的权限了[3]。

那我们再来试试这个程序：在命令行中输入 dir.sh，再点击 *return* 键，你应该看到的是你的脚本文件中的所有文件，包括这些文件的路径和当前日期。

```
host:scripts lucy$ dir.sh
total 8
drwxr-xr-x   3 lucy   staff   102 Dec 18 15:03 .
```

3 还有其他使用二进制格式确定权限的方法。查看附录 6，可以获得更多详细的解释，或者输入 man chmod。

```
drwxr-xr-x+  19 lucy   staff   646 Dec 18 15:03 ..
-rwxr--r--    1 lucy   staff   118 Dec 18 15:03 dir.sh
Above are the directory listings for this folder:
/Users/lucy/scripts
Right now it is :
Sat Dec  18 15:03:34 PST 2010
```

你已经创建并运行了你的第一个脚本！现在移动到文件系统的其他任意地方，然后再尝试：

```
host:scripts lucy$ cd ~/Desktop
host:Desktop lucy$ dir.sh
```

把文本文件转变为脚本的最后一步，就是我们刚刚完成的赋予文件执行权限。现在这个脚本已经可以在你系统中的任意位置运行了。上面的设置作用就在于，使 shell 知道把文件中的内容作为指令去执行是安全的。每次你编写新的脚本时，都要记得给脚本赋予执行权限。

生成自动脚本

现在你知道了如何把一个普通的文本文件转换成一个脚本，你就可以开始编写程序来减轻你的工作量了。在处理数据的流程中，比起任何其他独立的工具，你可能会更多使用到正则表达式——在第 2 和第 3 章中提及的检索及替代操作。正则表达式除了直接操纵和重新整理数据集的格式，它还可以把一个普通的文本列表转换为工作脚本，能极大减轻工作强度。你将在接下来三个例子中使用这个技能来创建有用的脚本。

批量复制文件

假设你有个文件夹，里面有数百个文件，你想要根据它们的内容而不是名字，把那些符合条件的文件作为一个子集，复制到另一个目录下。在这种情况下，不可能简单地使用通配符和 cp 完成任务；你需要先查看文件里是否有你感兴趣的文本，再列出那些符合条件的文件，然后再根据选出的文件列表使用 cp 复制文件。

在这个例子中，你要编写一个脚本，只复制那些包含单词 fluorescent 或者 fluorescence 的文件到另一个目录。这里使用的文件是一系列 PDB 格式的蛋白质三维结构文件，它们在你的 examples 文件夹里能找到。先从生成一个你需要文件的列表开始——特别指定那些含有 fluor 单词片段的文件。使用 grep 指令加上-l 选项来显示符合要求的文件名，而不是显示匹配到的文本。

```
host:Desktop lucy$ cd ~/pcfb/examples
host:examples lucy$ grep -li fluor *.pdb
structure_1ema.pdb
```

```
structure_1g7k.pdb
structure_1gfl.pdb
structure_1xmz.pdb
```

我们发现要搜索的两个关键词具有相同的文本片段，因此我们可以使用一条语句就完成 fluorescent 和 fluorescence 两个关键词的搜索。需要注意的是，我们在-l 后面又加上了一个大小写忽略标记-i，这样搜索时就会不区分字母的大小写了。这一系列操作的结果就是搜索出了在路径~/pcfb/examples/下，文本中包含 fluor 且文件拓展名为.pdb 的所有文件。

路径和 grep 检索　你可以通过在路径描述中使用*符号来改变 grep 的检索范围。例如，在一个指定目录下，搜索所有子文件夹中包含 flour 的.pdb 文件，你就可以使用 grep fluor ~/pcfb/*/*.pdb。在 pcfb 后多出来的*/表示检索 pcfb 文件夹里的所有文件夹，而不只是 examples 文件夹。请记住这个方法功能强大，在使用 ls 的时候一样管用(如 ls ~/*/siphs*.fta)。当你用这个方法添加额外的路径元素时，文件必须位于指定的子目录中。这里的一个星号，表示一个或更多子目录，而不是零个。

在结果中你可能会看到绝对路径或者相对路径，这取决于你使用 grep 的方式。

现在接下来的目标，就是把这个列表里的文件名转换为一系列复制命令的格式。如果列表较短，你可以从终端窗口复制它，然后把它粘贴到一个空的文本目录里。如果列表较长，重新执行 grep 命令(用↑键回到你的历史命令)，然后通过在命令后加> ~/scripts/copier.sh，把它重定向到一个文件：

```
grep -li fluor *.pdb > ~/scripts/copier.sh
```

这条命令不会把结果列在屏幕上，而是会放入一个叫做 copier.sh 的文件中。在 TextWrangler 中打开这个文件(如果你不在 examples 子文件夹里，可以把完整路径~/pcfb/examples/*.pdb 作为 grep 命令的一部分，不过这样得到的结果除了文件名之外，还会加上它的路径信息)。

这里就需要用到正则表达式了。你不再需要为每一个文件名输入命令，而是通过使用正则表达式，实现半自动化地将每个文件名转换成一个复制(cp)命令。因为这些文件都位于同一个目录，所以每条复制命令的开头应该是这样：

```
cp ~/pcfb/examples/
```

你要在每个文件名之前，没有空格地插入这些文本。为了实现这件事，你需要打开 Find 对话框，确认 Grep 是被选中的，然后检索特殊边界字符^，尽管这个符号不可视，但它代表着每行的开始。请记住这个标志代表一行中首字母之前的位置，然后用上述 cp 命令替换它。在图 6.3 中，示意了软件检索框的样子。

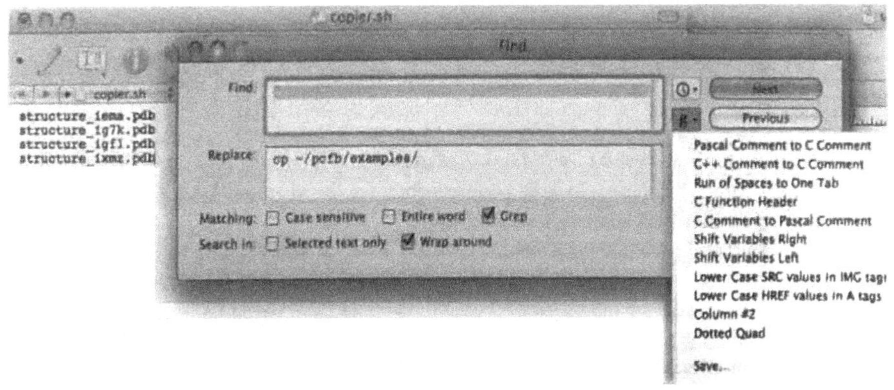

图 6.3　替换对话框中显示了它的 Save Search(保存检索)菜单 g。

当你完成了这个操作后，你就有了一个文件，它包含了几条以复制开头的命令：

```
cp ~/pcfb/examples/structure_1ema.pdb
cp ~/pcfb/examples/structure_1g7k.pdb
cp ~/pcfb/examples/structure_1gfl.pdb
cp ~/pcfb/examples/structure_1xmz.pdb
```

由于^会检索每行的开头，如果有一个空白行在目录的开始或结尾处，那么在你的文件中将多出来的一条额外的 cp 命令行。

现在你需要在每行的末尾处补上复制命令的剩余部分——目标目录。检索每行结束边界符$，并把它替代为目标目录。在这个例子中，你需要复制所需文件到~/pcfb/sandbox/文件夹里。请使用这个名称作为替换文本，注意要加一个空格在第一个波浪符号前面。现在每条复制命令都完成了，如下：

```
cp ~/pcfb/examples/structure_1ema.pdb ~/pcfb/sandbox/
……省略数行……
cp ~/pcfb/examples/structure_1xmz.pdb ~/pcfb/sandbox/
```

这个例子比较烦琐，因为你直接粘贴命令可能比这样还要快一些。然而不难想象，当你需要处理上百个文件而不是仅仅 4 个文件的时候，这个方法就有优势了。只要凭借两步简单的检索和替代操作，你就能把一个文件列表转换为一个实用的脚本文件了。

这时你会抗议说，这还不算是一个能执行的程序。所以我们还需要在开头加入一个 shebang 的行(#! /bin/bash)来说明这是什么类型的脚本，然后再更改权限，使它可执行：

```
Chmod u+x copier.sh
```

当你的脚本准备好执行时，先保存它，然后通过在命令行输入 copier.sh 来执行它。它没有给你任何反馈信息(将来你可以增加这项反馈功能)，但是如果你查看 sandbox 文件夹，你应该会看到 4 个.pdb 文件已经复制好了，这些原本是不存在的。

许多计算机专业的科学家可能不会教你用这种搜索和替代方法来生成脚本，因为脚本只是被生成用来完成一些十分特殊的任务。然而，这个方法直截了当、适应性好、实用性强，因此实际上我们很频繁地使用它。正如你将会在第 9 章看到的那样，你也可以用这个方法来快速将表格信息转换为程序元素。

灵活的文件重命名

重命名文件通常比仅仅移动或者复制它们到另一个目录要困难，这是因为 mv 和 cp 不能根据原来的部分文件名自动生成新的文件名。例如，若要把一系列以.pdb 结尾的蛋白质结构文件重命名为以.txt 结尾的文件，你不能只输入 mv*.pdb*.txt，因为目标文件名中的*(*.txt)不能被源文件名中的*(*.pdb)所匹配的字符代替。人们已经编写了一大堆文件重命名功能的程序，但是在这一节，你将学习如何创建一个 shell 脚本以便根据你的需要来重命名任意列表中的文件。

在 TextWrangler 中，打开上面例子中 pdb 文件的基本列表(如果你已经修改了它，你需要重新再生成一次这个文件)：

```
structure_1ema.pdb
structure_1g7k.pdb
structure_1gfl.pdb
structure_1xmz.pdb
```

这次，你将要修改文件名作为新拷贝的名字，你需要把开头的 structure_去掉，还要把末尾的扩展名从 pdb 改成 txt。当你编写一个新脚本用于重命名文件时，最好是用 cp 复制它们，而不要用 mv 移动它们然后再重命名。重命名是一个有风险的过程：在测试程序时，只要脚本里有一个错误，都有可能删除所有的文件。

复制一个文件并重新命名为一个新名字，基本操作指令如下：

```
cp structure_1ema.pdb 1ema.txt
```

和前面一样，你可以再次使用一系列查找和替代功能，把一个列表转换成必需的命令来完成这个操作。首先，我们展示出它就是一系列的查找替代，然后我们再把它们合并为一次性操作脚本。

要想把原文件名替换成新文件名，你要先回顾一下前面学过的正则表达式章节。我们还要用到原文件名的一部分文本，才能完成替换。在这个例子中，我们的文件名可以分为三部分：

```
(structure_)(1ema)(.pdb)    ←括号中的文本是我们将要捕获的部分
```

现在用通配符和数量词替代文本中的第二个元素，并且转义第三个元素中的句点。查找关键词是这样的：

```
(structure_)(\w+)(\.pdb)
```

用查找(Find)功能但不要用替换(replacement)功能来检查一下查找项。如果没有能高亮显示目标行，需要再次检查后面的空格，或者其他格式中有问题的地方[4]。

源文件名中的三个部分，只有第二部分在下划线和句点之间，还需要再次用在目标文件名中。生成目标文件名的替换文本由捕获文本的第二元素(用\2 来表示)和新的文件扩展名组成[5]。

```
\2.txt   ←反斜杠 2 是查询关键词中第二个括号里的内容
```

若要以命令格式创建一个完整的替代字符串，你需要在开头加上 cp，用\1\2\3 将源文件名缝合起来，生成以\2.txt 结尾的替代文件名。

搜索关键词	替代关键词
(structure)(\w+)(\.pdb)	cp \1\2\3 \2.txt

对文件名列表运行这个查找替换，你就可以得到一系列命令行，对某一个目录内的文件执行重命名(移动它们)操作。你可以复制粘贴这些命令到终端窗口直接运行，也可以将它们保存为脚本，就像接下来描述的这样。

```
cp structure_1ema.pdb 1ema.txt
cp structure_1g7k.pdb 1g7k.txt
cp structure_1gfl.pdb 1gfl.txt
cp structure_1xmz.pdb 1xmz.txt
```

为了把这一系列命令转换为脚本，你需要在文件顶端加入一行#! /bin/bash，保存它为~/scripts/renamer.sh 文件，然后用 chmod u+x ~/scripts/renamer.sh 使它可执行。在编写这个脚本时，我们除了文件名外没有指定任何路径，因此，你必须在包含该文件的文件夹内运行这个重命名脚本。请注意，这里是指到文件的路径，与脚本所在的具体位置无关(在这里和其他多数情况下一样，脚本都放在~/scripts 目录里)，只与你在哪里运行脚本有关系(工作目录)。

保存检索　如果你发现某个特定的检索十分有用或者很复杂，你可以在 TextWrangler 替换对话框，点击名为 g 的弹出菜单保存，菜单就在查询框的旁边(见图 6.3)，然后这个项目就可以在你编辑其他任何文档时调用了。

这个脚本只能对以 structure_开头、以.pdb 结尾的文件进行重命名。如果你想编写另外一个脚本，使它可以处理有着其他开头和结尾文件名，你可以通过再加入通配符和数量词来实现：

```
(\w+\_)(\w+)(\.\w+)
```

在(有些)简明英语中，这就对应着 word_word.word，每个 word 依次对应着\1、\2 和\3。如果你需要的名字中有标点符号(尤其是句点)，你的检索就必须做相应的调整来适应那种情况。

---

4 如果对于捕获文件的概念不熟悉，请复习第 2 章中正则表达式的部分。

5 对于高级正则表达式操作，可以在嵌套的括号内捕获文件。外面的一对括号就是\1，里面的就是\2。所以一个更简单又等价的查找-替代组合就是(\w+_(\w+)\.\w+)，替换关键词 cp \1 \2.txt。

运用 curl 自动检索参考文献

回顾第 5 章里 shell 程序 curl 可以在网络上搜索文档，就像是 Web 浏览器中所做的那样。这条命令本身有能力一次性检索大范围文件，但它也常用于生成一个有着一系列 curl 命令的脚本。这种方法比使用 curl 的通配符要更加灵活。在这里，我们从一个引用文献的列表开始，然后从其中生成一个脚本来检索出更加完整的参考书目档案，包括 DOI(数字对象标识符，一个全世界通用的电子记录码)。这个脚本从一个适当的目标出发，极有可能生成一个非常有用的文献检索装置。

CrossRef 注册代理(www.crossref.org)提供了一个检索公共文献的方法。CrossRef 的检索式基本格式如下：

http://www.crossref.org/openurl/?title=**Nature**&date=**2008**&Volume=**452**&spage=**745**

检索式里的可变部分用加粗字体标了出来。不过你现在直接输入这个检索式是不会得到响应的，因为这个系统是要登录后才可用的。你可以用自己的邮箱免费注册一个账户[6]，也可以临时使用我们创建的演示账户。此外，这个网址的默认设置是查找参考文献并把用户重新导向到相应期刊网站，但我们想要查找的是与这个文献相关的全套信息。在网址里需要加入更多的设置选项，包括设置重定向字段、格式字段，以及用于登录 CrossRef 的 PCfB 的身份码：

http://www.crossref.org/openurl/?title=Nature&date=2008&Volume=452&spage=745**&redirect=false&format=unixref&pid=demo@practicalcomputing.org**

打开文件~/pcfb/examples/reflist.txt，你会看到包含上述网站网址的文件、一系列参考文献条目，以及一串你将使用的检索和替代字符串(很长)。复制第一个 URL(以 http:开头)粘贴到浏览器地址栏(不是检索框)，然后按 *return* 键。如果上述操作生效，你应该能试着插入自己的搜索短语，并且体会自定义查询是怎么形成的。你可以从几个引用文献中，用基本指令检索到大量的信息。

在示例文件中，参考文献是这样的格式：

```
JournalName∆ Year∆  Volume∆   StartPage   ←记住，∆代表制表符
```

CrossRef 有一个很好的特点，就是它并不要求作者名、标题及起止页码，就连出版年份都是可选的。检索出来的实际条目就像下边这样：

```
American Naturalist∆ 1880∆  14∆  617
Biol. Bull.∆  1928∆  55∆  69
PNAS∆  1965∆  53∆  187
Science∆∆  160∆ 1242
```

6 见 http://www.crossref.org/requestaccount/，也可参考 http://labs.crossref.org/site/quick_and_dirty_api_guide.html。

```
J Mar Biol Assoc UKΔ  2005Δ  85Δ  695
Biochem. Biophys. Res. Comm.Δ  1985Δ  126Δ  1259
GeneΔ  1992Δ  111Δ  229
Nature BiotechnologyΔΔ  17Δ  969
Phil Trans Roy Soc BΔ  1992Δ  335Δ  281
```

把这些参考文献剪切，然后粘贴到一个新文档中，命名为 getrefs.sh 并保存到你的 ~/scripts 目录下。

现在你要把这些条目转换为 curl 程序的一部分来检索更多条目，而不是仅仅查一次看一个。由于网址格式的独特性，我们首先得把条目各部分之间的空格用%20 来替换。而%20 的意义即百分号加 ASCII 码 20(代表空格)[7]。请搜索并用%20 替换所有的空格(不是\s，也不是 tab，而是一个真正的空格字符)。

现在我们来编写搜索源文件中 4 个字段的语句。由于每个字段都是用 *tab* 键分离的，因此在第一个字段中搜索“任意字符”，在剩下的字段中搜索数字。有些条目里缺少某些字段(比如有些文献没有年份信息)，但是相应的 Tab 还是在这里的。也正因如此，你应该在第一个数字部分使用\d*而不是\d+，因为用\d*才能与空的\t\t(只有 Tab)相匹配[8]。

```
(.+)\t(\d*)\t(\d+)\t(\d+)
```

这个检索式会把杂志名、年份、卷号、文献起始页码依次编为从\1 到\4，以备后面替换时使用。

要建立替换语句，你可以从示例文件中复制：

```
curl "http://www.crossref.org/openurl/?title=\1\&date=\2\&
volume=\3\&spage=\4\&redirect=false\&format=unixref\&pid=demo@p
racticalcomputing.org"
```

这个语句非常长，在这里用了两行来显示，但是你在输入这个语句的时候，一定要保证上、下两行之间没有插入空格。请注意，\1 的位置上是期刊名称，\2 的位置留给年份，随后以此类推。符号&前都加上了反斜杠“\”，是为了避免反它被误认为是替换字符串里需捕获文本。

当你执行这个替换时，你的书目信息列表就会转换成为一系列 curl 命令。在文件开头加一行#! /bin/bash，保存它，然后用命令 chomd u+x getrefs.sh 使文件可执行。在命令行中键入这个文件的名字，尝试运行该脚本。它应该会输出所有参考文献的详细信息。当你已经证实此脚本可以正常工作了，你就可以通过重定向到某文件来捕获输出，用于保存检索到的新文献书目：

```
host:sandbox lucy$ getrefs.sh > references.xml
```

7 查看附录 6 关于 ASCII 的信息。

8 再次声明，这些正则表达式搜索方式你应该已经熟悉了。如果不是这样，请复习第 2 章和第 3 章，或者附录 2。

这个新文件 reference.xml 比源文件包含了更多的参考文献相关信息。如果想把这个数据文件转换成文献文件格式输入文献软件，你可以参考示例文件 reflist.txt 的做法，或者从网址 practicalcomputing.org 下载 CrossRef 输出插件。

用 curl 编写脚本的几个常用方法

为了以后使用方便，我们介绍一种编写批量检索脚本的常用方法。

(1) 首先从浏览器里检索网页，寻找到你感兴趣的检索目标。必要时查看源代码，找到与你感兴趣数据关联的内容。

(2) 从地址栏或者源代码页，寻找出你要的查询网页的 URL。在源代码里寻找链接名称，它通常都是以 href=开头。有时，你会在页面上马上看到它们；如果没有看见，就需要查找到含有数据的地方。

(3) 确定该 URL 的组成结构及可变部分的位置。通常这些可变的元素是在?、=或者&符号后面。

(4) 把 URL 分解成几个部分，以备在脚本中使用。有时可变部分只在末尾处，有时在网址中间，你需要在多个部分都插入信息。

(5) 生成正则表达式，把已有的数据转换成合适的格式，从而生成多行 curl 命令。

(6) 把这些命令放入 bash 脚本文件，并且使它们可执行。

(7) 如果需要保存检索信息，用重定向>>符号，将脚本输出的信息保存到指定的文件中。

用 Alias 创建快捷别名

你已经知道了如何把一系列的 shell 命令放在一起并生成脚本。不过还有很多别的方式，可以达到输入一个命令就能执行大批量命令的效果。其中之一就是创造一种名为**别名(alias)**的命令快捷方式。你可以给某个很长的命令定义一个快捷别名，以后只要输入这个快捷别名，shell 就知道你想要执行的命令是什么样的。定义别名的方式如下，注意在等号的两边都没有空格：

```
alias shortcut="longer commands with options"
```

在接下来的学习中，灵活地使用别名可以帮你大大节省输入语句的时间，在第 16 章我们会详细解释这个问题。这里举个例子，你如果想从当前目录进入到 pcfb/sandbox 目录下，即使使用 *tab* 键来补全单词，也要不断键入多个字母。不过，如果你使用 alias 定义了快捷别名，这样要输入的语句就会简洁得多：

```
alias cdp='cd ~/pcfb/sandbox'
```

如果你在命令行输入了这个例子，就可以随时在你当前的终端对话中输入 cdp，工作目录就会立刻从当前位置转移到你的 pcfb 文件夹里。

但是一旦终端窗口关闭，这个临时快捷别名就会失去功能。如果想定义一个永久的快捷别名，需要对.bash_profile 进行编辑，把你所要定义的快捷方式语句加入进去。以这种方式定义了的快捷别名就能永久有效了，以后每次打开终端程序就会自动载入。

> 对别的类型的 shell，请参见附录 1 里的格式要求

你也可以使用别名来形成命令的开头，并将它们与后面跟着的任何项结合使用。例如，这个别名简称：

```
alias cx='chmod u+x'  ←给文件赋予可执行权限
```

这个别名对应命令的作用是给某个文件执行许可，现在我们可以试试：

```
cx myscripts.sh
```

shell 会马上作出响应，和你输入了完整的 chmod 命令一模一样。你也可以对 alias 使用通配符；别名同样可以和通配符搭配使用，比如你可以输入 cx *.sh 来给某个文件内的所有脚本文件执行许可。

其他常用别名还有：

```
alias la="ls -la"  ←列出目录中包含隐藏文件的所有文件及其权限
alias eb="nano ~/.bash_profile"  ←编辑你的.bash_profile
```

以后如果你发现某个语句或者某种操作需要频繁反复执行，你就可以在.bash_profile 中添加你的个人快捷别名，这样就可以大大减少工作量。

总　　结

你已经学习了：

- 为编写脚本设置命令行；
- 手动编写指定命令列表的脚本；
- 如何从一系列文件名或者数据中自动生成脚本；
- 在脚本中使用 curl 程序；
- 用 alias 对常用的命令行操作建立快捷别名。

进一步学习

附录 3 有我们学习过的 shell 命令列表。我们已经学了一些 bash 命令，接下来会暂停学习一段时间，但在第 16 章和第 20 章中我们还会继续学到更多 bash 指令及相关的使用方法。以后你还会学到其他功能强大的常用 shell 命令，包括 sort、uniq、cut、wc 等，这些指令可以相互结合起来使用，也可以和其他的指令(如 grep)共同执行。

第三部分　编　　程

第7章 编 程 组 件

"编写一个计算机程序"听起来像一个困难而又复杂的工作,充满了各种奇怪的术语和繁杂的规则。其实，有许多基本知识几乎在所有编程语言中都是通用的。我们将其中的一些常见组成部分作为本章的探讨主题，通过了解这些组件的一般术语，你将能够更好地思考程序结构，而不用过多地考虑句法和特定语言的语法。

程序是什么？

如果你完成了上一章的学习，那么你现在已经以 shell 脚本的形式编写过了一些程序。编程语言的种类有很多，每一种都要针对其自身可用性、运行效率、可移植性和特定任务进行权衡、取舍及优化。随着时间的推移，流行的编程语言已经发生巨大的改变，以至于在今天被广泛使用的大多数语言，在 20 年前甚至根本不存在。然而，许多关键的编程概念和基本组成模块大体上仍然保持不变。

接下来几章的目标

编写一个程序可能看起来像在同时进行拼写测验、外语考试、数学测试和汽车维修课程。学习编程语言的语法是成为一名程序员最明显的障碍，但实际上更重要的是学习如何将数据分析问题转换为一系列编程任务。

打个比方来说，想象一下你要指导一个人如何去做一份馅饼。你可以采纳美国的计量单位用英语写出说明书，但你真正要描述的是一组本身独立于语言和测量规定的基本任务。也就是说，烘焙馅饼所需要完成的任务可以用任何语言来表达，无论这些语言的句法、词汇或是语法是否相同。你可以把烹饪过程中的动作想象成编程的各个组成部分，并且把用于描述这些动作的词语看成是编程语言的术语。

这本书不是一本菜谱，我们不会为你提供各种任务的操作清单。这本书介绍的是如何写出你自己的食谱。想要从零基础烹饪到不看菜谱自己烹饪，这可能看上去是一个巨大的飞跃，但你只要从简单的开始学起也没那么难。你可以通过重复使用你所学到的新技能，以及反复利用和改编你以前所写的程序，就能逐渐成为一个熟练的编程者。

编译与解释程序　程序很少用微处理器直接理解的语言进行编写。用某些语言（如 C 和 C++）编写的程序需要从人类可以读写的代码[被称为**源代码**(**source code**)]翻译成计算机可以理解的指令。这样翻译程序的过程称为**编译**(**compiled**)。一旦程序被编译过

了，它就可以一次又一次地被运行，而不需要重新翻译了。现在我们所使用的大多数程序都是以这种方式被编译的。被编译的程序文件只能在特定的微处理器家族和指定的操作系统上使用，无法被**移植**(**portable**)到另一种操作系统上使用。此外，除非其他程序员有源代码，否则他们将无法修改这个程序或为其他类型的计算机重新编译它。

然而，还存在着另一类编程语言，由这类语言所编写的程序通常无需提前编译，而是在每次运行时通过**解释器**(**interpreter**)来处理。这个解释器本身就是一种直接在微处理器上运行的编译好的程序。这类编程语言被称为解释性语言或**脚本语言**(**scripting language**)，包括 Python、R、MATLAB 和 Perl 等。虽然每次运行时都重新解释程序可能会导致额外的计算开销，但即使这样，解释程序依然有几个对于科学家特别有用的优点。其中一个优点是可移植性，即程序文件本身是源代码，所以它更容易被修改，并且通常可以在任何一台有正确解释器的计算机上运行。在前面章节中，你写的 shell 脚本就是解释性程序，它的解释器是 `bash`。在下面的章节中，你将为 `python` 解释器编写程序。

我们将会在第 21 章中，详细讨论编译和解释性编程语言之间的区别，也会对简单的编译程序做指导说明。

实际编程

与专门用于学习编程的书籍相比，接下来几章所涉及的内容并不多，我们希望传递的是一组能够让你开始自己编写程序的最基本的技能。我们并不打算在接下来的章节对编程进行全面的介绍，或是让你打牢编程的理论基础，而是让你去尝试一下实际的编程。这将能为解决一些你已经遇到的简单问题提供一定的帮助，同时也为开始着手学习更复杂的内容提供出发点。要学习这些更为复杂的内容，可能需要更深入的教学，你可以通过寻找在线学习资源或任何可供初学者阅读的优秀书籍来继续学习。在学习完接下来的几章之后，你将会更好地理解哪些任务最好通过编写新程序来完成，并且确实必须编写一个新程序，或者只要对旧程序稍微修改即可，以及具体需要学习一些什么内容以便完成更复杂的挑战等。

本章将重点介绍程序的基本组成部分，同时介绍一些常用术语(表 7.1)。这里的大多数讨论不会针对任何特定的编程语言，但有些介绍会倾向于 Python，也就是我们将在下面的章节重点关注的语言。即使你计划使用 Python 以外的语言学习编程，熟悉本书所述的概念对你来说仍然很重要。在附录 5 中，你可以看到这些元素在各种编程语言中的应用实例。虽然这种教学方法既不全面，也没有涉及全部一般性的编程语言，但这将会为你把数据分析任务(“我需要将这这份文件每一行都转化为以 tab 作为分隔符的十进制值”)转化为编程术语(“打开文件，使用 `while` 循环读取每一行，对变量进行分析，保存格式输出”)打下一定的基础。在接下来的概述之后，后面的章节将解释如何专门在 Python 中使用这些组成部分。

表 7.1　程序相关术语词汇表

术语	定义
参数 Arguments	在程序运行时所发送到程序的值
代码 Code	名词：程序或程序行，有时也被称为源代码 动词：编写程序的行为
执行 Execute	开始和执行程序的操作；运行的同义词
函数 Function	可以被反复调用并且执行相同任务的子程序
函数参数 Parameters	调用函数时所发送到函数的值
分析 Parse	从较大的文本块中提取特定的数据元
返回 Return	在函数中，送回某个值的动作；该值可以通过引用函数名被分配给一个变量[例如，在 `y = cos(x)` 中，函数 `cos` 计算并返回 `x` 的余弦值，并将该值分配给 `y`]
运行 Run	在程序中执行命令序列；也可以指通过某个能够查找文件中指令的程序所进行的文件处理
语句 Statement	可以执行值的分配、比较或其他操作的一行程序或脚本

变　量

变量的剖析

学过代数的人都知道变量。本质上，每个变量都是一个持有某个值的名字。这个值可以是一个数字、一系列字符，或者其他更复杂的东西。顾名思义，变量是可变的，它所持有的或指向的信息会发生变化。

每个变量都包含一些属性。首先是它的**名字(name)**，通常是一个能够对这个变量的内容提供某些指示的简单词语，如 `Sequence`、`Plot_Num` 或 `Mass`。程序员在编写程序的时候要指定变量的名称。有些语言需要一个或多个特殊符号与变量的名称相连。例如，在 Perl 中变量名要以`$`开头。其他语言，如 Python，不允许变量名称中出现标点符号。几乎在所有的语言中，变量名的第一个字符出现数字都是非法的。我们有时也可以单独使用某一个字母作为名称，特别是当该变量只是为了追踪内部值而用于控制流程的时候。一般来说，最好选择有特点且容易记忆的变量名，即使稍微多输入一些字符也值得。如果你想要提高程序的可读性、方便程序日后可以被你或是其他人理解，这是你可以采取的最简单的方法。为了提高可辨识度，本书中的大多数变量名称将以大写字母作为开头，以便它们可以更容易与程序的其他成分区别开来(例外的是只有一个字母的变量名；我们让它们保留了小写形式，因为它们不会与其他任何东西混淆)。

这里提到的第二个变量属性最初看起来可能有点抽象，那就是它的**类型(type)**，用来指明变量所包含的信息种类。在现代编程语言中，变量各有一个类型，包括：数字，由文本组成的字符串，图像，数据列表，等等。同时我们也可以设计并使用全新的类型。

变量的第三个属性是它的**值(value)**，即它实际拥有的一段信息。我们不仅可以在创建变量的时候给它赋值，还可以在程序的整个进程中给它重新赋予不同的值。变量的类型与其值之间存在着极其紧密的联系，因此某一个类型的变量只能包含某些特定类型的值。

变量还有一些其他属性，我们在这里不做详细讨论了，但随着程序逐渐变得复杂，这些属性的重要性也会逐渐提升。这其中就包括**作用域(scope)**，它指明了在程序中变量被访问的位置。

基本变量类型

有些变量类型，你会经常反复使用，这些类型的例子如表 7.2 所示。你会注意到其中有好几种关于数字的变量类型。这是因为当我们在存储和处理数字的时候，往往要在数字的大小、精确度和计算资源之间进行权衡。有这么多种与数字有关的类型看起来可能会造成不必要的混乱，但细分这些变量类型能够使程序员编写出计算效率更高，并且占用内存更少的代码。它还能够帮助确保程序按照预期去运行。

表 7.2　常用变量类型

类型	示例
整数(Integer)	`98`
浮点型(Float)	`98.6`
布尔值(Boolean)	`False`
字符串(String)	`'Bargmannia elongata'`

整数　**整数(integer)**是一个最基本的变量类型，它表现为不包含任何小数部分的整数值(例如，`0`、`-1`、`255`)。整数的取值范围大小和使用的编程语言种类有关，但是在绝大多数编程语言中，整数的取值范围为`-2,147,483,648` 到 `2,147,483,647`[1]。这一取值范围对于一个整数来说看起来是如此之大，以至于你似乎永远不可能有机会用到最大的值。不过，如果用一个以毫秒为计数单位的计时器，不断计算经过的时间，将会在一个月之内超过这个范围。如果你发现基本整数类型的取值范围对于你所处理的问题还是不够大，你可以使用专门针对这种情况的整数类型——**长型整数(long)**，它的变量可以容纳更大的整数，但也会占用更多的内存；而一个**无指定型整数(unsigned)**的变量大小可以是正常整数的两倍，但它不能容纳负整数。

浮点型　许多科学应用所涉及的数字要么非常大，要么有小数。在这种情况下，**浮点型(float)**(“浮点数类型”的简称)是一种有用的变量类型。这个名称表明这种类型的数字变量，其小数点能浮动到数字的任意位置，而不是一直隐藏在数的最末尾。例如，科学记数法，浮点型只需几个数字就能表示一个非常巨大的数字或一个非常微小的数字(例如，4×10^{22}，指示在一片生物发光乳海中细菌的总数量；或 1×10^{-15}，指示以米为计量单位的质子直径)。浮点型有时也可以写作 `4e22` 或 `4E22`。浮点型的限制范围主要与它们可以精确保留的有效数字的位数有关，而不是数字的大小。如果标准浮点型对于你的程序来说已经不够精确了，你可以使用双精度浮点型，它占用的内存是前者的两倍(你可以从它的名称看出)，但是具有更高的精度。

---

1 这一取值范围是由用于存储变量的内存大小来决定的；当一个整数拥有上述取值范围时，它所占用的内存大小为 32 位。更多有关存储数字的不同方式，以及这些不同将如何影响计算机工作的信息可以参见附录 6。

布尔值　布尔值(**Boolean**)类型[2]的变量可以具有 True(真)或 False(假)这两个值中的一种。布尔值用于逻辑运算，如对问题“变量 x 的值是否大于变量 y 的？”的回答。布尔值也可以用数字来表示，在这一点上，True 等于 1，False 等于 0。

字符串　大多数编程语言都有一种被称为**字符串(string)**的数据类型，被用来处理一系列文本字符。字符串可以包括字母、数字、标点符号、空格(空格和换行符等)和其他字符。通常在一个程序中，字符串的值几乎总是用一对引号(')或双引号(")包围着，这样做是为了将放置在字符串中的文本与变量名和命令区分开来。这里有一些关于将字符串分配给变量的例子：

```
SequenceName = "Bolinopsis infundibulum"
Primer1 = 'ATGTCTCATTCAAAGCAGG'
DateString = "18-Dec-1865\t13:05"
Location = "Pt. Panic, Oahu, Hawai'i"
```

在这里的每个例子中，右侧引号内的文本都放在左侧被命名的变量中。在一些编程语言中，几乎允许字符串存储任何字符，而另一些编程语言则不能包含某些字符。不幸的是，对于国际用户来说，对于扩展字符集(例如,ø、Ü、°、ß，甚至カナ)的支持可能需要能够支持 Unicode 文本编码的特殊类型的字符串变量。字符串可以是任意长度，也就是说，它们可以不包含任何字符，也可以包含单个字符或许多字符。

能够容纳其他变量的变量

数组和列表

一个**数组(array)**或矩阵是处于单个变量下面的数据集合。数组可以由一个维度组成，如从 0 到 9 的整数集合；也可以由两个维度组成，如一个描述黑白照片的像素的网格，或者一份对于深度、温度和盐度随时间变化而变化的情况记录；同样也可以由三个或更多个维度组成。一维数组通常被当作**列表(list)**或**向量(vector)**。对于一些编程语言来说，一个数组或列表中可以包含多种变量类型，也可以包括其他列表。例如，一个名为 morphology 的列表可以包括浮点型、整数、字符串描述语和列表：

```
Morphology=[1, 0, -2, 5.27, 'blue', [4,2,4]]
```

列表中的列表可以存储多维数据，如具有列和行的二维矩阵。列表提供了用于查找特定值、提取元素、整理数据、对每个数据执行一些功能，以及其他类似任务的有用工具。

数组中的每个项都可以通过引用其在矩阵中的位置来访问，通常是使用一个被括号包含的索引号。要注意的是，在许多语言中，第一个元素的索引号是 0，而不是 1。对于一维列表来说，如 [A,G,T,C]，索引号只是一些与元素在列表中的顺序有关的数字(比

---

2 名称“布尔值”源自 19 世纪数学家乔治·布尔。

如在这个例子中，0 为 A，1 为 G，2 为 T，3 为 C)。然而如果要使用一个看起来像棋盘一样的二维矩阵(图 7.1)，你可以指定某一整行或列的数据，或通过给出其行和列的索引号来指定某个单独的元素。要更改列表中的某个元素，通常可以使用与存取值一样的语法：列表项在左侧，赋值给右侧的变量。例如：

```
MyArray[2] = 5
```

$$A=\begin{bmatrix}2&7&6\\9&5&1\\4&3&8\end{bmatrix}$$

图 7.1　一个多维数组。

数组在科学编程中非常重要，它可以使得代码运行更高效，更容易被编写和理解。如果你发现自己在对一系列很长的值进行重复、相同的操作或计算，尤其是当你在复制、粘贴像 Species1、Species2、Species3 这样的名称的时候，那么这将是你学习如何将这样的变量作为列表进行存储和处理的绝好时机。

字典和关联数组　字典(**dictionary**)，也称为关联数组、散列或映射，是另一种用于容纳多个变量的容器类型。字典与列表不同的是，列表只是一系列顺序排列的值，而字典是一个包含很多名称或者**键**(**key**)的集合，每个键指向一个与之相关联的**值**(**value**)(图 7.2)。键可以是数字、字符串或其他类型的变量。字典里的每个键都必须是独一无二的，因为每个键只能指向一个值，但不同的键可以具有相同的值。下面是一个关于 Python 代码的例子，它展示了字典的创建过程，以及两个键与值的分配示例：

```
TreeDiam={}  ←用{}符号创建一个空的字典
TreeDiam['Kodiak'] = [68]
TreeDiam['Juneau'] = [85]
```

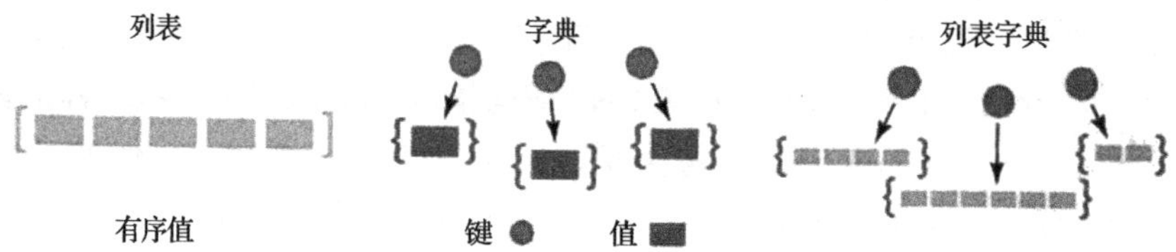

图 7.2　列表、字典和列表字典的结构。

就和真的字典类似，字典中的值是根据它们的键来查找的，而不是像列表中的值是根据它们的位置来查找的。例如，如果你使用一个字典类型创建和填充的一本真正的字典，则可以使用单词“cnidarian”自身作为键来找到其值，而不必知道这个单词在按照字母顺序排列的列表里排在第 1024 位。事实上，字典中的数据元素没有特定的顺序，只能通过查找键来访问。

创建字典是非常有用的方法，它可以把描述一系列单元内容的数据收集整合在一起。例如，你可以创建一个包含所有氨基酸分子质量的字典，可以按照它们的名字迅速检索到它们的分子质量。另一个非常有用的技巧是将字典和列表合并起来，创建一个列表字典。例如，你可以将多个包含不同基因的 DNA 序列的列表和特定的样品编号关联起来。

不同类型之间的转换

有些编程语言，包括 C 和 C ++在内，都需要程序员先明确规定变量的类型，并且在这之后严格地执行这些类型。换句话说，如果你想在程序的某个位置使用 `x` 之前，你就必须先规定 `x` 将会持有一个整数。这会使得程序更加稳健可靠，因为计算机不需要去猜测我们会用什么数据类型，但这往往会降低其灵活性，并且需要我们去编写更多的代码。其他语言（如 Python）会根据分配给它们的值设置变量的类型，然后才能严格执行这些类型。这也是相当稳健可靠的，并且仍然意味着程序员需要去考虑变量类型，即使它们没有被明确地指定。还有另外一些语言，如 Perl，会试图去照顾到在屏幕背后所有与变量类型相关的问题。这种限制性较小的方法的局限是，代码一旦出现问题就会导致混乱以至于最终崩溃。虽然这样可以方便程序完全在后台处理变量类型问题，但在许多情况下，你的意图很可能是不明确的，计算机的最佳猜测或许会与你的预期不符。

举个特殊的例子，当你有字符串，它包含的是一串数字字符时，这一问题就会表现得非常明显。就拿字符串`"123"`来举例（记住，字符串的内容总是包含在引号中），对于计算机来说，如同其他任何序列一样，它完全不是一个数字，只是一串字符。包含这三个文本字符的变量与整数 123 完全不同：后者作为数字 123，以二进制表示法被存储在计算机内存中，而不是以字符序列的形式存储。说得更具体一些，如果你要将整数 5 添加进字符串`"123"`中，你是希望将`"123"`视为数字得到结果 128，还是希望将 5 视为字符串得到结果`"1235"`？

在大多数编程语言中，你需要把上述例子明确地转换成你所期望的变量类型。也就是说，如果你想要的结果是数字 128，就要编写相当于“添加 `5` 到用数值解释的字符串`'123'`”的语句；而如果你想要的结果是字符串`'1235'`，则需要写下相当于“将整数 `5` 以字符串的形式添加到字符串`'123'`的末尾”的语句。因为这种情况经常发生，所以几乎所有语言都内置了相关的命令来执行这种转换。

运行中的变量

程序需要做的不仅仅是在变量中存储信息，它们还需要能够用这些值做一些有用的事情，通常包括通过执行某种计算来生成一个新值。用于修改或计算新值的工具包括运**算符（operator）**和**函数（function）**。

数学运算符

计算机程序中的运算符包括了一些你已经熟悉的数学运算符：加法、减法、乘法、除法、幂（x^y）和模（一种找出完成除法后剩下余数的运算）。

运算符对数据执行什么样的操作，取决于数据的所属语言和类型，通常都是相当直观的。比如说+运算，如果将它应用于两个整数，它就会返回二者的和。在许多语言中，+也可以应用于字符串。如前文所述，这将产生一个结合了多个字符串内容的新字符串。

虽然在这两种情况下运算符都写为+，但它在两种情况中执行了不同的任务。

运算符所作用的数据不必具有相同的类型。例如，+运算可以把整数和浮点数加起来，但是并不是所有各种类型的数据都能被某种运算符结合起来，如+运算就不能组合字符串和整数。

在某些语言中(如 Python)，如果仅仅对整数进行操作，通常只会产生整数，即使你想要的结果是一个浮点数也不行。最麻烦的是使用除法运算符`/`。`5/2` 的精确结果当然是 `2.5`，我们应该将其存储为浮点型。然而，当结果被硬塞进整数变量中时，它会被截去小数部分，留下个有些问题的结果 `2`，而剩余部分则会被自动舍弃。

到目前为止讨论的运算符都会进行某种计算并返回一些新值作为结果。就现在来说，我们认为无需做过多解释的一个运算符是=运算符，在=右侧的值会被分配给左侧的变量。这允许你将一个变量的值复制给另一个变量，或者存储一个新值。

比较运算符与逻辑运算符

还有一些运算符会对变量进行比较，然后以 `True` 或 `False` 的形式返回一个布尔值。一个常见的例子就是测试一个变量是否大于另一个变量。运算的结果可以被分配给一个变量，或者直接用于帮助程序去决定接下来做什么。

比较运算符可以报告两个实体是否相同。比较运算符是否相同通常写为==，如果运算符左侧和右侧的实体具有相同的值，则返回 `True`。这不同于单个的=，后者只是分配值而不去比较它们。虽然通常我们会认为=可以单独执行这两种任务，但是大多数语言不允许在这两种情况下都使用=运算。

在某些语言中，相同运算符甚至可以应用于字符串。例如，如果名为 `GenusName` 的变量包含值为`'Falco'`的字符串，则语句 `GenusName == 'Falco'`将返回 `True`。这些类型的等式比较是极其精确的，包括字符串中的字符是大写还是小写都要进行比较。如果你要测试一些文本是否部分匹配另一个字符串，还有一些其他的与字符串相关的函数可以使用，它们工作方式更像第 2 章中的正则表达式和第 5 章中的命令 `grep`。

能够返回布尔值的另一个有用的运算符是 `in` 运算符(有一些运算符是文字，而不是标点符号)。例如，如果列表 `A` 中的项目里包含值 `x`，则表达式 `x in A` 将返回 `True`。如果 `A` 是由多个列表组成的列表，则 `x` 也必须是某个列表，而不是那些列表中的某个元素。

其他与逻辑相关的运算使用布尔变量本身进行操作。这些运算符的名称[与(`and`)、或(`or`)、非(`not`)]很好地描述了它们自身的运算方式。这些运算在同时进行若干个比较任务的测试过程中是颇为重要的，例如，`Depth>700 and Oxygen<0.1`。和标准的代数规则一样，运算符是按照等级顺序依次进行求值的。通常这个顺序为指数、乘法和除法、加减法、等式比较，最后是逻辑运算。在这些类别中，运算符按照从左到右的顺序被依次求值。这一顺序也可以通过加入括号，将那些应当被首先执行的运算组合起来加以改变。最常用的运算符列于表 7.3 中。

表 7.3　常用运算及其符号

<table>
<tr><th>运算*</th><th>常用符号</th></tr>
<tr><td>数学运算</td><td></td></tr>
<tr><td>加法 Addition</td><td>+</td></tr>
<tr><td>减法 Subtraction</td><td>-</td></tr>
<tr><td>乘法 Multiplication</td><td>*</td></tr>
<tr><td>除法 Division</td><td>/</td></tr>
<tr><td>幂运算 Power</td><td>**</td></tr>
<tr><td>模 Modulo
（返回完成除法后的余数）</td><td>%</td></tr>
<tr><td>整数除法 Truncated division
（返回整数结果的除法）</td><td>//</td></tr>
<tr><td>比较运算</td><td></td></tr>
<tr><td>相同比较 Equal to</td><td>==</td></tr>
<tr><td>不相同 Not equal to</td><td>!=、<>、~=</td></tr>
<tr><td>大于 Greater than</td><td>></td></tr>
<tr><td>小于 Less than</td><td><</td></tr>
<tr><td>不小于 Greater or equal</td><td>>=</td></tr>
<tr><td>不大于 Less or equal</td><td><=</td></tr>
<tr><td>逻辑运算</td><td></td></tr>
<tr><td>与 And</td><td>and、&、&&</td></tr>
<tr><td>或 Or</td><td>or、|、||</td></tr>
<tr><td>非 Not</td><td>not、!、~</td></tr>
</table>

*并非所有语言都支持每一个运算符号，在某些情况下应使用运算的名称而不是符号。

函数

我们可以将函数看成是从你自己的程序中被调用的小的独立程序。许多用于常见任务的函数都内置在编程语言中。你也可以编写一些自定义函数，它们可以在某个程序或是你以后所编写的其他程序中被多次重复使用。函数可以定义在程序内部，也可以存储在外部文件中，并根据需要加载到你的程序中。函数是所有程序中重要的组成部分，但也会是你所编写的程序中最简单的部分。

函数可以接受变量，然后将其视为该函数的**参数(parameter)**。它们通常会被发送到函数的括号内，()。函数也可以返回值。以 round() 函数为例，当它被用于 y = round(2.718) 这一情况中时，它接受一个具有小数部分的数字(在这一例子中为一浮点数值为 2.718)，并返回该数小数部分被四舍五入后的值(这时，四舍五入后的数会被分配给变量 y)。即使函数未被设计为采用任何参数，通常仍需要一组空括号尾随其后，如 PrintHelpInfo()，使得这一名称仅仅是指示函数，从而与变量或其他代码元素区别开来。

流　控　制

用 if 语句做决策

现在，你已经了解了一些关于变量的知识，以及如何基于它们的状态，通过比较和计算来获得或创建值。然而，如果仅仅依靠前文所提及的工具，你很难写出比一个高档计算器功能更强的程序。编程的真正力量体现在条件决策中——程序能够根据变量的不同状态来选择不同的执行路径。

在此类决策中被应用得最为广泛的是 if 语句。它就像一个在岔路口上的指示牌。如果指示牌上的语句为真，则选择其中一条路径；如果为假，则选择另一条，最终又会重新加入程序中的主要命令序列。用编程术语来说，if 语句对能够返回布朗值的表达式进行判断，如果该表达式为真，那么它就会执行明确指定的一组命令；当表达式为假时，我们可以把 else 语句与 if 语句结合起来执行另一组命令。你还可以将一系列 if-else 语句链接在一起，将多个逻辑条件组合成一个复杂的事件系列。图 7.3 为 if 和 if-else 语句的示例。

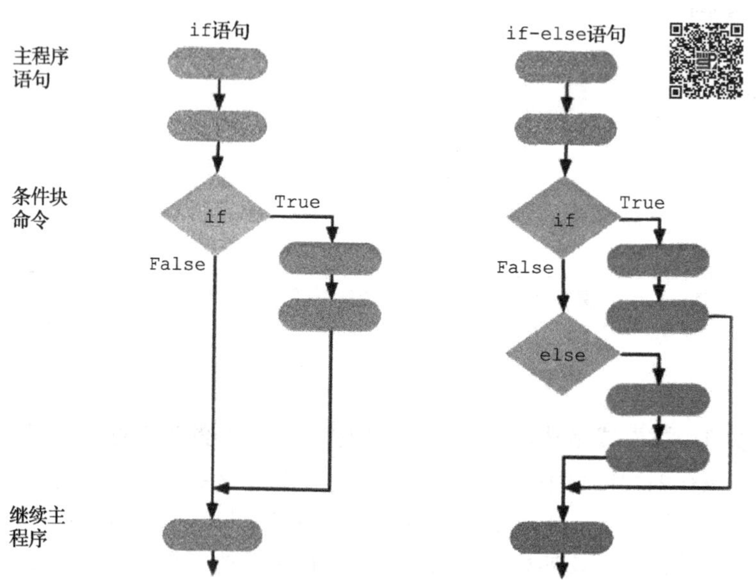

图 7.3　程序通过条件语句的流程。椭圆表示程序语句，菱形表示决策点。箭头表示在不同情况下程序的操作方向。例如，在 if-else 语句中，如果语句的求值为 True，则取 if 语句分支；但是如果它的求值为 False，则要采用 else 语句分支。(彩图请扫二维码)

下面是一个由 Python 编写的 if-else 语句的例子；在使用其他语言编写这一例子时会稍有不同：

```
A = 5
if A < 0:
```

```
    print "Negative number"
else:
    print "Zero or positive number"
```

由 for 与 while 构成的循环

到目前为止，本书中出现的知识模块已经可以让你编写出一个简单程序，从上到下执行线性序列事件，同时这一程序还具有选择序列中哪些事件应该被执行的能力。这样的线性程序可以使复杂的序列分析自动进行，但是它并不能很好地适应需要一再进行相同计算的重复任务。这样，你就非常需要为这种重复执行的任务编写出合适的程序。程序能展现惊人的能力，只用寥寥几行代码就能让程序进行数百次计算，使用**循环(looping)**语句让相同的基本命令重复循环就可以做到。循环和条件循环展示如下，图 7.4 为 for 循环和 while 循环的示例。

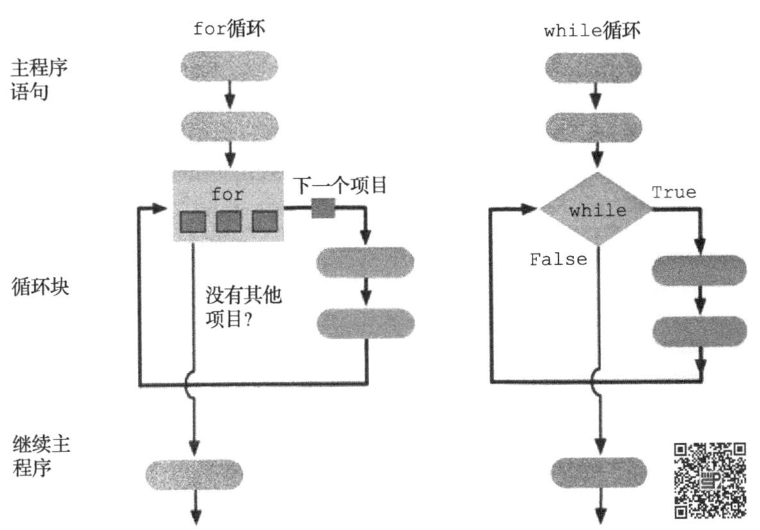

图 7.4 for 循环或 while 循环的程序执行流程。橙色方框里的内容代表一个由蓝绿色椭圆框进行逐一操作后采集到的对象。(彩图请扫二维码)

for 循环 循环是被不断重复执行的一部分程序，直到满足某些条件之后才会停止。其中，目前最广泛使用的是 for 循环。for 循环会对提前设定好的集合中的每个项目进行不断循环，每循环一次它都会执行一系列命令。它所进行循环的项目可以取自各种集合，例如，从 1 到 100 的一组数字，物种名称列表，蛋白质序列的档案，数据文件中的一行行数据等。

for 循环能够对一长串列表中的每个项目重复相同的操作。事实上，在一些编程语言中还有一种特定的 foreach 语句强调这个项目控制其他项目的能力。循环也可以被嵌套，或将一个循环放置在另一个循环的内部。例如，你可以使用三个嵌套的 for 循环逐一处理某个文件夹中每个文件里的每个蛋白质序列上的每个氨基酸。

与任何编程元素一样，for 循环中使用的语法会因编程语言的不同而发生一些变化。

你可以在附录 5 中看到这种变化的一些示例。在图 7.5 中，我们展示了其中两个例子，一个来自 Python，另一个来自 C；注意看 C 代码与 Python 代码比起来有多么的冗长。这或许能帮助你理解为什么我们在本书中倾向于选择 Python 来应对我们的工作任务，以及为什么本书选择它作为编程语言。

(A) for 循环的 Python 语言代码

```
for Num in range(10):
  print Num * 10
```

(B) for 循环的 C 语言代码

```
for (Num=0; Num < 10; Num++){
  printf("%d", Num * 10);
}
```

图 7.5　在 Python 和 C 语言中的 for 循环的代码片段。

有多到数不清的情况可以用 for 循环来处理：处理满足某一标准的某一个文件，将某一数据文件的每一行数据拆分为其不同的组成部分，转换每一个基因序列为 FASTA 文件，或者对数据记录文件中某一列的每一个条目的输入数字都执行单位转换。

while 循环　在某些情况下，你输入的循环可能没有一个预定的循环列表。当某一循环像这样没有固定范围的时候，你可以使用 while 循环继续进行循环，直到一些逻辑条件的求值为 False 时才停止。像 if 语句一样，while 循环以逻辑测试开始，但与 if 语句不同的是，当条件代码快完成时，程序不是返回主路径，而是重新回到开始的地方再次检查条件。

用来进行测试的表达式所涉及的变量中，至少要有一个能够被循环中的语句修改，否则循环将永远进行下去。这就是令人讨厌的“死循环”。为了避免这种情况的发生，程序员有时会给程序连入另一个防止故障的安全条件。比较典型的是用一个计数器，也就是一个变量，它会保存循环已被遍历的次数。当计数值超过预期的最大迭代次数时，循环就会自动退出。

while 循环非常有用，可以使用的情况有很多，例如，修改某一近似值直到其满足足够的精度水平，等待某一温度或环境条件出现，持续监视传感器直到出现停止命令，以及从某一文件中读取内容直到其结尾。

使用列表和字典

列表

我们可以将列表视为一系列以 0 号为起始的有编号的盒子。你可以创建一个具有指定数量的盒子列表，如果你还需要更多容器，则可以在这一系列盒子的末尾添加更多盒子。包含 16 号盒子的列表必须含有一个编号为 10 的盒子。如果你尝试在只有 70 个盒子的列表中访问 94 号盒子就会产生错误。列表中的数据可以一次访问一个，也可以一次访问一组。你可以查看任何一个盒子，替换盒子里的内容，将盒子删除或插入到列表的开头或结尾(同时其他盒子也将会被移动)，甚至重新给盒子排序。在进行了这样的修改之后，用于访问每个盒子的编号仅取决于其位置顺序。

什么时候应该使用列表，而不是一个个单独的变量？几乎任何时候，当你处理多个紧密相关的信息时都可以使用列表。举个例子来说，想象一下你要在一块场地上测量 5 棵树的直径。你可能首先会考虑将这些值载入到一系列名为 Diameter1、Diameter2、……、Diameter5 的变量中，然后对每个变量进行计算(crosssection1=、crosssection2=)，最后使用 5 个单独的 print 语句显示每个结果。这种解决方案比较麻烦，因为你将需要对每棵树的每个变量重复执行几乎相同的命令集合。所以，创建一个名为 Diameter 的、将以上 5 个值都纳入一个列表中的列表变量，这会使得操作更加简洁、容易。通过使用 for 循环，你可以仅仅轻松地写入一组命令，就能依次对每个测量值执行相同的操作。

列表还可以使你的代码更加通用。在我们的示例中，之后你可能需要使用同样的程序来分析每个位点 6 次测量的数据集。如果你对每个测量值都使用不同的变量名称，就必须向程序中不断添加新的变量以容纳新数据集。但是如果使用列表，你的程序就不需要进行其他修改。列表可以像它处理 10 个值一样，轻松地处理数千个值。

字典

字典可能看起来不像列表那么直观，但是你很可能会发现它们同样有用，甚至更有用。回想一下，字典的数据条目是用各种独一无二的、被称为键的标签去查找的。如果你要使用字典中的每个条目执行操作，那么你首先要获取键的列表，然后使用这些键逐一获取每个字典项。因为在字典中，数据元素没有固定的位置顺序，所以对字典中的条目进行排序并不像在列表中那样有意义。但是，对键进行排序，然后以特定的顺序获取与之对应的值通常还是有用的。

字典的无序性使它能够在几个重要方面比列表表现得更为灵活。在字典中，你可以创建键名为 16 的条目，而不需要任何对应于键 0 至键 15 的数据与之同时存在，你只要将知道的数据填充上即可。虽然列表索引必须始终为整数，但字典允许你将许多不同变量类型的键与值相关联。例如，你可以创建一个字典，其中键名是字符串，而每一个字符串是一个标本名称：

```
TreeStat = {}  ←创建一个空的字典，用于填充
TreeStat['Kodiak'] = [ 68, 57.8, -152.5]
TreeStat['Juneau'] = [ 85, 58.3, -134.5]
TreeStat['Barrow'] = [133, 71.3, -156.6]
```

字典和列表可以用有效的方式组合起来使用。假设你要测量树木直径的每个场地都有其独有的名称，那么你就可以创建一个字典 TreeStat，它使用每个场地的名称作为键，并且使用一个完整记录测量值和坐标的列表作为每个条目的关联值。这种列表式字典提供了一种简单的方法来存储和返回大量有关联的测量值。

其他数据类型

作为另一些基本数据类型之一的**字符串(string)**，实际上在很多方面与列表非常相似。

毕竟，它是一个有序的字符序列。你可以使用 for 循环遍历字符串的每个字符，你甚至可以按照提取列表子部分的方式，从字符串中提取子字符串或某些元素。不同的是，你不能总是使用那些属于列表的方法来修改字符串的单个元素。幸运的是，还有其他方法能够对字符串执行这样的操作，你将会在后面的章节中学习。

最后，除以上叙述外，还有一些数据类型表现为对象的集合形式，如 Python 中的集合和元组，但在这里就不再详述了。

输入和输出

用户交互

大多数程序都会提供某种用户交互的方式。现在绝大多数计算机用户，仅通过图形用户界面就能与程序进行交互。在命令行中运行的程序(包括你即将编写的程序)也有几种用户交互方式。当一个程序被启动时，在命令行中被指定的程序选项叫做**参数**(**argument**)。例如，命令 ls 可以与多个参数一起运行，而这些参数将会决定显示什么文件，以及以什么格式来显示该文件。我们可以通过将指定的参数列在命令之后来执行命令，如 ls -a 或 ls *.txt。

参数是一种用户输入模式，在这种模式中，用户先收集程序所需要的全部信息，然后程序将一次性处理这些大量的信息。对于用户来说，这种模式是十分方便的，因为这使得用户无需在程序运行的时候一直维护程序，或者在命令执行期间不断响应程序的各种查询。这一点对于需要很长时间才能运行结束的程序尤其重要。而且，如果你的程序配置了参数，那么其他程序要控制它的时候也会更加容易。这种输入模式还能让你构建一种在一系列程序之间自动传递数据的工作流。Python 和许多其他语言都具有各种内置工具，它们可以在你编写的程序之内，将参数从命令行传递到变量。

某些命令行程序可以在运行时响应用户的输入。命令行文本编辑器就是一个复杂的例子，比如说 nano。在某些情况下，简单的交互界面可能更为理想，因为它可以像参数一样很容易在你自己的软件中被实现。举个简单的例子，你可以为下一章中描述的 DNA 分析程序创建一个交互界面，这样你就能够计算出在交互提示符处输入的短序列基本分子的特性。

用户交互不仅仅是获取用户的输入，它还涉及输出的生成，以及给予用户关于程序的进展和结果的反馈。通常，用于将输出结果发送到屏幕的命令，被称为 print 或一些其他变体。输出的内容也可以直接存入文件中，我们接下来就会讨论这一过程。

文件

与变量一样，文件将一些大块的数据与一个名称相关联。变量存在于计算机的随机存储器(RAM)中，所以它们只能在程序运行时短时间存在，然而文件驻留在磁盘驱动器上，所以即使在程序结束运行，甚至计算机关闭后，它们依然不会消失。文件既可用作数据的长期存储库，也可用于在程序之间传输数据。因此，读取和写入文件对于你为科学研究所做的编程来说非常重要。

要访问文件中的数据，必须完成两部分独立的操作。第一部分底层操作包括所有机械上的细节，以便获得程序内部所需的文件内容，如在磁盘上找到该文件并将其内容加载到存储器中。幸运的是，编程语言提供了处理所有这些幕后工作的工具和命令。要访问文件的内容，通常只需要指明文件的路径，以及读取文件或是写入文件即可。

在通过文件访问数据的第二部分操作中，需要建立文件中的数据和程序中的变量之间的联系。这是一种双向的工作，也就是说，当你要读取一个文件时，需要对文件中的数据进行**分析(parsing)**，使它转化为程序变量；而当你写入文件时，就要将程序中的变量数据封装起来。

例如，数据文件可能包含如下文本行：

```
ConceptName     Depth  Latitude Longitude Oxygen TempC RecordedDate
Thalassocalyce 348.7  36.7180  -122.0574 1.48   7.165 1992-03-02 17:40:09
Thalassocalyce 520.3  36.7491  -122.0368 0.52   5.826 1992-05-05 20:01:10
Thalassocalyce 118.4  36.8385  -121.9676 1.52   7.465 1999-05-14 17:48:27
Thalassocalyce 100.9  36.7270  -122.0488 2.30   9.497 1999-08-09 20:12:11
Thalassocalyce 1509.6 36.5846  -122.5211 0.95   2.774 2000-04-17 20:04:23
```

如果这则存储在磁盘上的信息中的每一列都可以被载入到适当类型(字符串、整数、浮点型等)的列表变量中，那么它在程序设计环境中将会相当有用。相反，一旦执行了计算或转换，变量将可能被写入到文件中并保存。

通常在解析和打包文件数据的过程中，最重要的是字符串操作。文本先作为字符串从文件中被读取出来(这一操作一般是逐行进行的)，然后被放置在合适的变量中。正则表达式是你在本书中学到的第一个工具，其经常被用于这个过程。然而，将数据写入文本文件的过程正好相反，它是把来自变量的数据转换为字符串，再使用适当的格式化字符把它们连接在一起，然后再次被逐行写入文本文件。分析和封装数据的具体方式将取决于文件中数据的格式，这意味着来自不同地方(数据库或仪器)的数据通常需要你编写或修改某个小程序，用来处理不同的转换和计算。这就是你在编程时，常常要对文件进行处理的繁重任务。

除了存储用于分析的数据之外，文件还可以成为控制程序行为的手段。在前文中，你已经看到了文本文件是如何以脚本的形式来存储程序命令列表。许多程序都可以从文件中获取原始的输入和匹配顺序，然后将输出内容直接发送到另一个文件中。文本文件也可以用于程序运行的记录，在这种情况下，它们被称为日志文件，或是简称为日志。

库 和 模 块

编程语言已经含有许多内置的工具，随时可供使用。这其中包括了我们之前提到的一些基础模块：预设的变量类型，基本函数，以及简单的数学和逻辑运算。如果想要处理一些特殊的任务，你还可以写一些新的函数，然后将它们在**模块(module)**中捆绑在一起。一旦**导入(importing)**了其中的一个模块，你就可以访问存储在其中的一组函数。一些最常用的模块提供了一些工具，它们可以被用于更高级的数学函数(如 sin 和 log)，可以与操作系统交互(如列出指示内容并执行 shell 命令)，从因特网检索内容，执行正则表达式搜索，处理分子序列并生成图形。Python 的模块将在第 12 章中探讨。

注释语句

编程语言提供了注释功能，也就是说我们可以输入一些对我们自己有帮助，但在程序运行时会被计算机忽略的文本。注释通常以特殊字符(如`#`、`//`或`%`)作为开头。

注释为程序员提供了几个重要的功能。注释的文本块用于进行记录和描述对程序所执行的操作，以及如何运行它。脚本顶部的注释文本通常包括程序可能采用的参数列表及修订历史，以便我们去辨认脚本的更新内容。

在程序中，注释可以与单独的行或代码的一部分相关联，以解释它们如何操作。这些内部注释对于该程序的未来读者(包括你自己)非常重要，因为他们通常都要尝试(或者只是为了回忆起来)如何操作程序。

注释还可用于帮助程序进行故障排除。你可以通过使用注释来打开和关闭部分代码从而隔离问题，以查看程序是否仍以相同的方式出现错误。

对　　象

关于**对象(object)**的完整介绍超出了本书的范围。然而，对象是当代编程的基本组件，而且这一组件的很多方面紧密交织在许多编程语言的结构中；因此，我们仍然需要对对象进行一个简单的介绍。

对象是一种“超级变量”，它可以包含几个其他变量作为其定义的一部分。事实上，对象不仅可以包含传统意义上的变量，还可以容纳函数，在这种情况下，这些被称为**方法(method)**。

如果把一辆自行车作为一个对象，你自己的个人自行车可能只是一个例子，或者是抽象自行车的一个具体实例。这样的话，你的自行车就有很多相关联的属性。在计算机术语中，你可以使用点注释访问对象中相互交织的属性，其中属性的名称用一个**句点(dot notation)**连接到对象的名称上：

```
MyBike.color    ←你自行车的颜色
MyBike.tires    ←你自行车轮胎的特性
```

用这一方法，这些语句可能会向你报告它们的属性状态，比如说给颜色返回`'blue'`，同样也可以给轮胎返回品牌、气压、直径和胎面上的花纹等等各种值。以下是**嵌套(nested)**属性的例子。

```
MyBike.tires.pressure    ←你自行车轮胎的嵌套属性，如气压
```

方法(即函数)也可以与对象相关联；相关联的方法也是用点符号来访问的。这些方法可以用一些小程序，它们接受值并将其应用于自行车对象:

```
MyBike.steer(-4)  ←方向左倾4°
MyBike.color('red')  ←你可以经常设置和读取的注释
MyBike.pedals.pedal(100)  ←有踏板，踏板移动速度为100
```

这些与对象相关的知识之所以重要，是因为在许多语言中，即使是简单的变量也是对象，并且也具有自己的方法和属性。有时它可以代替使用一个独立的函数，将你的变量值作为一个参数，这样你就可以使用变量自身内部预置的一个方法。

例如，想象你有一个字符串变量，你想把它转化成大写字符并显示出来。你可以使用 `uppercaser()`，然后将这个字符串发送进去。

```
MyString='abc'
print uppercaser(MyString)
```

另一种选择，这个字符串是自身包含了大写字符的函数，你可以直接使用。

```
print MyString.upper()
```

面向对象的编程还有很多更加复杂和独特的属性，这些超出了本书的范畴。我们讨论对象的主要意义是为了澄清在一些函数中，你将要用到变量的方法，而不是孤立的变量。

总　　结

你已经学习了：

- 编译程序和解释性程序的不同之处；
- 变量有多个属性，包括名字、类型、值；
- 有些变量类型非常广泛地应用在编程语言中；
- 一组变量可以存储在按照次序排列的列表中，或者没有顺序的字典中；
- 变量操作的基本方法；
- 程序结构中的关键元素，如循环和函数。

第8章　开始使用 Python 编程

现在，既然你已经对编程的一些基本结构有了一定了解，那么是时候将它们付诸实践了。在这个实践过程中，你需要在特定语言(即 Python)的环境中运用这些基本概念。在接下来的几页中，我们就会向你介绍如何制作和使用基本的 Python 程序。

为什么选择 Python

在这本书中，我们选择使用较为流行的脚本语言 Python 来编写程序。现在有许多编程语言可供科学家们使用，简要解释一下我们选用 Python 的原因，将会有助于你深入理解 Python 语言和本书下面几章的教学目标。Python 是一种相对年轻的语言，但它的应用发展十分迅速。现如今，它被广泛应用于各种编程入门课程中，有些学生和研究人员可能会在这样或那样的情形下经常见到它，这也证实了我们前面所说的情况。许多由科学家编写和发布的程序都是用 Python 来编写的，这使得 Python 与现实世界中的生物学计算环境直接相关。Python 也在工业领域有广泛的应用，Google 公司和其他高科技公司为它的进一步发展提供了可观的智力和财务上的支持。

除了庞大且不断增长的用户群之外，最常被谈到的学习和使用 Python 的原因是它的代码相对清晰易懂，方便我们去处理文本数据，同时它还具有原生的对高级功能(如面向对象编程)的支持。Python 是一种较为容易被新手掌握的语言，但它同时也是一个功能齐全、适合复杂任务的成熟语言。

在一些关键方面，Python 能够与 Perl 直接相提并论——Perl 是另一种同样适合于处理文本，并且已被生物学家广泛使用的语言。当我们讨论这两种语言的相对优点时往往会很激动。Python 的确有一些缺点，而且我们自己在过去的研究中使用的也是 Perl。尽管如此，我们仍然为本书选择了 Python，主要原因有两个：第一，Perl 代码很难被阅读和理解，特别是对于新手来说，这是由于它严重依赖具有特殊意义的标点符号；第二，Python 潜在的、不断增长的势头为我们提供了更多利用其他计算和科学资源的机会，例如，现有程序代码和文档，以及整合正在进行的项目和本书中的练习操作。

在一些基本任务中，Python 程序可以重新格式化和组织数据文件，执行数学和统计分析，并协助进行数据和结果的可视化操作。本书将着重介绍数据的分析和可视化处理。正如我们在本书开篇“在开始之前”中所述，生物学家遇到的大多数日常计算挑战，包括了数据文件的重组与格式重设，这是在各个领域中都出现的信息爆炸所导致的自然结果，让我们无法像过去一样进行手动操作。因为像这样的手动操作不仅麻烦费时，而且不能合理地解决需要跨学科进行分析的复杂问题。要解决这样的问题，就必须修改数据文件使得它们可以在不同程序间协同配合工作。

即使你已经熟悉了 Matlab、R 或其他语言，Python 依然能够简单有力地应用这些工具，比如根据进一步分析的需要，把你的混乱数据重新优化格式。因此，当你可以利用我们在这里介绍的数据操作技能，编写出复杂的、新的 Python 分析和可视化工具，为什么还要再重新发明这些技术呢？所以，要想更好地利用你的新技能，只要通过专门为你的数据集进行进一步分析做准备的程序包来执行这些任务即可。[1]

编写程序

如果你跳过了前面几章的学习，这里是你重新加入进来开始学习的好地方，但你首先需要确保你的编程环境设置正确。如果你还没有这样做，那么请你现在创建一个脚本目录，并按第 6 章中所述的那样，编辑好 PATH 变量。

> 附录1介绍了如何在 Windows 上安装和使用 Python

在接下来几页的学习中，一边阅读，一边自己在计算机中测试示例代码是很有帮助的。你可以在学习的同时，把你正在学习的代码手动输入进去，也可以直接下载放在示例数据包中的最终程序和数据文件。自己动手输入的附加价值在于，如果你构建了一组你熟悉的程序，你就能更容易地按照自己的目的去修改它们。

开始运行程序

如果你使用的是 Mac OS X、Linux 或其他类型的 Unix 操作系统，那么你的系统已经为运行 Python 程序做好了准备。在这种情况下，你就可以马上创建一个空白文本文件，并快速地把它设置为一个 Python 脚本来进行操作。如果由于某种原因你必须手动在系统上安装 Python，请使用 Python 版本 2.6，即使使用的是 Mac OS X 系统。请记住，在本书所有的示例文本中，灰色背景的文本为在终端窗口中输入的 shell 命令，而虚线框的文本为在文本编辑器中编辑的程序脚本。

从第 6 章开始，你对创建脚本应该已经熟悉了，脚本实际上就是一种包含了将由计算机执行的一系列命令的文本文件。接下来出现的这些脚本，将被 python 程序读取，而不是像你之前的 shell 脚本一样被解释为一系列 bash shell 命令。和 bash 脚本一样，你需要在文件的第一行告诉系统接下来的文件内容应该被发送到哪里去执行。在这种情况下，你应当使用标识符(#!)，并将 python 程序所在的位置放置在其后[2]。你可以通过 which python 命令找到 Python 程序的所在位置：

1 如果你真的十分喜欢 Python 并且想要用它来进行分析，你可以看看 matplotlib，在第 12 章中我们会对其进行简要介绍，它提供了在 Python 环境下如何使用 MATLAB 类型的图形命令。

2 如果你看不懂这一步，请返回阅读第 4 章的 shell 和第 6 章的脚本。你必须构建一定的知识体系，并熟悉我们在前面的一些介绍 shell 的章节中所述的某些基本技能，才能在这里继续有效地学习。

```
host:~ lucy$ which python
/usr/bin/python
```

以上给出了 python 的绝对路径，它能够在你自己的计算机上工作得很好。但是，就像在这个例子中一样，在脚本中硬编码绝对路径和其他变量可能会让你在与同事分享脚本时遇到一些问题。例如，他们的 python 可能和你的安装在不同的位置。因此，你需要使用更灵活的方法来指出 python 程序的所在位置。

几乎所有的系统中都有一个叫 env(或者类似名字)的程序，它可以帮你找到 python 或其他任何程序。你要先把你的脚本发送到 env，然后再让它把脚本传送给 python，而不是直接把你的脚本发送到 python。因此，文件的第一行应为

```
#! /usr/bin/env python
```

请注意 env 后面没有斜杠(因为它是一个程序，而不是一个文件夹)，并且在 env 和 python 之间有一个空格(这样做是为了告诉 env 去找到并运行 python，而无论它可能在哪里)。

要开始编写一个新的 Python 脚本，请先打开文本编辑器，创建一个新的空白文档，然后在此文档中键入上面的标识符行。

构建 dnacalc.py 程序

作为第一个练习，你将创建一个程序，它含有一个代表了由一串碱基 A、G、C、T 组成的 DNA 序列的文本，并会打印出该序列的相关信息，包括序列中每个碱基的组成百分比。要做到这一点，你需要确定序列的长度，计算每种碱基的数量，并做一些简单的算数。要显示结果，你还需要让数字打印到屏幕上。

为了让你能够尽快独立操作，本示例涉及 Python 中的许多不同方面。无论你在什么时候陷入困境，你都可以在 practicalcomputing.org 网站上咨询本书的其他读者。你还可以参考第 13 章，其中涵盖了常见调试的练习与方法，以及 python 的某些特定错误消息及其可能的出现原因。

简单的 print 语句

在你的脚本中，输入下面的短程序。确保其中包括标识行，并确保每个命令中的大写格式是正确的。你可以在脚本的各个部分之间添加空行，但千万不要在行的开头添加任何多余的空格：

```
#!/usr/bin/env python

DNASeq = 'ATGAAC'
print 'Sequence:', DNASeq
```

现在将此文件命名为 dnacalc.py，保存在~/scripts 文件夹中。当你保存文本时，它的颜色应当会改变，这表示编辑器(如 TextWrangler)已经将其识别为脚本了。由

于第 6 章中，你已经在 shell 脚本中对$ PATH 完成了修改，scripts 文件夹已经具有了特殊属性，因此请务必在此处保存文件。

现在打开一个终端窗口，使用 cd 进入到~/scripts 目录，然后使用 chmod 命令使文件可以被执行[3]。

```
host:~ lucy$ cd ~/scripts
host:scripts lucy$ chmod u+x dnacalc.py
```

请记住，在输入开始的几个字符后，你可以使用 *tab* 键自动填充文件名。此外，如果你不确定某些特定 shell 命令如何工作，可以使用 man 命令来查阅手册，如 man chmod。

你现在有了一个名为 dnacalc.py 的文件可以执行。在终端窗口中键入其名称再按下 *return* 键，看看会发生什么：

```
host:scripts lucy$ dnacalc.py
Sequences: ATGAAC
host:scripts lucy$
```

你在窗口中看到文本 Sequence: ATGAAC 了吗？如果你看到了，那么恭喜你！如果没有，则可能会有一条错误信息生成，这一信息将有助于你查明问题。如果有错误信息，那么它是指示出没有找到该程序，还是“权限被拒绝”？如果是这两种情况，那么可能是你保存程序位置的路径配置，或者是使用 chmod 设置的权限时出现了问题。如果错误信息是类似于“Traceback:”之类的东西，那么这实际上是一个好兆头，它意味着你的程序已经被试图运行过，只是代码本身有某些错误，这时候你只需要去检查拼写错误就可以了，包括检查多余的空格。如果你得到的反馈是“IndentationError:unexpected indent(错误缩进)”，那么你就需要去检查在每一行开始的地方有没有多余的空格。

命名变量　即使对于有经验的程序员来说，想要阅读一个新程序，看出哪些文字是由程序员创建的变量名、哪些是编程语言的内置部分，也会碰到一些问题。文本编辑器可以通过将变量名称自动显示为特定颜色来帮助解决此问题。其实避免这个问题的最好办法是选择合适的名字命名变量，或者使用一种与保留字不同的样式。因为在 Python 中几乎所有的函数都以小写字母开头，所以你可以将所有变量名的第一个字母大写，就像我们在本书中所做的一样。

这个程序首先创建了一个名为 DNASeq 的变量，并将字符串'ATGAAC'放入其中。然后 print 语句在同一行上显示了三个不同的东西——文本字符串'Sequence:'(这个文本被直接使用，不用被放入变量中)，变量 DNASeq 的内容，行结束符。你不必特意告诉 Python 添加行结束符，因为它自己就会这么做(虽然这个行为也可以被关闭)。另外，

3 如果因为某些原因，你发现自己正在一个不属于你的路径内的文件夹里工作并存储脚本，就必须使用命令./dnacalc.py 运行程序，否则程序将无法被找到。点表示的是当前目录(类似于..意味着上级目录)。即使你可能在包含你的程序的文件夹中工作，但如果它不在你的路径中，shell 也不会知道到哪去寻找你输入的命令。

在发送给 print 命令中，用逗号可以把要显示的两段文本分隔开来。还有一点，正如行结束符会被自动添加，在打印的时候，被逗号分隔的信息之间会被自动添加一个空格。

Python 将单引号(')或双引号(")中的任何文本都解释为字符串，这是为了能够将字符串的内容和计算机代码区别开来。拥有两种引号的好处在于，如果你要在你的字符串内加入一个引号，这个字符串不会轻易地被不小心截断。例如，下面这个例子：

```
MyLocation = "Hawai'ian archipelago"
```

如果你把它写成以下形式，它就无法正常运行：

```
MyLocation = 'Hawai'ian archipelago'
```

因为在后一个例子中，介于两个“i”之间的第二个单引号，会被理解为是第一个单引号的结束，这导致第二个单引号后面的字符也会因此被认为是存在于字符串之外的。大多数用于编程的文本编辑器，都会通过以显眼的颜色显示那些没有关闭的字符串，帮助你注意到这种问题。

进一步排除故障 如果 print 操作导致了一些问题，请检查你安装的 Python 版本。你可以通过在终端窗口中输入 python-V (确保使用大写字母 V) 查看。本文提供的脚本只能适应版本 2.3 至 2.7，而不能适应版本 2.8 或 2.9。虽然 Python 3.0 已经发布，但它与以前的语言有一些根本性变化，而且在本文撰写时它尚未被广泛采用。如果你的版本是 3.0 以上，请尝试在 print 语句后面的内容上加入括号。如果这依然无法解决你的问题，请访问 practicalcomputing.org。

当你创建 DNASeq 变量时，不必明确指出该变量是一个字符串。Python 会在你将字符串分配到变量上去时，自己辨认出来。同样，print 也能识别出"Sequence:"是一个文字字符串，而不是一个变量或函数名。这都是因为这些文本是在引号内的。

len()函数

现在你有了一个存有 DNA 序列的变量，你将做一些计算来总结序列的一些属性。这些计算会利用到内置的函数。函数是程序中可用的微型程序或命令。函数能够把输入的变量值，发送给参数(通常包含在函数名称后面的括号中)，并且执行某些任务(通常是有关参数的计算)，然后返回一个或多个结果。函数名称是区分大小写的，因此正确使用大小写很重要。在 Python 中，我们也可以在函数名和括号之间加入一个空格，但是我们通常不这样做。

内置的 len()函数将一个参数(如字符串、列表或字典)作为对象，然后返回对象中的元素总数量，并且这一数量被定义为对象的长度。如果将 len()函数应用于我们当前的情况，它可以返回你提供的字符串中的字符总数量。现在让我们回到编辑器窗口，将以下两行文字添加到目前程序的最后，保存，然后在终端窗口中再次运行(你可以在终端窗口中使用↑键来调用上一条命令)：

```
SeqLength = len(DNASeq)
print 'Sequence Length:', SeqLength
```

当你再次执行程序时，你应该会得到两行输出：第一行再次显示了碱基序列，第二行指明了其长度。如果没有，请确保在运行程序之前，已保存对程序所做的更改。

在你的程序中，变量 DNASeq 已经存储了一个字符串，所以它会以原来的形式被打印出来。但是在第二行中，SeqLength 变量保存的是一个整数，而 Python 中的 print 命令会将它转换为一个字符串以进行显示。print 命令会在运行中把数字、字母、甚至是计算结果自动翻译好，将它们都转换为字符串。但是，它只能作用在单一数据类型或是被逗号隔开的多种数据类型上。其他格式化策略，需要将非字符串数据用具体语句转换为字符串，接下来你就会学到它们。

使用 str()、int()和 float()转换变量类型

Python 可以使用加法(+)、减法(-)、乘法(*)和除法(/)这一类典型运算对数字进行**数学运算(mathematical operation)**。你也可以使用指数(**)和许多其他运算。

命令 print 7+6 会返回 13，print 7+3*2 也会返回 13。与代数一样，公式中的运算顺序是首先进行指数运算，接着是乘法和除法，最后是加法和减法。依旧与代数类似的是，你可以使用括号改变这一运算顺序，所以 print(7+3)*2 返回的是 20。应用表达式 7+(3*2) 中的括号往往可以帮助你弄清楚一串长长的公式或逻辑表达式到底要做什么，即使它们不是必需的。

Python 还允许对字符串进行加法和乘法。在这种情况下，print'7'+'6'将返回'76'，'a'+'b'返回'ab'。注意，在这种情况下，数字不是像前面的例子中一样是裸露的，在 7 和 6 的两侧都需要分别带有引号。引号告诉 Python，应该将这些数字解释为字符串(文本片段)，当然在这一例子中为单个字符，而不是整数(实际数字)。所以，把整数相加得到的是它们的和，而把字符串相加得到的是它们的组合。

运算符+是一种能够将多个字符串合并成一个的简单而有效的方法。但是，将字符串和数字混合在一起是不合法的(至少在 Python 中不被允许)，因为这会产生误会。例如，语句 print'7'+3 就无法运行，因为 Python 解释器不知道你希望输出的是整数 10 还是字符串'73'。如果要使用+将不同类型的变量构建成同一个字符串，就必须先将每个变量都转换为字符串，然后再将字符串连接在一起。str()函数通过将其他数据类型(包括数字)转换为字符串，来帮助解决这个问题。在程序中，语句

```
print '7'+ str(3*2)
```

将会返回结果字符串'76'。

在这里，3 和 2 都是整数，因此它们能够用*相乘。它们的乘积 6 被 str()转换为字符串，并连接到'7'，产生一个新的字符串'76'。正如在格式化输出时常常需要将数字转换为字符串一样，当你从某个用户或文本文件中收集输入信息时，则常常需要将字符串转换为数字。float()函数能够将字符串或整数转换为浮点数(其定义参见第 7 章)。例如，在某一脚本中，语句：

```
print float('7.5')+3*2
```

将返回 13.5。

float()函数是相当灵活的，它还可以解释科学计数法。比如这一语句：

```
print float('2.454e-2')
```

将返回 0.02454。

int()函数能够将字符串或浮点数转换为整数。如果要转换的值中含有小数，它的小数部分将被直接截去，而不是被四舍五入。大部分能够结合浮点数和整数的数学运算(如加法、减法、乘法、除法)，最终都会返回一个浮点数。

内置字符串函数.count()

如第 7 章所述，一些变量类型能够嵌入其变量本身的函数。这些内置函数被称为方法，可以通过点表示法访问。字符串拥有一个被称为.count()的方法，它能够计算字符串中出现特定子字符串的次数。如果你把语句 print DNASeq.count('A')插入到你的程序中，将会输出值 3。现在让我们在程序中输入以下文本：

```
NumberA = DNASeq.count('A')
NumberC = DNASeq.count('C')
NumberG = DNASeq.count('G')
NumberT = DNASeq.count('T')
```

使用每一个都需要独立分析的 4 个不同变量，并不是执行此操作非常有效的方式，但在目前它就足够了。在后面的章节中，你将学习如何在列表中存储类似的数据，然后只要编写一次分析过程，就能将其应用于列表中的每个元素。

通过使用这些命令，你能创建 4 个新的整数变量，每一个都表示了在你的 sequence 字符串中，相应的核苷酸出现的次数。你可以向用户提供这些原始计数，但如果把它们转化为所占比例，往往能传递更多信息。为了确定比例，我们要用每个计数除以序列中的核苷酸总数，其中总数已经确定并存储在上面的 SeqLength 变量中了。

整数和浮点数的数学运算

还记得我们在第 7 章中提到，带小数部分的数字称为浮点数。在 Python 中有一个关于浮点数的缺点：在 Python 2.7 或更早版本中，一个整数除以另一个整数将得到一个被截取小数部分的整数结果。所以在 Python 中，5/2 给出答案 2。而整数和浮点数的混合运算将返回浮点数，因此 5/2.0 给出的是正确答案 2.5。这确实隐含了一个麻烦，而这一点已经在 Python 3.0 中被修改。目前的解决方案就是确保在你的语句中至少有一个浮点元素，以保证答案将以浮点数的形式被提供。

此外，除了将字符串转换为浮点数，float()还可以将整数转换为浮点数。如下所

示，修改 SeqLength 行的代码，向其中加入 float 函数：

```
SeqLength = float(len(DNASwq))
```

函数可以被嵌套，即一个函数可以被放在另一个函数的内部。在上面的例子中，程序将首先计算出函数 len()的结果，然后将结果输入到函数 float()中，最后，float()函数的输出再被分配给变量 SeqLength。这有点像命令行中的管道：当我们分几个步骤来处理数据时，不需要在每个阶段都把它们写入不同的变量或文件。经过这一修改之后，现在变量 SeqLength 变成了一个浮点数而不是一个整数。如果此时运行程序，你会发现长度显示为 6.0 而不是 6，这表示它现在可以拥有小数部分了(即使该小数部分当前为 0)。

因为在每次计算中都要使用 SeqLength，因此将其更改为浮点数能够确保其所有后续的除法运算也能够返回浮点数。为了能够不再使用 str()将我们获得的分数转换为字符串，我们将 print 操作与计算合并为一行。现在让我们在现有脚本的末尾，为每一种核苷酸添加如下 print 语句：

```
print 'A:', NumberA/SeqLength
```

以下是到目前为止的完整程序：

```
#!/usr/bin/env python

DNASeq = 'ATGAAC'
print 'Sequence:', DNASeq

SeqLength = float(len(DNASeq))

print 'Sequence Length:', SeqLength

NumberA = DNASeq.count('A')
NumberC = DNASeq.count('C')
NumberG = DNASeq.count('G')
NumberT = DNASeq.count('T')

print 'A:', NumberA/SeqLength
print 'C:', NumberC/SeqLength
print 'G:', NumberG/SeqLength
print 'T:', NumberT/SeqLength
```

在命令行中运行程序，并检查结果是否与下面相同：

```
host:scripts lucy$ dnacalc.py
Sequence: ATGAAC
```

```
Sequence Length: 6.0
A: 0.5
C: 0.166666666667
G: 0.166666666667
T: 0.166666666667
host:scripts lucy$
```

你也可以自己尝试一下，使用 SeqLength 的整数值去进行除法，看一看会发生什么。把定义 SeqLength 的那一行复制下来，并将其粘贴到下面。在此副本上，从等式中删除 float 函数，然后再次运行。因为这一次分配的值覆盖了原来的值，所以你看到的应该是不同的输出——所有的百分比都是零。在每个结果中，小数部分都被截去了。请在你完成以上尝试后删除这个测试内容。

使用#添加评论

在你的程序中，你可以用注释来提醒自己以及通知其他人程序将会如何工作。注释要用一个注释符号(#)标注出来，它也被称为井号。这个符号后面的任何文本都会被 Python 忽略。注释符号可以出现在行的开头，也可以出现在代码语句后面。如果注释符号出现在引号内，它将被解释为字符串的一部分，否则它就代表着一个注释的开始。

大量的注释通常会被放在程序的开头、在标识行之后，描述程序的作用以及你该如何使用它。还有一些注释可以描述程序的主要子部分的作用，特别是为了看得更方便，你可以对某些复杂的行进行单独注释。大多数编辑器都有一个注释/取消注释行(Comment/Uncomment Lines)命令，它可以在你所选择的文本的每一行的开头插入#。你还可以用三个引号(""")来注释一整个程序块，只需在其前后各放置一个即可，这比在每一行之前都放置一个更方便。

注释在调试程序的过程中也起着重要作用。调试是指在脚本中查找和消除错误的过程。这个过程我们在第 13 章中会详细讲述，但是在一开始编写程序的时候，就开始考虑它或许更好(如果程序不能按预期的方式工作，你除了考虑调试程序之外别无选择)。注释可以用于调试，从而有效地关闭代码的某些部分，以此帮助隔离问题。另一个窍门是插入一个另外的 print 语句，来报告程序执行时的状态，你可以在不需要使用这些额外语句时对其进行注释，禁止它运行。

从这里开始，本书中的代码示例将会包含注释。随着学习的深入，你可以在你所写的代码中插入自己的注释，并观察程序不同部分的功能。一般来说，任何人读取你的代码，都会感谢看到你的注释，即使是你自己在重新查看一个自己编写的旧程序时，也会有如此感觉。通常在一个程序中很少会出现太多的注释。

使用%运算符控制字符串格式

虽然你现在已经拥有了一个可以运行的程序，但它对于我们目前要处理的任务还不是太理想。如果把小数显示为百分比形式，并使其具有固定数量的有效位数将更方便查看。第一个问题只需要将分数乘以 100，但是要控制这些百分比的有效位数的数量，则需要另外的方法在打印时格式化文本。你已经了解了如何使用 print 命令的默认行为来显示以逗号分隔的字符串和数字，以及如何使用加号和 str() 函数将多种数据类型混合起来，并创建自定义字符串。

如果你想要利用更灵活的方法来使用不同的数据类型构建字符串，那么你可以考虑使用格式占位符%。它将其右侧的值插入到其左侧字符串中，由占位符标记的位置。占位符可以指明所替换的值是否应解释为整数数字(%d)、浮点数(%f)或字符串(%s)。占位符还可以控制类型之间的转换，因此你不需要在替换之前再使用一次 str() 函数。下面这个例子可以更清楚的解释这一点：

```
print "There are %d A bases." % (NumberA)
```

There are 3 A bases.

在一个单独的%右侧的整数 NumberA 的值将被插入到字符串中%d 所占的位置中。多个被逗号分隔开来的值，可以同时被带入到一串占位符中，并且按照它们出现的顺序进行替换：

```
print "A occurs in %d bases out of %d." % (NumberA, SeqLength)
```

A occurs in 3 bases out of 6.

该操作符最常见的用法之一，是通过在浮点占位符中插入一个小数精度说明符，来控制要打印的小数点的位置。它由一个点和一个数字(该数字指出要显示的小数位数)组成，并被嵌套在%f 中：

```
print "A occurs in %.2f of %d bases." % (NumberA/SeqLength, SeqLength)
```

A occurs in 0.50 of 6 bases.

%.2f 占位符将相应的浮点数插入到字符串中，并使得该浮点数小数点右侧仅有两位小数。用这种方式被插入的值将被四舍五入，而不会被粗暴地截断。现在让我们在你的 dnacalc.py 程序中进行实际应用，使用%运算符修改 print 语句如下：

```
print "A: %.1f" % (100 * NumberA / SeqLength)
print "C: %.1f" % (100 * NumberC / SeqLength)
print "G: %.1f" % (100 * NumberG / SeqLength)
print "T: %.1f" % (100 * NumberT / SeqLength)
```

如果你现在运行程序，括号中的值将被计算并插入到%.1f 的位置，并给出如下输出：

```
host:scripts lucy$ dnacalc.py
 Sequence: ATGAAC
 Sequence Length: 6.0
```

```
A: 50.0
C: 16.7
G: 16.7
T: 16.7
```

控制%运算符输出的其他方法如表 8.1 所示。这些方法能够用于许多编程语言，包括 MATLAB、C 和 Perl。还有一个%s 占位符，它可以在正在被格式化的字符串中放置一个字符串(用引号或变量名指定)。

表 8.1　字符串格式化选项

给定字符串 s= '%x' % (4.13)，其中%x 可替换为下列占位符：		
占位符	**类型**	**结果**
%d	整数数字	'4'
%f	浮点数	'4.130000'
%.2f	精确度为 2 位小数的浮点数	'4.13'
%5d	占用至少 5 个空格的整数	' 4'
%5.1f	含有 1 位小数、至少占据 5 个空格的浮点数(注意包括小数点)	' 4.1'

%运算符不是必须要和 print 函数结合使用的。格式化的字符串也可以直接被分配给变量，例如：

```
pctA = "%.1f" % (100*NumberA/SeqLength)
```

使用填充功能(通过在%之后插入一个数字触发，如%2d 或%4f)，你可以创建和显示不管值中涉及几位数都会沿右端对齐的字符串。因此，使用"A:%3d"可能会返回如下输出，其中每个数字占用三个空格：

```
A:   2
A:  10
A: 100
```

当你使用%运算符时，如果你真的想要一个百分比字符出现在你的字符串中(正如我们现在所想要的那样)，你必须用两个连续的百分比符号来转义你的代码，即'%%'。反斜杠字符在此上下文中不作为转义字符使用，因此'\%'不会返回百分号。

现在你可以试着使用你所编写的程序来改变不同的文本显示方式。上面所讨论的示例代码的版本，在示例文件中被命名为 dnacalc1.py。

获取用户输入

使用 raw_input()收集用户输入

使用上述范例脚本，你可以通过每次将不同的序列粘贴到程序文件中，并重新运行该文件来分析它们。稍后，你将学习到如何从文件中读取数据并对其执行计算。然而，有时直接对用户的输入(也就是你在命令行中输入的东西)执行计算会更加实用。要将这样的功能添加到我们的示范脚本中，你可以使用 Python 的 raw_input()函数。将以下内容添加到现有 DNASeq 定义的紧接的下方：

```
DNASeq = raw_input("Enter a DNA sequence: ")
```

此函数括号内的字符串会给用户一个提示。当用户输入回应并按下 *return* 键时，回应的内容可以被分配给一个变量。在这一例中，它被分配给了 DNASeq 变量，并且改写了之前分配给它的任何值。原来的值将会被遗忘掉。

现在当程序运行时，它将等待接收一个输入或粘贴的值。你可以尝试不同的碱基序列来看看它是如何工作的。这样你就不再需要反复编辑程序，来改变它所要分析的碱基序列了。在第 11 章中，你将看到在程序运行时使用 sys.argv 函数收集输入的其他方法。

用.replace()和.upper()整理变量

在对用户输入进行任何操作之前，最好检查并确保你输入的是恰当的值，当它被写入时，你的程序将计数大写 A 出现的次数，而不是小写 a 的。这可能导致程序以用户所不期望的方式运行，用户可能不知道它是区分大小写的。我们最好设计一种同时计数大写和小写字母的程序，而不是把留心大小写的义务加到用户身上。相比于分别计算大写字母和小写字母，在分析之前将整个字符串转换为大写的会更简单。如果它们已经都是大写了，那么程序就什么都不用改变；如果它的全部或部分是小写，那么就把违规字符更改为大写。

这可以使用内置于字符串的函数.upper()来完成。当我们将此方法应用于某一字符串时，它会返回该字符串的大写版本。这个函数不需要括号中有任何参数。它使用的数据在它所属的字符串中(也就是在句点之前的字符串)。但是，由于它是一个函数，即使在这种情况下它们是空的，你也必须使用括号。在输入语句的下方，添加以下语句：

```
DNASeq = DNASeq.upper()
```

注意，在这行代码中，你调用.upper()方法并把它放在字符串 DNASeq 上，然后立即用这个方法重写 DNASeq 的内容。通常在一个这样的语句中，访问和重写相同的变量是可以的，而且在这种情况下必须这样做，因为仅仅一个.upper()是不会让原字符串大写的，它只会返回一个新的大写字符串。你可以将此新字符串分配给一个新变量；或者如果你不再需要原来的变量，则可以通过修改来覆盖它，就像我们在这里所做的那样。重写变量可以是一个很好的策略，以避免在程序中创建不必要的新变量。

然而，用户输入并不是唯一的问题来源。从另一个文档复制粘贴也可能导致问题出现，因为这其中可能包含空格。这些空格不会影响核苷酸的计数，但它们将改变 DNA 序列的总长度。这会导致错误的计算结果。在由 raw_input()生成的字符串中，空格其实就是某种字符。

要删除空格，可以使用另一个内置的字符串函数.replace()。这一函数可以接受两个参数，中间以逗号分隔：要除去的项目和要替换上去的项目。在上述例子中，我们要删除一个空格" "，并用一组空引号""替换，在.upper()命令下面插入.replace()函数：

```
DNASeq = DNASeq.replace(" ","")
```

这只是一个简单的搜索和替换，而不是正则表达式。你会在后面学习到如何在 Python 程序中使用正则表达式。还要注意，我们必须再次将此函数的结果重新分配给变量 DNASeq，因为它不会直接在原始字符串中进行搜索和替换，而是生成新的字符串[4]。

现在你有了一个整理好的 DNASeq 字符串，它可以与你已经编写好的程序的其余部分一起工作。在将程序发送到现实世界以供其他人使用之前，你需要进一步检查——比如说你要确保合成的字符串长度不为零，并且只有合法字符(C、G、A、T)。到目前为止，你有一个很好的工具来执行基于字符串的计算。这种类型的功能可用于进行大量有用的计算，如蛋白质或分子的分子质量，或寡核苷酸的解链温度。这里是最后的脚本：

```
#!/usr/bin/env python
# This program takes a DNA sequence (without checking)
# and shows its length and the nucleotide composition

DNASeq = "ATGAAC"
DNASeq = raw_input("Enter a DNA sequence: ")
DNASeq = DNASeq.upper()  # convert to uppercase for .count() function
DNASeq = DNASeq.replace(" ","")  # remove spaces

Print 'Sequence:', DNASeq

SeqLength = float(len(DNASeq))

print "Sequence Length:", SeqLength

NumberA = DNASeq.count('A')
NumberC = DNASeq.count('C')
NumberG = DNASeq.count('G')
NumberT = DNASeq.count('T')

# Old way to output the Numbers, now removed
# print "A:", NumberA/SeqLength
# print "C:", NumberC/SeqLength
# print "G:", NumberG/SeqLength
```

4 你也可以通过把连续的点符号放在同一行上来嵌套多个方法：DNASeq.upper().replace(" ","")。

```
# print "T:", NumberT/SeqLength

# Calculate percentage and output to 1 decimal
print"A: %.1f" %(100 * NumberA / SeqLength)
print"C: %.1f" %(100 * NumberC / SeqLength)
print"G: %.1f" %(100 * NumberG / SeqLength)
print"T: %.1f" %(100 * NumberT / SeqLength)
```

回顾你的程序

你所构建的程序，可以很容易地被修改为适用于其他用途的通用计算器。不过正如我们所提到的，它并不是以一个最优的方式编写的，我们没有采用循环来处理重复的命令，我们只是复制了.count()和 print 指令行并手动编辑它们。在正式编程中，这实在是一个相当差劲的实践。在下一章中，你将看到更简单的、使用 for 循环来处理字符串或变量列表中元素的方法。在第 9 章的结尾，我们将重温这个程序，并展示如何在一个只有四行的脚本中完成它的大部分功能。

总　　结

你已经学习了：

- 创建一个 Python 程序并执行它；
- 使用函数 len()；
- 使用 int()、float()和 str()来更改变量类型；
- 使用#在你的程序中添加注释；
- 同时打印字符串和数字；
- 使用%d、%.2f 和%s 将字符串转化为你想要的格式；
- 使用 raw_input()获取用户输入；
- 使用内置字符串函数.count()、.replace()和.upper()。

第 9 章　决策与循环

你现在已经能够在 Python 中从一个空白的文本文件开始，构建和运行一个基本的程序了。在这一章中，我们会先简短地介绍一个和编程无关的内容——交互式提示符，它的一个功能类似于便签簿，用来测试一小部分代码，然后还将介绍如何为 Python 语言中的不同元素寻找帮助信息。接下来，你将进一步扩展上一章中编写的程序，以便它可以做决策并使用数据列表。你还会编写一个蛋白质计算器，它需要转换一个网页格式的表格，以便你在程序之中使用它。最后，本章将对列表进行详细介绍，从而让你能够轻松使用这种重要的变量类型。

Python 交互式提示符

有时候也许你会想快速尝试一些不同的 Python 命令，来看看它们能做什么。那么你可以为之编写出只有几行代码的完整程序，但你的大部分时间都要花在设置这个程序并让它能够运行上。还有另一种替代方案，你可以通过**交互式提示符(interactive prompt)**来使用 Python 编程语言。这一界面允许你在用不生成程序文件的情况下，直接在命令行中检验 Python 的代码。在实际工作的时候，我经常会使用一个终端窗口来执行 shell 程序，再打开另一个终端窗口运行 Python，以测试代码片段并检查结果，然后才会将它们放入真正的程序文件中。

交互式提示符与可执行文本文件　使用一个交互式程序与在文本文件中发送一系列命令，看起来并没有什么不同。当你在执行含有 shell 脚本或 Python 程序的文本文件时，文件开头的 shebang 行会指示系统将文件的其余内容发送到相应的程序(在本书中为 `bash` 或 `python`)。在大多数情况下，程序其实并不知道它们运行的命令是来自用户还是来自文件。

要启动Python交互式提示符，请打开一个新的终端窗口并在shell提示符处输入`python`：

```
host:~ lucy$ python
Python 2.6.2 (r262:71600, Apr 16 2010, 09:17:39)
[GCC 4.0.1 (Apple computer, Inc. build 5250)] on Darwin
Type "help", "copyright", "credits" or "license" for more information.
>>>
```

你会看到一些诊断信息，包括 Python 版本号。在你使用这本书的时候，如果你的计算机报告Python版本在2.3和2.7之间，虽然一些特殊的命令可能与2.5以前的版本略有不同，但一般是没有什么问题的。在打印了诊断信息后，提示符就会变为>>>，这表示你现在处于 Python 的交互模式。

你可以在交互式提示符处，尝试以下 Python 命令，以体会其工作原理。如果你已经给某一变量预设了一个值，那么你可以单独输入变量名，或作为运算操作的一部分来输入它，最后得到的值就会打印到屏幕上：

```
>>> x='53'  ←没有立刻产生输出，变量 x 的初始值是一个字符串
>>> x
'53'  ←变量 x 的值打印在屏幕上
>>> x+2
Traceback (most recent call last):  ←因为类型不匹配，失败
  File "<stdin>", line 1, in <module>
TypeError: cannot concatenate 'str' and 'int' object
>>> float(x)+2
55.0  ←注意，小数点表明这是个浮点数；变量 x 的值并没有改变
>>> int(x)/2
26  ←注意，缺少小数点，表明结果是个整数值
```

Python 提示符的一个有用功能，就是获取关于你工作区中变量的信息。dir()函数能够列出嵌套在指定变量中的所有变量和方法。如果在字符串上运行 dir()，你将看到一些熟悉的函数，像是.replace()和.upper()。你也将看到以_开头和结尾的一些名称，不过这些是内部名称，在下面显示的内容中我们把它们剔除了：

```
>>> DNASeq='ATGCAC'
>>> dir(DNASeq)
['capitalize', 'center', 'count', 'decode', 'encode', 'endswith',
'expandtabs', 'find', 'format', 'index', 'isalnum', 'isalpha',
'isdigit', 'islower', 'isspace', 'istitle', 'isupper', 'join',
'ljust', 'lower', 'lstrip', 'partition', 'replace', 'rfind',
'rindex', 'rjust', 'rpartition', 'rsplit', 'rstrip', 'split',
'splitlines', 'startswith', 'strip', 'swapcase', 'title',
'translate', 'upper', 'zfill']
```

在这一例子中，我们定义了名为 DNASeq 的字符串，然后运行 dir()以查看其所有组件。这些都是被嵌套在字符串中的方法和变量。以上所有这些都可以用点注释的方法来应用：

```
>>> DNASeq.isdigit()
False
```

```
>>> DNASeq.lower()
'atgcac'
>>> b=DNASeq.startswith('ATG')
>>> print b
True
>>> DNASeq.endswith('cac')  ←注意大小写敏感
False
```

dir()命令的一个变体是对变量使用 help()函数。如果输入 help(DNASeq)，它将打印出更多可用于此变量类型的命令。help()不能适用于所有变量和旧版本的 Python，因此你可能必须输入变量类型的名称，如 help(list)或 help(str)。

你也可以使用 Python 解释器来检查程序：只需将一部分脚本复制并粘贴到窗口中，按下 *return* 键，它就会尝试运行(当脚本不涉及读取文件或请求用户输入时，这种方式最有效)。这些变量将被加载到内存中，以便你与它们进行交互，以查看是否按照预期正确运行了。不同的缩进会让 Python 语句意思有所不同(你很快就会了解到这一点)，因此你必须注意在粘贴到交互式提示符中的指令行的开头有没有多余空格或缺少空格。

使用 *ctrl*+Z

当你用 Python 解释器完成检查后，你可以通过输入 quit()或按下 *ctrl*+D 返回到 bash shell 提示符。

获取 Python 的帮助

Python 内建的文档有许多不足。首先，在许多计算机系统上不会默认安装它。而且即使它存在于你的计算机上，仍然会有些问题。这种文档很难搜索，而一旦你找到一个看起来有帮助的文档，它通常讨论的主题是命令的历史及为何构造它，而不是它的用途、使用方法或示例。因此，我们并不建议在 Python 提示符处使用 help()函数，甚至不推荐你去使用 bash 命令行中的 pydoc 程序。

就像我们目前解决大多数的问题一样，解决 Python 相关问题的最快方法是通过网络搜索。如果你在飞机上或海滩，这样做可能没有什么帮助，但一般情况下它都很快给你找到结果。你可以做一个一般性的网络搜索，用单词 python(也许还可以用 -monty-snake 来剔除你不需要的结果)，再加上你感兴趣的概念词语，然后就能得到问题的答案。一些专门用于 Python 的帮助网站包括：

http://python.about.com/

http://docs.python.org/tutorial/

http://rgruet.free.fr/PQR26/PQR2.6_modern_a4.pdf

http://rgruet.free.fr/PQR25/PQR2.5.html

http://www.diveintopython.org/

本书中讨论的 Python 命令，在附录 4 中进行了总结，以供参考，第 13 章为你提供了有关程序调试的帮助信息。

向 dnacalc.py 里添加更多的计算内容

你现在将在上一章的基础上继续构建 dnacalc.py 脚本。接下来的挑战是估算你要分析的碱基序列的解链温度(这个温度能让半数的样品碱基序列的 DNA 分子与其互补链分离)。该计算建立在对序列中各种核苷酸进行计数的基础上，并且要根据序列总长度的不同来使用不同的公式。现在让我们重新开始，请在 TextWrangler 中重新打开 dnacalc1.py 脚本，或从 pcfb/examples 文件夹中打开 dnacalc1.py。

虽然从命令行接受用户输入，可以使你的程序更方便使用，但是在开发过程中，硬编码一个固定值来进行测试通常会更快。找到第 10 行附近的 raw_input 语句，并通过在行的开头添加#符号将其变成注释。这将关闭输入语句，并保留上一行中 DNASeq 变量硬编码的值：

```
DNASeq = "ATGTCTCATTCAAAGCA"  ←现在用一个更长的序列
# DNASeq = raw_input("Enter a sequence: ")  ←这句不会再执行了
```

现在你可以向程序添加计算熔解温度(也被称为 T_m)的能力了。T_m 的一个简单近似值取决于强结合核苷酸对(G+C)和弱结合核苷酸对(A+T)的数量。在现有程序结尾的地方，添加以下内容来计算 T_m：

```
TotalStrong = NumberG + NumberC
TotalWeak = NumberA + NumberT
MeltTemp = (4 * TotalStrong) + (2 * TotalWeak)
print "Melting Temp: %.1f C" % (MeltTemp)
```

现在运行程序并查看新的计算结果。

if 条件语句

在实际情况中，这个熔解温度的公式只适用于短的核苷酸序列。如果序列包含了 14 个或更多个核苷酸，你应该使用另一个公式，而不是上面显示的公式[1]。

要实现这种在不同的情况下使用不同公式的“条件行为”，你需要使用 if 语句。Python 中的 if 语句有如下的通用语法(如仿代码[2]所示)：

```
if logical condition== True:  ←注意这里有一个冒号
    do this command  ←缩进的代码块
    do this command
continue with normal commands  ←继续程序的主要进程
```

在 if 语句下面被缩进的命令构成了有时被称为**代码块(block)**的东西——也就是说，

1 参考 http://www.promega.com/biomath/calc11.htm。

2 仿代码是一种计算机代码和英语说明的组合，目的是为了解释说明。

这些命令不仅是连续的，而且构成了一个功能单元，这样一整块的指令行会被一行接一行地不间断执行。在上面这个例子中，只有当条件在逻辑上为真时，程序才会执行此特定块；反之，如果条件为假，则跳过此块，并且继续执行下面的命令。

使用缩进指定代码块

Python 指示哪些命令是由 `if` 语句来控制的方法，是这一语言最为独特的地方之一：用缩进指明代码块。到目前为止，你所编写的程序只有一个单独的、从上到下运行的代码块。但是，从这里开始，我们可能会用一种只有在满足某些特定标准时才会执行某些代码块的条件语句，或者在循环内多次重复某个代码块的命令，以改变以前严格按线性顺序执行的事件序列。无论是哪一种情况，代码块经常都是嵌套在其他块中的。因此，你需要能够发出明确的信号，指明哪些程序行应该被组合在一起成为一个代码块，从而让程序流程正确地进行。

除 Python 之外，在许多其他编程语言中，嵌套的代码块必须用括号来指定，而不是用缩进的方法。但即便如此，程序员在使用这些语言时，通常依然会对代码块进行缩进，以提高其代码的可读性。但你需要记住，在 Python 中对要嵌套的代码块执行缩进，这不是一个可选操作或是仅为美观而执行的动作，它是一个必须被执行的规定。

缩进可以通过制表符或空格生成。如果你选择使用空格，就必须始终使用相同数量的空格来指定同一个块(每个块通常相对于它所被嵌套的块缩进 4 个空格)。你会发现在这一点上使用制表符更容易，因此我们会在整本书和示例文件中都使用它。当你从在网上找到的程序中复制和粘贴代码时，可能会出现缩进不一致的情况。一个程序可能会在一个地方使用制表符，在一个地方使用了 3 个空格，又在另外一个地方使用 4 个空格。网络示例中还可能会包含一些不是常规空格的不可见字符。如果你将来源不同的代码合并到一个程序中，程序可能会出现奇怪的行为。那么你要做的就是，返回查看你所复制的所有代码，并确保它们的缩进字符是一致的，这是因为在大多数环境中，我们不能混用制表符和空格，也不能混用不同数量的空格。在 TextWrangler 中，你可以选择“显示不可见(Show Invisibles)”这一选项在文档中查看此类字符。

这种通过视觉上的缩进来设置语句格式的方式和程序的流程是一致的。具体来说，当程序的流程到达一个条件为真的 `if` 语句时，它会转个弯，执行缩进的代码块，完成后再回到原来的路上继续执行；如果条件为假，则不会转弯，它会直接继续向下执行，就仿佛缩进代码根本不存在一样。

引出缩进代码块的那条程序行要以冒号结尾，无论该行是像我们此处所述的 `if` 语句，还是像我们马上就会介绍的那样控制循环的语句。与其他语言不同的是，Python 中的代码块末尾没有特定的标记。在被嵌套的代码块结束后，程序重新回到正常执行处的代码，它和引出代码块的语句对齐，无论它是一个 `if` 语句还是其他任何语句。

逻辑运算符

我们在 `if` 语句和整个编程中使用的条件语句通常是诸如 `SeqLength >= 14` 一类的简单比较，或类似 `SeqType == 'DNA'` 一类的等式测试，或者以上这些逻辑组合，如

(Latitude > 30 and Latitude < 40)。最后这个例子也可写成 30 < Latitude < 40。

你要确定在比较两个实体的相等性时，使用的运算符是两个连续的等号(==)。单个等号的意思是将第二实体的值分配给第一实体。这是在初次编程过程中非常容易出现的问题。有关 Python 中的比较运算和逻辑运算，请参见表 9.1 和表 9.2。

表 9.1　Python 中的比较运算符

比较运算符　这些运算符将根据比较结果返回 True(1)或 False(0)	
比较	**如果……则为 True**
`x == y`	x 与 y 相同
`x != y`	x 与 y 不相同
`x > y`	x 大于 y
`x < y`	x 小于 y
`x >= y`	x 不小于 y
`x <= y`	x 不大于 y

表 9.2　Python 中的逻辑运算符

逻辑运算符　在该表中 A 和 B 代表真/假的比较，如表 9.1 所示	
逻辑运算符	**如果……则为 True**
`A and B`	A 与 B 都为真
`A or B`	A 或 B 为真
`not B`	B 为假(反转 B 的值)
`(not A) or B`	A 为假或 B 为真
`not(A or B)`	A 和 B 都为假

if 语句

现在让我们把以上所述付诸实践，你需要添加一个 if 语句，这个语句要在碱基序列长度为 14 个或更多个字符的时候去执行一个代码块，在其小于 14 的时候执行另一个代码块。在这一程序的最终版本中，将只运行一个块或另一个块，但永远不会同时运行两个块。

在程序中计算 MeltTemp 处的上面插入这些内容：

```
if SeqLength >= 14:
    #formula for sequences 14 or more nucleotides long
    MeltTempLong = 64.9 + 41 * (TotalStrong - 16.4) / SeqLength
    print "Tm Long (>14): %.1f C" % (MeltTempLong)
```

你可以输入此内容，也可以直接从 dnacalc1.py 示例文件中复制。

让我们逐行阅读这些新命令。首先，if 语句本身只是对 SeqLength 变量是否为 14 或更大进行测试。如果这个条件为真，它执行接下来的两行缩进代码，然后继续完成为长 DNA 序列设计的 T_m 的计算。如果条件为假，程序跳过长序列的计算，并直接进行为短 DNA 序列设计的 T_m 的计算。

else:语句

如果像上述程序那样，无论序列长度是多少，都将打印从短序列公式得到的 T_m。这其实有点烦琐，因为如果序列长度为 14 个或更多个核苷酸，那么短计算产生的数目实际上没有用。如果你正在使用 if 语句，在很多情况下(也包括这个情况)，如果你希望在 if 语句为 True 时只执行其中一个命令块，为 False 时只执行另一个，就要使用 else:语句，它提供了一个替代的路径或者转向，只有当主条件为 False 时才执行。

直接在计算序列长度小于 14 个核苷酸的公式之前，添加 else:语句，然后对 MeltTemp 计算行和打印语句进行缩进，以便它们形成一个在 else:语句的控制下被嵌套的命令块。记住，即使 else:语句只有 else 本身一个单词，也总是必须在其末尾连有冒号，就像 if 语句一样。

在 TextWrangler 中，你可以通过选中现有程序行，并按下⌘+]来轻松缩进现有行。与此相似的是，⌘+[将使一个选中的命令块向左移动。修改后的完整程序应该如下所示：

```
#! /usr/bin/env python
# This program takes a DNA sequence (without checking)
# and shows its length and the nucleotide composition

DNASeq = "ATGTCTCATTCAAAGCA"
# DNASeq = raw_input("Enter a sequence: ")
DNASeq = DNASeq.upper()  # convert to uppercase for .count() function
DNASeq = DNASeq.replace(" ","") # remove spaces

print 'Sequence:', DNASeq

# below are nested functions: first find the length, then make it float
SeqLength = float(len(DNASeq))

#SeqLength = (len(DNASeq))
print "Sequence Length:", SeqLength

NumberA = DNASeq.count('A')
NumberC = DNASeq.count('C')
NumberG = DNASeq.count('G')
NumberT = DNASeq.count('T')
# Calculate percentage and output to 1 decimal
Print "A: %.1f" % (100 * NumberA / SeqLength)
Print "C: %.1f" % (100 * NumberC / SeqLength)
```

```
print "G: %.1f" % (100 * NumberG / SeqLength)
print "T: %.1f" % (100 * NumberT / SeqLength)

# Calculating primer melting points with different formulas by length

TotalStrong = NumberG + NumberC
TotalWeak = NumberA + NumberT

if SeqLength >= 14:
   #formula for sequences >14 nucleotides long
   MeltTempLong = 64.9 + 41 * (TotalStrong - 16.4) / SeqLength
   print "Tm Long (>14): %.1f C" % (MeltTempLong)
else:
   #formula for sequences less than 14 nucleotides long
   MeltTemp = (4 * TotalStrong) + (2 * TotalWeak)
   Print "Tm Short: %.1f C" % (MeltTemp)
```

现在，你可以将不同长度的 DNA 序列分配给 DNASeq 变量，并测试条件表达式的有效性。你还可以恢复 raw_input 命令，使得程序能够再次进行交互工作。

使用 elif 在更多选项中进行选择　当你在使用 if 和 else:的组合的时候，如果你需要在一长列项目中进行选择，你可以使用一系列层层缩进的语句：

```
if X == 1:
    Value = "one"
else:
    if X == 2:
        Value = "two"
    else:
        if X == 3:
            Value = "three"
```

让以上表达式更简洁的方法是使用特殊的 elif 命令，也就是 **else if** 的简写：

```
if X == 1:
    Value = "one"
elif X == 2:
    Value = "two"
elif X == 3:
    Value = "Three"
```

在这个简单的例子中，更好的解决方法是像一个程序员会做的那样，去使用列表。在下面这个例子中，X 是列表的一个索引，而不是逻辑测试的一部分。你将会在本章后面深入了解列表：

```
ValueList=["zero","one","two","three"]
Value = ValueList[X]
```

for 循环介绍

在接下来这一节中，你将要创建一个名为 proteincalc.py 的简单脚本。这一脚本将以氨基酸序列作为输入，氨基酸及其相应的分子质量将存储在字典中。你将学习通过使用 for 循环，将蛋白质的每个氨基酸分子质量相加，来计算蛋白质的总分子质量。

记住在第 7 章中提到过的 for 循环的基本概念：它循环遍历列表或是其他变量集合中的每个对象，每次循环都会执行一个命令块。在 Python 仿代码中，它的语法类似于 if 语句：

```
for MyItem in MyCollection:
    do a command with MyItem
    do another command
# return to the for statement and move to the next item
resume operation of main commands
```

这个 for 语句的意思是："对于 MyCollection 中的每个项目，将它们逐个赋值给 MyItem，并运行下面的命令块，然后循环 MyCollection 中的下一个项目并且再次运行命令"。

第一个循环时，变量 MyItem 暂时取 MyCollection 中第一项的值。在循环中，涉及 MyItem 的任何计算或打印操作都将使用这第一个值完成。当缩进块的最后一个语句完成时，重新返回到 for 行，MyItem 取得 MyCollection 的第二个值。最后，当 MyItem 已经被分配了最后一个值和最后一个缩进语句被执行之后，程序才继续下面的未缩进程序行。

列表简介

MyCollection 中的项目通常是列表类型。在 Python 中，创建列表时使用方括号括起一组项目，并将每个项目用逗号分隔：

```
MyCollection=[0,1,2,3]  ←整数列表
MyCollection=['Deiopea','Kiyohimea','Eurhamphaea']  ←字符串列表
MyCollection=[ [34.5, -120.6], [33.8, -122.7] ]  ←列表中的列表
```

在最后一个例子中，MyCollection 是一个由列表组成的列表，在循环遍历 for 循环的过程中，MyItem 本身是有两个元素的列表，所以我们在循环中可以使用一对值。

Python 中还有一个内置的函数 list()，它可以将字符串的内容转换为列表中的元素。例如：

```
MyCollection= list('ATGC')
```

就相当于：

MyCollection = ['A', 'T', 'G', 'C']

这个命令可以为你省去很多逗号和引号，但是当你处于一个 for 循环中时，除非你想对列表进行排序，否则这样的转换是没有必要的：在 Python 中，for 循环可以对一个没有转化为列表的字符串中的每一个字符进行直接操作。

在 proteincalc.py 中写入 for 循环

现在让我们开始在编辑器中，编写一个名为 proteincalc.py 的脚本(完整的脚本同样包含在 examples 文件夹中)。让我们通过完成目前掌握的常规步骤来准备执行脚本：先在顶部添加一个#!，再将文件保存到你的脚本文件夹，然后通过 chmod u+x 使其可执行。最后添加如下的字符串定义和代码行：

```
#!/usr/bin/env python
ProteinSeq = "FDILSATFTYGNR"
for AminoAcid in ProteinSeq:
    print AminoAcid
```

现在尝试运行你的程序。如果出现错误，请确认在 for 语句结尾处，也就是 ProteinSeq 行之后有一个冒号。请注意，此循环会将变量 ProteinSeq 视为一个列表：它遍历字符串中的每个字母，将其依次分配给 AminoAcid，并且每一行打印一个字母。所以第一次通过循环的时候，就好像在 print 语句之前有一个 AminoAcid = 'F'语句。

> 为了便于快速调试程序，许多文本编辑器都有一个不需要切换到终端窗口的工具来执行代码，或者它们会自动帮你切换到终端程序。在 TextWrangler 中，带有此选项的菜单很容易被错过，因为它被标记了 shebang(#!)。

for 循环中有一个可能让人困惑的地方是，像 AminoAcid 这样的变量，在它们出现在 for 语句之前完全没有被提到或是被定义过。这是因为每次执行 for 语句时，它们都是已经定义好的。

现在你已经有一个方法来循环遍历蛋白质序列中的每个氨基酸(字符串中的每个字符)，接下来你将学习如何与这些信息一起使用 Python 字典，从而在分子量列表中查找相应的值。

创 建 字 典

现在让我们来回忆第 7 章的内容：字典是一个对象的集合，里面的对象要通过相关的键来查找，而不需要根据它们在集合中出现的顺序来查找。在接下来的示例中，我们要将氨基酸的单字母代码(如'A')与其相应的分子量(一个浮点值，如 89.09)相关联。

有几种方法来创建字典。一种是通过在大括号内定义成对的键和值。键及其值由冒号分隔，而不同的成对键和值之间又会通过逗号分隔，其基本格式为：

MyDictionary = {key:value, nextkeys:nextvalue}

下面有一个例子：

```
TaxonGroup={'Lilyopsis':3, 'Physalia':1, 'Nanomia':2,
            'Gymnopraia':3}
```

在此示例中，键是字符串，值是整数。

虽然我们使用的是{}来创建字典，但从字典中提取值要使用方括号[]，这与从列表中提取值的方式相同。所以把上面的 taxongroup 字典发送给以下命令：

```
print TaxonGroup['Lilyopsis']
```

它将打印出值 3。

创建字典的其他方式　还有其他几种创建字典的方法，而使用哪种方法取决于你的起始信息的格式。除了上文中描述的{}方法，另一种有用的方法是，创建两个相等长度的列表，一个包含键，另一个包含值，然后可以使用 dict()和 zip()函数关联它们。例如，如果你有以下列表：

```
TaxonKeys=['Lilyopsis', 'Physalia', 'Nanomia', 'Gymnopraia']
TaxonValues=[3, 1, 2, 3]
```

你可以使用该命令让它们之间创建关联：

```
TaxonGroup=dict(zip(TaxonKeys,TaxonValues))
```

首先，zip 命令将两个列表组合成一个成对的列表，然后 dict 命令接收它们并将其连接为字典条目。

尽管 Python 有严格的缩进规则，但它允许出现在()、[]或{}中的语句分裂成几行。这对于大型条目(如长列表或字典)通常很有用。比如说，上面的定义也可以写为：

```
TaxonGroup={
'Lilyopsis' :3,
'Physalia'  :1,
'Nanomia'   :2,
'Gymnopraia':3}
```

对于你的 proteincalc 程序，你需要去制作一个类似的氨基酸字典。我们不会要求你逐个输入 20 种氨基酸及其分子量去定义一个字典。这种繁重的工作不仅浪费时间，而且会导致错误概率的提升。替代方法是通过使用正则表达式，将来自网页的数据转换为 Python 代码。

通常，你可以很方便地从网络、其他电子表格或你已经拥有的文档中收集信息表。虽然这些数据原本可能并不是打算用于计算机程序的，但通常只要进行一些简单的搜索和替换工作，就可以将它们转换为编程语句。

现在你需要创建一个字典，其中每行都有一个氨基酸作为键、一个分子量作为值：

```
AminoDict={
'A':89.09,
'R':174.20
```

```
……省略数行……
'X':0,
'-':0,
'*':0 }
```

将文件 aminoacid.html 从你的示例文件夹拖动到 Web 浏览器，或从 http://practicalcomputing.org/aminoacid.html 获取该文件。其中有一份包含了氨基酸名称、缩写和分子量的表格(图 9.1)。

名称	简称	单字母缩写	分子量
丙氨酸 Alanine	Ala	A	89.09
精氨酸 Arginine	Arg	R	174.20
天冬酰胺 Asparagine	Asn	N	132.12
天冬氨酸 Aspartic acid	Asp	D	133.10
半光氨酸 Cysteine	Cys	C	121.15
谷氨酰胺 Glutamine	Gin	Q	146.15
谷氨酸 Glutamic acid	Glu	E	147.13
甘氨酸 Glycine	Gly	G	75.07
组氨酸 Histidine	His	H	155.16
异亮氨酸 Isoleucine	Lie	I	131.17
亮氨酸 Leucine	Leu	L	131.17
赖氨酸 Lysine	Lys	K	146.19
蛋氨酸 Methionine	Met	M	149.21
苯丙氨酸 Phenylalanine	Phe	F	165.19
脯氨酸 Proline	Pro	P	115.13
丝氨酸 Serine	Ser	S	105.09
苏氨酸 Threonine	Thr	T	119.12
色氨酸 Tryptophan	Trp	W	204.23
酪氨酸 Tyrosine	Tyr	Y	181.19
结页氨酸 Valine	Val	V	117.15
未知 Unknown	Xaa	X	0
间隙 Gap	Gap	—	0
终止 Stop	End	*	0

图 9.1　aminoacid.html 中包含的氨基酸名称、缩写和分子量表。

创建字典的第一步是将这些数据放入一个空白文本文档，以便你可以编辑它们。一种方法是从网页上复制它们再粘贴。在很多情况下这两种方法都是可行的。但是，一些从浏览器复制的表在粘贴到文本文档时，最终可能会变成列表而不是表格。在网站上还可能有看不到的隐藏字符，而这些字符可能会导致文本文件出现问题。

如果你直接从网页源代码中提取 Web 数据，往往能获得更理想的结果。你可以通过从浏览器的“视图(View)”菜单中，选择“页面源(Page Source)”或“查看源代码(View Source)”，来查看任何网络页面的源代码(这个命令的确切名称和位置取决于你使用的浏览器类型，稍微花一点功夫你应该就能够找到它。你也可以右键单击页面，看看是否有一个选项能够查看源代码)。这个时候你可以看一看你所感兴趣的数据在源代码中的始末位置。即使你不理解 HTML(用于编码大多数网页的语言)中的任何一个词，你也能够很快地识别出这个文本中每个氨基酸的字母代码和分子量。大多数网页都有许多比现在这个文本更多的无关内容，但是关键信息还是会被插入在其中的某处。

在当前的例子中，有用信息全部在以<tr><td>开头的行中，它们表示表行边界的开始。除了标题行将起始于<tr><td>Name 以外，其他的每一行都会以<tr><td>开头，包含了氨基酸的属性和名称，就像它将在蛋白质序列中被指示的那样。将从<tr><td>Alanine 到<tr><td>Stop 的行复制下来，并将它们粘贴到文本编辑程序中的空白文本文件中。

这些数据可能看起来是这样的[3]：

```
<tr><td>Alanine</td><td>Ala</td><td>A</td><td>89.09</td></tr>
<tr><td>Arginine</td><td>Arg</td><td>R</td><td>174.20</td></tr>
<tr><td>Asparagine</td><td>Asn</td><td>N</td><td>132.12</td></tr>
……省略数行……
<tr><td>Unknown</td><td>Xaa</td><td>X</td><td>0.0</td></tr>
<tr><td>Gap</td><td>Gap</td><td>-</td><td>0.0</td></tr>
<tr><td>Stop</td><td>End</td><td>*</td><td>0.0</td></tr>
```

记住，你现在需要做的是给表格里的 4 个文本字段重新设置格式，使它们看起来像这样：

```
'A':89.09,
'R':174.20,
```

现在，你需要使用正则表达式将这些行重新设置为 Python 代码的格式，以便你能够将其复制并粘贴到程序文件中(如果你不记得如何使用正则表达式，请返回阅读第 2 章和第 3 章)。让我们先来查看原始数据，找到你所需信息的文本部分。在第一行中能找到：

```
A</td><td>89.09
```

第一个字符是在蛋白质序列中使用的单字符代码(从 A、R 到-和*)，后面是几个在每一行都一样的格式字符，最后是相应的分子质量值。

构造正则表达式的第一步是找出搜索项。要捕获前后两个你需要的字段，你可以使用：

```
.+(.)</td><td>([\d\.]+).+
```

这一搜索项包含以下组件：

.+表示一系列单个或多个字符；

3 要获得彩色格式，请使用页面底部的弹出菜单告诉 TextWrangler 这是一个 XML 或 HTML 文件(默认情况下会显示 None)。

.代表你想要捕获的任何单个字符；

()标记了搜索内容中你想捕获的那一部分；

</tdxtd>是分隔文本，每行都相同；

[\d\.]+是一系列一个或多个数字和小数点。

我们在此搜索中使用点而不是\w来捕获第一个字符的原因，是因为在表格底部有一些符号既不是字母也不是数字。在搜索前后都加上.+是有必要的，因为我们希望搜索项能够与一整行字符都匹配，而不是仅仅与你感兴趣的部分匹配，这样我们就能在搜索和替换中移除搜索项两侧的所有文本。在每一行中，只有我们所需要的那部分会被匹配，因为只有一个地方出现了数字。

要替换字符串，可以使用：

```
'\1':\2,
```

这样被捕获文本的第一部分(由\1指定部分)就会被放在一对单引号之间。然后在它后面会被加入一个冒号和捕获文本的第二部分。

执行搜索和替换之后，你应该会得到以下内容：

```
'A':89.09,
'R':174.20,
'N':132.12,
……省略数行……
'X':0.0,
'-':0.0,
'*':0.0,
```

现在让我们来输入完整的字典语句，像下面这样，在上述列表顶端添加一行内容开始的定义，然后删除列表中最后一个项目后的逗号，并使用关闭的大括号将其结束，如下所示：

```
AminoDict={
'A':89.09,
'R':174.20,
'N':132.12,
……省略数行……
'V':117.15,
'X':0.0,
'-':0.0,
'0':0.0
}
```

你的文本文件现在包含了合法的Python代码，可以被复制和粘贴到你的proteincalc.py

脚本中了。将这些行粘贴到你现有脚本中变量 ProteinSeq 的定义上方。这个字典将让你能够在程序中使用单字母氨基酸名称在方括号中查找值。例如，要在脚本中使用甲硫氨酸(methionine)的分子量，可以输入 AminoDict['M']，它将为你提供相应的数值。作为中间的一个小尝试，你可以改进现有的打印语句，以便同时打印名称和关联值：

```
print AminoAcid, AminoDict[AminoAcid]
```

使用这个字典和你已经创建的 for 循环，你现在可以在 ProteinSeq 中遍历每个氨基酸，在字典中查找它的值，并将其添加到变量 MolWeight 中，以求出总分子量的值。修改已经有的代码，用如下所示不断运算出 MolWeigh 的总和，替换循环中的 print AminoAcid 语句。在你向 MolWeight 变量添加数值之前，需要将其值初始化为零：

```
MolWeight = 0
for AminoAcid in ProteinSeq:
    MolWeight = MolWeight + AminoDict[AminoAcid]
```

这一循环接受字符串 ProteinSeq 中的每个字母，并将其值分配给 AminoAcid 变量。使用这些字母作为键，让它从 AminoDict 字典中获取相应的值。再将这个值不断添加到 MolWeight 的值中，使得每循环一次 MolWeight 都会增加一些。

在循环完成之后，我们需要打印 ProteinSeq 和分子量：

```
Print "Protein: ", ProteinSeq
Print "Molecular weight: %.1f" % (MolWeight)
```

你还可以通过添加用户输入来修改此程序，以便在程序运行时要求用户提供序列。如果你真的这么做了，你就要用与 dnacalc.py 中一样的.upper()函数，以确保用户输入是大写的。这很重要，因为当你尝试查找一个不是大写形式的键(如小写'a')的时候，字典会给出一个错误提示(还有一种方法是使用.get()函数来检索变量，此方法将在下一节中介绍)。到目前为止的完整程序总结如下。为了节省空间，字典已经重新设置为占用行数更少的格式。它仍然会像原来的格式一样运行：

```
#! /usr/bin/env python

# This program takes a protein sequence
# and determines its molecular weight
# The look-up table is generated from a web page
# throught a series of regular expression replacements

AminoDict={
'A':89.09, 'R':174.20, 'N':132.12, 'D':133.10,
'C':121.15,'Q':146.15, 'E':147.13, 'G':75.07,
```

```
'H':155.16, 'I':131.17, 'L':131.17, 'K':146.19,
'M':149.21, 'F':165.19, 'P':115.13, 'S':105.09,
'T':119.12, 'W':204.23, 'Y':181.19, 'V':117.15,
'X':0.0,    '-':0.0,    '*':0.0}

# starting sequence string, on which to perform calculations
# you could use raw_input().upper() here instead
ProteinSeq = "FDILSATFTYGNR"

MolWeight = 0

# step through each character in the ProteinSeq string,
# setting the AminoAcid variable to its value
for AminoAcid in ProteinSeq:

   # look up the value corresponding to the current amino acid
   # add its value of the present amino acid to the running total
   MolWeight = MolWeight + AminoDict[AminoAcid]

# once the loop is completed, print protseq and the molecular weight
print "Protein: ", ProteinSeq
print "Molecular weight: %.1f" % (MolWeight)
```

其他字典函数

鉴于你可能会经常使用字典，其他的一些字典命令可能会对你有用。

`.get()`函数 除了使用方括号从字典中提取值之外，我们还可以使用`.get()`函数。为了检索与键`'A'`相关联的值，`AminoDict['A']`的等效语句是：

```
AminoDict.get('A')
```

此函数的运行方式与方括号相同，但如果条目不存在，则可以指定要返回的默认值。例如，为了预先定义终止密码子(`*`)和空位(短划线表示)的分子量为`0.0`，可以使用以下语句访问你的字典：

```
AminoDict.get(AminoAcid,0.0)
```

其中，逗号之后的参数就是要使用的默认值。在你使用这个公式时需要注意，即使你的输入序列不知何故是乱码(包括不当的字符或其他标点符号)，你也不会得到一个错误提示。

为键与值制作列表 我们可以使用`.keys()`函数以列表的形式将字典中的键提取出来。请记住，字典中的键或值没有内在顺序。你不能指望它们按字母顺序，或者甚至按照它们输入的顺序去排列。如果你需要按某种顺序排序字典中的每个键，就得使用`.keys()`命令及`sorted()`函数(在本章后面部分将会介绍)，来创建一个单独的列表：

```
SortedKeys = sorted(AminoDict.keys())
```

你可以使用以下语句循环此列表：

```
    for MyKey in SortedKeys:
```
你还可以使用.values()方法获取包含了字典中全部值的列表：

```
    AminoDict.values()
```
虽然键和值不会以可预测的顺序返回，但是.keys()和.values()方法会以彼此相同的顺序产生列表。

应用你学会的循环技能

虽然这个程序能做比本章前面的 dnacalc 程序更复杂的工作，但它以较少的步骤就完成了任务。这是因为我们使用的是更有效灵活的编程方式。你可以试着重写 dnacalc.py 程序的第一部分，让它用类似的方式重新计算 DNA 序列中每个核苷酸的百分比：

```
#! /usr/bin/env python
DNASeq = "ATGTCTCATTCAAAGCA"
SeqLength = float(len(DNASeq))

BaseList = "ACGT"
for Base in BaseList:
    Percent = 100 * DNASeq.count(Base) / SeqLength
    print "%s: %4.1f" % (Base,Percent)
```

此示例在示例文件中名为 compositioncalc1.py。在这一例子中，我们没有循环遍历整个序列，而是循环遍历了序列中我们希望对其进行计数的碱基列表。print 行也使用了%4.1f 进行格式设置，使得输出将会占据 4 个字符空间，并且沿着它们的右边缘对齐：

```
A:  15.4
C:   7.7
G:  30.8
T:  30.8
```
这个方法非常有效，你应该会经常在你的脚本中使用上面的方法。例如，为了能够对序列中不确定的多义代码进行计数，你可以将'S'(强连接核苷酸对 G 或 C)和'W'(弱连接核苷酸对 A 或 T)添加到 BaseList 字符串，这样即使不额外添加代码，程序也会计算并打印出它们的百分比。

回顾列表

列表是许多程序的基本组成部分，特别是那些旨在分析和转换大型数据集的程序，在本书中，我们在几个地方都对列表的有关方面进行了介绍。现在从程序开发中暂时休息一下，让我们来更详细地了解一下如何使用列表(特别是针对 Python)，以及使用列表的相关命令(另见附录 4)。

列表的索引

列表是一种值的集合。这种集合使用[]来定义，如 MyList =['a','b','c']。与某些语言不同，在 Python 中，列表中的项可以是多种数据类型的混合，包括字符串、数字，甚至其他列表。方括号除了可以用于定义列表，还被用来从列表中检索列表元素，如 MyList[1]。在括号里面的，可以是一个单独的数字，或是被冒号分隔的一系列数字，如 MyList[1:3]。列表的索引可能会令人困惑，原因如下：第一，索引号不是从 1 开始的，而是零；第二，索引号有时与它们所对应的值不是对齐的；第三，Python 索引的处理方式与其他一些编程语言不同。这里的图片可以更好地解释这些，它表示的是一个由'a'到'e'的 5 个字符组成的列表(图 9.2)。

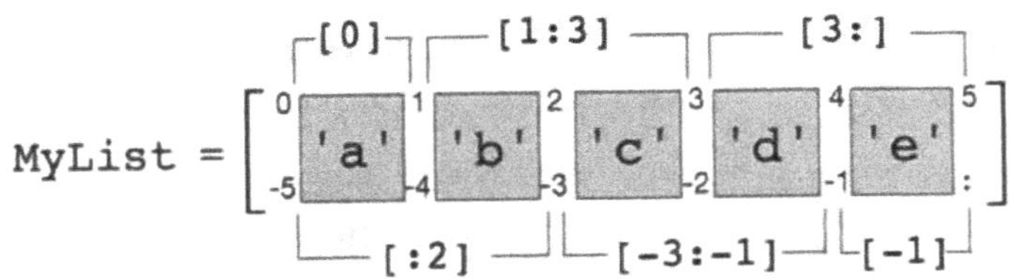

图 9.2　从数字的角度看待列表元素的索引问题。

我们可能会自然而然地认为，括号中的索引序号对应的是列表中相应的盒子。如果你想提取b,c,你可能会想尝试[1:2]或[2:3]，但这两者都是不正确的！在 Python 中，最好将你的列表想象成一系列盒子，在这些盒子之间插入了不同的数字。

索引数可以是从列表开始处的零开始计数的正数，也可以是从列表的末尾开始计数的负数。如果括号内是不带冒号的单个索引，那么它代表的是这个数字右侧对应的元素。冒号将括号转换成可以伸进列表的指定编号区域去抓取元素的“钳子”，就像[1:3]，它会抓取元素 b 和 c。还有一点需要注意的是，括号中第一个索引所指定的元素是被包含的，也就是说，该元素是被包含在我们要提取的范围之内的，而冒号之后的索引对应的元素是被排斥的，不在这一提取范围之内。我们可以指定范围的两端，即指定列表中的左边界和右边界。如果你省略了范围中的其中一个数字(如[:3]或[2:])，那么程序要么会从列表的开头抓取(如果你省略的是冒号左边的数字)，要么会一直抓取到列表结尾(如果你省略的是冒号右边的数字)。如果括号内只有冒号本身，那么它指定的是从列表的开始到结尾的所有元素，因此 MyList[:]会返回包含了 MyList 中所有元素的完整副本。

括号的双重作用　你可能已经注意到，方括号[]也会被用在几个与列表无关的地方。但是首先，它们会被用来定义具有特定元素的列表，与用于定义字符串的引号大致相同。例如，在语句 MyList =[33,12,89]中，括号用于定义一个列表，然后将其分配给名称 MyList。但是，如果括号紧跟在列表名称之后，那它们就会被解释为通过其索引数来指定列表中的特定元素；因此，用 MyList[1]就会返回 MyList 的第二个元素，因为[1]不是在定义一个列表，而是指定一个索引，或者准确地说是指定列表中你要提取的一段范围。

现在让我们在命令行中打开Python解释器(只需在shell提示符下输入python)并尝试一些列表命令:

```
lucy$ python
>>> MyList = ['a','b','c','d','e']
>>> MyList[:]
['a', 'b', 'c', 'd', 'e']
```

MyList[:3]返回的是列表的前三个元素，这与MyList[0:3]相同:

```
>>> MyList[:3]
['a', 'b', 'c']
```

这一结果可能会让你感到混乱，因为在列表中前三个元素的索引为0、1和2，而且冒号后的索引对应的元素不包括在结果中，这与冒号前的数字不同。MyList[2:]返回从索引2到列表结尾的所有元素，等同于MyList[2:5]:

```
>>> MyList[2:]
['c', 'd', 'e']
```

索引2对应的元素'c'是包括在结果中的。在运用列表的过程中，你可以想象那些“钳子”，并且记住冒号之前的索引对应的元素是被包含的，冒号后面的索引是被排斥的。使用负索引从列表的末尾开始计数与从列表的前端开始计数相同，只是索引的参照点已经改变:

```
>>> MyList[-2:]
['d', 'e']
>>> MyList[:-2]
['a', 'b', 'c']
```

你还可以在整个你所指定的索引范围的后面再添加一个冒号和一个整数。这里最后一个值(如果你指定了的话)指明了分割的**步长(step size)**。如果未指定，则默认步长为1，并返回被指定的范围内的所有值。如果指定大于1的值，则在所指范围内每*n*个元素提取一次:

```
>>> MyList[0:5:1]   ←与[0:5]相同
['a', 'b', 'c', 'd', 'e']
>>> MyList[0:5:2]
['a', 'c', 'e']
>>> MyList[::2]
```

```
['a', 'c', 'e']
```

你还可以指定负步长，这样程序会将元素的颠倒顺序返回结果：

```
>>> MyList[::-1]
['e', 'd', 'c', 'b', 'a']
>>> MyList[::-2]
['e', 'c', 'a']
```

这一功能可以让你对列表顺序进行快速翻转。

从列表中解包多个值

有时，当你要从现有列表中获取某个值时，你可能是想要创建一个新列表，但在其他时候，你从列表中提取特定元素的原因可能更多是你想将每个元素放入它自己的变量中。我们只需通过指定其索引就可以简单地将单个元素的值放入新变量中，就像 `i = x[0]`。我们也可以一次提取多个变量：

```
i,j = x[:2]
```

这会将列表 x 的前两个元素分别解包到变量 i 和 j 中。x 至少要有两个元素，否则这个代码就会生成一个错误。你可以通过这种方式解包任何列表，只要你将从列表中获取的元素数量与你尝试将其投入的变量数量相匹配即可。

用 range() 函数定义一个列表

函数 range() 可以接受和用来索引列表类似的参数，并生成一个整数列表。这个生成的列表中的整数范围，是从第一个参数开始，并到最后一个参数之前结束：

```
>>> RangeList = range(0,6)
>>> RangeList
[0, 1, 2, 3, 4, 5]
```

range() 函数也可以使用负数，但这种行为与查询列表子集时所产生的结果是不同的。例如，range(-5,6) 将生成从–5 到 5 的数字列表。

如果你希望你所创建的列表中的数字以 1 以外的数量进行递增，请使用第三个参数来指示步长：

```
>>> range(1,10,2)
[1, 3, 5, 7, 9]
>>> range(10,0)     ←用 10 作为列表下限，但是用 0 作为上限，是无法正常工作的
[]
>>> range(0,10,-1)  ←同样，从 0 到 10 倒着走，也是无法正常工作的
```

```
[]
>>> range(10,0,-1)  ←现在这样是可以正常工作的
[10, 9, 8, 7, 6, 5, 4, 3, 2, 1]
>>> range(-5,-11,-1)
[-5, -6, -7, -8, -9, -10]
```

注意，如果步长的方向不正确，比如说步长为负而结束值却大于起始值，程序就会返回一个空列表，也就是像这里的第二、三两个例子一样。

range()函数能够简化多种任务。想象一下，如果你想创建一个对应于 96 孔板的各孔顶部标签列表，按照惯例，板的列应该用数字 1-12 表示，而行则是字母 A-H：

```
A1      A2      ...     A12
B1      B2              B12
...
H1      H2      ...     H12
```

一个较为快速的方法是使用一个由两个**嵌套循环(nested loop)**组成的小程序，循环遍历 8 个字母和 12 个数字，并且打印所有的组合。该程序利用 chr()函数，这一函数会根据其特殊数字返回 ASCII 字符(见第 1 章和附录 6)。在 ASCII 中，大写字母 A 是 chr(65)，B 是 chr(66)[4]，等等：

```
#! /usr/bin/env python
for Let in range(65,73):  ←从数字字符 65 逐个步进到 72 字符
   for Num in range(1,13):  ←从数字 1 到 12 逐个步进生成字符
      print chr(Let) + str(Num)
```

这个微型程序的结果是打印一列 96 个标签，你可以用它来标记电子表格中的行：

```
A1
A2
A3
...
H11
H12
```

在第一个 for 循环中，变量 Let 依次步进从 65 到 72，分别对应于 ASCII 代码中的字符 A～H 的[5]。嵌套循环(即循环中的循环)对于 Let 中的每一个值都会遍历 12 次，

4 chr()的反函数 ord()能够找出对应于某个字母的 ASCII 数字，也就是说 ord('A')是 65 而 ord('a')是 97。像这样的函数最终会对要创建一些很难输入的文本带来帮助。

5 对于国际字符，相应的函数是 unichr()，不过幸运的是，对于 UTF-8 版本的 Unicode 来说，对应于 A-Z 的值与 ASCII 中的相同。

并且每一次都会打印出组合在一起的字母和数字。要以表格的形式打印标签，请在 print 行末尾添加逗号，并且不要在其后面添加任何其他字符。这告诉 print 命令取消它通常会自动添加的行尾字符。还要在 for Num 循环相同的缩进级别添加另一个 print 语句。这将在每次字母(相当于行)递增时打印换行符：

```
#! /usr/bin/env python
for Let in range(65,73):
  for Num in range(1,13):
    print chr(Let) + str(Num),  ←这个逗号很重要
  print  ←按每一个不同的字母打印行行尾字符，每一行有 12 个数字
```

此修改脚本的输出是 8 行各 12 个元素：

```
A1 A2 A3 A4 A5 A6 A7 A8 A9 A10 A11 A12
B1 B2 B3 B4 B5 B6 B7 B8 B9 B10 B11 B12
...
H1 H2 H3 H4 H5 H6 H7 H8 H9 H10 H11 H12
```

列表和字符串的比较

索引也可以被用在字符串上，其实在某些方面，字符串就相当于一种由字符组成的列表。首先，列表和字符串都可以被加号(+)运算符组合起来、被排序以及在 for 循环中迭代。字符串和列表之间最重要的区别是，字符串中的各个元素不能直接修改，然而列表中的元素可以。有关复制和修改 Python 变量的详细信息，请参阅下一页中的信息栏。我们可以用相同的方式在列表和字符串中获取元素，但是如果你尝试更改字符串中字符的值将导致错误，而修改列表中的元素是可以接受的：

```
lucy$ python
>>> SeqString = 'ACGTA'
>>> SeqList = ['A', 'C', 'G', 'T', 'A']
>>> SeqString[3]
'T'
>>> SeqList[3]
'T'
>>> SeqString[3]='U'
Traceback(most recent call last):
  File "<stdin>", line 1, in <module>
TypeError: 'str' object does not support item assignment
>>> SeqList[3]='U'
```

```
>>> SeqList
['A', 'C', 'G', 'U', 'A']
```

复制和修改 PYTHON 变量的细微差别 在 Python 中，复制变量不会创建具有新名称和新值的新变量，而是创建一个引用旧值的新名称。复制变量后，两个名称都指向计算机内存中的相同位置。然而，在 Python 中大多数变量类型的值，包括整数、浮点数和字符串，都不能被更改。与复制不同的是，当我们为现有变量分配一个新值时，将会有一个具有不同值但名称相同的全新变量被创建。例如，如果我们创建一个整数 `x=5` 并设置 `y=x` 时，两个名称都指向相同的 `5`。如果你再赋予 `x` 一个新值，比如说 `x=8`，一个全新的变量，其值为 `8`，名称为 `x`，那么旧的 `x` 就会被删除，而名称 `y` 仍指向原始值 `5`。这意味着你可以更改 `x` 的值，而不必担心这将对 `y` 的值有影响，也不用担心自己忘记了本信息栏中提到的所有内容。

另一方面，一些其他的 Python 变量的值，包括列表和字典，是可以更改的。当一个新的值被分配给这样的变量时，不会有新的变量被创建，而这个旧的变量确实会有一个新的值。如果你将 `A` 定义为列表 `[1,2,3]`，然后再定义 `B=A` 时，就会呈现一个可能出现混乱的场景：如果通过更改 `A` 更改列表的内容，`B` 的值也会更改，因为 `B` 仍然指向这个现在修改后的集合。

如果你想要在不需要时断开这种联系，你可以复制列表的实际值，而不是仅仅复制它的名称。通过选择列表的完整范围(使用括号内的冒号，不指定任何的开始和结束点)，然后将这些放入一个新的列表就可以做到这一点，这会将元素复制到新列表。代替仅复制列表名称的语句 `B=A`，用于创建列表的实际副本的语句是 `B=A[:]`。如果以这种方式创建副本，那么对 `B` 的任何修改都不会影响 `A`，对 `A` 的任何修改也不会影响 `B`。

列表和字符串之间转换

有几种方法可以让你对列表和字符串进行转换。例如，使用 `list` 函数可以很容易地创建一个由字符串中出现的字符组成的列表。此函数会尝试将任何变量转换为列表格式：

```
>>> MyString = 'abcdefg'
>>> MyList = list(MyString)
>>> MyList
['a', 'b', 'c', 'd', 'e', 'f', 'g']
```

我们可以使用 `.join()` 方法将字符串或字符的列表连接在一起成为单个字符串。这种方法可能会让你感到有点混乱，因为它似乎是向后运行的。它不是一个使用字符串参数的列表方法，而是一个使用列表参数的字符串方法。当列表中的元素被拼接在一起时，它所作用的字符串会被插入列表的每个元素之间：

```
>>> MyList = ['ab', 'cde', 'fghi']
>>> ''.join(MyList)
'abcdefghi'
>>> '\t'.join(MyList)
'ab\tcde\tfghi'
>>> ' '.join(MyList)
'ab cde fghi'
```

在上面的第一个示例中，.join()操作的字符串是空的，即用一组空引号定义，因此上述列表中的字符串被连接到一起时，在它们之间没有任何字符。.join()方法对于从数据列表中提取数据用来构建由 *tab* 键分隔的文本行，或将一个由多个字符组成的列表转化成一个单独的字符串来说特别有用。

向列表中添加元素

在前面的内容中，我们通过将列表中的一个元素设置为新值来修改列表。你可能还会试图做这样的事情：通过直接访问列表中的索引向其中添加元素。但是，如果我们通过下面的式子指定一个包含两元素的列表：

```
x =['A','B']
```

你并不能使用 x[2]='C'向其中添加第三个元素。赋值运算符可以用于更改列表现有元素的值，但不能用于创建不存在的元素。要扩展列表，你必须使用.append()函数：

```
x.append('C')
```

你无法不定义中间值，就直接将元素数字 20 添加到列表中。同样的，如果你尚未定义某个变量，也不能使用.append()在一个新的变量名上直接开始创建列表。你必须先使用 x=[]创建一个空列表，然后再通过在这一出发点追加值来构建列表。

要在现有列表元素之间插入某个项目，需要使用两个相同的、相对应的索引来指定要插入的位置：

```
>>> MyList = ['a','e']  ←定义一个具有 2 个元素的列表
>>> MyList[1:1] = ['b','c','d']  ←把这些插入前一个列表位置 1
>>> MyList
['a', 'b', 'c', 'd', 'e']
```

用列表方便我们来整理类似连续整数值的数据，例如，连续的场地编号 0～19。然而，这种连续的数字在你实际应用过程中并不总是有用的，因为你所使用的数字可能不是连续的：你可能有 20 个场地，但它们的编号是 0～9 和 12～21(也许一个风暴损坏了场地 10～11，而你又向后添加了一组新的)，列表对于组织这种数据不会是一个理想工具，因为当列表中没有第 10 和第 11 个元素时，是不能向其中添加第 12 个元素的。一种解决方案是使用列表并使用一个占位符值来填充那些用不着的元素，但是你需要确保在后续步骤中不要忘记这些占位符。另一个解决方案是使用具有整数键的字典。当然，只

要这些键是唯一的，那么它们可以是任何值。

从列表中删除元素

要从列表中删除元素，需要使用 del() 函数，要不然就是给这些元素重新分配一个空列表：

```
>>> MyList = range(10,20)
>>> MyList
[10, 11, 12, 13, 14, 15, 16, 17, 18, 19]
>>> MyList[2:5]=[]
>>> MyList
[10, 11, 15, 16, 17, 18, 19]
>>> MyList = range(10,20)
>>> MyList
[10, 11, 12, 13, 14, 15, 16, 17, 18, 19]
>>> del(MyList[2:5])
>>> MyList
[10, 11, 15, 16, 17, 18, 19]
```

查找列表的内容

有时，我们往往只是想要知道某一特定元素是否包含在列表中，而其精确位置可能并不重要。in 运算符可以进行这样的测试并返回 True 或 False：

```
>>> MyList = range(10,20)
>>> MyList
[10, 11, 12, 13, 14, 15, 16, 17, 18, 19]
>>> 11 in MyList
True
>>> 21 in MyList
False
```

给列表排序

在 Python 中有几种不同的方法来给列表排序。一种是列表方法.sort()，这一方法从 Python 版本 2.4 起可用：

```
>>> MyList = [4,3,6,5,2,9,0,8,1,7]
>>> MyList.sort()   ←你不必指定一个新的输出变量
>>> MyList
```

```
[0, 1, 2, 3, 4, 5, 6, 7, 8, 9]
```

需要注意的是，.sort()不会返回任何东西，包括排序过的列表。这是因为列表是在它自己所在的位置上被排序的——换句话说，.sort()所作用的列表本身已经改变了。大多数 Python 变量不能被直接修改，但是列表是可以的(参见前面的复制和修改 Python 变量的信息栏)。

有时，你可能想要获取列表排序后的副本，并保留原始列表顺序不变。在这种情况下，你需要使用 sorted()函数，以及用原始列表作为()中的参数：

```
>>> MyList = [4,3,6,5,2,9,0,8,1,7]
>>> NewList=sorted(MyList)
>>> MyList  ←原始的列表没有被改变
[4, 3, 6, 5, 2, 9, 0, 8, 1, 7]
>>> NewList  ←重新排序后的列表在这里
[0, 1, 2, 3, 4, 5, 6, 7, 8, 9]
```

识别列表及字符串中独有的元素

有时你并不是对列表中的所有元素都感兴趣，你只需要那些独有的元素。例如，你想知道一组标本可能会有多少种性状状态。set()函数[6]可用于汇总列表中的特别元素和字符串中的特别字符。我们不会直接使用 set()函数的输出，而是立即将其转换为列表：

```
>>> Colors = ['red','red','blue','green','blue']
>>> list(set(Colors))
['blue', 'green', 'red']
>>> DNASeq = 'ATG-TCTCATTCAAAG-CA'
>>> list(set(DNASeq))
['A', 'C', '-', 'T', 'G']
```

这种识别特别元素的方法，可以使你写的大多数代码更具有通用性。例如，就拿你在第 8 章编写的程序 dnacalc.py 为例，在它的最初版本中，你为每一个核苷酸(A、T、G 和 C)都编写了一个专用代码。而在本章的前面，你对此进行了修改(compositioncalc1.py)来自动循环核苷酸列表，这是一个更简洁的处理问题的方法，因为你可以使用相同的代码来分析每一个核苷酸。然而，待分析的核苷酸在 BaseList 的定义中依然是被硬编码的。现在，使用 set()函数，你可以从字符串本身提取字符列表。当我们将其应用于 DNA 时，该程序将给出与先前版本相同的结果，而且即使存在非标准核苷酸，它还照样可以用。如果你想计算蛋白质中氨基酸的频率，那么该程序也

---

6 set()函数实际上返回的是一个特殊的集合类型的变量，但是我们跳过了这其中的差别。该函数内置于 Python2.4 及其以上版本。要在 2.3 版本中使用它，请将此命令添加到程序的开头：from sets import Set as set。

可以使用。事实上，目前它可以被广泛用于计算任何字符串中字符的频率。这一版本的程序在 scripts 文件夹中名为 compositioncalc2.py：

```
#!/usr/bin/env python
DNASeq = "ATGTCTCATTCAAAGCA"
SeqLength = float(len(DNASeq))

BaseList = list(set(DNASeq))
for Base in BaseList:
   Percent = 100 * DNASeq.count(Base) / SeqLength
   Print "%s: %4.1f" % (Base,Percent)
```

列表推导式

许多分析都需要对列表中的每一个项目进行批量修改或计算。例如，你可能需要对列表中的每一个元素都进行平方运算，或者使字符串列表中的每一个元素都变成大写，又或者你需要创建一个包含现有列表中每个词长度的新列表。你不可能只用 WordList.upper()或是 NumberList*2 来单独转换列表中的每一个元素，因为应用于列表的转换不会自动应用于每个项目。有时这样的做法将导致错误，有时这种操作会把列表作为一个整体来修改，而不是修改其中的每一个项目。例如，*运算符会创建一个新的列表，其中包含了多个被头尾相连放置的原始列表的副本：

```
>>> MyList = range(0,5)
>>> MyList
[0, 1, 2, 3, 4]
>>> MyList * 2
[0, 1, 2, 3, 4, 0, 1, 2, 3, 4]
```

有一些模块(如第 12 章中描述的 numpy 模块)确实使得对列表中的元素进行运算带来了更多麻烦。一个通用的解决方案是编写一个 for 循环，遍历列表中的每个元素并应用其所需的转换：

```
>>> Values = range(1,11)
>>> Values
[1, 2, 3, 4, 5, 6, 7, 8, 9, 10]
>>> Squares = []
>>> for Value in Values:
...     Squares.append(Value**2)
...
>>> Squares
```

```
[1, 4, 9, 16, 25, 36, 49, 64, 81, 100]
```

上面的代码[7]生成一个名为 Squares 的列表，其中包含 1～10 的平方(请注意，缩进代码在 Python 解释器中可以正常工作：提示符变成...以便你知道你处于嵌套代码块中，你可以额外点击一次 *return* 键来退出这个代码块)。

有一个被称为**列表推导式(list comprehension)**的便捷技巧，它让你能够只使用一个命令就可以对列表中的每个元素执行相同类型的操作。这可能有点难以理解，但它确实可以为你的程序节省很多时间。例如：

```
>>> Values = range(1,11)
>>> Values
[1, 2, 3, 4, 5, 6, 7, 8, 9, 10]
>>> Squares = [Element**2 for Element in Values]
>>> Squares
[1, 4, 9, 16, 25, 36, 49, 64, 81, 100]
```

上面的计算在单行中进行，而不是在多行中循环。列表推导式语句在这里循环遍历列表 Values 并对其中的每一个项目(Element)执行一些运算(在这一例子中为**2)，然后返回结果列表。要注意，这个结构全都包含在方括号内。

列表推导式是一种从二维数组或字符串列表中提取数据列的好方法。你可以指定单个索引以获取各列，或指定范围以获取每个列表元素的子集。例如：

```
>>> GeneList = ['ATTCAGAAT','TGTGAAAGT','TGTAGCGCG','ATGTCTCTA']
>>> FirstCodons = [ Seq[0:3] for Seq in GeneList ]
>>> FirstCodons
['ATT', 'TGT', 'TGT', 'ATG']
```

在上述例子中，变量 Seq 取得列表中每个字符串的全部值，然后将前三个字符提取到新列表中。在这个阶段我们甚至可以将几个操作组合在一起。在下面，每个字符串的前三个字符被提取并使用+运算连接到一个指定的字符串上：

```
>>> Linker='GAATTC'
>>> Start = [ (Linker + Seq[0:3]) for Seq in GeneList ]
>>> Start
['GAATTCATT', 'GAATTCTGT', 'GAATTCTGT', 'GAATTCATG']
```

这里还有一个把函数用在列表推导式里的例子，这可能让你联想到你的第一个 Python 程序[8](列表结果并没有被存储在变量中，因此在这里交互式提示符直接显示它)：

---

7 **运算用于计算指数，因此 x**y 代表了 x 的 y 次方。

8 你甚至还可以嵌套列表推导式循环，如[[Seq.count(Base) for Seq in GeneList] for Base in"ACGT"]。

```
>>> [ Seq.count('A') for Seq in GeneList ]
[4, 3, 1, 2]
```

虽然我们可以使用 list()函数将字符串转换为字符列表，但有时我们很难把数字列表 [1,2,3] 转换到等价的字符串列表 ['1','2','3']。在这里，仅仅使用 str(ListOfIntegers)是没有用的。不过列表推导式可以再次为你提供关键的帮助：

```
>>> [ str(N) for N in range(0,10) ]
['0', '1', '2', '3', '4', '5', '6', '7', '8', '9']
```

列表推导式的格式可能有点复杂(你可以在将它们放入程序之前在交互式提示符中先测试一下)，但是当你处理数据矩阵时，你可能会发现它们非常有用。如果需要更好地操作和访问数组的组件，请参见第 12 章中关于 numpy 和 matplotlib 模块的部分。

总 结

你已经学习了：

- 启动 Python 命令行解释器；
- 使用 dir()查看可用于变量的函数；
- 在网络上寻求有关 Python 问题的帮助；
- 创建逻辑表达式；
- 编写 if 语句；
- 使用 else:命令；
- 将数据作为{key: value}对，存储在字典中；
- 在字典名后面添加[]或.get()来检索字典条目；
- 使用正则表达式将网络中的数据转换成可以被程序接受的格式；
- 编写 for 循环来处理字符串；
- 使用循环在字典中查找值；
- 使用如下列表：

  用 MyList =[1,2,3]定义列表
  用[]提取元素
  使用.append()添加元素
  用 range()定义数值列表
  使用 list()将字符串转换为字符列表
  使用' '.join()将列表转换为字符串
  使用 in 函数检索列表中是否存在某个项目
  使用 list(set())辨认特别列表元素
  使用.sort()和 sorted()排序列表
  使用 del()或[]删除元素

- 使用列表推导式，如 `Squares = [Val**2 for Val in MyList]`。

进一步学习

- 缩进 `proteincalc.py` 中的 `print` 语句，使它们位于 `for` 循环中，并查看这样的操作会给程序的输出带来怎样的影响；
- 在交互式提示下工作，尝试构建和采集多维列表；
- 构建一个列表推导式语句，使它能够返回一个字符`'a'`到`'z'`的列表。

第 10 章　读取与写入文件

到目前为止，你创建的程序中用到的数据都是程序本身自带的数据，或是在命令行提示符下由用户键入的数据。然而，在大多数情况下，你可能会需要对存储在文件中的数据进行处理。在本章中，你将学习如何打开一个文本文件，解析其中的数据，然后再使用这些数据生成新的文本文件。我们会通过构建一个文件转换程序来帮助你掌握这些技巧，这个程序能够读取包含纬度和经度的文件，其中的数据由 tab 分隔开，然后重写出一个可以被 Google Earth 可视化的文件。这个例子的构建过程中，你将能获得一些 Python 的使用经验，包括文件的处理、正则表达式的使用、接触几个新的函数，以及其他几种工具的使用。

目 标 概 述

本章将重点介绍如何构建一个程序，它可以先从一种格式的文本文件中读取经纬度位置数据，将其转换为另一种格式，然后再将这些数据重新写入一个新的文件中。具体来说，这个程序会对包含了一系列位置数据的文件重新设置格式，从而创建一份新的输出文件，它可以用 Google Earth 这类地理查看器读取和显示。这对生物学家来说是一个极为常见的挑战——数据在手中，也知道你想要用它们来做什么，但是你要用到的程序却无法识别其数据格式。

在输入文件 `Marrus_claudanielis.txt` 中，包含了几个样本的纬度、经度、深度和其他相关数据，它是最近发现的一种管水母新种(*Marrus claudanielis*)。第一个最简单的挑战，是如何从文件中读取文本。接下来，我们要按照每个个体拆分数据组件，也就是从每一行中分别提取数据。最后，这些数据要被重新打包成新的格式，并写入一个输出文件中。

在你开始为任何项目编写代码之前，重要的是先去弄清楚你有什么、你想做什么，然后再制定一个明确的策略[1]。特别是对那些预期会较为复杂，以及问题步骤可能较多的情况，这么做非常有必要。有些问题看上去只是任务中不起眼的一小部分，但是可能会造成很大的阻碍，甚至对程序的整体结构都造成很大影响，这样的情况也并不少见。举例来说，比如我们应该如何分离数据？它们是否能够自动生成(这样的话，就会与原数据保持一致)，还是要人工手动输入(因此就可能需要进行键入错误检查)？如果你从一开始就没有考虑这些问题，可能当你运行程序的时候，才发现你需要重写一部分程序，甚至不得不采取别的策略完全推倒重来。但最糟糕的情况是，你可能因此将错误引入分析的

1 这就相当于在你写论文之前，要先写一份大纲。我们可能并不总是会这样做，但是当你这么做了(尤其是当论文很复杂的情况时)，结果往往比不做要好。

结果中。一旦对所有必需的步骤都有了很好地理解，你就可以将问题正确分解为许多小目标，逐步进行分段处理。

首先，让我们看看你有什么样的数据。用文本编辑器打开示例文件Marrus_claudanielis.txt，然后大致看一看这个文件的结构是什么样的：

```
Dive∆            Date∆        Lat∆           Lon∆            Depth∆  Notes
Tiburon 596∆     19-Jul-03∆   36 36.12 N∆    122 22.48 W∆    1190∆   Holotype
JSL II 1411∆     16-Sep-86∆   39 56.4 N∆     70 14.3 W∆      518∆    Paratype
JSL II 930∆      18-Aug-84∆   40 05.03 N∆    69 03.01 W∆     686∆    Youngbluth (1989)
```

在这个文件中，每一个样本的相关数据单独列在同一行中，开始的第一行是标题行，标注了每一列都是什么数据。每个数据字段之间都有一个 tab 分隔符[以符号∆的形式显示出来；在 TextWrangler 软件中，可以使用“Show Invisibles(显示不可见)”来控制是否显示这些分隔符]，并且有些字段还包含有空格。纬度和经度在不同的两列中。这些坐标以度和分(分包含小数点)的格式表示，并且带有指示东西南北的字母。在度、分和方向字母之间各有一个空格。每一行末尾的“notes(注释)”字段也可能包含有空格，当然它们也可能就是空着的。

现在来思考你想要做什么。中间的步骤当然是将数据从列中分离出来，而我们的最终目标则是编写可被 Google Earth 加载的文件，格式为 Keyhole 标记语言或 KML。有多种方法可以确定文件格式。如果你运气不错，有些文件格式有良好的技术规格定义，会详细解释其所有的部分，确保不会在不同程序间或者程序员之间造成混淆和困惑。在本例中，Google 的 KML 文件格式具有非常完整详细的定义(请参阅 code.google.com/apis/kml/documentation/)，但在很多情况下，你也会面临一些没有被严格定义的文件格式。如果遇到这样的情况，你必须认真看一看该格式已有的文件，并用逆向工程的方法了解其内部结构。

在本例中，示例文件 Marrus_claudanielis.kml 中的内容是你最终想要得到的样子，因此先查看它，能让你大致了解一个 KML 文件是什么样的。如果你想要查看它的结构，请用文本编辑器打开它，而不是用 Google Earth 软件打开。这时你先不要去担心字符的格式，我们将在后面逐步介绍它们。现在，你只需要去识别哪些数据需要从输入文件中提取出来，并思考如何将它们从一种文件类型修改为另一种文件类型。快速检查一下，我们就能够发现，位置坐标需要用十进制的格式，而不是用度和分的格式，要用负号而不是字母来表示南向和西向。样品的深度也需要用负数表示，以表明它们在海平面以下。

现在你对任务的起点和终点已经有一些概念了。你要做的不是一次性完成整个转换过程，而是先专心从输入文件中提取数据，在这一过程中将地理坐标从度和分转换为十进制。然后，你再将这些转换后的数据写入一个新文件，这时它还不是 KML 格式，可以等到你完成了所有其他需要完成的数据处理以后，再将其转换为 KML 格式的文件。

从文件中逐条读取每一行内容

读取数据文件之前的注意事项

和大多数编程语言一样，Python 也有多种读取文件的方式。具体地说，你既可以将整个文件一次性都读入到内存里，也可以依次一行一行地读取它们(图 10.1)。这两种方法都需要创建一个变量，用来代表从文件中读取的数据流。

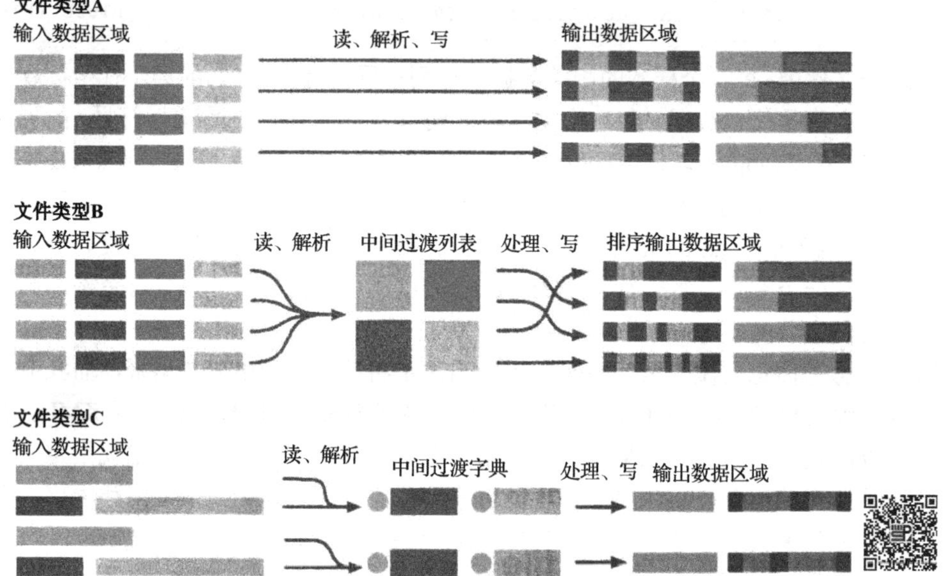

图 10.1　对文件中同一行或者跨行的数据进行数据处理。在三种不同的文件类型中，用相同颜色的色块代表相似的数据包。在数据类型 A 中，每一行输出都只来自于输入文件的单独一行，而且行的顺序也没有发生改变。不同的行之间，没有任何数据需要存储或者重新组织。每一行数据都按照顺序依次处理完毕。在数据类型 B 中，输出文件的顺序和数据内容可能取决于输入文件的全部信息(如输出文件的数据跨行排列)，或者输出文件的值由多个输入文件的值合并生成(如将所有行的值都用平均值来标准化)。任何数据被处理或者被写入输出文件之前，所有输入行都必须首先赋值给中间变量，如清单列表。每个这样的输入/输出处理过程，都需要各自独立的循环，这是非常典型的情况。在数据类型 C 中，将输入的两行或者更多的行合并，生成一条输出行。例如，样品的名称位于数据块的上一行，需要将它们合并到一条输出行中。对每一条输出行来说，都来自于输入的多行数据，需要对它们进行读取、解析、存储和处理。(彩图请扫二维码)

当考虑如何读取你的数据集时，需要认真考虑两个主要问题：第一，每个数据值都包含在一个独立的行中(就像在 `Marrus_claudanielis.txt` 里那样，每一行只包含一个样本的信息)，还是数据值可能跨行存在多行中(比如分子序列数据，其中一条序列可能会被分开跨越很多行)；第二，输出内容仅依赖于某一单行中包含的值(例如，当需要转换单位时，或是基于该行中的已知值生成其他新值时)，还是依赖于输入文件中多行含有的已知值(例如，一个排序列表或者连续观测的平均值)？

最简单的情况是输入和输出行之间恰好存在一一对应的关系，如图 10.1 中的文件类型 A。这里的数据不存在跨行组合，并且输入行和输出行具有相同的次序。在这种情况下，文件通常可以用单个 for 循环来处理。第 15 章中我们将会介绍布置数据的策略，但一般来说在开始实验之前，你最好就努力组织好你的数据记录，以使得它的相关记录信息不会分布在多行中。

另一方面，生物计算中最常见的任务就是对采用非标准格式的各种文件进行处理，按照要求重新组合好相关信息，以便用 MATLAB、R 语言或者电子表格等程序能够处理。

当你的输入文件和输出文件之间没有上述的一一对应关系时，就像是图 10.1 中的文件类型 B 和 C，我们通常可以对其使用两个循环：第一个循环是从输入文件读取数据并将其存储在内部变量中，第二个循环是处理这些数据并将其写入新文件中。在文件加载循环中，还可以将数据从多个文件导入到一个组合数据变量中，然后再使用第二个循环来整理聚合数据集；你将在下一章继续学习探索这种方法。一旦你创建好能够对某种类型文件执行此类操作的程序，此后你只要稍稍修改一下这个程序，就能够快速处理其他更多格式的数据。

打开并读取文本文件

现在，我们要开始编写一个简单的程序，这个程序会打开一个文本文件，依次逐行读取其中的数据，并且把每一行被读取的数据都显示在屏幕上，最后关闭文件：

```
#!/usr/bin/env python

# Set the input file name
# (The program must be run from within the directory
# that contains this data file)
InFileName = "Marrus_claudanielis.txt"

# Open the input file for reading
InFile = open(InFileName, 'r')

# Initialize the counter used to keep track of line numbers
LineNumber = 0

# Loop through each line in the file
for Line in InFile:
    # Remove the line-ending characters
    Line = Line.strip('\n')
    # Print the line
    print LineNumber,':', Line

    # Index the counter used to keep track of line numbers
    LineNumber = LineNumber + 1
```

```
# After the loop is completed, close the file
InFile.close()
```

按照图中所示，将每一行都输入到文本文件中，然后将文件命名为 latlon_1.py 保存在你的~/scripts 目录中(或者从示范脚本文件夹直接将 latlon_1.py 复制到~/scripts 目录中)。让该文件能够被执行，然后打开一个终端窗口，并 cd 到数据文件 Marrus_claudanielis.txt 所在的文件夹中。在终端窗口中输入 latlon_1.py 来执行这个新程序。

如果程序运行失败，请确保数据文件存在于你的当前目录中：

```
ls Marrus_claudanielis.txt
```

如果你的程序将文件的所有行的内容显示为一行，请检查数据文件中的行尾字符，确保它们适合于你的系统(请参见第 1 章)。这是读取数据文件时最常遇见的问题，所幸我们通常可以通过在文本编辑器中打开文件，更改行尾字符并重新保存文件来解决这一问题。你也可以在程序的 open()语句中尝试使用'rU'而不是'r'来解决。有很多方法可以同时对多个文件做行尾字符的批量转换，这些方法我们将会在第 16 章中介绍。

这里的注释(#字符后面的文本)解释了程序发生了什么，也包括一些你之前没有看到过的新东西。在调用内置函数 open()时我们使用了两个参数：一个用来指定要打开的文件名称，另一个用来指定文件模式；在上述例子中，模式为'r'，也就是读取(read)。

open()返回的文件对象会被分配给变量 InFile。请注意，变量 InFileName 和 InFile 是不同的。InFile 是一个对象，它允许我们以只读的方式与文件及其内容进行交互；而 InFileName 只是一个字符串，包含了要打开文件所在的路径[2]。对于编程新手来说，这两种变量很容易被弄混。

在下列虚拟代码中，读取文件的基本过程是：

```
InFile = open(FileName, 'r')  ←打开一个指向文件的管线
for Line in InFile:  ←逐行循环
    pull values from each Line
    store them, do calculations, or write output
InFile.close()  ←关闭文件对象(不是文件名)
```

在进行文件处理时，我们需要追踪文件处理到什么地方了，可以通过在每次循环中向变量 LineNumber 添加 1，来对运行的次数进行记录。在这个例子中，程序计数功能可以让你了解程序运行的进度。这样的内部运行标记还有更广泛的用途，比如调试运行程序和定位意外故障的位置。

---

2 在 for 循环中，你所创建的 InFile 对象在文件中会像行列表一样工作。你可以使用命令 FileList = InFile.readlines()真的创建一个包含了文件中所有行的列表变量。

for 循环一次只处理文件中的一行。在循环的每次迭代中，for 语句都会将文件的下一行内容放入字符串 Line 中，之后循环中的语句就可以访问这些数据值。

用.strip()删除行尾字符

行在文件中由行尾字符分隔开。虽然在通常情况下你看不到这些字符，但在行被读入时，它们会被保留在每行的末尾处。较好的做法是将它们删除掉，以避免它们干扰随后的分析。因此，我们在处理每一行的时候，第一步都是用.strip('\n')删除行尾字符。这种字符串方法会先从字符串的两端剥离指定的字符(在本例中为\n)，然后再把这个字符串副本返回给变量(在本程序中，此变量是 Line)。如果在字符串的开头或结尾处，没有你指定的字符，它就会返回与旧字符串相同的新字符串。如果你没有对.strip()函数指定任何字符，那么所有的空白，包括空格和制表符，都会被从字符串的开头和结尾处删除。如果你读取的文件有两种不同来源，你可以通过使用 Line.strip ('\n').strip('\r')来连续删除两种不同的行尾符号。

> 你还需要为 Windows 文件删除\r

到目前为止，程序只是打印出行号(line number)，后面跟一个冒号和行本身。请记住，print 函数会在显示的文本后面自动添加一个行尾字符，因此，即使你在读取每行数据时删除了行尾字符，但在显示该行时它又被添加回来了。在循环中的最后一个语句会让行计数器的数值递增，也就是在返回 for 语句开头准备处理下一行之前，它的计数值就会增加 1。当所有循环完成后，文件要用.close()函数关闭，它被内置到由 open()创建的 InFile 变量中。请记住我们关闭的是 InFile 而不是 InFileName，而且要将关闭语句放在循环外，而不能缩进行首放在循环中。

注意，LineNumber 变量值从 0 开始，然后在每个循环的最后一步每次增加 1。因为在每个循环结束前，LineNumber 都不会递增，所以第一行标记为第 0 行，第二行标记为第 1 行，依此类推。我们也可以从 1 开始计数，使第一行标记为 1 而不是 0，但是一般不这么做，因为在计算机程序中通常启动这样的计数器的时候都会默认为 0。在这里改变起始数字，不会产生什么实质性的问题，但是在许多其他情况下，例如，当我们索引列表时，从 0 开始索引却是必需的。因此，我们最好始终从 0 开始对项目进行编号，这样就不会把各种编号体系弄乱了。

跳过标题行

在标准情况下，程序对每一行的处理都是一样的。然而，我们的示例文件中还有一个标题行，所以当你从样本记录中提取数据时，就需要跳过此行。既然你已经弄清楚了 line numbers，那么现在你需要做的就是插入一个 if 语句，让程序只读取行号大于 0 的行。因为第一行编号为 0，现在这一行已经被跳过了。你可以修改程序，按照如下内容添加 if 语句：

```
#!/usr/bin/env python

# Set the input file name
```

```
InFileName = 'Marrus_claudanielis.txt'
# Open the input file for reading
InFile = open(InFileName, 'r')
# Initialize the counter used to keep track of line numbers
LineNumber = 0

# Loop through each line in the file
for Line in InFile:
    if LineNumber > 0:  ←跳过标题行；注意，接下来几行要进一步缩进
        # Remove the line ending characters
        Line = Line.strip('\n')
        # Print the line
        print LineNumber,":", Line
    LineNumber = LineNumber + 1

# After the loop is completed, close the file
InFile.close()
```

计数器增量行 `LineNumber = LineNumber + 1`，没有处于 `if` 语句的控制之下，因为它的缩进与 `if` 语句的缩进相同，它会在每一个循环中被执行。如果它包括在 `if` 代码的控制之内，它也就不会被执行，那么 `LineNumber > 0` 将永远无法为 `True`。不过即使这样，也并不会创建一个无限循环，`for` 语句仍然会逐行处理文件的每一行，但是没有任何一行内容会被分析或显示出来。

继续练习这个文件的读取过程，这样你就会逐渐熟悉并掌握它，当你写出一些运行不错的代码时，你就可以在其他程序重新使用它。打开文件并逐行循环处理文件的基本过程，是 Python 程序最强大的功能之一。你可能已经想象到了许多潜在的应用方式了。

从行中解析数据

将行拆分为数据字段

现在你已经能够逐行访问此文件中的数据，接下来准备从每一行中提取所需的样本数据。你可以使用正则表达式来完成全部任务——事实上，在某些情况下正则表达式也是最简洁的方法，比如当数据格式不一致的时候。但是，如果文本文件中字符分隔的格式都一致，最容易的方法是使用 `.split()` 函数。这一方法是先接受一个字符串，再根据定界符将其分割开，从而生成一个字符串列表，即出现在定界符之间的值或字段的列表，而定界符本身则会被丢弃掉。在列表中，字段的出现顺序与原始字符串中的顺序相同。

默认情况下，`.split()` 使用空白字元(以空格和制表符的形式)作为数据列的分隔符。但是，你也可以指定自己的分隔符，只要把它作为参数添加到括号中即可。例如，

Line.split('\t')会将行拆分为仅由制表符分隔的元素列表，而不会按空格拆分(要记住，在正则表达式章节中我们说过，\t 这样的字符组合代表 tab)。现在我们希望纬度/经度值和注释等字段，各自都不要被割分开，因此我们需要指定'\t'。

要看看这样的列表是什么样的，请将此行添加到程序中，并在 print 语句之前进行缩进：

```
ElementList = Line.split('\t')
```

然后修改 print 语句以显示此列表，而不是行本身：

```
print LineNumber, ":", ElementList
```

重新运行编辑后的脚本，看看输出是如何被细分的，以及值如何在方括号中显示，这表明它们包含在列表中了：

```
1:['Tiburon 596', '19-Jul-03', '36 36.12 N', '122 22.48 W', '1190', 'holotype']
2:['JSL II 930', '18-Aug-84', '40 05.03 N', '69 03.01 W', '686', 'Youngbluth (1989)']
3:['JSL II 1411', '16-Sep-86', '39 56.4 N', '70 14.3 W', '518', 'paratype']
4:['Ventana 1575', '11-Mar-99', '36 42.24 N', '122 02.52 W', '767', '']
```

你还可以去试试看如果省略'\t'参数，使用 ElementList.split()会发生什么。你可以看到，潜航航次、纬度、经度和注释被进一步细分为它们自己的列表元素，因为它们包含空格。

请注意在上面的结果中，有一个细微但重要的一点，就是在有些行的末尾处存在空的单引号('')，它表明这一行的 Notes 字段为空。当你解析文件时，需要认识到可能存在诸如此类的空数据字段，并且确保你的程序没有抛弃它——例如，当一行中存在两个连续的 tab 标志时，表明有一个空字段。

从列表中选择元素

现在你已经能够读取文件中具有分隔符号的数据，并将它们分割成连续的列表。列表就是按照顺序排列的一组数据，在 Python 中用方括号[]表示。列表中的第一个元素编号为 0，第二个元素编号为 1，依此类推。要访问 ElementList 变量的各个元素，你可以将索引或索引范围放在名称后的括号[]中。

例如，在每一轮循环中，ElementList[2](指列表中的第三个元素)将包含纬度值，而 ElementList[3](指列表中的第四个元素)将包含经度值。你可以通过修改或添加打印语句来进行测试，让程序自动显示出样品的深度、纬度和经度数据：

```
print ElementList[4], ElementList[2], ElementList[3]
```

当我们用这种方法打印显示时，在 print 语句中使用逗号的地方，都会自动插入的空格来分隔开各数据字段。要用制表符来分隔字段，可以使用格式化操作来更好地控制字符串：

```
print "Depth: %s\tLat: %s\tLon: %s" % (ElementList[4], ElementList[2], \
 ElementList[3])
```

这部分代码还引入了一种通过在行的最末端放置反斜杠(\)，将长行拆分为多行的方法。这个续行符使得后面的行被视为与反斜杠在同一行上。实际上，这样的做法相当于逃离了行尾字符控制。当以这种方式使用反斜杠时，第二行的缩进当然就无关紧要了。

通过替换为%s 字符串占位符，我们将获得这个输出：

```
Depth: 1190     Lat: 36 36.12 N      Lon: 122 22.48 W
Depth: 518      Lat: 39 56.4 N       Lon: 70 14.3 W
Depth: 686      Lat: 40 05.03 N      Lon: 69 03.01 W
```

记住这一点，这些值是字符串，它们没有被转换为整数或浮点值。这就是为什么我们使用%s 将字符串直接插入输出，而不是像格式化数值时那样使用%d 或%f。这个版本的程序在你的示范脚本文件夹中保存为 latlon_2.py。

写入文件

下一个处理这些文件的主要技能是将输出写入一个新文件。到目前为止，你已经能够将所有的输出都打印到屏幕上了。如第 5 章所述，你可以使用 shell 的重定向操作符(>>)来捕获这个文本，但是你通常会想直接在程序中创建一个新文件。

将数据写入文件与从文件读取的过程非常相似，因为你使用的都是 open()命令和一个文件名：

```
OutFileName = "MarrusProcessed.txt"
OutFile = open(OutFileName, 'w')
```

在这里，我们使用了'w'参数，用来说明准备将数据写入以 OutFileName 指定名称的文件中，并覆盖以前用该名称保存的文件。还存在一个'a'选项，它将**追加(append)**(也就是添加)内容到现有的文件中。如果这样的文件还不存在，它就会根据需要自动创建一个。'w'和'a'选项等同于 shell 中的>和>>重定向操作符，其中第一个会覆盖文件，第二个将输出追加到文件中。

现在该文件已经打开了，你可以使用.write()方法向其中写入文本；此方法内置于文件变量中，在本例中就是被称为 OutFile 的变量。举例来说，如果只要将深度数据字符串写入文件，那么在循环语句中可以说：OutFile.write(ElementList[4]+"\n")。

请注意，你需要添加行结束字符"\n"，否则所有输出将会出现在同一行上。这是因为与 print 语句不同，.write()方法不会默认自动添加行尾的结束符号。

一旦你完成了所有输出，还需要关闭你写的文件，使用以前同样的方法来关闭你正在读取的文件。再次提醒，一定要把 open()和.close()语句放在循环之外；你一定不想每次循环都要反复重新打开该文件：

```
OutFile.close()
```

把这三个组件一起放入你的脚本中，来生成一个新的版本 latlon_3.py，它会将深度、纬度和经度数据都写入一个文件中：

```
#!/usr/bin/env python

# Read in each line of the example file, split it into
# separate components, and write certain output to a separate file

# Set the input file name
InFileName = 'Marrus_claudanielis.txt'

# Open the input file for reading
InFile = open(InFileName, 'r')

# Initialize the counter used to keep track of line numbers
LineNumber = 0

# Open the output file for writing
# Do this *before* the loop, not inside it
OutFileName = InFileName + ".kml"

OutFile=open(OutFileName, 'w') # You can append instead with 'a'

# Loop through each line in the file
for Line in InFile:

   # Skip the header, line # 0
   if LineNumber > 0:

       # Remove the line ending characters
       Line=Line.strip('\n')

       # Separate the line into a list of its tab-delimited components
       ElementList=Line.split('\t')

       # Use the % operator to generate a string
       # We can use this for output both to the screen and to a file
       OutputString = "Depth: %s\tLat: %s\t Lon:%s" % \
          (ElementList[4], ElementList[2], ElementList[3])
```

```
        # Can still print to the screen then write to a file
        print OutputString

        # Unlike print statements, .write needs a linefeed
        OutFile.write(OutputString+"\n")

    # Index the counter used to keep track of line numbers
    LineNumber = LineNumber + 1

# After the loop is completed, close the files
InFile.close()
OutFile.close()
```

当你写入文件时，需要小心处理文件名和文件相关的变量。当你打开文件进行读取时，如果不小心指定了错误的文件名还不算什么严重的问题，因为你只会打开一个你不想要的文件，要不就是得到一个“No such file”的错误提示。但是，当你写入文件时，即使是打开文件的行为也会擦除其内容！在尝试打开文件之前，预先检查一下文件是否存在，通常这是一个好习惯。有一种方法是使用 `os.path.exists()` 函数。这一函数是 `os` 模块的一部分，你可以通过在程序顶部的 shebang 行之后、调用任何模块函数之前，添加 `import os` 来访问它(你将很快了解到更多有关输入模块“inport modules”的信息)。

扼要重述文件的基本读写过程

到目前为止，你已经学习了如何从文件中读取数据行，提取单独的字段，然后将这些字段写入另一个文件之中。在当前程序(`latlon_3.py`)中，操作的顺序如下：

- 使用 `open()` 函数打开用于读写的文件；
- 作为 `for` 循环的一部分，准备读入其中一行；
- 检查 line number 是否大于 0；
- 根据分隔符(tabs)的位置将行拆分为字符串列表；
- 生成格式化的输出字符串；
- 将该字符串打印到屏幕上(此行为用于测试或调试，在其他情况下应该保持关闭状态)；
- 将该字符串写入文件；
- 递增行号；
- 返回循环开始处读取并处理下一行；
- 完成最后一行后，关闭输入和输出文件。

这个大体上的顺序，在你的工作中会被反复使用。在大多数情况下，从一个程序变为另一个程序所需的操作，也就是调整行值处理方法和重新定制输出字符串。现在，我们就要探索这两个方面的变化：首先需要将纬度/经度值转换为十进制数，然后再将输出写为 Google Earth 软件所需的 KML 格式文件。

使用正则表达式解析值

你已经掌握了如何将一行文本分割为一个个独立的元素，但现在这些元素中的一部分还需要我们进行额外的解析。想要将纬度和经度值都转换为等价的十进制值，你必须将相应的文本字段再分为三个组分：度、分和半球方位(即 N、S、E 或 W)。

有几种方法都可以做到这一点，但在这里我们选择使用正则表达式，也就是你在第 2 章和第 3 章中所学到的搜索和替换工具。

在接下来的章节中，我们主要展示程序读取行内容之后，`for` 循环中的那部分代码，而不展示程序完整的代码了。在完成所有必要的修改之后，我们会在本节结尾处再展示完整代码。

导入 re 模块

虽然 Python 能够支持正则表达式，但默认情况下它是不可用的。所有正则表达式命令都被捆绑到了一个模块中，使用前你必须首先将这一模块导入到程序中。模块是将计算机代码集合封装在一起而成的，需要一个导入到程序的行为才能使它们可供使用。我们会在第 12 章中详细介绍模块，在那里你会了解更多 Python 语言附带的其他内置模块的相关信息、模块导入工具的更多选项，以及如何安装 Python 没有默认提供的第三方模块。

正则表达式模块的名称是 `re`。要将此模块导入到程序中，请在 shebang 下面添加如下一行：

```
import re
```

通常，我们应当在靠近文件顶部的位置执行导入。这确保适当的模块在使用之前就已经被加载好，并且使得我们更容易浏览这个程序，了解它会使用到什么工具。

在 Python 交互式提示符下工作时，也可以使用与此相同的命令导入模块。导入模块后，你可以利用 `dir()` 和 `help()` 函数[比如用 `help(re)`]获取其中可用的相关信息。

通过 re 模块使用正则表达式

`re` 模块中有多个不同的函数，包括 `re.search()` 和 `re.sub()`。正则表达式的使用，在 Python 中有如下的一般格式：

`Result = re.search(`*`RegularExpressionString, StringToSearch`*`)`

在我们的示例中，要搜索的字符串是名为 `ElementList` 的列表中的纬度/经度值。现在让我们来重新查看 `latlon_2.py` 或 `latlon_3.py` 的输出，来看一看 `ElementList[2]`(其第一行已经显示在下面)和 `ElementList[3]` 的格式是什么样的：

"36 36.12 N"

现在回顾一下你学习过的正则表达技巧；或者说，你现在要匹配"一个或多个数字，一个空格，一个或多个数字或小数，一个空格，一个字母"，要把它翻译成正则表达式，就变成了：

\d+ [\d\.]+ \w

我们想要捕获的是三个独立的元素，因此我们在其周围放置括号：

(\d+) ([\d\.]+) (\w)

要将它放入 Python 正则表达式中，并在 ElementList[2]字符串中搜索它，你需要创建一个查询字符串：

```
SearchStr ='(\d+) ([\d\.]+) (\w)'
Result = re.search(SearchStr,ElementList[2])
```

为了清楚起见，我们将搜索字符串定义为变量 SearchStr，然后再将这一变量用于搜索。不过，你也可以用要搜索的字符串将上述语句中的 SearchStr 替换，直接把它放在 re.search()语句中进行搜索。

Python 搜索字符串 当你在 Python 中为正则表达式构造搜索词时，与 TextWrangler 中相同的通配符和符号通常都是可以使用的。但是，在这里反斜杠的使用会出现一些问题。这是因为 Python 与正则表达式相同，都使用反斜杠来转义特殊字符。这也就意味着在我们定义搜索字符串时，转义的字符在被传递给正则表达式之前会先由 Python 转义。如果这个转义序列会被 Python 和正则表达式以相同的方式解释，那么这对结果没有影响。例如，在\t 这两个字符被传递给正则表达式之前，将会先被 Python 替换为实际的制表符。这一制表符依然会搜索正在搜索的字符串中的制表符，就像原始转义序列\t 一样。同样，当转义序列只能被正则表达式理解时，也不会出现问题。例如，\d 对 Python 并不意味着什么，并且它们会按原样传递到正则表达式。

但是，如果要使用正则表达式去搜索反斜杠符号(\)，则需要使用反斜杠对其进行转义。因此，在传递到正则表达式的搜索项中需要两个反斜杠(\\)。但是 Python 也转义了反斜杠，所以如果你在 Python 代码中写入的字符串中放入两个反斜杠，Python 将只传递其中一个到正则表达式！因此，每个反斜杠都需要使用一个跟它连着的反斜杠来转义它自己。举个例子来说，搜索单个反斜杠需要具有 4 个反斜杠的初始搜索字符串。需要写入\\\\来获得，\\去搜索\，这是异常烦人的，所以它被起了个外号，叫"反斜杠瘟疫"。

除了写 4 个反斜杠，还有另一个解决这个问题的方法，那就是通过在紧跟标记字符串的引号之前放置一个 r 来关闭字符转义(r 代表"raw")。例如，如果设置 s="c:\\"，Python 将转义反斜杠，因此结果字符串将只包含一个反斜杠，并且将具有"c:\"的值。另一方面，使用语句 s=r"c:\\"定义原始字符串，会抑制 Python 的字符转义，字符串将具有"c:\\"的值。

运行前述命令时，将生成一个名为 Result 的变量。但是我们如何访问这个结果本身呢？事实上，搜索结果就是一种特殊类型的 Python 对象，它包含了在字符串中被匹配的内容、匹配位置，以及所捕获的文本。这些结果被作为组(groups)存储在变量 `Result` 中。你可以使用 `Result.groups()` 检索所有结果；你也可以把 `.group()` 方法应用于变量，来对结果进行一个个单独检索(注意，在这个方法名称的末尾没有带 `s`)。第 0 组(也就是最前面的那组)是你的搜索表达式匹配的全部内容，而随后的几组(`1,2,3`)包含的则是每对括号所捕获的子字符串。你可以用以下命令检索捕获到的各组：

```
DegreeString = Result.group(1) # this is equivalent to \1 in TextWrangler
MinuteString = Result.group(2)
Compass      = Result.group(3)  ←这里多几个空格只是为了让它更易读
```

因为我们要以浮点数的形式使用前两个值，所以这里需要使用 `float()` 函数转换它们。由于你并不需要字符串本身，故可以在检索正则表达式结果的同时进行这种转换：

```
Degrees = float(Result.group(1))
Minutes = float(Result.group(2))
Compass = Result.group(3).upper() # make sure it is capital too
DecimalDegree = Degrees + Minutes/60

# If the compass direction indicates the coordinate is South or
# West, make the sign of the coordinate negative
if Compass == 'S' or Compass == 'W':
    DecimalDegree = -DecimalDegree
```

这段代码有很多需要消化的内容。在这里我们先是使用正则表达式提取了三个子字符串，然后将其中两个转换为浮点数，最后我们用这三个值的组合执行了几个简单的计算。如果你想进一步强化了解正则表达式的构建方式，你可以尝试在 Python 解释器中创建更多的字符串，再练习一些搜索测试。

re.search()与 re.sub()的使用总结

在接下来一节中，我们在 Python 的交互式命令行中，对 `re` 模块的使用进行总结。虽然我们还没有通过任何一个例子为你介绍 `.sub()` 函数，但你可以从下面的例子中了解它的使用方法：

```
>>> import re
>>> OrigString = "Haeckel,Ernst"  ←你想要搜索的字符串
>>> SubFind = r"(\w+),(\w+)"  ←执行搜索的正则表达式
>>> Result = re.search(SubFind,OrigString)  ←执行搜索，排序结果
>>> print Result.group()  ←看看发现了什么
```

```
('Haeckel', 'Ernst')  ←捕获的两个子字符串
>>> SubReplace = r"\2\t\1"  ←设置一个字符串用来替换原来的字符串风格
>>> NewString = re.sub(SubFind,SubReplace,OrigString)  ←re.sub()的格式
>>> print NewString  ←看看替代后的字符串
'ErnstΔ  Haeckel'
```

在使用 re 继续改进我们当前的程序之前，我们打算介绍一个更重要的编程技能——创建自己的函数。这将允许你在纬度和经度值的转换上，重复使用这一小段代码。

使用 def 创建自定义 Python 函数

在本书前面的一些编程示例中，常会使用几乎一样的代码块来进行完全相同的运算。例如，在 dnacalc.py 脚本的第一个版本中，你需要在所有的 4 种碱基上执行相同的操作。你只是复制和粘贴相同的代码，并修改它们来依次对 A、G、C 和 T 执行操作。

如果你发现自己在程序中复制和粘贴了相同的代码块，那么这就是一个应该暂停的信号，要思考能否用另一种方式来完成这些重复的步骤。在程序中通过复制和粘贴来重复使用代码会有几个问题：这让程序变得混乱；如果代码经常被修复使用，这会加大工作量；如果你需要对重复步骤做一点修改，你就不得不在许多地方多次修复它；最后，还会使得程序不必要地变长。

循环是重新使用同一块代码的好方法。在上一章中，你学习了如何使用一个循环来简化 dnacalc.py 程序。现在，让我们介绍另一个工具来重复使用同一段代码——**函数(function)**。从第一个 Python 程序以来，你一直在使用函数，比如你用过了内置的 float() 函数。你可以想象一下，写几行代码，接受一个字符串并将其转换为浮点数，然后当任何你需要这些功能的时候都要重新复制这些代码行，这种方法不仅会使你的程序很笨拙，而且如果你想更改或修复相关代码，就必须在程序中它存在的所有地方重复做相同的更改。

内置的函数很好，但更好的是建立自己的函数，这将允许你扩展编程语言，以适应你自己的需要。接下来我们会创建一个 decimalat() 函数，以便重用刚才编写好的代码，将度、分和方向的原始字符串转换为十进制坐标。如果没有这个函数，你就需要复制和粘贴代码才能将纬度和经度字符串转换为浮点数。你的函数能够把字符串作为输入(如"36 36.12 N")，转换后返回数值(在本例中为 36.60200)。

我们使用术语 def(定义 **definition** 的简写)定义新函数，在它后面要跟着你给函数的名称，然后是一对括号，包含了要发送到函数的任何参数的名称(也就是各种值)，最后是冒号。def 行下面的各种函数命令都要缩进，在定义的结尾处，使用 return 语句指定要发送回的任何值。在程序中，函数必须在你用到它们之前就被定义好。现在让我们来尝试构建 decimalat() 函数，用我们之前解释过的语句块，将它们放在指明了新函数名称的行下面：

```
def decimalat(DegString):  ← DegString作为函数的输入值
    # This function requires that the re module is already imported
    #Take a string with format"34 56.78 N"and return decimal degrees
    SearchStr='(\d+) ([\d\.]+) (\w)'
    Result = re.search(SearchStr, DegString)

    # Get the captured character groups, as defined by the parentheses
    # in the regular expression, convert the number to floats, and
    # assign them to variables with meaningful names
    Degrees = float(Result.group(1))
    Minutes = float(Result.group(2))
    Compass = Result.group(3).upper() # make sure it is capital too

    # Calculate the decimal degrees
    DecimalDegree = Degrees + Minutes/60

    # If the compass direction indicates the coordinate is South or
    # West, make the sign of the coordinate negative
    if Compass == 'S' or Compass == 'W':
        DecimalDegree = -DecimalDegree

    return DecimalDegree  ←返回并输出十进制的值
# End of the function definition
```

当定义新函数时，在缩进块的末尾处，return 语句(这里不要使用括号)用来告诉函数应该返回什么值，不必理会这个值是要被赋值给变量还是马上给主程序使用。在开始读入文件之前，在程序顶部附近插入函数块，然后在 for 循环中将行拆分为单独的字段后，再调用这个新函数：

```
LatDegrees = decimalat(ElementList[2])
LonDegrees = decimalat(ElementList[3])
print "Lat: %f, Lon: %f" % (LatDegrees,LonDegrees)
```

现在你的程序变得干净紧凑多了。新函数在通过每一轮循环的时候会被调用两次，一次用于经度，一次用于纬度。只要你发送一个字符串给它，那么它就会转换字符串得到相应的浮点值，并将结果赋值给一个变量待用。

最后，无论是为了取代还是要增补 print 语句，都要将 OutFile.write()语句添加到你的程序中，这样就会将所有输出写入你的 OutFile 文件。这里是新版本的程序，在示例文件夹中它的名字是 latlon_4.py：

```
#!/usr/bin/env python
#
# This program reads in a file containing several columns of data,
# and returns a file with decimal converted value and selected data fields.
# The process is: Read in each line of the example file, split it into
# separate components, and write certain output to a separate file

import re # Load regular expression module, used by decimalat()

# Functions must be defined before they are used
def decimalat(DegString):
    # This function requires that the re module is loaded
    # Take a string in the format "34 56.78 N" and return decimal degrees
    SearchStr='(\d+) ([\d\.]+) (\w)'
    Result = re.search(SearchStr, DegString)

    # Get the captured character groups, as defined by the parentheses
    # in the regular expression, convert the numbers to floats, and
    # assign them to variables with meaningful names
    Degrees = float(Result.group(1))
    Minutes = float(Result.group(2))
    Compass = Result.group(3).upper() # make sure it is capital too

    # Calculate the decimal degrees
    DecimalDegree = Degrees + Minutes/60

    # If the compass direction indicates the coordinate is South or
    # West, make the sign of the coordinate negative

    if Compass == 'S' or Compass == 'W':
       DecimalDegree = -DecimalDegree
    return DecimalDegree
# End of the function definition() definition

# Set the input file name
InFileName ='Marrus_claudanielis.txt'

# Derive the output file name from the input file name
OutFileName = 'dec_' + InFileName

# Give the option to write to a file or just print to screen
```

```
WriteOutFile = True

# Open the input file
InFile = open(InFileName, 'r')

HeaderLine = 'dive\tdepth\tlatitude\tlongitude\tdate\tcomment'
print HeaderLine

# Open the output file, if desired. Do this outside the loop
if WriteOutFile:
    # Open the output file
    OutFile = open(OutFileName, 'w')
    OutFile.write(HeaderLine + '\n')

# Initialize the counter used to keep track of line numbers
LineNumber = 0

# Loop over each line in the file
for Line in InFile:
    # Check the line number, don't consider if it is first line
    if LineNumber > 0:
       # Remove the line ending characters
       # print line  # uncomment for debugging
       Line=Line.strip('\n')

       # Split the line into a list of ElementList, using tab as a delimiter
       ElementList = Line.split('\t')

       # Returns a list in this format:
       # ['Tiburon 596', '19-Jul-03', '36 36.12 N', '122 22.48 W', '1190', 'holotype']
       # print "ElementList:", ElementList  # uncomment for debugging

       Dive    = ElementList[0]
       Date    = ElementList[1]
       Depth   = ElementList[4]
       Comment = ElementList[5]

       LatDegrees = decimalat(ElementList[2])
       LonDegrees = decimalat(ElementList[3])
       # Create string to 5 decimal places, padded to 10 total characters
       # (using line continuation character \)
```

```
        OutString ="%s\t%4s\t%10.5f\t%10.5f\t%9s\t%s" % \
                    (Dive,Depth,LatDegrees,LonDegrees,Date,Comment)
        print OutString
        if WriteOutFile:
          OutFile.write(OutString + '\n') # remember the line feed!

    # another way to say LineNumber=LineNumber+1...
    LineNumber += 1 # this is outside the if, but inside the for loop

# Close the files
InFile.close()
if WriteOutFile:
    OutFile.close()
```

通览一下整个程序，确保你能够理解(或者说能够弄清楚)每个部分的代码在干些什么。在示例程序中，还有极少的一点额外调整，我们还没有明确说过，但通过上下文你应该能够弄清楚它们了。例如，在行号的计数上略有不同，使用了运算符的快捷缩写+=，指定一个给定值来递增变量，这样就不用把变量名写两次了。许多其他编程语言也支持此类运算符。因此，LineNumber += 1 执行了与 LineNumber = LineNumber + 1 完全相同的操作，但需要输入的内容更少了。我们将从这里开始使用这个结构。

试试在命令行中运行这个程序，并使用 less 命令检查它生成的文件内容 dec_Marrus_claudanielis.txt。

如果你在正常执行程序时遇到了问题，那么请借此机会练习你的校对能力和调试技巧。程序是运行了，但是没有按照你预期的那样运行吗？请检查你的行缩进是否一致和正确，是否缺少了标点符号，例如，在 for 语句中，函数 def 和 if 语句之后，是否缺了冒号？如果在终端窗口中运行时出现错误，Python 就会列出有问题的行。看看这些行附近哪里有问题——错误通常位于指出行号的上面。还可以尝试注释掉部分代码以隔离有问题的地方，或者打印状态变量以查看程序是否进入了循环、元素列表是什么样子，以及正则表达式是否正常工作了。和以前一样，如果你迷惑不解或者陷入了困境，请查阅第 13 章的调试提示，或在 practicalcomputing.org 上寻求帮助。

以下是我们写入文件时要使用的命令摘要：

```
OutFileName = "Outputfile.txt"
OutFile = open(OutFileName, 'w')
OutFile.write(DataLine+ '\n')
OutFile.close()
```

用新格式打包数据

就像我们之前所说的那样，将你的文件重新格式化为不同的表格格式，是重复使用它的一个重要技能。可以在 latlon_4.py 脚本的基础上，适当修改以适合你自己的目的。在这一章，我们的最终目标不是写出另一个制表符分隔的文件，而是写一个能被 Google Earth 软件理解的 KML 文件。之前你所做的工作，都是读取和转换实际坐标数据。现在，你需要将这些转换后的坐标嵌入 KML 格式的文件中。

检查标记语言

Google Earth 文件格式被叫做 Keyhole 标记语言(KML)。Keyhole 是最初开发该格式的公司名称(在被 Google 收购之前的名称)，标记语言是指把各种信息通过添加标记或添加标签的方式记录在一个文本文件中。其他标记语言包括：XML，一种通用的数据格式；SVG，一种图形格式；HTML，一种网页的语言。KML 本身其实就是 XML 的一个变种。

> **查看你的 KML 文件**　要在地球仪上看到可视化绘制的数据，就需要安装免费的 Google Earth 应用程序。如果你还没有，可以从 http://earth.google.com 上获取。程序运行后，可以打开 KML 文件，数据点将显示在地图上。

这些标记语言通常都用一对打开和关闭**标签(tag)**包围或注释每个数据元素。这些标签本身也包含在尖括号中，表示数据所具备的属性：

```
<element_name>Element Content</element_name>
```

例如，你可以为样本创建一个文件，用来以 XML 格式记录你的样品名称、深度和位置，如下所示：

```
<sample>
  <species>Marrus claudanielis</species>
  <depth>-518</depth>
  <location>-70.238, 39.940</location>
</sample>
```

在此示例中，sample 标签给样本数据定界。样本数据包括种类、深度和位置记录，具有类似的对应标签。请注意，每个打开标签都要与关闭标签匹配，而且打开标签与关闭标签相同，唯一不同的地方是关闭标签的内容开始处多加了一个斜杠(/)。你可以将打开和关闭标签视为一对圆括号或方括号。一旦你打开了一个，一定要记住在这之后要关闭它；同样，嵌套的标签需要以它们打开时相反的顺序关闭(就像 [{}] 是有意义的，但是 [{]} 则没有意义)。

使用你已经处理好的数据，现在要从表格中的数值生成一些 XML 输出。你可能会感到惊讶——这件事是如此容易，只要修改你现有的转换器程序，就可以使其输出 KML 而不是纯文本的表格了。

国际字符集 并不是所有的单词都可以用字母 A-Z 和 ASCII 码的标准符号来表示(见本书第 1 章和附录 6)，如果你的程序需要访问或显示重音字符 accented 和特殊的符号 s￥mbols(₡°£)，你就需要紧接在 shebang 行之下添加一个特殊的标题行，告诉程序我们需要使用 Unicode(在这种情况下更常用的是它的变体 UTF-8)：

```
#!/usr/bin/env python
# coding: utf-8
```

在小于 3.0 的 Python 版本中，如果要用 Unicode 码来解释字符串，就应该以小写 u 开头，就像 u"Göteborg"一样，这和用小写的 r 指定原始字符串的方法很相似。

在转换期间保留信息

当你编写输出文件时，并不是原始文件中的所有字段都是 Google Earth 读取和显示所需的。然而如果可能的话，将输入文件内所有数据信息都放入输出文件中，这是一个非常棒的主意。如果仅仅把当时你认为需要的数据放入输出文件，也许在未来你会想用另一种方法使用该文件，可是所需的数据与原来不同了，这就需要预先保存更多的数据字段(另一方面，由于对输出文件的格式限制，有时无法保留来自输入文件的所有信息；还有些时候，在整体的转化过程中会把输入文件中庞大数据的小数点后数据忽略掉)。由于 KML 文件不能将输入文件中所有字段都对应起来，因此你可以通过将每个原始行放入 KML 文件的一般描述字段来解决此问题。

转换为 KML 格式

KML 文件格式

KML 文件(和 XML 通用格式文件)包括三个主要部分：有一个短标题区域，重复的数据条目，一个短的页脚区域。

标题 KML 文件的标题只能是三行：

```
<?xml version="1.0" encoding="UTF-8"?>
<kml xmlns="http://earth.google.com/kml/2.2">
<Document>
```

第一行指示了文件包含何种文件格式，这里指明了它是一个 XML 格式的文件。这一行是独立的，是一种特殊类型的标签，不需要在以后关闭。第二行是代码的 kml 部分的打开标签。第三行是 Document 内容的打开标签。最后两行相应的关闭标签</Document>和</kml>在文档最后的页脚处。所有位置数据都将放置在打开和关闭的 Document 标签之间。

地标 KML 文件的主要部分包含将要在地图上绘制出的数据点：

```
<Placemark>
   <name>Tiburon 596</name>
   <description>Tiburon 596  19-Jul-03  36 36.12 N  122 22.48 W  1190
           holotype</description>
   <Point>
       <altitudeMode>absolute</altitudeMode>
       <coordinates>-122.374667, 36.602000, -1190</coordinates>
   </Point>
</Placemark>
```

每个地标都含有很多行，对应于原始输入文本中的一行。<Placemark>的每一对打开和关闭标签之间都内嵌了样品名称、坐标、描述的标签。这个新版本程序每循环一次，将创建一个地标——包括<Placemark>的打开和关闭标签，以及它们之间的所有内容。

页脚　文件的最后一节只含有两个标签，就是与在标题中打开的<kml>和<Document>对应的关闭标签：

```
</Document>
</kml>
```

生成 KML 文本

现在要修改你的 latlon 脚本，以生成标题、地标和页脚字符串。修改后的文件将作为 latlon_5.py 保存在示例文件夹中。标题和页脚生成代码要写在循环的外部，因为在文件中它们只需要一份。而在循环中，你要编写代码用于逐个生成每个地标字符串，并将其写入文件。

在构造字符串时，如果使用三重引号而不是单引号，允许让文本跨越多行。生成的字符串将包含行尾符，因此这不同于使用\转义行尾来跨越多行。三重引号对于定义如标题和地标这样的文本块非常有用。

用于生成地标字符串 PlaceMarkString 的组合语句是：

```
PlaceMarkString = '''
<Placemark>
   <name>Marrus - %s</name>
   <description>%s</description>
   <Point>
       <altitudeMode>absolute</altitudeMode>
       <coordinates>%f, %f, -%s</coordinates>
   </Point>
</Placemark>''' % (Dive, Line, LonDegrees, LatDegrees, Depth)
```

三重引号字符串中包含了所有标签和字符串格式运算符(%)的组合，能一次性将 5 个值都插入到地标中。括号中插入的值涉及 2 个字符串(%s)、2 个浮点数(%f)和最后 1 个字符串(%s)。由于 Google Earth 用负海拔表示海洋深度，因此你必须在与深度值对应的%s 之前，手动插入短划线表示负值。要使用整个这样的字符串，你可以使用语句 print PlaceMarkString 或 output.write(PlaceMarkString)，取决于你想要在屏幕上显示还是保存到文件中。

整个程序 latlon_5.py 的内容都写在这里了，你也可以在 examples 文件夹中找到这些内容：

```
#!/usr/bin/env python
import re # Load regular expression module

# Read in each line of the example file, split it into
# separate components, and write output to a kml file
# that can be read by Google Earth

# Functions must be defined before they are used
def decimalat(DegString):
    # This function requires that the re module is loaded
    # Take a string in the format "34 56.78 N" and return decimal degrees
    SearchStr='(\d+) ([\d\.]+) (\w)'
    Result = re.search(SearchStr, DegString)

    # Get the (captured) character groups from the search
    Degrees = float(Result.group(1))
    Minutes = float(Result.group(2))
    Compass = Result.group(3).upper() # make sure it is capital too

    # Calculate the decimal degrees
    DecimalDegree = Degrees + Minutes/60

    if Compass == 'S' or Compass == 'W':
      DecimalDegree = -DecimalDegree
    return DecimalDegree
# End of the function decimalat() definition

# Set the input file name
InFileName = 'Marrus_claudanielis.txt'

# Derive the output file name from the input file name
OutFileName = InFileName + ".kml"

# Give the option to write to a file or just print to screen
```

```
WriteOutFile = True

# Open the input file
InFile = open(InFileName, 'r')

# Open the header to the output file. Do this outside the loop
HeadString='''<?xml version=\"1.0\" encoding=\"UTF-8\"?>
<kml xmlns=\"http://earth.google.com/kml/2.2\">
<Document>'''

if WriteOutFile:
    OutFile = open(OutFileName, 'w')   # Open the output file
    OutFile.write(HeadString)
else:
    print HeadString

# Initiate the counter used to keep track of line numbers
LineNumber =0

# Loop over each line in the file
for Line in InFile:
    # Check the line number, process if you are past the first line (number == 0)
    if LineNumber> 0:
       # Remove the line ending characters
       # print line  # uncomment for debugging
       Line=Line.strip('\n')

       # Split the line into a list of ElementList, using tab as a delimiter
       ElementList = Line.split('\t')

       # Returns a list in this format:
# ['Tiburon 596', '19-Jul-03', '36 36.12 N', '122 22.48 W', '1190', 'holo']
    # print "ElementList:", ElementList # uncomment for debugging

       Dive    = ElementList[0]  # the whole string
       Date    = ElementList[1]
       Depth   = ElementList[4]  # A string, not a number
       Comment = ElementList[5]

       LatDegrees = decimalat(ElementList[2])  # using our special function
       LonDegrees = decimalat(ElementList[3])
```

```
# Indentation for triple-quoted strings does not have to
# follow normal python rules, although the variable name
# itself has to appear on the proper line
      PlacemarkString ='''
<Placemark>
    <name>Marrus-%s</name>
    <description>%s</description>
    <Point>
      <altitudeMode>absolute</altitudeMode>
      <coordinates>%f, %f, -%s</coordinates>
    </Point>
</Placemark>''' % (Dive, Line, LonDegrees, LatDegrees, Depth)

      # Write the PlacemarkString to the output file
      # This is indented to be within the for loop
      if WriteOutFile:
        OutFile.write(PlacemarkString)
      else:
        print PlacemarkString

    LineNumber += 1 # This is outside the if, but inside the for loop

# Close the files
InFile.close()
if WriteOutFile:
    print "Saved",LineNumber,"records from",InFileName, "as", OutFileName
    # Shown on the screen, not in the file
    # After all the records have been printed,
    # write the closing tags for the kml file
    OutFile.write('\n</Document>\n</kml>\n')
    OutFile.close()
else:
    print '\n</Document>\n</kml>\n'
```

运行这个脚本，然后在 Google Earth 软件中打开生成的 KML 文件。

此脚本将是你的工具包中的另一个重要工具。你应该能够修改这样的模板，以读取几乎任何按列组织数据的文件，并以另一种需要的格式输出它们。当你打算这样做的时候，有一个常用的好方法，即打开模板文件后，选择“Save As...”设置新项目的名称，然后再开始编辑。这样，你在进行更改的同时就不必担心破坏原来的工作脚本了。

总　　结

你已经学习了：

- 解析文件的方法；
- 使用 `open(FileName，'r')`和 `for` 循环来读取文件；
- 使用`.strip('\n')`删除行尾符；
- 使用`.split()`将字符串解析为列表；
- 使用`[]`访问列表元素；
- 使用 `open(FileName,'w')`和 `OutFile.write()`写入文件；
- 使用\在 Python 中表示连续的行；
- 使用 `re.search()`和 `re.sub()`进行正则表达式搜索；
- 使用`.group()`访问正则表达式搜索结果；
- 使用 `def` *`function_name`*：创建自定义函数；
- 生成 XML 和 KML 文件；
- 使用三重引号字符串(`"""  """`)跨越多行。

进一步学习

- 查找一些包含纬度/经度数据的其他类型的输入文件，练习修改你的程序来支持它们。确保你了解如何处理不同格式的度和分[`re.search()`函数]及不同数量的标题行、跳过带有标记为#的注释行、留意底部的页脚行、循环内的所有经由 `if` 的语句。
- 查看网页 HTML 源代码中表格数据呈现的方式并确定如何通过打印页眉、内容和页脚的不同部分来复制这些值。

第11章 合并文件

许多设备和档案都会将数据存储在一系列文件中。反过来，当进行数据分析时，你通常需要把数据从多个文件再合并到一个文件中。在某些情况下，只要简单地把多个文件首尾相连即可，但多数情况下还需要以更复杂的方式重新组合数据。在本章中，你将学习从多个文件中读取数据，以新方式重新组合数据，然后再用不同的格式将数据写入文件。当你在命令行中运行程序时，还将学习如何允许用户指定文件名、文件夹和其他参数。

从多个文件中读取数据

在第 5 章中，你已经学习了如何使用 shell 命令 `cat` 和 `grep` 将几个文件连接到一个长文件中。这非常适合合并按时间排序的多个文件，或者只需要把多文件内容简单地头尾相互连接，对文件内容无需做大的修改。但是，用这样的方法收集不同文件中的数值并排放置到一起，就会比较困难了。举个例子，你可能会经常遇到一组数据文件，其中每一行数据都是按 XY 格式排列的，在所有文件中 X 值都相同。在分析数据的时候，需要重新排列和组合这些数据，形成每一行都是 XYYY 格式的合并文件。例如，X 是指不同样品的名称，而 Y 是每一个样本的不同测量值；或者 X 可以表示对某一个特定样本进行了不同测量，而 Y 表示每一次的测量值。

在下一个示例中，你将看到如何对一个目录中特定类型的所有文件生成列表，然后从这些文件中提取值，并将它们合并到一个主文件中。在本章后面的图 11.1 将以可视化的方式说明这个过程。这个示例还将演示 Python 的几个新功能，这些功能包括：使用 `sys.argv` 直接获取用户从命令行中输入的内容、连续打开几个文件、建立一个列表，以及使用 `sys.stderr.write()`打印出状态消息。除此之外，这个程序和第 10 章中所示的读取程序非常相似。

在终端窗口中，通过 `cd ~/pcfb/examples/spectra/`将目录更改到我们即将使用的示例文件夹中。该目录包含了一系列各种颜色发光二极管的发射光谱数据(在多种特定波长的光强度)：

```
host:spectra lucy$ ls
LEDBlue.txt  LEDGreen.txt  LEDRed.txt  LEDYellow.txt
host:spectra lucy$ less LEDBlue.txt
```

```
X           BlueLED
350.12      4
350.48      8
350.85      3
351.21      11
351.58      13
351.94      12
...
850.06      10
850.36      6
850.67      7
850.97      10
(END)
```

你可以使用 shell 命令 tail LED*和 head LED*，快速浏览所有文件的开头和结尾处的内容。注意，第一列中的 x 值在所有文件中都是一样的，因为这些数据是使用相同的光谱仪收集的。这些值不仅在所有文件中相同，而且它们出现的顺序也完全相同。

现在你已经掌握了输入文件内容的总体结构，可以开始编写代码了。切换到文本编辑器，创建一个新的文本文件，并将其作为 filestoXYYY.py 保存在~/scripts 文件夹中。虽然它目前还不是一个脚本，但你可以使用惯用的命令使它可执行：

```
host:spectra lucy$ chmod u+x ~/scripts/filestoXYYY.py
```

因为这个命令指定了脚本文件到主目录的相对路径，所以不需要将它移入 examples/spectra 文件夹就可以工作。

使用 sys.argv 获取用户的输入内容

这个程序的第一个组件是建立一个机制，在程序启动时通过传递参数来获取用户输入的内容。你已经在其他程序中使用过一些行命令的参数，比如 ls 命令。举例来说：

```
ls -l LED*
```

把参数-l 和 LED*传递到了命令 ls 中。

在 Python 中，通过 sys.argv 变量可以访问命令行参数，sys 模块提供了这样的功能。将以下几行输入到你空白的 filestoXYYY.py 脚本中，你就能知道这一步是如何运作的了：

```
#!/usr/bin/env python
import sys
for MyArg in sys.argv:
    print MyArg
```

一旦你在脚本中导入了 sys 模块，就可以访问 sys.argv 变量了。这个变量是一个 Python 参数清单，记录了当用户执行程序时发送给程序的所有参数。它提供了一种将数据从命令行世界传递到 Python 世界的方法。

保存文件并在终端窗口运行它：

```
host:spectra lucy$ filestoXYYY.py
/Users/lucy/scripts/filestoXYYY.py
```

有意思的是，即使你没有将任何参数传递给 filestoXYYY.py，sys.argv 变量也不是空的。这是因为 sys.argv 列表中的第 0 元素是正在运行的脚本的名称。当你在 Python 中使用参数时，记住这一点很重要。换句话说，不要假设你在命令行上传递给程序的第一个参数就是列表中的第一个参数。试着再次运行 filestoXYYY.py，并向其中添加一些你自己的参数：

```
host:spectra lucy$ filestoXYYY.py first second "third and fourth"
/Users/lucy/scripts/filestoXYYY.py
first
second
third and fourth
```

你可以看到，在命令行上每个参数都由一个空格分隔，并且每一个参数都被作为一个字符串引入到程序中。因此如果你想将空格作为参数的一部分，你需要用引号将它包围，或使用反斜杠转义每一个空格。同样重要的是，如果你使用>将程序的输出重定向到一个文件中，那么从>开始的命令行文本，是不包含在参数中的。

到目前为止的内容都很简单。现在试一试：

```
host:spectra lucy$ filestoXYYY.py LED*.txt
/Users/lucy/scripts/filestoXYYY.py
LEDBlue.txt
LEDGreen.txt
LEDRed.txt
LEDYellow.txt
```

你是否得到了你所期望的输出呢(如果没有得到类似的输出，请确保你处在 spectra 文件夹中)？在本例中，shell 本身扩展了 LED*.txt，生成一组匹配的文件名列表，然后这个扩展的文件列表作为个别参数被发送到 Python 脚本。在这里，shell 就像是用户和脚本之间的中间人。你可以使用 shell 的 echo 命令获得相同的列表：

```
echo LED*.txt
```

请注意，在这里，文件列表是按字母顺序返回的。如果要从不同的目录运行此文件，并且其中没有与字符串能匹配的文件名，那么你只能得到字符串本身，也带有星号，将它视为普通文本参数。

将所有参数转换为文件列表

现在，你可以发挥 shell 能创建文件列表的优势，并且能对其中的每个文件进行操作。首先，在程序中加上一点用户界面，方便用户查看，以确保给出一个参数。如果只有一个参数——程序自身的名称，那么它始终是 sys.argv 列表最先的(即第 0 个)元素，将会打印出一些该程序应该如何使用的描述文本；否则，使用参数列表作为文件列表并继续。你的程序看上去应该是这样的：

```
#!/usr/bin/env python

Usage = """
filestoXYYY.py - version 1.0
Example file for PCfB Chapter 11
Convert a series of X Y tab-delimited files
to X Y Y Y format and print them to the screen.
Usage:
  filestoXYYY.py *.txt > combinedfile.dat
"""
import sys

if len(sys.argv)<2:
   print Usage
else:
   FileList= sys.argv[1:]
   for InfileName in FileList:
       print InfileName
```

> 所有通过 sys.argv 传递给你的程序的参数，即便是数字，也都是以字符串形式出现。如果用户输入的信息需要用作整数或浮点值，则必须首先使用函数 int()或 float()进行转换。

首先，尝试在没有任何参数的情况下运行这个程序。接下来，以~/scripts/*.py 或*.txt 作为参数运行它，或者甚至使用被空格分隔的完整文件名列表：LEDBlue.txt LEDRed.txt。请记住，发送到文件的附加信息是从 sys.argv 的第二个元素开始的。在编写代码时，你可以通过使用索引号后加一个单独的冒号，从而从第二个元素开始访问参数一直到列表的末尾：

```
sys.argv[1:]
```

使用 sys.stderr.write() 提供反馈

与你将要编写的许多其他程序一样，这个示例程序设计的目的是通过重定向操作符>来使用的，而不是用于打开和写入目标文件。这种方法的优点是，用户能够看到输出情况，确保输出是预期的，然后选择适当的文件名来存储结果。然而，这种方法的问题是，任何对用户的反馈信息——包括运行进度报告，还有在程序运行时有用但在分析结果时没有用处的信息，也将在文件中获取。这可能会使后面的分析更加复杂，因为这些信息还需要在进一步处理文件之前删除掉[1]。

幸运的是，有一种方法可以打开程序的单独通信管道。你一直在使用系统的标准输入/输出，即 stdio，每次你在屏幕上显示内容时都用了打印语句。这些输出就是使用>或>>重定向期间捕获的内容。你还可以通过别的管道将输出发送到屏幕上，用于报告错误和警告，这称为 stderr。它是可写的，你可以像写入文件一样操作它：

```
sys.stderr.write("Processing file %s\n" % (InfileName))
```

检索目录里的内容　虽然在前面的描述中，经常假设需要询问用户哪些是想要分析的文件。但有时你会希望在无需用户输入的情况下，程序会自动检索目录列表。有两个方便的函数可以做到这一点。要获得特定路径的完整清单，可以导入 import os 并使用 os.listdir()。该函数采用'/Users/lucy/Documents/'格式的路径作为参数；如果目录不存在，则返回错误。要进行通配符搜索，你可以导入 import glob[a] 并使用 glob.glob()[b]，以'/Users/lucy/Documents/*.txt'格式的路径作为参数；如果目录不存在，则程序返回空列表，而不是错误。

[a] 我们不是在胡编乱造。

[b] 不要看着我们。

和与文件相关的.write()语句一样，sys.stderr.write()语句也是以字符串作为参数，并保持原样写入。所以，如果你需要加一个行尾，你就必须自己添加。你可以用多个信息判断来构建一个完整的字符串，用格式化运算符%来转换和插入值，就像这里给出的例子一样；或者通过字符串添加的方式，也就是说，用+来连接多个字符串。需要注意的是，在没有使用 str()函数或%运算符转换整数的情况下，整数和字符串是不能被混合的，这与 print 语句有所不同。

现在在你的循环语句中，使用 print 语句替换 sys.stderr.write()命令，在这里当前打印是 InfileName。虽然输出内容仍将显示在屏幕上，但是如果你使用>重定向，则输出不会被写入文件中。对于程序来说，这是一个很好的方法让你获取关于程序状态的反馈，而且在你真正准备使用它时，你也不需

1 两位作者对于这种复杂性持有不同理解，对在编写程序时应该提供更多详细的反馈或更少的信息也持有不同的意见。在使用本节描述的 sys.stderr.write()机制的时候，我们中的一个人认为这是一个减少反馈的动机，而另一个人则认为最好提供尽可能多的反馈。不过，我们都同意如果是一名初学者，你应该选择最符合你个人喜好的方法。

要再回头去注释掉这些诊断语句。

循环遍历文件列表

现在你有一个 for 循环，能够遍历文件名并可以打印出每个文件名。你现在可以为这个循环插入打开文件、读取文件和输出的代码。

现在，我们对程序需要处理的所有文件里的内容进行一个总览(图 11.1)。首先，它应该依次打开文件，并逐行读取其内容，还要能自动跳过标题行。在处理第一个文件时，程序需要创建一个列表变量，它包含文本字符串形式的 X 和 Y 值。对于每个后续文件，要提取每一行的 Y 值，然后将其添加到第一个文件提取文本的相应行后，并由一个 tab 键分隔。这样就能逐列逐列建立起表格来。主数据列表一旦构建完成，你就可以依次打印出聚合好的行了。再次提醒，为了保证这个程序做得有意义，就要求每个文件中的数据必须逐行对应。

完成主列表的构建，是该任务的第一部分，它应该放置在你创建的文件列表 for 循环内，注意缩进(程序的开始部分没有重复显示在这里，但是代码的附加部分看起来应该像这样。全部程序代码在本章后面的完整版本中可以看到，在示例 scripts 文件夹中也可以直接查看 filestoXYYY.py)。

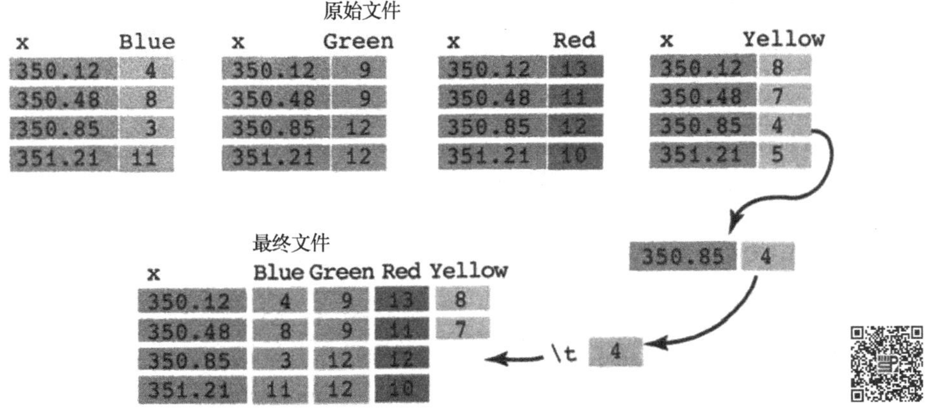

图 11.1 用 filestoXYYY.py 脚本完成的数据重组式样的图解。(彩图请扫二维码)

```
FileNum = 0
MasterList = []
  for InfileName in FileList:  # statements done once per file
    Infile = open(InfileName, 'r')
    # the line number within each file, resets for each file
    LineNumber = 0
```

```
      RecordNum = 0  # the record number within the table

      for Line in Infile:
        if LineNumber > 0:  # skip first line
          Line=Line.strip('\n')
          if FileNum == 0:  #first file only, save both x & y
            MasterList.append(Line)
          else:
            ElementList = Line.split('\t')
            MasterList[RecordNum] += ( '\t' + ElementList[1])
            RecordNum += 1
      LineNumber += 1
    Infile.close()
    FileNum += 1  # the last statement in the file loop
```

在这里要理解的重点是，对于 MasterList 来说，在读取第一个文件及读取后续文件时发生了什么。

在还没有打开任何文件之前，MasterList 会得到一个空列表的初始值，如方括号 [] 所示。这告诉程序该变量将被视为某种类型的列表。第一次通过文件循环时，读取的每一行都附加到 MasterList 的末尾，创建出一个字符串列表。在前 5 个数据行之后，列表看起来应该是这样的：

```
['350.12\t4',
 '350.48\t8',
 '350.85\t3',   ←将其视为两列 tab 分隔的值
 '351.21\t11',
 '351.58\t13']
```

在这之后的文件中，FileNum 大于 0，所以 else 语句下的代码将被执行。首先从文件读取的行在每个 tab 的位置上被拆开，然后将其放入到变量 ElementList 中。

```
['350.12','9']
```

到这里时，每一行的 X 值都已经存储在 MasterList 中了，所以接下来你只需要获取索引号为 1 的第二个元素。在此条目之前添加一个 tab，并将其添加到在第一次通过该循环的时候已被定义的 MasterList 的相应行中，以给出：

```
'350.12\t4\t9'
```

为了跟踪记录在 MasterList 中哪些行相应的数据已经被处理过了，请使用 RecordNum 变量，该变量将会为每个文件重置一次，然后保持在每次循环时递增。基于第一次通过循环时建立的列表，这个变量将作为一个索引用来准确指示记录。

在开始读取第三个文件的值之前，将 RecordNum 重置为 0，以便它可以在 MasterList 中的第一个条目处重新开始处理。当文件循环完成后，MasterList 中

的项目内容将如下所示：

```
['350.12\t4\t9\t13\t8',
 '350.48\t8\t9\t11\t7',
 '350.85\t3\t12\t12\t4',
 '351.21\t11\t12\t10\t5',
 '351.58\t13\t7\t14\t8',
...
```

要查看这个(长)列表，你可以在程序末尾处添加一个`print MasterList`语句。

打印输出并生成标题行

一旦文件被处理完成，要生成输出只需要循环遍历一次`MasterList`中的项目内容即可：

```
for Item in MasterList:
   print Item
```

这段代码被缩进到与读取文件的`for`循环相同的级别，这样它就保留在第一个`else`语句中，这意味着用户输入超过0参数时就会执行。

在此过程中会丢失一点信息，就是哪些频谱是来自哪个文件的。要保留这些信息，可以使用一个简单的方法，即使用文件名本身来标记Y列的顶部。这个变量可称为标题(`Header`)(或表头)，应该先用X列的名称预先初始化，在这个例子中是`'lambda'`(是指波长)。每次通过文件读取循环时，就把`\t`加上文件名(存储在变量`InfileName`中)添加到标题字符串中：

```
Header += '\t' + InfileName
```

然后，在程序的最后，紧连在打印`MasterList`之前，你可以打印出`Header`。你还可以考虑使用`re.sub()`函数，删除基本文件名之后的其余文本，如`".txt"`。

避免硬编码软件

有些脚本在针对某一项任务时运行良好，常常会被提议再用于其他任务。在我们的例子中，如果文件中只有一个标题行，脚本是可以正常工作的；但是如果文件中还有附加的标题行，它就会运行失败或产生不正常的数据。在本例中，标题行数只在程序中的一个地方有表示：

```
if LineNumber > 0:  # skip first line
```

如果你想重新使用这个程序，去处理有17个行标题(有时真会发生这样的情况)的文件，那么你必须打开这个程序，解决好如何让它能再一次正常工作，并在 if 语句中确定换用哪个新数字（“让我们来看看，是 18 吗？不！应该是 16”）。如在程序中，多个位置都使用到了这个值，情况就会更糟糕了。因为这意味着你需要在整个程序中查看所有带有 0 的语句，以确定它是否用于标题行进行操作。

考虑到这种情况，通常最好创建一个额外的变量，该变量可稍后修改，用于在任何涉及该值需要决策的地方。在本例中，你可以在脚本的开头定义 LinesToSkip = 1，然后更改 if 语句以读取它：

```
if LineNumber > (LinesToSkip - 1):
```

现在，当你使用不同来源的数据文件重新运用这个脚本时，你只需要在开始时重新定义一个新的变量值，并且你也知道凡是用到此变量的地方，都没有问题了。

使用相同类型的构造，你也可以添加一些代码，在文件名列表之前，允许用户输入要跳过的行数，把它作为第一个输入的参数。

filestoXYYY.py 17 *.txt

我们不在这里添加这个选项了，但是你可以花点时间考虑一下如何实现它，包括你的新程序还有哪些语句需要修改(如 Usage 字符串)。

在这里，我们总结了读取文件和将数据以 XY 格式转换为 XYYY 的完整代码，同时对代码进行了一些修改。你也可以在示例文件夹中找到这个程序文件，名为 filestoXYYY.py。当你需要从多个文件中成批读取数据时，即使所需要的转换与我们的例子并不完全一样，你也可以使用这个程序作为起点。

```
#!/usr/bin/env python

Usage = """
filestoXYYY.py - version 1.0
Convert a series of X Y tab-delimited files
to X Y Y Y format and print them to the screen.
Usage:
  filestoXYYY.py *.txt > combinedfile.dat
"""
import sys

if len(sys.argv)<2:
    print Usage
else:
    FileList= sys.argv[1:]
    # for InfileName in FileList:
    #   print InfileName
```

```
Header = 'lambda'
LinesToSkip=1

# change this for comma-delimited files
Delimiter='\t'
MasterList=[]
FileNum=0
for InfileName in FileList:
  # use the name of the file as the column Header
  Header += "\t" + InfileName
  Infile = open(InfileName, 'r')
  LineNumber = 0 # reset for each file
  RecordNum = 0

  for Line in Infile:
    # skip first Line and blanks
    if LineNumber > (LinesToSkip-1) and len(Line)>3:
      Line=Line.strip('\n')
      if FileNum==0:
        MasterList.append(Line)
      else:
       ElementList=Line.split(Delimiter)
        if len(ElementList)>1:
            MasterList[RecordNum] += "\t" + ElementList[1]
            RecordNum+=1
        else:
         sys.stderr.write("Line %d not XY format in file %s\n" \
         % (LineNumber,InfileName))
    LineNumber += 1 # the last statement in the Line/Infile loop

  FileNum += 1
  Infile.close() # the last statement in the file loop

# output the results
# these are indented one level to stay within the first "else:"
print Header
for Item in MasterList:
  print Item

sys.stderr.write("Converted %d file(s)\n" % FileNum)
```

如果你尝试将此程序应用于其他数据文件，但它没有正确地读取行，请尝试通过如下语句来修改行尾字符，这也将剥离另一种行尾字符\r：

```
Line=Line.strip('\n').strip('\r')
```

另一个解决方案是打开文件时使用参数'rU'而不是'r'。

```
Infile = open(InfileName, 'rU')
```

这一代码在被读取的时候，将识别任何一种行尾字符(\n 或\r)，并使你的程序与 Unix 或 Windows 的行尾兼容。

文件读取的其他应用

正如在第 10 章开始时所讨论的，数据文件通常以跨多行的单个数据元素呈现在文件中。其中一种这样的分子序列格式是称为 FASTA 的常见格式。在 FASTA 格式的文件中，将每条记录的序列名称放在一个以>开头的行上，后面的一行或多行包含相应的 DNA 或氨基酸序列：

```
>Avictoria
MSKGEELFTGVVPILVELDGDVNGQKFSVRGEGEGDATYGKLTLKFICT---TGKLPVP
WPTLVTTFSYGVQCFSRYPDHMKQHDFLKSA---M-PEGYVQERTIFY---------KD
>Pontella
MPDMKLECHISGTMNGEEFELIGSGDGNTDQGRMTNNMKSI---KGPLSFSPYLLSHIL
GYGYYHFATFPAGYE--NIYLHA---MKNGGYSNVRTERY---------EDGGIISITF
```

要读取这种类型的文件，你有很多选择：你可以将名称读入一个列表，然后将序列读入另一个列表；或者将名称作为键加载到字典中，并将序列作为相应的值。用字典方法使得在程序中访问特定的序列变得很容易，但是由于字典不能有重复的键名，因此当两个序列的名称相同时，它没法处理。以下展示了两种可行的方法，它在示例文件夹中名为 seqread.py。

```
#!/usr/bin/env python

Usage="""
seqread.py - version 1
Reads in a file in fasta format into a list
and a dictionary.

The resulting list is formatted
[['name1','sequence1sequence1sequence1'],
```

```
 ['name2','sequence2sequence2sequence2']]

Usage:
  seqread.py sequence.fta"""

import sys

# Expects a filename as the argument
if len(sys.argv) < 2:
    print Usage

else:
    InfileName= sys.argv[1]
    Infile = open(InfileName,'r')
    RecordNum = -1  # don't have the zeroth record yet

    # Set up a blank list and blank dictionary
    Sequences=[]
    SeqDict={}

    for Line in Infile:
      Line = Line.strip()
      if Line[0]=='>': # we have a new record name
        Name=Line[1:]  # chop off the > at the front

        # Make a two-item list with the name as the first element,
        # and an empty string as the second

        Sequences.append([Name,''])
        RecordNum += 1 # Now we have a record

        # Use the Name for the dictionary key
        SeqKey = Name
        # create a blank dictionary entry to append later
        SeqDict[SeqKey] = ''

      else:  # this means we are not on a line with a name
        if RecordNum > -1:  # are we past any header lines?
            # Add on to the end of the 2nd element of the list
            Sequences[RecordNum][1] += Line
            # Add to the dictionary value for the present key
```

```
        SeqDict[SeqKey] += Line

# when done with the loop, print the sequences:
# insert your processing and file output commands here
for Seq in Sequences:
  print Seq[0],":", Seq[1]

# could also print a list of all the names (=keys)
print SeqDict.keys()
```

如果你回头查看图 10.1，你将看到这个程序实现了图中示例 B 和示例 C 的任务：使用几行输入来创建相应的数据序列，或者作为平行的列表，或者作为字典的键和值。这两种方法都呈现在这个程序中了，你可以选择最适合你的。在本例中，我们已经做了一个二维列表(是两列基本数据)：第一列是名称，第二列是序列。要使用这些数据，你需要创建一个文件处理循环，循环遍历列表中的每个值，并输出你所需的序列子集或用于基于序列的计算。

总　结

你已经学会了：

- 使用 sys.argv 收集用户输入；
- 使用 for 循环处理多个文件；
- 在程序中使用变量而不是固定或硬编码的值；
- 使用 sys.stderr.write()提供警告和反馈。

进一步学习

- 对于一些使用参数的程序，当用户没有提供参数时，就会使用默认值。可以将 DefaultValue 变量添加到 filestoXYYY.py，并使用必要的逻辑使其按照所需的方式运行。
- 如果你像前一个练习中一样添加了一个默认值，你就失去了为初级用户自动打印 Usage 使用说明的能力。思考一下如何解决这个问题。一种方法是检查用户是否明确地请求帮助；如果要这样的话，你可以通过检查是否 sys.argv[1]== 'help'来判断。你也可以检查用户输入的参数是否有意义，并在检查失败时提供帮助。例如，如果第一个参数应该是一个文件名，那么你可以在 os 模块中使用 os.path.isfile()检查是否存在这样的文件名。如果参数应该是一个数字，你可以通过内置的字符串方法.isdigit()检查它。

- 为 filestoXYYY.py 添加更多的错误检查，使它允许空行，允许使用.split()函数不能进行正确解析的行。你可以在检查标题行或者将行拆分为元素的语句中执行此操作。
- 通过将 MasterList 的字段以不同的顺序输出，修改程序 filestoXYYY.py 来重新排列文件的列。

第12章　模 块 与 库

本章将进一步探讨模块——一类预先封装好的 Python 资源，它为 Python 的核心语言添加了各种功能，并且可以简化许多编程任务。模块可以在不同程序间被重复使用，它为整合、循环使用和共享编程代码提供了一种工作框架。我们现在要介绍一些新的内置模块(对你在前面章节中已经看到的模块进行补充)，还会介绍一些广泛用于数据处理和分析的第三方模块。

模块是一种计算机代码包，可以在你需要的时候导入到程序中。模块包含了多种多样的数据类型和函数，它们用于扩展 Python 语言以支持和简化广泛的任务类型，从通用的数学计算到在屏幕上绘制图形对象等。在前面的章节中，我们已经简要介绍了一些内置的 Python 模块，包括用于正则表达式(re 模块)和系统操作(sys 和 os 模块)的模块。

要使用模块，必须将其安装在计算机上并导入到你的程序中。Python 有许多内置模块，包括前面章节中使用到的模块。这些内置模块以 Python 标准库(参见 http://docs.python.org/library/)的形式发布，所有使用 Python 的计算机都已经安装好了并随时准备导入。除了 re、sys 和 os，有用的内置模块还包括用于扩展时间相关(获取或转换日期和时间)和随机操作(用于涉及随机性的函数)的功能。

除了 Python 标准库中常见的模块之外，还有许多第三方模块。任何人都可以编写第三方模块，然后可以提供给其他人安装和导入他们自己的 Python 程序。这些第三方模块通常提供专门的功能，包括用于图形、科学分析和创建用户界面元素的工具。尽管它们不是官方 Python 标准库的一部分，但许多受欢迎的第三方模块通常会默认与 Python 一起安装。你需要逐个检查是否已经安装了特定的第三方模块。你可能会幸运地发现，你想要使用的模块已经在你的计算机上了，并准备好随时备用；如果你还没有，则需要另外安装它。安装模块的各种选项会因模块而异，也会因计算机而异，本章后面将对此进行详细讨论。

导 入 模 块

模块实际上是对象的集合，包括函数和自定义变量。当你导入一个模块时，这些对象的代码将从相应的文件中读取，并且对象可在程序中使用。既使你的计算机上已经安装好了模块，但还必须导入它才能使用，这似乎是一个多余的过程，但这一步是有充分理由的。因为这样避免了 Python 程序把所有已安装模块同时加载，而仅在必要时才导入特定模块，这样就可以大大节省了计算机资源。同时，它还能防止不必要的变量和函数名称太多，可能导致你的程序混乱。假设它们已经安装在你的计算机上，模块可以通过多种方式导入到你的程序中。最简单的方法是用 import 语句导入整个模块，就如同在前面章节中我们导入模块的方式。例如：

```
import re
import sys
```

当模块以这种方式导入时，模块中的所有对象都可以使用。这种导入方式还有另一个效果：它要求你使用模块内的对象时，必须使用点号来注释它。你已经在第 7 章熟悉了这样的点号，并在调用对象方法时使用过它，比如用于字符串的 .count() 和 .strip()。在这种情况下，因为模块是包含在对象中的对象，所以用点号来指定在模块对象中所调用的对象。例如，在第 10 章中，当你使用正则表达式 re 模块中的 search() 函数时，你调用的是 re.search() 而不仅仅是 search()。点号指定你调用的是 re 模块中的 search() 函数，而不是使用相同名称的其他函数。同样，在后面的程序中，你也是用 sys.stderr.write() 从 sys 模块中调用了 stderr.write() 函数，并使用 sys.argv 从 sys 模块中访问 argv 变量。

你也可以导入模块的单个对象，而不需要导入整个模块。如果模块很大的话，这可以提高程序的效率。这种替代要用 from 语句来表示。例如：

```
from sys import argv
```

请注意，这里仍然有一个 import 语句，但语句只从指定模块(sys)中导入指定的对象(argv)，而不是导入整个模块。由于模块内的对象是直接导入的，所以在使用它时，你不需要提及该模块名称。也就是说，不需要用点符号。如果你想看看这是怎么运转的，可以重新调用上一章的简单程序。它将打印出传递给它的参数：

```
#!/usr/bin/env python
import sys
for MyArg in sys.argv:
    print MyArg
```

在这个原始的形式中，整个 sys 模块被导入，然后使用点符号引用 argv 变量。

下面的程序和原来的程序有相同的行为，但是请注意 import 语句的修改，以及在 argv 之前省略了 sys.：

```
#!/usr/bin/env python
from sys import argv
for MyArg in argv:
    print MyArg
```

请注意，在这个程序中没有 sys 对象，所以如果调用 sys.argv 就会返回错误。

最后，还有一种方法可以将一个模块内所有对象都导入，但是不需要导入模块对象本身。你只需要简单地使用*通配符与 from，而不是一个特定的对象名称。在这种情况下，*的功能更像 bash*里的通配符，而不是正则表达式量词：

```
#!/usr/bin/env python
from sys import *
for MyArg in argv:
    print MyArg
```

如果你希望访问模块的所有内容，但是不想每次使用这些对象时都要使用点符号，那么这种方法的确能带来方便。但是，这也可能带来危险，因为模块中的某些对象的名称可能与从其他模块导入对象的名称相同，甚至可能是你在自己的代码中创建的一些名称。由于你没有使用点符号来隔离不同名称的各种模块，因此具有相同名称的不同对象之间可能会相互覆盖。虽然在实践中这样的情形很少发生，但万一它发生了，就会导致一些非常奇怪的程序行为。

从模块中导入模块和对象的策略取决于特定的程序和你的个人喜好，在公共可用的 Python 程序中，这两种策略你都能经常见到。

更多来自标准库的内置模块

大型而多样化的 Python 标准库包含了许多模块，能够满足你大多数的基础需求。使用 Python 标准库而不是来自第三方模块，具有很大的优势，因为你基本上可以确定在任何安装了 Python 的系统上，这些模块都是可以使用的。

urllib 模块

与在命令行中使用的 curl 命令类似，urllib 模块提供了相同的功能。它允许你直接从 Internet 下载资源，以便在 Python 程序中使用。例如：

```
#!/usr/bin/env python
# coding: utf-8
import urllib
NewUrl = "http://practicalcomputing.org/aminoacid.html"
WebContent = urllib.urlopen(NewUrl)

for Line in WebContent:
    print Line.strip()
```

该模块对于使“智能”curl 命令从网页下载、解析、解压缩和保存数据非常有用。

os 模块

要从 Python 脚本中执行 shell 操作，可以使用 os(操作系统)模块(见表 12.1)。

表 12.1 os 模块的一些有用的功能，以及它们与 shell 的等效项

模块命令	操作	shell 等效项
os.chdir('/Users/lucy/pcfb')	更改目录	cd ~/pcfb
os.getcwd()	获取当前目录	pwd
os.listdir('.')	列出目录	ls
glob.glob("*.txt")	通配符搜索文件(需要 import glob)	ls *.txt
os.path.isfile('data.txt')	文件是否存在?	
os.path.exists('/Users/lucy')	文件夹是否存在?	
os.rename('test.txt','test2.txt')	重命名文件	mv test.txt test2.txt
os.popen('pwd','r').read()	运行一个 shell 命令并将输出加载到一个变量中	任何命令；此处显示 pwd

如果能在 python 内运行非 python 的命令行程序，这样的能力是特别有用的。这要通过 os.popen() 命令来实现，'r'选项表示你想要读取输出部分内容：

```
DirOutput = os.popen('ls -F| grep \/','r' ).read()
```

在这里，shell 的 ls-F 命令是通过 grep 命令来发送的。读取结果内容，并将文本分配给变量 DirOutput。任何 shell 程序名称都可以替换 ls，包括通过管道传递给其他命令。如第 16 章所述，这是一种强大的方法，构建出使用多个程序的数据分析工具。但是，你需要小心使用这些命令，因为它们可能造成的损害与不受限的 shell 操作能导致的破坏一样。

math 模块

在导入 Python 的内置 math 模块后，就可以使用一些基本的数学函数。这些工具和资源包括 sin()、log()、sqrt()和常量 pi：

```
>>> from math import *
>>> pi
3.1415926535897931
>>> log(8,2)
3.0
>>> sqrt(64)
8.0
```

虽然数学模块的功能有限，但它们确实满足了多数常见的需求。

random 模块

这一节并不是关于随机选择的模块，而是关于随机的(random)、可以产生随机数的模块。我们使用这个模块的 randint 函数编写了下面的脚本，以决定我们的名字(两位作者)在这本书的封面上列出的顺序。

```
#!/usr/bin/env python

import random

Casey = 418
Steve = 682
Num = -1
Possible = 1000
NumList = []

while (Num != Casey) and (Num != Steve):
    Num = random.randint(0,Possible)
    NumList.append(Num)

print NumList
print ['Casey','Steve'][Num == Steve] + ' wins!! '
```

在这里，random.randint()函数在 0 和 possible 的值之间返回一个整数。while 循环继续进行，生成随机数并将它们存储在列表中，直到其中一个随机值与程序开始时定义的值相匹配。

请注意，最后一个 print 语句并不是 Steve 作弊。它是利用了逻辑值 True 和 False 对应于数值 1 和 0 的事实。这个数字解释被用在方括号里，用来索引名字的列表，当逻辑值为 False 时，也就是第 0 元素，就返回'Casey'，当逻辑比较值为 True 则返回'Steve'。

表 12.2 列出了其他有用的 random 函数。如果你导入整个模块，那么这些都可以用带有前缀 random 和点标记的方法来使用，就像我们的示例脚本中一样。

表 12.2　random 模块的一些有用函数

函数	结果
randint(5,50)	返回一个随机整数，在本例中为 5～50(包括 5～50)
random.random()	返回 0 到 1 之间的随机小数
choice(['A',0,'B'])	从作为参数传递的列表中返回随机选择的项
sample(MyList,10)	没有替换地从 MyList 返回 10 个项目的样本
shuffle(MyList)	在 MyList 中随机重新排列项目

随机抽样分析通常需要产生“自举”数据集——通过对原始数据集重新随机抽样来创建许多新数据集。随机模块 random.sample()提供了无替换的抽样方法，而不是替换抽样方法。为了指定自举样本的生成数量，你可以在使用 random.choice 函数功能的同时，使用列表(list)的概念(详见第 9 章)。

```
#!/usr/bin/env python
"""demo of bootstrapping via resample with replacement"""
import random

NumSamples = 100 # Number of resamplings to conduct
Bootstraps=[] # List to store the random lists

# for the demo, create a list of numbers 0 to 19
# normally these would be the original data
DataList = range(20)

# loop to perform repeated operations:
# Values of X and Y below are not used -- just counters
for X in range (NumSamples):
    # list comprehension in [] builds a list via sampling
    Resample = [random.choice(DataList) for Y in DataList]
    Bootstraps.append(Resample)

for Z in Bootstraps:
    print Z
```

请记住，列表推导就像是一个单行 for 循环。在这里，程序使用它对原始数据列表中的每个值都重复一次操作。在列表推导过程中分配给 Y 的实际值没有特别的意义，只相当于使用 len(DataList)来了解从原始数据集中选择随机样本的次数。

time 模块

我们经常需要了解时间、把时间和日期从一种格式转换到另一种格式，以及按时间执行计算。所有这些需求都可以通过 time 模块来解决。一个可打印的字符串版本的当前数据和时间，可由 time.asctime()生成(记住，ASCII 是指文本字符)。你也可以用计算机时钟或函数 time.time()来精确到毫秒级别，或者用 time.localtime()函数构建一个时间列表，把当前时间分隔成为多个元素(年、月、日等)。这个模块还包含了转换时间和做时间计算的功能。与其他所有模块一样，你可以尝试使用 help(time)命令或 dir(time)获得更多的选项信息。

第三方模块

我们之前讨论过的模块都是 Python 标准库的一部分。第三方模块通常不与核心 Python 组件一起发布。因此，在大多数情况下你必须在你的计算机上下载并安装这些模块，然后才能将它们导入程序。不同模块的安装过程，在细节上可能会有很大的不同。有一些外部模块就是包含一些 Python 代码的文本文件，而另一些模块则可能包括几十个文件，并需要安装额外的库和程序。

在特定的计算机上安装特定模块通常有多种方式。可以分为两大类。

第一，你可以从其网站下载该模块。除了模块本身的代码之外，这样的下载通常包括详细的安装说明(通常在称为 README 或 INSTALL 的文件中)和自动安装脚本。即便如此，它也需要一些技巧来获得安装和操作所需的各种组件，并解决在安装过程中出现的各种问题。

第二，你还可以使用包管理器来处理安装过程，这样通常会更加容易。包管理器是为各种各样的软件提供半自动安装的程序，许许多多的软件都被打包好了随时待用。OS X 有几个不同的包管理器，其中最受欢迎的是 MacPorts，它可以在 www.macports.org 上找到。大多数版本的 Linux 都有内置的包管理器，比如 Ubuntu 的 graphical Synaptic 包管理器，以及为 Debian 开发的 apt-get 命令行包管理器。包管理器有很大的优势，它可以主动安装模块所需的其他程序或所需的库(你可能会听到这些附加的程序和库被称为依赖关系)。然而，这样的自动化安装有时会导致意想不到的结果，比如你原本就已经有了一个 Python，它又重新完整地再安装一个。用一个包管理器安装模块，可能花费几秒钟到几个小时的时间，这取决于模块的大小和依赖关系。

高度变化的安装方法容易让人感到困惑，特别是在安装特定模块时还需要作出额外的选择。一般来说，当你想要使用第三方模块时，需要采取如下一些步骤。

首先，检查它是否已经安装。幸运的是，随着 Python 越来越流行，越来越多的第三方模块被默认包含进来，就是为了让 Python 更容易使用。有时即使模块在默认情况下还未安装，但它可能已经在安装另一个与之相关的软件时就顺便安装好了。

其次，访问模块的网站。除了可以下载模块，还针对不同操作系统提供了特定的建议。有些站点会建议你使用包管理器来方便安装，尽管该模块也可以直接下载。

最后，了解一下你的系统包管理器，看看该模块是否可用。如果直接从网站安装模块看起来相当麻烦，或者你在安装过程中遇到了无法解决的问题，那么尝试使用包管理器可能是最好的选择。

软件安装在第 21 章和附录 1 中会有更详细的介绍。其中许多探讨的问题都与安装模块有关，因此如果你在此处描述的第三方模块安装中遇到问题，或者有其他与安装相关的问题，你都可以翻到后面查看相关内容。正如在第 21 章所讨论的，许多安装都要求事先在计算机上安装好 gcc 编译器程序。此工具在 OS X 系统上没有自动默认安装，而是

Xcode 开发工具包中可以选择安装的部分[1]。这些工具在随机提供的 DVD 上有，用于安装或升级你的计算机系统。因为迟早会用到这些工具，所以你最好尽早把它们安装好。

NumPy

对于任何熟悉 MATLAB、Mathematica 或 R 的人来说，Python 对具有核心对象和函数的数字矩阵的处理能力，似乎是相当有限或者说无能为力的。例如，正如我们在第 9 章中所看到的，在列表推导中，它没有直接访问二维列表的第二列的方法。幸运的是，有很多模块可以添加这样的功能。最广泛使用的是第三方数字模块 **NumPy**[2]。

NumPy 是默认安装在 OS X 10.6(雪豹)操作系统上的，但是如果你的 OS X 系统是更早期的版本，那么你就需要自己另外安装它。NumPy 的一般安装程序和说明文档可以在 `numpy.scipy.org` 中找到。确保已经安装了 gcc(通过在命令行输入 `which gcc` 进行测试；若还未安装，则需要安装 OS X 开发工具)，然后从 `new.scipy.org/download.html` 下载 Unix 版本(如 numpy-1.3.0.zip)。这个文件将解压到一个文件夹中。打开一个终端窗口，用 `cd` 命令切换到该目录，然后运行安装程序脚本：

```
host:~ lucy$ python setup.py build
```

随后将打印出几页长的反馈信息。完成后，使用如下语句安装：

```
host:~ lucy$ sudo python setup.py install
```

如果这些安装步骤不起作用，或者它们虽然也可以正常工作，但你还想了解更多的相关操作，请参阅第 21 章了解安装软件的进一步信息。

一旦在你的计算机上安装好 NumPy，你就可以使用以下语句将它导入到你的程序或在交互式提示符下导入：

```
>>> from numpy import *
```

这种导入模块的方式将使来自 NumPy 模块的对象，可以在没有前缀 `numpy` 的情况下可用。你需要注意潜在的命名冲突。例如，`e`(数学常数)和 `float` 都是内置的 NumPy 对象，如果你以这种方式导入模块组件，你就不应该在别的地方使用这些名称。如果有疑问，请使用 `dir()` 查看正在使用的所有名称。

第一个你希望使用的 NumPy 特性，可能是它对创建和访问数组对象的支持。NumPy 数组的语法与普通的 Python 列表类似：

```
>>> MyArray = array([[1,2,3],[4,5,6],[7,8,9]])
>>> MyArray
```

---

1 像 MacPorts 这样的包管理器也可以安装 gcc 编译器，以及 fortran 和其他语言的编译器。

2 尽管 Python 在处理数据文件方面有许多用途，但我们仍然建议你学习使用 R 或 MATLAB 进行更深入的数值分析。由于那些工具更合适相关操作，所以我们没有向你展示如何在 Python 中进行数值分析或生成图形。

```
array([[1, 2, 3],
       [4, 5, 6],
       [7, 8, 9]])
```

在上述示例中，数组对象是一个 2-D 的数字表格。注意，函数 array()和 array 对象并不是 Python 语言本身的一部分，而是从 numpy 中导入的。

现在有趣的部分开始了。你可以很容易地访问这些 2-D 结构中的行，就像在 Python 列表中一样。你还可以访问这个数组中的一列数字，在 Python 中，如果不使用循环或列表推导，就不能直接访问。提取各种数组子集的语法与 MATLAB 和 R 非常相似：

```
>>> MyRow = MyArray[1,:]  ←第二行，所有列
>>> MyRow
array([4, 5, 6])
>>> MyColumn = MyArray[:,1]  ←第二列，所有行
>>> MyColumn
array([2, 5, 8])
>>> MyArray[:2,:2]
Array([[1, 2],
       [4, 5]])
```

如上所述，Numpy 除了可以提取行和列之外，还可以提取数组的方形子集。

NumPy 还有许多其他的数学工具，如果你在 Python 中进行任何数据分析，可能都会频繁使用到该模块。这些额外的工具包括了一些非常基础但在核心 Python 工具中却不可用的功能，还包括了许多统计资源：

```
>>> V=[1,1,3,5,6]
>>> median(V)
3
>>> mean(V)
3.200000
>>> max(V)
6
>>> min(V)
1
```

Biopython

对于简单的分子序列处理，你可以根据前面介绍的 seqread.py 程序创建自己的脚本。不过，对于更复杂的任务，Biopython 模块包含了多种用于分析分子序列数据的工具，

包括读取和转换序列文件及检索 BLAST 结果的能力。你可以在 biopython.org[3]中读取并下载 Biopython，在解压缩存档文件之后，可以使用以下几个命令来安装：

```
host:~ lucy$ cd biopython-1.53
host:biopython-1.53 lucy$ python setup.py build
host:biopython-1.53 lucy$ sudo python setup.py install
```

第一行中的目录名取决于下载时可用的版本。有关安装软件的更多细节，请参见第 21 章。

在网站 tinyurl.com/pcfb-biopy 和其他地方都有使用 Biopython 的各种教程，因此在这里我们不再详细介绍。简单地说，当导入数据文件或在使用 Seq() 函数从头开始创建序列时，会创建一个特殊类型的序列变量。这些类型的变量有许多属性和内置函数，它们可以通过使用 dir() 函数来显示：

```
>>> from Bio.Seq import Seq
>>> MySeq = Seq("ACGGCAACGTTTTGTTATGGAAACAGATGCTTT")
>>> dir(MySeq)
[... 'complement', 'count', 'data', 'endswith', 'find', 'lower',
'Istrip', 'reverse_complement', 'rfind', 'rsplit', 'rstrip', 'split',
'startswith', 'strip', 'tomutable', 'tostring', 'transcribe',
'translate', 'ungap', 'upper']
>>> MySeq.translate()
Seq('TATFCYGNRCF', ExtendedIUPACProtein())
>>> help(MySeq)
```

Biopython 的标准应用包括从 FASTA 文件加载序列，使用 BLAST 在其中搜索序列数据库，然后解析 BLAST 的结果，根据其与已知序列的相似性来组织序列文件。

其他第三方模块

这里所描述到的第三方模块只是极少一部分，还有大量的第三方模块可用。以后当你使用和修改现有的 Python 程序，并编写自己的更专业的软件时，你将会遇到许许多多其他的程序。

还有很多第三方模块可以为你的程序添加图形功能。由 http://matplotlib.sourceforge.net/提供的 matplotlib 软件包，可以使用来自 Python 脚本内部的、类似 MATLAB 的命令生成各种数据图形。这个模块需要许多其他软件包的支持，并且最好安装可以自动追踪这些软件的包管理器(例如，MacPorts，详见第 21 章)。使用 matplotlib 的示例脚本(称为 matplotCTD.py)可以在 scripts 文件夹中找到，此脚本用于生成图 17.9C～F 中的图。如果你已经安装好了 matplotlib 模块，你可以试着运

3 如果你使用包管理器安装 Biopython，它也会尝试安装 NumPy，因此，如果你二者都想安装，请先尝试安装 Biopython。

行这个脚本去执行 examples/ctd 文件夹中的 o_*.txt 文件列表。

模块还可以通过新的方式与硬件进行交互。例如，模块可以从串行端口读取和写入数据。你可以用它来为各种各样的仪器编写自定义控制和日志软件。第 21 章详细介绍了 pyserial 模块的安装，并在第 22 章讨论了硬件的设计和接口相关知识。

如果你使用的是非常大的数据集，或者使用关系复杂的数据，你可能希望使用关系型数据库(如 MySQL)进行观察。MySQLdb 模块可以让你从 Python 程序中直接连接到 MySQL 数据库。第 15 章讲述了数据库知识，以及如何在 Python 背景中使用它。

你有时会遇到用逗号分隔的.csv 数据文件，由于这些字段可能在引号内也包含了逗号，用一个简单的.split()函数无法对它们进行细分，所以解析这些文件并不像解析被 tab 分隔的文件那样简单。因此，我们建议尽可能使用 tab 作为分隔符。为了帮助你解析被逗号分隔的文件，在 python 中有一个内置的 csv 模块，可以把打开文件的语句包装起来用于提取出列表的值。下面的短代码片段展示了这一功能：

```
#! /usr/bin/env python
import csv
AllRows = csv.reader(open('shaver_etal.csv','rU'))
# AllRows can be stepped through like a file object
# the Line variable will contain a list of parsed values
for Line in AllRows:
    print Line
```

最后，还有一个内置模块用于解析和生成 XML 文件。xml 库包含了大量处理 XML 的替代方案。xml.dom.minidom 模块可能更加简单。在后面的章节中，我们会尽量使用这个模块，但是如果你对使用 Python 和 XML 文件更加感兴趣，还有许多在线教程可以逐步学习使用 minidom。

制作自己的模块

在上一节中你所导入的库和模块并没有什么神奇之处。本质上，它们只是把更多的 Python 代码添加到你的脚本中。你可以轻松地创建自己的模块，其中包含了你自己定义的功能和特性。

例如，在第 10 章中，你在程序开始时设置了一个代码块，从而创建了一个 decimalat()函数。如果你想在你编写的其他程序中使用此代码，你只需要将 def:块复制到一个文件中，并命名为 mymodules.py 保存在你的 scripts 文件夹中。要确保在此文件中包含模块运行所需的 import 命令(在本例中，需要 re 模块)。

现在，在另一个脚本中，你可以使用你的模块文件 mymodules 导入所有内容：

```
from mymodules import *
```

注意，你不需要在模块末尾放置.py的文件扩展名。你现在应该就可以使用decimalat()函数了，以上语句和你将函数定义输入到当前脚本的顶部是一样的效果。

记住，函数不应该依赖外部环境中的变量，只有通过函数括号发送的变量才能被使用；同样，外部环境也不能使用函数的内部变量，除非使用return命令返回的变量。这意味着当你定义一个函数时，你还必须定义要发送给它的所有变量。在用户没有给函数的变量值赋予特定值的情况下，你甚至可以设置函数变量的默认值。例如：

```
def bootstrap(DataList,Samples=10):
```

这就在一个脚本中创建了可以传递两个参数的函数，例如，使用bootstrap(MyData,100)来生成100个bootstrap数据集。如果仅仅使用bootstrap(MyData)，那么它将默认生成10个bootstrap数据集，正如最初定义的那样。

实战小提示 当你学习在网上发现Python程序的例子时，你可能会开始注意到，在这些程序开始的地方有一些看起来很奇怪的行——if__main__行。这些行用于程序的更高级应用，指明在那里它是作为一个独立的程序运行，还是作为导入主程序的模块来运用。在本书中，我们推荐一种简便的方法，即你的程序要始终保持为主程序或简单模块——因此，现在你可以放心地忽略这种令人费解的考虑。使用带有这些行的示例代码时，你可以放心删除它们或者重新安排程序，或者就保留它并围绕它开展工作。

继续深入学习Python

在最后几章中，我们只是泛泛介绍了Python的表浅功能，希望能够帮助你轻松地编写和修改短小的程序。在附录4中给出了常见的Python命令的简要介绍，下一章将讨论程序调试和排除故障的技巧。第14章概述了数据分析时容易遇到的常见问题，并根据第1～12章中讨论的技术，提出了应该使用哪些工具的建议。

总的来说，我们的目标是让你能够自主拓展知识，针对你想要解决的问题仔细思考（“我要如何……？”），无论是从以前的示例文件中还是在网上，你都应该能够找到解决方案的线索。当面临挑战时，要充分利用任何相关的示例代码，不要畏缩。你也可以咨询一下practicalcomputing.org上的同行。

为了进一步加强和拓展你的技能，你需要参考网上或出版的Python的优秀资源。如果你在网上搜索“python教程”，会得到大约150万个结果。考虑到这一点，我们在这里推荐一些相当好的参考文献，有些是在线资源，还有些是正式的出版物：

- Lutz, Mark. *Learing Python*. Farnham: O'Reilly, 2007
  这本书是非常好的教材，提供了从Python入门到逐步深入的学习资料，而且也包含了更高级的主题。
- Pilgrim, Mark, *Dive into Python.* Berkeley, CA: Apress, 2004
  这里提到的既是一本书也是一个网站，http://diveintopython.org。

这本书的读者需要有较高的计算机水平，它对于字符串操作、列表和其他必要的 Python 组件，都有非常清晰明确的解释。

- Python Quick Reference，`http://rgruet.free.fr/PQR26/PQR2.6.html`。一个很好的 Python 语法参考表，非常清楚地展示了不同版本之间的变化。

Python 的下一个版本 Python 3 已经发布了，但还没有得到广泛的应用。你可能会遇到使用它的系统。大多数程序可以通过一些修改转换为 Python 3，或者使用 `2to3` utility 通用工具软件。但是，你马上会注意到一个明显的不同之处是，`print` 语句已经变成了一个函数 `print()`。从实际意义上来说，这意味着它更像是你用来写入文件和 `sys.stderr.write()` 函数中的 `.write()` 方法。你可以在 `docs.python.org/3.1/whatsnew/3.0.html` 上浏览其他的相关差异。

总　　结

你已经学会了：

- 使用外部模块向 Python 程序添加专门的功能，包括 `urllib`、`os`、`math`、`random`、`time`、numpy、Biopython、`matplotlib`；
- 使用函数定义创建自己的模块。

进一步学习

- 重新创建第 5 章末尾的 `curl` 示例的结果，但是要使用 Python 中的 `urllib` 模块。
- 修改 `seqread.py` 脚本，用来打印出序列的大小，并把序列按从小到大的顺序重新排列。
- 修改一些示例程序，使它们使用存储在定制模块中的函数定义。

第 13 章 调 试 策 略

编写程序只是编程的一个步骤，接下来还要让你的新程序能够正常工作——换句话说，就是在运行过程中不出现错误。当然，最明显的错误是程序根本无法完成运行。然而，有些错误并不阻止程序运行，但是会导致错误的结果。后者这样类型的错误可能更为严重，因为它们难以在第一时间被察觉到。在本章中，我们描述了一些避免、识别和修复错误的通用策略。我们还提供了一个表格，列出你可能遇到的常见 Python 错误提示，以及可能的解决方案。

在调试中学习

调试是一个在程序中查找和删除错误的过程。错误有两种主要类型。最明显的是那些导致你的程序崩溃或无法完整运行的错误。无需沮丧，通常这类错误可以用我们即将简述的策略来查找和修正。第二种错误更为隐蔽。这种错误表现在你的程序虽然能够完整运行，并且看上去似乎能正常工作，但实际上产生的却是不正确或不完整的结果。这种类型的错误很难被检测到，而且对你的科学研究来说甚至比没有任何结果还要危险。

要处理给出错误输出的程序缺陷需要一个双重检查的过程：第一，要仔细调整你的程序以避免这些错误出现；第二，验证你的程序输出结果。验证过程包括：对数据子集进行人工检查；将结果与其他程序的结果进行比较；故意构建冗余信息到程序结果中，用以标记潜在的错误。你也可以通过编写程序，让程序在它运行时为你提供进度报告来帮助预测错误。例如，程序是否处理了所有预期的文件？它所分析的数据行数是否是你预期的?你甚至可以编写一个单独的 shell 脚本，专门用来在各种条件下测试你的程序并且检查结果[1]。

尽管调试过程可能令人沮丧，但它也是提高编程技能最好的方法之一。如果记录下你为解决问题所付出的努力，你就会发现自己处理的错误会越来越少，因为你学会了如何预测错误，并能够及时避免它们了。此外，你遇到的大多数问题可能都被其他人发现过，所以在网上寻找解决方案，可以帮你找到新的方法来解决某些特殊的编程难题。这将会大大扩展你的编程技能。

调试过程常常让你不得不深入了解那些你经常使用的工具在后台是如何工作的。当你的主要目标只是修复一个程序以便完成分析时，逐条浏览模块的源代码或是阅读一些深奥的操作命令可能会让你觉得很累，但是随着时间的推移，调试经验将会增加你的知

1 一些专业的编程工具包实际上附带了一个称为“无限猴子”的功能，它会随机地按下按钮，并将文本输入到程序中，以检查用户操作的某些组合是否会导致程序崩溃。

识深度，使你成为一个更好的程序员。当你第一次编写出一个大段代码块并让它完美地运行，可以从头开始写另一个程序，并运用你学会的技巧来调试好，你会感到非常巨大的成就感。

在本章中，我们将首先讨论识别和避免程序 bug 的通用策略，然后介绍一些你可能会经常遇到的特定错误消息，以及可能的原因和建议的解决方案。

通用策略

建立工作元素

当你开始整合一个程序时，首先考虑用常规的方法解决遇到的问题，然后开始逐步积累直到成功。在你进行下一步之前，要让程序现有的每一个元素都能够工作。例如，如果你打算读入一系列文件，你可以让程序先从读第一个文件开始，然后再将相应的代码插入到一个循环中，让循环对这一系列文件执行相同的操作；或者也可以从收集和打印你希望读取的文件名列表开始。这个策略可以防止错误在被深埋于许多行代码之前就能被识别出来。由于直到编写完程序的所有元素你才能检查最终的结果，因此我们通常需要编写测试代码来打印出各个节点的程序状态。等到你对这个测试代码的输出感到满意后，你就可以把它注释掉——在功能上把它删除掉，但是代码还留在程序中，以便在未来的调试过程中还可以重新使用它。

如果你需要写入一个文件，请务必在一个 sandbox 文件夹——也就是一个你可以安全运行程序的地方，同时一定要使用数据的副本工作，而不是直接用原始数据，这可以避免在开发、测试和调试时删除或改变关键的原始数据。一定要牢记，即使是一个像打开文件一样简单的动作，也可能因为操作错误而导致文件所包含的数据被删除掉。另一项安全措施是在编写实际打开输出文件并写入数据的代码之前，先将输出文件名和文件内容打印到屏幕上。这种做法将有助于你在意外发生前及时阻止错误的发生。

思考你的假设

有几种令人沮丧的错误类型是由于最基本的一类错误导致的。以下是一些注意事项。

(1) 确保你正在编辑的程序版本和你正在使用的版本一致。如果你要将程序文件复制到某个数据目录里，或者以一个不同的版本保存，或者将一个查询副本发送给同事[2]，无论在上述的任何时刻，你必须确保在命令行中键入的程序名称及实际执行的程序，一定是你最终编辑的程序版本。最令人抓狂的调试经验之一是你已经识别并纠正了某个问题，但在运行程序时还是得到了相同的错误——这可能就是因为你所编辑的副本不是正在执行的那个副本。你可以使用 `which` 命令得到命令行中所调用的程序的绝对路径(例如，`which myprogram.py`)。检查确保所报告的名称与你正在编辑使用的文件名相同。正

2 顺便说一句，用电子邮件发送程序，比听起来要困难得多。许多病毒检查器将会自动把包含了 shebang 行的附件删除，有些甚至会将粘贴到邮件正文中的脚本文本删除。即使你把程序压缩到 zip 文件中，你的附件可能仍然无法通过病毒扫描。你可能需要在不带 shebang 行的情况下复制该脚本，要不然就把它发布在一个 FTP(文件传输)网站上或放在你的计算机上的某个网络共享文件夹中。

如我们在其他地方所解释的，最好不要把一个程序在你的计算机上建立多个副本。只需要放置一个版本在包含在 PATH 中的文件夹内，你就可以从任何地方运行该程序了。

(2)在重新运行程序之前，请确保你已经把更改的程序文件保存好了。shell 将执行保存在磁盘上的程序的版本，而不是你在文本编辑器中输入的内容。如果你已经把程序的错误修改好了，但忘记保存，它仍然会出现错误。

(3)检查行尾，并在需要时对其进行修改。如果你的程序要读取文本文件，确保它一次只读取一行。如果你有不正确的行尾字符，它可能会将文件中的所有内容都作为一行对待。解决这个问题的方法之一，是通过向 open 命令添加标记 U 来打开使用通用换行符的文本文件：

```
InFile = open(InFileName, 'rU')
```

当文件以这种方式打开时，所有的行结尾都会被转换为换行符(\n)。

(4)检查数据文件的内容。如果输入的数据文件有问题，即使是一个完全没有 bug 的程序，也可能会崩溃或产生不正确的结果。这些问题可能会以多种形式出现。例如，在你的序列文件中是否真的只有 AGCT，是否还有其他符号(如-、?)，或者在最后有星号；你所读入的数字是否总是正的，还是也存在一些负数。在许多情况下，你会发现自己正在使用的文件并没有明确定义的格式，在这种情况下，你输入的文件可能在其他程序中是正确的，但是并不能在你写的程序中正常工作。举例如下：你期望文件中-1 代表数据缺失，但是却发现在文件中实际使用 NaN 代表数据缺失。这样的话，如果你尝试将所有值转换为整数，则会导致错误。

你应该预先考虑到文件格式问题，在解析或使用数据之前，认真检查数据格式是否如你预期的那样。如果你发现了错误，并且怀疑是由于输入文件的问题，你可以添加代码使得在程序处理输入数据的时候打印数据文件的行号，然后查看在崩溃前程序所处理的最后一行数据附近的行。让测试代码在程序运行时提供反馈，这就是另一个有价值的例子。

具体的调试技术

隔离问题

当你的程序运行失败并给出错误消息时，有时候解决方案可能是显而易见的，但也可能是很模糊的。通常情况下，问题并不在于生成错误报告的那一行。如果在这一行上你的确没有看到有什么问题，那么就要开始查找前面几行中是否有错误。例如，如果有缺失的括号或未关闭的引号，程序可能会超过有错误的行继续运行，直到程序无法继续计算下去才会停止。

注释掉部分程序可以帮助你隔离问题。通过有效的注释可以将这些代码部分关闭，这样你就可以检查程序是如何在没有它们的情况下运行的。一旦问题被发现并修复完成了，只需要删除注释标记就可以恢复全部程序。只需在行的开头添加一个#，就可以将这一行代码转换为注释，在许多计算机语言中都是这样规定的。这对只有几行代码时方便有效，但如果你想关闭某一大块程序时，则会变得很麻烦。因此，在后一种情况下，我们往往采用多行注释的方法。在 Python 中，这样的注释用三重引号标记：在要跳过的代码块前后分别有三重引号的标记[3]。

注释还可以用来标记出循环的结束位置。在嵌套语句(多个级别的缩进)中，你很难识别出某一个特定的缩进级别指定的是哪个 if 语句或 for 循环。在该缩进块的末尾使用正确的缩进级别加入一个简短的评论，比如#end if negative 或是#end for each file，可以帮助你避免无意中把命令缩进(或反缩进)到错误的块中。

编写冗长的软件

当你在编写程序代码时，要加入大量的诊断 print 语句。例如，报告打开文件的名称、第一行的值或已处理的行数，以及你从输入文件中解析或构建的列表的摘要清单。每次插入这样的语句时，都需要在前面加上一个 if Debug:语句。因为在程序的顶部有变量 Debug，通过控制它为 True 或是 False 的状态，你能够在反复测试和实际使用中快速打开或关闭状态报告。你甚至可以使这个额外的输出定义为一个可选项，当程序在命令行中运行时，可以通过参数进行切换。

```
import sys
Debug = True

# (insert program statements here)

# wherever you want to give feedback, insert these lines
if Debug:
    print MyList
    # or you can use
    sys.stderr.write(MyList)
```

你不必创建一个花哨的 print 语句，用来在调试过程中输出结果。通常一些简单而快速的语句就足够了。即便你只使用名称，Python 也将打印出列表或变量的全部内容，即使这个变量不是字符串也会这样。

如果程序的某一部分产生了错误，或者你怀疑它可能运行得不正确，那么打印出代码中正在使用的列表或字典的值，将会给你提供有价值的信息。例如，你可能使用了一个不存在的元素索引(请记住，第一个元素的索引为 0，最后一个元素的索引为列表的长度-1)，或者你可能添加了一个尚未初始化的列表(MyList=[])。如果你在执行更多操作之前，添加了一个 print MyList 语句，那么其中的许多错误将变得非常容易识别。

你还可以使用 Python 解释器作为调试设备。将程序的部分代码粘贴到终端中，然后

---

3 你可能还记得在第 8 章中，三重引号定义了包含行尾的多行字符串。将三重引号包围在代码行之外，将会创建一个字符串。然而，由于这个字符串没有被分配到变量，所以最终的结果是，这个字符串的内容对整体程序而言是不可见的。

通过键入变量的名称来探索它们的值。这种方法可以有效地测试解析指令、正则表达式和其他基于字符串的操作；对于涉及读写文件的操作来说，这个方法不是很有效，但是你可以通过手动定义该值，来模拟从文件中读取的第一行数据。例如，在提示符处，你可以只输入 `MyLine=""`，而不是输入 `for MyLine in MyFile:`，然后在上述引号之间粘贴上示例行的数值。

错误信息及其含义

常见的 Python 错误

当你运行 Python 脚本时，除了它输出的正常状态消息之外，你还可能会看到如果程序崩溃时，由 Python 解释器生成的各种错误提示信息。在某些情况下，这些提示会清楚地表明需要解决什么问题，但在更多时候，这些错误提示信息可能很难理解。表 13.1 列出了最常见的 Python 错误消息，以及它们可能的原因，还有如何定位和解决这些问题的建议。

表 13.1　Python 程序运行过程中的常见错误和一些可能的解决方案

错误报告示例	可能的原因和解决方案
`-bash: myscript.py:command not found`	如果此错误以`-bash` 或 shell 名称开头，那么你尝试运行的程序（本例中为 `myscript.py`）可能不在你的 `PATH` 中列出的文件夹中，或者其权限未设置为可执行。请参阅第 6 章设置 `PATH` 变量，并在命令行尝试输入 `chmod u+x myscript.py` 将该文件指定为可执行文件
`/Users/lucy/scripts/myprogram.py: line 3: import:command not found`	如果是在你的 Python 程序中报告了 `command not found` 错误，而不是从 `bash` 报告（你可以根据它之前的文本来判断），那么你的 shebang 行可能有问题。具体来说，它可能不会将脚本的内容发送到 Python 程序或其他合适的解释器。仔细检查文件中的`#!`行或者从正在工作的程序中复制这一行 如果在程序中拼错了内建的 Python 函数，也会产生这种类型的错误。仔细检查调用了这样函数的行是否存在拼写错误
`bad interpreter not a directory`	shebang 行在`/usr/bin/env/`之后有一个斜杠，这使得 `env` 就像一个目录一样。删除最后的斜线即可，让解释器明白 `env` 是一个程序
`Usr/bin/env: bad interpreter: No such file or directory`	shebang 行中 `env` 之后的语句部分没有找到。复制 shebang 行`#!`字符后的内容并粘贴到终端窗口中以查看是否启动 Python
`Permission denied`	权限不可执行。使用 `chmod u+x myscript.py` 修复
`name 'x' is not defined`	这里有几种可能性： • 在程序中变量名称拼写错误； • 你正在尝试修改一个未定义初始值的变量，例如，你可能正在添加一个没有被首先定义为空的列表或字符串。通过初始化变量来修复，例如，`MyList=[]` 或 `MyString=""`； • 你正尝试使用需要先从模块导入的功能； • 正在使用一个函数却没有加上用圆点定义的必要的模块名称，例如，`randint(5)`而不是 `random.randint(5)`；或者将模块名称添加到函数名称中；或者使用 from 重新解析输入（如 `from random import *`）来直接访问所有模块的函数
`Indentation error:`	猜一下！ 如果文本是从网页上粘贴来的，请使用文本编辑器中的“显示不可见”来确保缩进全部都是制表符或全部空格。另外请记住，复制和粘贴有时会引入隐性不可见的字符

续表

错误报告示例	可能的原因和解决方案
Attribute error	内置函数的拼写错误。例如，如果你有一个字符串 MyString 并使用 MyString.lowercase()而不是 MyString.lower()，就会出现此错误。要修复它，请仔细检查点符号后面的函数或变量名称
type error 'xx' objects is not callable	尝试使用圆括号而不是方括号从列表中检索值，导致列表被解释为函数名称
traceback...zero division error	除数为零。这种情况经常发生在当一个函数意外返回了一个零，或者当输入数据中有一个意外的零时。检查用户和变量输入以确保字符串存在并且不为空。在将某个数用作分母之前，请确保它不为零
Non-ASCII character '\xe2' in file	一种可能性是该文件包含一个或多个“弯的引号”。搜索这些引号并用“直引号”全部替换掉找到的内容。另一种可能性是，还有一些其他符号，如原点或度符号被使用，但没有指定 Unicode UTF-8。在#!行下面添加# coding: utf-8
Invalid syntax	这可能有很多原因，它既有可能在错误报告所示的行，还有可能在前面的行中： •在 if、else 或 for 语句后缺少冒号； •缺少右括号或右大括号； •在逻辑测试中使用=而不是==； •缩进时混合了空格和 tab

shell 错误

一个最常见的 shell 脚本错误是出现非法字节，有时在读取文件时就会被 shell 命令报告错误。这个错误源于 Unicode 字符的存在(非典型标点符号如• ° ≠或弯曲的引号)，这会导致文件出现混乱。一些命令行程序(包括 cut 和 tr)是无法处理 Unicode 字符的。如果出现这样的错误，请在文本编辑器中打开文件，并使用搜索和替换删除掉全部有问题的字符。

其他常见的错误多数是源于符号的使用，例如，\ > * <;/还有空格——这些符号在 shell 中有强大的含义(它们不只是表情符号)。如果使用不当，这些符号甚至可能会导致文件完全丢失，所以在使用实际的数据之前，先在 sandbox 文件夹中彻底测试 shell 命令和脚本是一个好主意。如果函数参数包含带有标点符号的字符串，请确保在字符串周围有引号，并且在必要的情况下可以使用\符号转义；否则，shell 将根据它自己的规则来解释标点符号。例如，grep ">" test.Fasta 表示在 test.Fasta 文件中查找包含>的所有行，而 grep > test.Fasta 则表示将 grep 的输出重定向到 test.Fasta 文件中并覆盖该文件的所有内容。

让你的程序更有效率

优化

在某些情况下，程序虽然能够完成预期的任务，但是运行速度太慢或者需要太多的内存，导致它基本上无法顺利使用。考虑到现代计算机的速度，对于一般典型的数据处理任务来说，程序的效率可能不是一个严重的问题。然而，随着你的数据集的规模增长及你的分析变得更加复杂，提高效率可能就会变得越来越关键了——或者至少能让你的分析体验更加轻快。

在大多数情况下，任何指定任务的程序都会有多种编写方法。因此，当你计划一个项目时，最好先考虑用哪种方法最有效。一个典型的程序运行时，大部分时间都花费在一个循环中反复做相同的操作。识别哪些循环将会被反复使用得最多，就应该集中精力优化其中的代码，然后再转向其他较低的优先级。确保如果没有使用到的变量，就不要创建该变量。如果一个函数会被多次调用相同的参数，就应该查看是否可以一次性调用它，然后将结果存储在可重用的变量中。

你可以通过打印或保存程序开始运行的时间，来帮助判断不同方法的相对效率[可以使用 time 模块中的函数 time.localtime()]，然后当程序运行完成时，再次打印时间，或者打印程序运行消耗的时间[如果要打印消耗的时间，可以使用 time.time()，它返回自固定起始时间后流逝的秒数]。这些工具可以很精确地进行时间操作，即使是针对只需要几秒钟时间来处理的小数据集，也能帮助判断优化速度。

```
import time
StartTime = time.time()
# perform your commands here
print "Elapesd: %.5f" % (time.time() - StartTime)
```

然而，如果你试图在一个非常非常小的数据集中，高度优化一小段代码(可能是在代码移动到更大的数据集之前进行的测试)，那么运行经过的时间实在太短，上述方法可能无法精确测量。为了解决这个问题，你可以把程序嵌套在一个循环中，使它重复运行1000遍左右，这就能更清楚地揭示你的优化效果了。

查找在循环中需要重复执行的计算，即使在循环迭代之间的值没有改变也可能被重新计算。移动这些语句，使它们在进入循环之前就被分配给一个变量，并且只有在可能改变值时才重新计算。一个类似的规则适用于打开和关闭文件：不应该每次为其写一个值时，就关闭并重新打开一次文件。你应当保持打开文件，然后执行循环读取或写入，只有在退出循环后再关闭文件。

使用 try 和 except 来处理错误

在 tinyurl.com/pcfb-speed 上有一些优化 Python 程序的好方法。其中有一些看似反常的建议，例如，在某些情况下，你所编写的程序会考虑在访问一个值之前，先检查它是否存在于列表或字典中。不管值是否存在，这都需要花费一定时间。一种更快的方法是尝试直接访问值，而不用事先检查它，如果出现错误，则推断它不在那里。Python 有一对有趣的命令——try 和 except，可以组合使用这个策略。在 try:下缩进的一段代码像往常一样执行，直到发生错误，在这种情况下，程序立即退出缩进代码块，并继续下一个缩进的语句。在 try 语句之后，只有当前面的 try 语句触发错误时，才会执行 except:之下的一段代码；如果没有错误，则不执行 except 块，并且在这种情况下，程序本质上“完全摆脱”了执行检查所耗费的时间。except 语句可以进一步指定遇到的错误类型。如果指定 except KeyError:，当试图访问字典中不存在的键时将执行该代码块；如果指定 except IOError:，则当文件无法找到或无法打开时执行该代码块。

图 13.1 是一个比较这两种方法读取相同序列片段文件的例子：第一种方法使用传统的 if 语句先测试一个键是否在字典中，第二种方法是 try 和 except。在本例中，程序循环读取字符串，并尝试将它们添加到现有字典值的末尾处。如果值还不存在，它将使用所述的字符串定义一个新的键-值对。对于包含 77 000 个序列、5 000 000 行的数据文件，第一种方法在 33min 内完成，而第二种方法花费仅仅花费 1s——相差了 2000 倍！

(A) 传统方法

```
for Line in File:
    if Line[0]==">":
      Name=Line.strip()[1:]
    #lines with > are Names
    else:
      # check for a pre-existing key
      if Name in Dict.keys():
        Dict[Name] += Lines.strip()
      # not a key so define
      else:
        Dict[Name] = Line.strip()
```

(B) 快速方法

```
for Line in File:
    if Line[0]==">":
      Name=Line.strip()[1:]
    else:
      try:
        # try to append with +=
        # assumes Name is a key
        Dict[Name] += Line.strip()
        # oops,not a key so define
      except KeyError:
        Dict[Name] = Line.strip()
```

图 13.1　序列阅读程序处理相同序列片段文件的两种方式。(A) 传统的 if 语句，需要先测试键是否在字典中。(B) 尝试直接追加到字典而不检查，使用 try 和 except。版本 A 需要多 2000 倍的时间才能完成相同的任务。

当你实在被困住时

有时候你会遇到一些错误，由于太过复杂，靠自己实在无法在有限的时间内解决。一双新的眼睛可能会容易发现被你忽视掉的问题，当你不得不向别人解释你的程序是如何运作的时候，也会帮助你发现解决问题的思路。当你一步一步地向某个人解释代码的时候，你可能会突然意识到缺陷的本质。诚然，这个人虽然对该程序没有和你一样的经验，但另一方面，他也不容易被你所做的假设蒙蔽，这正如本章的第一部分所解释的那样。

当系统不能正常工作的时候，人们很容易报怨这个系统，不过有时的确是“计算机的错”。请在不同的计算机上，或者在不同的操作系统下尝试运行你的程序，这可能会帮助你发现你的计算机中缺少一个关键的库或相应的软件。

在你变得过于沮丧焦躁之前，你可以先访问程序员的在线社区，包括 practicalcomputing.org，通常他们会很乐意帮忙。提问时务必提供理解你的问题所需的所有上下文信息，包括数据文件、系统配置和所涉及的程序的文本。你需要提供足够的信息，让其他人如果愿意的话，能够在他们自己的系统上复制错误。相比之下，如果你仅仅张贴几行孤立的问题，比如“为什么这样不行？？？”，那么你可能是无法得到帮助的。

总　　结

你已经学会了：

- 在处理错误时，要质疑你的假设；
- 逐步编写程序，检查每一部分是否能够工作，然后再进行下一步；
- 用 `print` 语句或 `sys.stderr.write()` 得到反馈；
- 使用`"""comments"""`来打开和关闭部分程序代码；
- 解释并且解决 Python 发出的错误消息；
- 从错误中吸取教训。

进一步学习

- 当你遇到并顺利排除了故障时，请将它们保存在一个名为 `pythonhints.txt` 的文件中，并保存在`~/scripts` 目录中。这也是存储好用的 Python 命令、代码示例或你觉得有用的复杂语法(如列表理解)的好地方。
- 尝试分辨错误是由于语法(如缩进错误)还是由于在设计分析流程中存在缺陷(如脚本无法处理文件中的最后一行)。随着你编写的脚本越来越多，语法错误将变得越来越不常见，但你仍然要时刻警惕，以防范发生分析错误。
- 为了更深入地调试 Python 程序，你可以探索一些可用的 Python 调试器，包括 IPython、IDLE，以及用于 Eclipse 的 PyDev 插件。

第四部分　多种方法合并

第14章　选择和组合工具

在前面的章节中，你已经获得了使用一系列工具的经验，但是当你应用它们解决新问题时，还需要学习一些新东西。此外，你还必须能够为每项工作选择合适的工具。在某些方面，这是一项更难获得的技巧。在这里，你将回顾并考虑如何决定哪些工具用于哪些问题。在继续学习其他专业主题之前，这种鸟瞰的视角提供了一个好机会，让我们可以回顾之前提到的各种技能。

你的工具箱

在前面的章节中，你已经熟悉了一系列既灵活又强大的处理数据的工具。这些工具分为四大类:

- 正则表达式，用于搜索和替换；
- shell 命令，用于与你的计算机通过命令行进行交互；
- shell 脚本，用于整合和自动化多个命令行操作；
- Python 程序，用于更高级的处理。

考虑到有一系列选项，所以对于一个给定的计算问题，几乎总是有不止一种可能的解决方案。例如，许多任务既可以用一个 shell 脚本处理，也可以通过 Python 程序实现。有时，对一些有挑战性的任务，最好把一系列工具都整合到工作流中来解决问题，而不是只使用一个工具来解决。虽然完全遵循一个示例很容易，它会仔细指导你如何用给定工具解决指定的问题，但在刚开始处理问题的时候，要决定使用哪种工具，可能会让你感到非常困惑。如何列出你的分析策略，并做出这些重要的决定是本章讲述的重点。

我们将把这些信息连同三个决策表一并呈现。图表以一般的问题或任务开始，后面为可能的解决方案。找到最适用于你任务的图表，跟随符合你要求的路径，然后再考虑建议的方法。这些简短的图表列出了前几章给出的各种方法，并且还将指导你去阅读后续章节中可能有用的部分内容。

数据处理任务的类别

获取数字数据

文本文件是数据分析的通用货币，因此你的许多任务都可能涉及数据收集，并将它整理成一个简单的文本格式。这可能涉及从用户获取输入(通常是你自己)，或者使用从另一个程序导出的数据，或者从在线资源中提取数据。

来自用户输入的数据　当数据短且容易输入或粘贴时，命令行中的用户输入就是可接受的一种简便输入方式。本书中的 `dnacalc.py` 程序就是一个例子，用户输入其中的值将被用于随后的计算中。在其他情况下，你可能会考虑从用户输入一个脚本，用来获得反向互补的 DNA 序列、转换含氧饱和度单元，或者将十进制纬度/经度值转换为度数、分钟和秒的格式。用户输入也可以告诉程序你想要它执行的文件集合，正如在你的程序文件 `filestoXYYY.py` 中使用 `sys.argv[]` 变量一样。在第 16 章中，你将了解如何在 `bash` shell 中实现同样的功能，在你的 shell 脚本中会使用`$1` 来表示用户输入。

互联网中的数据　如何与网络资源进行交互，这取决于你的需求——特别是你预期要处理的文件数量，以及你访问它们的频率(图 14.1)。如果你预期只需要一次性获取少数几个文件，并将它们处理成可用的格式，那么最简单的方法就是进入网页，查看源代码，并将源代码复制粘贴到一个新的文本文档中，然后你就可以使用一系列正则表达式去重新格式化数据。第 9 章描述了访问 Web 数据的过程，第 2 和第 3 章中描述了正则表达式的应用，在附录 2 中进行了总结。

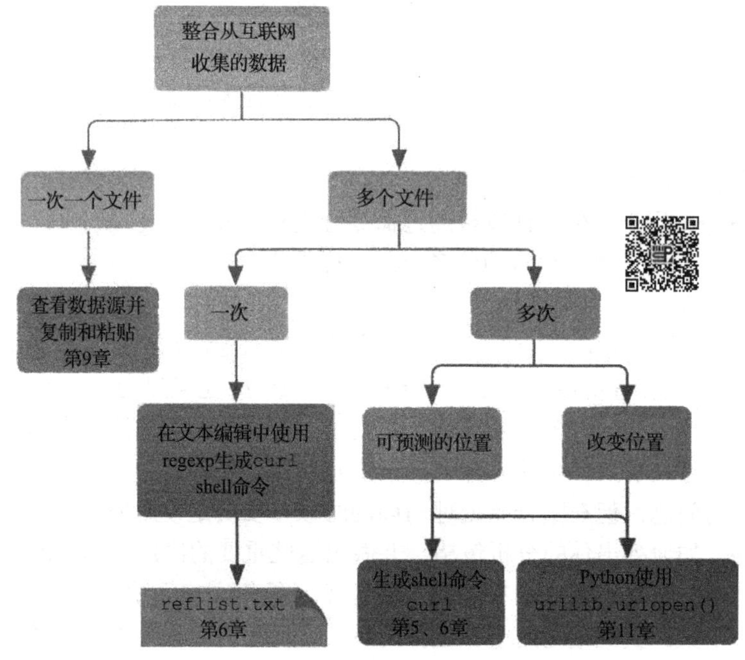

图 14.1　从互联网收集数据的决策图表。灰色的方框表示一般的问题。蓝框是对任务逐步更详细的描述。紫红色框里是适用的工具。绿框里是一些演示解决方案用到的具体示例脚本。(彩图请扫二维码)

如果你需要从 Web 中提取许多文件——无论是数据系列、图像，还是一组网页，那么最好在 shell 窗口中使用 `curl` 去自动下载这些文件(或者换成用 `lynx`，或者用 Linux 中的 `wget`)。这比在 Web 浏览器中点击大量页面的源代码要方便得多。第 5 章末尾描述了 curl 命令细节。你可以使用 `curl` 同时收集多个文件，也可以将许多 `curl` 命令保存在一个 shell 脚本中，如第 6 章所示。

如果你需要定期从 Web 获取数据，如获取每日的温度记录，那么使用 `urllib.urlopen()`来编写一个 Python 脚本会方便得多。

这种方法还可以容纳更复杂的且不可能由 curl 生成的网址。例如，许多资源定位符的时间序列数据是由日期的变化构建的，因此你可以编写一些 Python 代码，以便在指定的日期自动生成 URL。urllib.urlopen()模块在第 12 章中有简要说明。

其他程序中的数据　有时你希望获取的数据流是另一个程序的输出。在命令行中，你可以使用重定向操作符(>或者>>)把输出的数据放到一个文件中，或者使用管道操作符(|)将输出发送到另一个 shell 命令中。例如：

```
history | grep "pcfb"
```

像这样的 shell 操作可以在大量的输出中筛选你感兴趣的项目。更多使用管道操作符和函数来结合 shell 命令的例子，见第 16 章或查询附录 3。

然而，重定向和管道操作符并不能在每种情况下都能成功连接命令行程序。例如，如果你希望使用的第一个程序将数据输出到屏幕，但是第二个程序要求将数据文件的名称作为输入项，那么管道操作符就不适合将它们组合成单个命令。因为在第二个程序中会将第一个程序的输出解释为文件名，而不是数据本身。

硬件中直接获取的数据　许多仪器和传感器通过一个串行端口与计算机连接。这种设备的数据流通常由设备制造商提供的特殊软件来记录。数据通常可以用纯文本格式从其中导出。通常使用这种设备提供的软件功能相当有限，不能结合其他分析工具，实现自动化的工作流程。当你想要以设备软件不允许的方式使用分析工具时，可以直接从串行端口截取数据流，然后再用你喜欢的方式去解析它。第 22 章给出了一些如何直接利用这些设备，并用定制的电子产品与物理世界进行交互的背景知识。

电子表格中的数据　许多人误认为电子表格软件是数据集管理的基础。但事实上，电子表格只能适用于小的、一次性的项目和较简单的记录，而对大型分析和复杂数据集并不适合。它们无法构建为一个很好的中央数据仓库，因为它使用了复杂的文件格式，很少有软件能够顺利打开和操作它们。此外，它们效率也很低下，而且有时还没有处理大型数据集的能力。

在分析处理大型电子表格数据时，第一步通常是用基本的文本格式重新保存数据。重新保存数据有一个笨办法，就是用原生的程序(如 Excel、OpenOffice、Numbers)打开该文件，然后将这些数据以制表符或逗号分隔的文本文件形式导出(即一个 CSV 文件)。虽然这对处理一两个文件来说没有问题，但是反复点击电子表格程序的菜单，即使对少量文件也会非常麻烦。如果你已经安装了 MATLAB，你可以用 MATLAB 的 xlsread 命令编写一个文件转换的脚本，将 Excel 文件转换为原始文本。另一种选择是安装 xlrd Python 包去访问电子表格文件的内容(软件安装的常用说明在第 21 章，但简要来说，你可以在 http://pypi.Python.org/pypi/xlrd 里下载源代码，然后双击解压压缩文件，使用 cd 移动到该目录并输入 sudo Python setup.py install)。还有其他的电子表格转换包可用，包括基于 Perl 的 xls2csv 函数和基于 PHP 的 phpexcelreader。作为替代方法，你也可以给 OpenOffice 或 Excel 编写一个宏指令去读取所有的文件并将它们导出[1]。

1 宏指令是指在一个程序内部脚本系统中构建的另外的脚本。OpenOffice、ImageJ、AppleScript 和 Automator 都可以创建宏指令。

以.xlsx为文件扩展名的新电子表格文件，都是包含 XML 文件的压缩文档，你在第 10 章中遇到过它们。在该文档中包含你的数据档案的文本文件。如果 Python xlrd 函数无法在你的文件上正常工作，那么可以在文本编辑器或 Python 脚本中打开这些 XML 文件，并提取感兴趣的数据。从命令行中，尝试解压一个.xlsx 文件并查看 xl/worksheet 目录：

```
host:~ lucy$ unzip SpreadsheetDataA.xlsx
Archive: SpreadsheetDataA.xlsx
  inflating: [Content_Types].xml
  inflating: _rels/.rels
  inflating: xl/_rels/workbook.xml.rels
  inflating: xl/workbook.xml
...etc...
host:~ lucy$ cd xl/worksheets
host:worksheets lucy$ ls
sheet1.xml sheet3.xml sheet5.xml sheet7.xml sheet9.xml
sheet2.xml sheet4.xml sheet6.xml sheet8.xml
```

它可能看起来一团乱麻，但 sheet1.xml 将包含你文件中的第一个数据表。有个现存的shell脚本可以很容易对你所有的文件都执行这个解压的命令，并复制xl/worksheets/sheet1.xml 到 sheetA.xml 文件。有一个名为 xml 的内置 Python 模块，虽然我们在这里没有对它详细介绍，但是它提供了一些使用 XML 文件的功能。

当然，要避免处理这些转换的一种最简单的方法，就是在数据分析过程中尽量避免使用电子表格数据文件。

重新格式化文本文件

数据处理第一个面临的常见问题，就是文本文件处于“错误”的格式——数据就在那里，但它们不是按照预期那样被整理成正确的格式。你可以使用很多通用工具软件将文本文件中的数据重新格式化，不需要去找专用的软件来打开并检查这个文本文件。在可能的情况下，你应该尽量用纯文本格式而不要用其他专门的格式。

对数据文件进行重新格式化的软件选择很多，所以无法在单个图表中列出所有可能的软件。我们在图 14.2 和图 14.3 中总结了一些主要的方法。首先要考虑的是，将数据重新格式化为特定格式的修改工作，是否只是对少数几个文件就做一次。如果是这种情况，文本编辑器里的正则表达式就足够了；如果你需要将很多文件都进行重新格式化或者要执行很多次，那么这种情况下用脚本就非常有必要了。请记住，当你经常需要返回并重新分析某个数据集时（因为可能有些值需要反复校准，或者你必须添加一些起初没有得到但在最后时刻才得到的测量值），在这种情况下，即使创建一个脚本可能也比在文本编

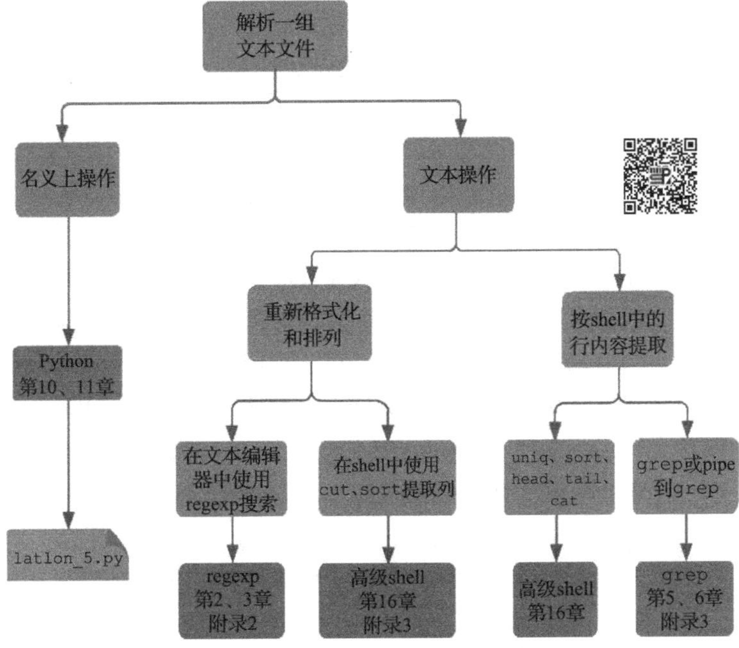

图 14.2　解析一组文本文件的决策图。(彩图请扫二维码)

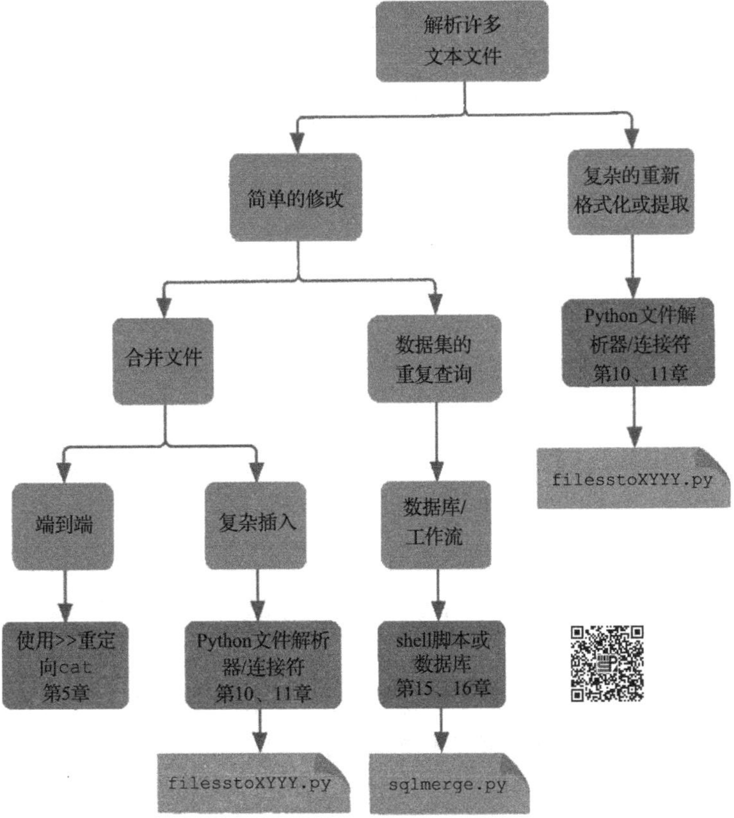

图 14.3　需要处理多个文件或要重复处理几个文件的操作决策图。(彩图请扫二维码)

辑器中手动执行相同的操作要多花费两倍的时间，通常这个花费也是值得的。此外，除了能够快速重新执行分析之外，脚本本身还充当了说明文档，解释了数据是如何修改的，这对于总结分析结果是非常关键的。

从正则表达式开始　如果你只有一个文件需要处理，你可以直接在文本编辑器中使用正则表达式(也称为 regexp)去重新排列和提取数据元素，这在第 2 章和第 3 章中已经解释过了。考虑到你要用到搜索和替换操作，只简单使用一个搜索表达式通常是无法完成文件转换的——所以不要奢望只用一个绝妙的 regexp 就能解决所有问题。你可以在一行中多次使用正则表达式，顾及重新格式化的各个方面。你要将所做的全部替代式样，在笔记本或笔记本文件中记录下来。例如，如果你连续执行了多个替换操作，你就要将每次搜索和替换项分别复制到一个单独的文档中。这些都会非常有用，比如你要再次重复这个转换，或者在你最终编写的 Python 脚本中要对这些替换进行自动操作。在使用 TextWrangler 时，系统会自动记录下你的操作，所以你可以随后再保存这些搜索项，也可以从最近的历史记录清单中挑选出搜索和替换项。

如果你已经浏览了第 2 和第 3 章中介绍的正则表达式，那么附录 2 中的引用表就是一个提示语法和策略的好帮手。

命令行操作　另一种与你的文件交互的方法就是通过命令行。这在涉及多个文件操作时会非常有用——例如，当使用 `cat` 命令连接多个文件，或者如第 5 和第 6 章中提到的那样，使用 `grep` 提取特定行时。如第 20 章所述，如果你正在操作一台远程计算机上的文件，那么在命令行中使用文本也是一项需要掌握的重要技能。

一些高级的 shell 函数对于文本操作来说非常强大，特别是第 16 章中提到过的内容，包括可以提取特定数据列的 `cut` 命令，可以使用 `sort` 命令使行按字母或数字的顺序进行排序，以及使用 `uniq` 命令将一个数据流缩小成一个无重复项的列表，同时还能计数处理过程的次数。在第 5 章中介绍过并在第 16 章中有详细阐述的管道操作符(|)，可以将这些命令连接在一起。如第 6 章所述，你可以将所有 shell 命令作为脚本集中到一个文本文件中。使用 `history` 命令查看你最近的 shell 操作，这样你就可以将它们合并到一个脚本文件中。shell 操作还可以组合成经常使用的别名(快捷命令)或函数(多重快捷命令，包括可以从用户输入信息)。对于从大量相似文件中进行相对简单的数据提取来说，这种方法是非常有用的。重命名或移动文件也是 shell 脚本或函数十分擅长的工作。

你可能认为图形文件需要通过图形用户界面来处理。然而，shell 脚本使用第 19 章中介绍的许多命令行工具，也可以很容易地操作图形文件。如果你的工作流程涉及图像，那么一定要查看 `sips`，ImageMagick(通过 `convert` 和 `mogrify`)和 `exiftool` 等软件的处理能力。

Python 脚本　对执行自动化文本操作(如解析和格式化)及更复杂的分析来说，Python 脚本是最强有力的工具。有许多模块可以用于各种特定需求的操作，Python 甚至可以用来控制其他程序。表 14.1 总结了本书中的示例程序和脚本，旨在作为模板，让你能够开发适合自己研究所需的程序。它们包括三类交互类型：用户输入、读取单个文件和读取多个文件。

表 14.1　示例程序及介绍过的脚本

shell 示例	
shellfunctions.sh	被用来作为向你自己的.bash_profile 添加工具的起始点的一个 shell 函数表格
shellscripts.sh	本书中介绍过的长 shell 命令的示例，包括 curl 函数的使用及编辑你的 PATH
Python 示例	
asciihexbin.py	打印一个展示 ASCII 或 Unicode、十六进制、二进制值的表格到屏幕上
bootstrap.py	使用 random 模块来创建 bootsrapped 数据集(resampled from original data with replacement)；能够被转换成一个模块以使用于其他程序
compositioncalc2.py	循环通过字符串的独特元素(如蛋白质或 DNA 序列)，并计算每个元素的百分比组成
dnacalc2.py	如上所述，但是具有附加属性，可以根据序列长度使用不同的公式对序列进行计算
exifparse.py	使用 Python 运行 shell 命令，包括 exiftool 程序；从一系列图像中提取定量元数据并以表格形式打印
filestoXYYY.py	以一系列文件作为输入，提取数据列，并将这些列合并到一个文件中
latlon_5.py	将位置的分隔文件转换为 Google Earth KML 文件
matplotCTD.py	在 Python 中，使用 matplotlib 模块来绘制文件中的数据
mylatlon_4.py	读取分隔文件，转换格式，并使用 MySOLdb 模块将条目插入到 mysql 数据库中
proteincalc.py	对于 string 中的每个字符，从字典中查找对应的数字值并将该值添加到总和中
seqread.py	将文件中的数据加载到列表和字典中，使用该行的第一个字符来确定哪些值成为关键字
serialtest.py	演示使用 Python 的 pyserial 模块从串行端口读取数据
sqlmerge.py	从 MySql 数据库中的一个表中提取值，并使用它们从另一个表中提取值；将这些值合并为一个分隔的打印输出

为了在 Python 脚本中与用户输入进行交互，你可以创建一个高级的“计算器”或在一组用户指定的文件上操作，也可以使用前面章节中所述的 raw_input()函数或 sys.argv[]变量。对于更复杂的操作，通常要使用 open 命令来读取和写入数据文件：

```
Infile = open(InfileName, 'rU')
```

通常还会跟随一个 for 循环，以循环遍历文件中的所有行：

```
for Line in Infile:
    # process each line here
```

在 Python 中有一些文件读取和写入的例子，展示在 latlon_5.py、mylatlon_4.py 以及 filestoXYYY.py 中。

对于大部分操作来说，在 Python 程序中使用单个 for 循环就足够了。但是，对于更深入的计算或跨多个文件的数据合成来说，在基于组合值生成输出之前，你可能还需要使用一个循环来将文件读入到列表或词典中去。如第 10 章所述，第二个 for 循环可以循环打印输出行或将其保存到文件中。

要将 shell 命令与 Python 脚本结合，你可以在 bash 脚本中包含一个程序名称，或者使用 Python 的 os.popen() 函数去调用 shell 命令，就像在第 16 章中提到的 exifparse.py 示例脚本一样。

综合考虑

当人们进行更复杂的分析时，容易遇到的最大陷阱之一就是不及时记录他们所做的事情。如果你不能告诉别人你是怎么得到它的，一个科学的结果也只能当成是一个谣言。如果你需要再做一次的话，你也应该不想浪费时间去猜测你之前做了什么。所以当你进行分析工作时，要仔细记录你的脚本、搜索和发现。最好尽可能地注释这些信息，同时集中保存这些记录。要做到这一点，最简单的方法就是为你的分析创建一个纯文本的笔记本文件，就像你要保存一个书面的实验室或野外记录簿一样。把你的命令和结果粘贴进去，并注释清楚你为什么以这种方式做。

最好的程序通常也是你最熟悉的程序；通过在你比较了解的脚本中搜寻，重新利用这些内容(包括在本书中介绍的内容和你在网上找到的其他脚本)，将能够构建一组可帮你完成各种各样的任务的工具。HandyShellCommands.txt 文件是一个随手记录有用命令的好地方。你可以使用 grep 在这个文件里进行快速查找来帮助你回忆各种操作的相关命令。如果不经常使用，你对 shell 的熟练程度和构建脚本的技能就会生疏，所以好的笔记与定期锻炼相结合，可以让你保持良好的状态。

总　　结

你已经学会了：

- 如何从用户、网站和其他程序中收集数据；
- 从电子表格中提取数据的一些操作；
- 重新格式化文本文件的操作。

进一步学习

- 创建一个包含你喜欢的命令的文本文件，并在发现新的和有用的内容时及时更新。
- 制作与你的研究最相关的程序和脚本的副本，重命名它们，并添加详细注释，它们调整后就能够适用于你的新任务了。

第15章 关系型数据库

本书一直强调要将数据存储在容易理解和可移植的纯文本文件中。一般来说，纯文本文件可以满足许多科学需求。不过，我们还有其他的选择，它不仅保留了许多与文本一样的优势(开放的标准、高可读性和广泛的支持)，还大大增强了从大型或离散数据中提取和合成信息的能力。本章将重点放在MySQL上，阐述这些关系数据库的管理系统。在介绍数据库之前，我们先展示了一些关于决定如何存储数据的普遍性思考。

电子表格和数据组织

开发出有效的策略，用于存储和组织数据及数据文件，几乎是每一项科学努力都涉及的关键内容。因为许多数据可以有效地存储在二维网格中，所以我们从这里开始，就这些2-D数据文件提供一些一般性的建议。通常这些网格的列是不同类型的度量值，而每一行是不同样本或每次实验的观察值。如果用字符分隔的文本文件呈现二维数据，通常的方法是将每一组数据放置在一行中，并用一个制表符或者一个逗号将数据分隔为不同的列(如.csv或“逗号分隔值”文件)。虽然本书内容大部分都集中在文本文件上，但是我们也确实认识到对于很多人来说，电子表格是他们输入、交互和分析结果的主要方式。电子表格只是一种二维网格的图形呈现方式，它还带有用于编辑和计算数值的工具。

有一种趋势是按照表格准备出版的方式，来组织字符分隔的文本文件和电子表格，即根据不同的实验数据分别用不同的表头和附属子表格[图15.1(A)]，或者把处理组和控制组的数据相互交替排列成行[图15.1(C)]。这种网格状的数据安排方法通常很少能够适用于随后的处理工作，比如对数据进行分析、导入到其他的程序，或者进行数值或统计分析的工作。当特定的观察信息数据跨越多行分布时，通常会出现问题。相反，在表中存储数据的最普遍和灵活的方法，是确保每一行都有解释该行所需的所有数据。

在图15.1(A)中所示的次优类型的方法中，绿色的一行包含了对随后数行数据的描述信息。从本质上说，数据被分成多个表格中，逐个堆叠在一起，要解释一行数据时需要找到描述信息的行在哪，以及描述了什么内容。图15.1(B)显示了一种更可取的方法，是把描述信息赋予自己的列，并在应用时在每一行上重复描述信息。这样，关于这一行的所有信息都可以在这一行中找到，而且程序可以直接读取数据，而不必从其他相关行去分别解析描述信息。

另一种次优方法，如图15.1(C)所示，是将控制数据和处理数据(或背景和信号)放在交替的行中，用蓝色和绿色的框来表示。如果可能的话，这些值应该尽量放在同一行中，如图15.1(D)所示。这些修改将文件变成了一个大网格状表格，只有单个表头。

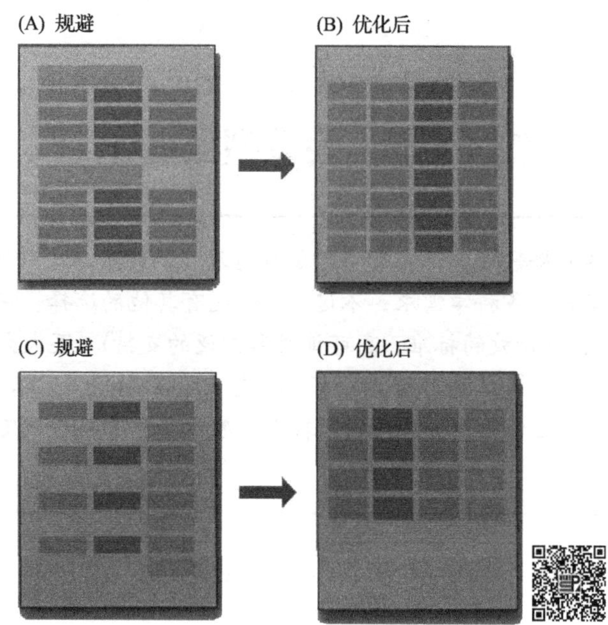

图 15.1　电子表格和字符分隔的文本文件中数据组织的方法。每个颜色的方块代表不同类型的数据，或者不同类型的测量值，如日期、温度、治疗类别，或者控制和响应变量。(A)和(C)显示了常见但难以分析的数据组织方法。(B)和(D)是数据重新组织的可行方法，以便每一列都包含单一类型的信息，每一行都包含与记录相关的所有信息。(彩图请扫二维码)

像组织一个大网格一样来组织字符分隔的文本文件和电子表格，这样做的理由有很多。几乎所有的数据库、统计程序和分析程序，如 MATLAB 和 R，都用这种格式导入和组织数据。即使是在电子表格中，要将一个公式添加到新列中，也可以方便地从同一行的其他值中提取信息，而不需要在表格中无目的地查找。这允许你将单个公式在整列中快速应用，会让你的分析和图形操作尽可能的高效。如果你在用来计算结果的单元格上都画上箭头，将会得到一个简单的网络，或者看起来像地铁地图样的东西。一般来说，

某一列中的所有数据都应该持有相同类型的值，并且每一行都应该包含对应于特定测量的所有信息。测量的类型，不应是由其在表中的位置来表示，而是由专门设置用于该用途的单独列来说明。

当你使用电子表格程序时，你可以做一些事情，让数据分析更加清晰明了，更加简便容易。原始值应输入到单元格中；在输入数据之前，不要进行任何计算或转换。让电子表格做转换的工作，让你的数据尽可能的不被修改。这不仅节省时间，还在分析过程中对数据处理过程有了更好的记录。同样，不要将值直接输入到公式中；要将这些值保留在它自己的单元格中，并使用公式引用这些单元格。一样的道理，这将使数据更新和计算变得更简单，并且更容易追踪处理步骤。

有些数据不容易被强制转换成具有统一列的二维表格，或者至少不能在文件内复制过多的信息。具有多重嵌套结构的数据，如系统发育树，就不适合于用表格组织。在其他情况下，可能需要将大多数信息从一行复制到另一行，而不是一两列。如果你发现你自己处于这种情况中，即用一个简单的二维网格不能满足你的需求或效率低下，你应该

考虑电子表格和字符分隔的文本文件以外的东西，而不是研究如何在关系数据库中保存你的数据，我们将在本章的其他部分再讨论(当然，网格和数据库并不是在文本文件中存储数据的唯一方法；复杂的数据集开发了许多通用的文件格式。这些格式中使用得最广泛的是 XML，在第 10 章中我们简单提到过，但本书中没有进一步深入介绍)。

数据管理系统

由于电子表格的广泛使用，让人们误以为所有的数据最好都存储在一个单独的二维网格中，但事实并非如此。例如，想象一下你希望在野外工作站收集信息，在每个野外工作站上要观察多个样本的信息。如果每个野外工作站都有许多样本，那么将所有数据放入一个单独的网格中，就需要多次重复站点信息(在该站点上发现的每个样本都需要)。如果你想要更新野外站点的信息，你就需要在许多地方对它进行全部更改。除了信息冗余，这种方法还有其他问题。如果你有一项研究具有复杂的数据，其中含有几个不同但相关的元素，这些不同的数据可能不能对应于上述方式，即每个记录可以放置在单个表格的一行中。如果你在一个文件内再创建一个文件或新的网格，用来存储不同类型的相关数据(如包括采集地点的坐标信息、多个基因的分子序列、一张或多张照片的样本数据)，这样一个表格数据存储在另一个表格之中，你就很难轻松地检索信息了。然而，这刚好就是你经常想要做的。

这一章内容是比较独立的，因此，如果此时你的数据分析还不需要使用关系数据库，你可以跳过这一章节往下继续学习，这不会影响你学习其他章节。

这就是关系数据库的切入点。关系数据库管理系统(简称 RDBMS)是一个服务器程序，它可以在后台连续地运行，并管理一个或多个数据库。这些数据库是结构化信息的集合。虽然数据库以文件的形式存储，但用户不直接与文件进行交互——因为管理系统充当了中间人。它负责文件的创建、组织和优化，以及与它们进行的所有直接交互。它还会听从添加、编辑或查找数据的指令。这些指令可以来自同一台计算机上的其他软件，或者被设置为可以接受通过网络传来的指令，因此数据库和程序的使用甚至可以不需要在相同的地理位置。商业数据库管理系统包括 FileMaker、Microsoft Office Access、Microsoft SQL Server 和 Oracle 软件套件。MySQL(由 Oracle 维护)、PostgreSQL 和 SQLite 都是可以选择的开源软件。这些管理系统设计成能够管理各种大小尺寸的数据库，不管是几十个条目还是数十亿个条目。在后台使用复杂的技巧可以快速地处理查询指令，并优化文件组织以提高速度和内存使用效率。通常在数据库中查找特定的信息，要比在大型文本文件中查找快得多。在各个不同的数据库系统中，用于存储数据的文件一般都不同，但由于用户从不直接与这些文件进行交互，因此这些差异通常不重要。

在所有现代数据库管理系统中，都使用一种称为 **Structured Query Language** 的语言，或称为 SQL[1]数据库语言。该语言包括命令、函数和变量，它遵循语法规范。由于几乎所

1 SQL 的正确发音还在公开辩论中，但在这里我们读字母。

有的系统都使用与 SQL 密切相关的变体，所以如果学习了 SQL 基础知识，那么你就为使用大多数数据库软件做了很好的准备。数据库管理系统通常都提供了命令行界面和图形操作界面，你可以通过提交 SQL 命令来创建数据库并与数据库进行交互，也可以通过其他方式与它们进行交流。除了它们的直接接口之外，这样的系统还具有后门接口，这可以让它们与来自其他软件包的数据库进行交互。R、MATLAB、Python、Web 服务器还有许多其他工具都能设置为可以与数据库直接进行交互。这免除了从文件中频繁导入和导出数据的必要性。例如，在 Python 中，与数据库交互的能力被添加到了模块中，其中一个模块将在本章后面介绍，然后可以将 SQL 查询构建为字符串，并发送到数据库管理系统中去。任何返回的数据都可以从 Python 内直接访问。

除了访问数据之外，使用数据库管理系统还有几个重要的逻辑上的优势。数据库文件是高度集中的，所以它们很容易备份，这样就能避免很多噩梦般的情景出现，比如太多冗余版本的数据文件，以及大量不同的数据文件需要不断独立更新。RDBMS 能够负责大量顶层的数据库管理工作，否则你就需要在软件中再去构建它们。它也可以充当一个很好的中央仓库。如果你正在进行一个涉及多个分析程序的项目，最大的挑战之一就是让它们通过多个数据文件的中间体进行彼此之间的对话。如果它们都能通过中央数据库服务器进行对话，那么在它们之间传递数据就容易得多了。另外，多个程序甚至可以同时访问数据库。

关系数据库不仅改变了信息在计算机上的存储和检索方式，还顾及组织数据时重要的灵活性，以及如何与它们进行高效率的交互。驱动的概念是，每条信息只存储一次，然后通过关系而不是复制链接到其他数据块。这使得更新变得更容易，降低了数据不一致的可能性，并使数据库在储存和计算项中更有效率。这些优点大部分会在更大、更复杂的分析项目中展现出更加明显的优势。对于较小的项目，使用数据库系统可能会显得大材小用了。

剖析一个数据库

一个 RDBMS 服务器可以承载任意数量的数据库(图 15.2)。每个数据库依次包含保存实际数据的二维表。表中的每列都有不同类型的数据，每一行都包含一个记录。在这

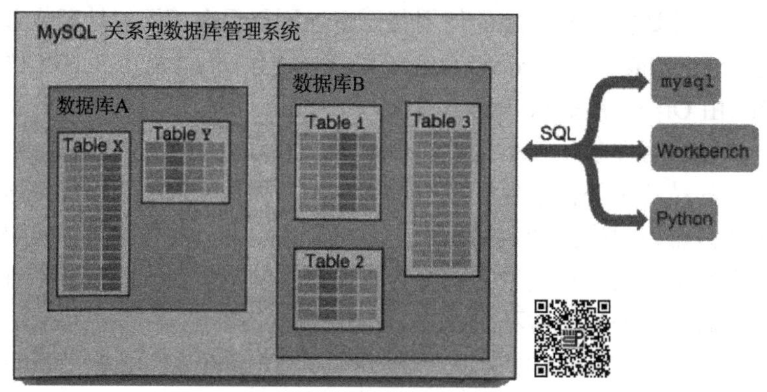

图 15.2 数据库系统的结构。每个服务器(粉红色的框)可以存储数据库，每个数据库都有自己的表。查询和命令通过 SQL 命令从外部传入，然后通过各种方式进行传递。(彩图请扫二维码)

方面，任何使用过电子表格的人都可以识别数据库表。但你稍后会看到，数据库提供了更强大的工具来与数据进行交互，并能跨表链接各种数据。数据库中可以有一个或数百个表，每个表都包含一个与特定信息类别相关的记录集合。例如，假设是一个图书馆的数据库，它会有一个图书的表、一个读者客户的表，以及另一个描述哪些读者已经借出哪些图书的表。

必须指定数据库表中每列的数据类型，如果你要尝试添加不符合指定类型的数据，就会导致错误。数据库中使用的许多数据类型与你在 Python 中已经遇到的数据类型相同(参见第 7 章)，如整数、浮点数和字符串。只是数据类型的命名有一点不同，一些类型可以在上下文中使用，但另一些不行。表 15.1 列出了最常用的数据类型；其他的附加类型可以在 `dev.mysql.com/doc/refman/5.1/en/data-types.html` 中找到。

表 15.1　RDBMS 通用的数据类型

数据类型	说明
INTEGER	一个整数值，范围从 - 2147483648 到 2147483648；INT(可用作 INTEGER 的缩写)
FLOAT	一个浮点值，包括科学符号：3.14159 或 6.022e+23
DATE	日期格式，'YYYY-MM-DD'
DATETIME	日期和时间格式：'YYYY-MM-DD HH:MM:SS'
TEXT	字符串，最多包含 65 535 个字符
TINYTEXT	微字符串，最多包含 255 个字符
BLOB	二进制编码的信息，包括图像和其他非文本数据，共有 4 种 blob 数据类型，分别具有不同的存储能力

当你创建一个新表时，必须指定其中一个列作为**主键(primary key)**，而且表的每一行必须有一个独特的主键值，该主键值可以区分记录或行。使用主键，你可以毫不含糊地识别或提取表中任何特定的行，就像 Python 字典的键与特定值相关联的方式一样。主键通常是一个整数值，它由数据库管理系统自动计算，并在添加一个新行时保存起来。

安装 MySQL

有一些非常优秀的开源关系数据库管理系统可以使用，每个都针对不同的用途进行了专门优化，但是对于大多数科学任务来说，它们都足够完美了。这里我们将详细介绍 MySQL，它不仅是免费的，还广泛应用于生物学和其他通常的科学领域。

如果你使用 OS X 或 Windows 系统，那么直接从项目下载页面 `www.mysql.com/downloads` 下载并安装 MySQL 是最容易的。这里有不同版本的 MySQL 服务器(数据库管理系统本身)和各种辅助文件。如刚开始使用你自己的计算机，你需要下载两个服务器：一个是 MySQL 社区服务器，实际上就是 RDBMS；另一个是 MySQL 工作台，它是一个图形化的接口，用于数据库维护和数据可视化(图 15.3)。如果你有一台运行 Ubuntu Linux 的计算机，你可以通过 Synaptic 程序包管理器安装服务器，但是你仍需要通过 MySQL Web 站点安装工作台。

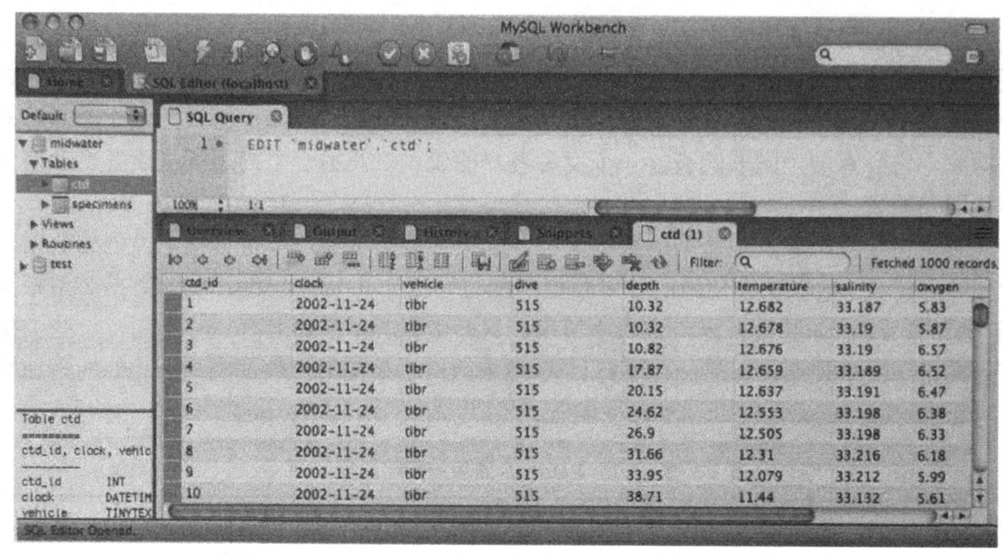

图 15.3　MySQL 的工作台 GUI，查看在本章课程中创建的表格内容。在其他不同的 SQL 数据库的 GUI 中，也将提供类似的视图和选项来管理及查询你的数据库表。

有许多可供 OS X 下载的路径，包括为不同版本的 OS X 和不同的计算机硬件构建的源文件及二进制文件。DMG 存档是用来安装的最简单的程序包格式。要确认你的操作系统版本，为之找到正确的文件（例如，OS X 10.6、10.5 或 10.4；你可以通过点击苹果菜单上的 About This Mac 来检查你的操作系统的版本）。你可以选择 32 位或 64 位版本的软件。从 2007 年开始，所有苹果电脑都是 64 位的。如果你有一台比较老并且不确定它是 32 位还是 64 位的计算机也没关系，因为 32 位的版本对大多数需求来说应该都没有问题。

OS X MySQL 社区服务器安装时需要安装几个不同的组件，就是 `ReadMe.txt` 文件中描述的安装程序。运行如下两个包安装程序，先用 mysql-xxx.pkg 安装 RDBMS，重启计算机，再用 MySQLStartupItem.pkg 安装数据库软件启动器。把 MySQL.prefPane 拖到你的/Library/PreferencePanes 文件夹中。请确保在你计算机的根级别使用 Library 文件夹（这将需要管理员口令验证身份），而不是在你的主目录中使用相同名称的文件夹。这个面板将允许你在系统首选项 GUI 中启动和停止 MySQL。

MySQL 包含各种命令行程序。安装程序将它们放在 `/usr/local/mysql/bin` 中，而它还不在你的默认路径（PATH）中。所以，需要编辑你的 `.bash_profile` 并将此目录添加到路径中（如果你对如何做到这一点感到生疏，请参见第 6 章。简单来说，你将 `:/usr/local/mysql/bin` 添加到现有的 `export PATH` 命令的末尾；要在引号内）。

配制信息参考
ReadMe 文件

重新启动你的计算机，打开系统首选项，并单击 MySQL 图标。在 MySQL 偏好窗格中，它应该会显示 MySQL 服务器实例正在运行。如果它没有运行，请单击“启动 MySQL 服务器”按钮。如果这个结果出现在错误窗口中，请参考联机 MySQL 文档来排除问题。如果它刚开始没有运行，但当你手动启动它时能运行良好，请确认你安装了 MySQLStartupItem.pkg，在启动框中选中自动启动 MySQL 服务器后，重新启动计算机。

一旦 MySQL 服务器运行了，就可以开始安装 MySQL 工作台了。安装这个比安装服务器软件要简单，只需要将程序拖到应用程序文件夹中即可，然后启动工作台。启动后的工作台中最重要的工具就是窗口左侧的 SQL 开发工具。它还有许多不会马上用到的高级功能。在你准备与安装的数据库服务器交互之前，必须先连接它。请记住，数据库管理系统不会自动假设数据库存在于使用它的本地计算机上，因为它也可以通过网络在远程计算机上进行访问。实际上，连接到本地数据库就像数据库服务器在不同的计算机上时一样，但是通过使用特殊的 `localhost` 地址 `127.0.0.1`，可以将连接重定向回本地计算机。第 20 章中提供了更多关于网络连接和地址的详细信息，包括 `localhost`。

在 MySQL 工作台的 SQL 开发工具部分，单击新建连接图标。所有的默认值都是设置为用于连接本地数据库的，所以你需要做的就只是为连接提供一个名称。输入 `localhost` 到连接名框中。单击测试连接以确保所有设置和安装都正确。你将会被要求输入一个默认值为空的密码。再次单击 OK。你应该看到了一个窗口，它表示用户根与 MySQL 在 127.0.0.1:3306 已连接，连接参数正确。单击 OK 两次，你将返回到主工作台屏幕，并将看到你刚刚在连接框中创建的 `localhost` 连接。

SQL GUI 的其他选项　另一个与 SQL 数据库系统交互的免费 GUI 是基于 java 的、跨平台的 SQuirrel SQL 客户机。你可以从链接 `squirrelsql.org` 中免费下载它。安装过程中一定要安装数据导入和 MySQL 插件。如果你选择了此路径，则在使用工作台的地方跟随使用 SQuirrel SQL。一个便宜的商业软件选则是 Navicat，它几乎在所有平台上都能运行，但对不同的数据库有不同的程序文件。

开始使用 MySQL 和 SQL

有许多与 MySQL 服务器进行连接和交互的方法。在前面的部分中，你使用 MySQL 提供的工作台图形应用程序去连接服务器。在本章中，我们将继续使用这个图形界面，主要是观察用其他类型的连接给数据库带来的变化。在许多方面，数据库最方便的接口是命令行(是的，还是它)。在这一章的后面你还将学习如何从 Python 程序连接到数据库。本章所述的命令总结在附录 7 中，以供快速参考。

连接到命令行中的 MySQL 服务器

打开终端窗口，输入以下命令(用粗体显示的)：

```
lucy$ mysql-u root
welcome to the MySQL monitor.Commands end with; or \g.
Your MySQL connection id is 1426
Server version: 5.1.48 MySQL CommunityServer (GPL)

Copyright (c) 2000, 2010, Oracle and/or its affiliates. All rights reserved.
```

```
This software comes with ABSOLUTELY NO WARRANTY. This is free software,
and you are welcome to modify and redistribute it under the GPL v2 license
Type 'help;' or '\h' for help. Type '\c' to clear the current input.
mysql>SHOW DATABASES;
+--------------------+
| Database           |
+--------------------+
| information schema |
| mysql              |
| test               |
+--------------------+
3 rows in set (0.00sec)
mysql>EXIT;
Bye
lucy$
```

如果你在安装数据库时按照推荐设置了密码，Linux 用户需要在命令行添加-p，如 mysql -u root-p

这将启动命令行程序 mysql，它提供了与数据库服务器交互的接口。顾名思义，它不是服务器本身，而是像 MySQL 工作台一样，是一个可以向服务器发出命令并显示结果的独立程序。-u root 参数用于指定将数据库连接到 MySQL root 用户[2]。由于还没有配置密码，所以不需要输入密码。MySQL 用户与在操作系统上有账户的系统用户是不同的，而且它们是完全分开独立配置的。由于没有指定网络地址，因此 mysql 假定你希望连接到本地 MySQL 服务器。和工作台一样，mysql 可以连接到位于其他计算机上的服务器，但在这里我们就不详细讨论如何实现了。

如果连接成功，你将会看到一些关于服务器的介绍信息、与服务器的连接，以及其他一些状态信息。如果连接不成功或者程序没有正常运行，请确认 MySQL 服务器是否正在运行中，或者 MySQL 是否在你的 PATH 中。连接成功后你将会得到一个 mysql> 提示符。就像使用 shell 命令提示符能接受 bash 命令，或者 Python 命令提示符能接受 Python 命令一样，mysql>提示符在等待接受 SQL 的数据库命令。就像我们所讨论过的其他语言一样，SQL 的功能远比我们在这里所能解释的要多。在这里我们的目标仅仅是为你提供足够的信息，以启动数据库、实现一些简单的项目，并帮助你确定哪种关系数据库能适合你的工作。

关于 SQL，首先要注意的是，命令要以分号结束。如果在没有分号的情况下按 *return* 键，你就可以跨多个行分割一个长命令，但这个命令不会被执行，直到出现一个分号再跟随键入 *return* 键。这种多行格式常用于显示和输入 SQL 命令，这让它们比单独的一长行更好读些。另一个约定是，函数和内置变量这样特殊的单词在 SQL 中通常以大写

2 正如 shell root 用户是最强大的超级用户，拥有修改任何文件的权限一样，MySQL root 用户有权更改计算机上任意 MySQL 数据库的任何内容。

(ALL CAPS)出现，尽管并不是在所有数据库系统中都有这样严格的要求。

> 当将命令输入 mysql 时，如果犯了错误，你可能会尝试用 ctrl+C 来终止该命令，然后重新开始，就像在 bash shell 中一样。但建议你不要这样做，因为在 mysql> 提示符下，ctrl+C 将会终止整个 mysql 程序。与此相反，在你已经输入的文本末尾输入\c，然后按 return 键。这将结束输入行，或者终止持续的命令，而不会导致它们被执行。

在上面的示例中，SHOW DATABASES(显示数据库)是发出的第一个 SQL 命令。命令下方显示的一个简单的表格，就是该命令返回的结果，其后还跟随了执行该操作花费多长时间等信息。SQL 的很多语句都使用了简单的英语单词，因此这个命令很容易理解：询问服务器上管理的一个数据库清单。一个服务器可以为不同的项目建立多个用户分别创建的数据库，例如，不同的实验室组可以在同一服务器上各自都有单独的数据库(见图 15.2)。

该命令执行结果显示出，在服务器上有三个数据库：information_schema、mysql 和 test。前两个数据库是服务器存储自身配置用的，不应该被修改。最后一个数据库是一个空的测试数据库，用于检查测试以确保系统运行正常，正如你刚才所做过的那样。最后，EXIT；命令关闭 mysql 程序和服务器之间的连接，并将控制符返回到 shell 提示符。

在你的 mysql 会话期间，你可以输入 HELP；单独用它会获得一个包括通用命令和主题的列表，如果在 HELP 后面加上一个命令名称，就能获得关于该命令更详细的操作信息。

在 MySQL 工作台中，为了获得工作进程的另一个视图，双击你之前创建的 localhost 连接。这将打开一个新的SQL编辑器选项卡，在窗口的左侧，你将看到测试数据库(见图15.3)。其他配置数据库在视图中是隐藏的。当你使用数据库时，你可以在命令行输入 SQL 命令，并使用此图形视图监视你的进度。这很像在命令行中操纵你的文件系统，同时用 Finder 作为同一个文件的图形界面。

创建数据库和表

到目前为止，你已经连接到了你的本地数据库服务器，并查看了一些内容(尽管框里没有多少东西)。在接下来的页面中，你将创建一个数据库，并从多个不同的文件加载数据。这些数据有两种不同的类型，但都是作为同一个项目的一部分分别收集的。你已经使用了其中的一个文件，即地理坐标，在那里，深海管水母 *Marrus claudanielis* 的几个标本被远程操作的水下运输器收集。除了将这些样本数据加载到数据库之外，在水下运输车潜水的过程中，你还将同时使用 CTD 设备收集环境信息(导电性、温度、深度)。这两个表格将允许你为收集标本的地点提取环境数据。在这个例子的项目中，因为它包含了多种类型的数据，所以很难在单个文本文件或电子表格中有效存储。

创建并选择数据库　当启动一个项目时，第一步是使用 CREATE DATABASE 命令创建一个空数据库。在终端窗口中，输入以下内容：

```
lucy$ mysql -u root
```

```
mysql1>CREATE DATABASE midwater;
Query OK, 1 row affected (0.09 sec)

mysql> SHOW DATABASES;
+--------------------+
| Database           |
+--------------------+
| information_schema |
| midwater           |
| mysql              |
| test               |
+--------------------+
4 rows in set (0.00 sec)

mysql>
```

你可以看到现在一共有 4 个数据库，包括了新创建的 midwater 数据库。如果你在 MySQL 工作台中打开 localhost 连接，在 Overview 窗格中单击“刷新”按钮和“循环箭头”。你将看到这个数据库也会出现在那里。

由于服务器同时负责几个数据库，所以你需要指定要使用哪个数据库。使用 USE 命令选择一个数据库：

```
mysql> USE midwater;
Database changed
mysql>
```

随后，当你在此会话中发出进一步的命令时，MySQL 服务器将知道它们针对的是 midwater 数据库。你可以在任何时候通过发出一个新的 USE 命令，切换到另一个数据库。

创建 specimens 表 在创建一个空数据库并选择使用它之后，下一步就是开始创建表。在数据库中，表是二维数据组织单元，有点类似于电子表格。你可以创建一个没有数据记录的表，但至少必须有一列(也称为一个字段)。你可以在以后添加和删除列，但最好在开始创建它们时就预先考虑好表的需求。你将创建的第一个表是样本(specimens)表，将从 Marrus_claudanielis.txt 文件中加载数据。

在设计表时要考虑的第一个字段是主键，它有一个特殊的列包含一个唯一的鉴别值，用来标识每一行。按照惯例，最好将第一列作为主键，并使用一系列独特的整数值作为其条目。当创建每一行时，让数据库自动生成主键值是很常见的做法，因此该值不会对应于输入文件中已经存在的值。在主键之后，表中其余字段大致对应于文件 Marrus_claudanielis.txt 中的列。用你的文本编辑器，从~/pcfb/examples 文件夹中打开这个文件，就像在第 10 章开头所述的那样。在 TextWrangler 中选择 Show Invisibles 的选项，这样你也可以检查空白字符：

```
DiveΔ            DateΔ        LatΔ           LonΔ            DepthΔ Notes
Tiburon 596Δ     19-Jul-03Δ   36 36.12 NΔ    122 22.48 WΔ    1190Δ  holotype
JSL II 1411Δ     16-Sep-86Δ   39 56.4 NΔ     70 14.3 WΔ      518Δ   paratype
JSL II 930Δ      18-Aug-84Δ   40 05.03 NΔ    69 03.01 WΔ     686Δ   Youngbluth(1989)
```

每一列的字段都用一个制表符(在 Textwrangler 中显示为Δ符号)来分隔，这在解析数据时很重要。有一个用来描述每列数据内容的标题行，这有助于理解文件的结构，但是在解析时需要跳过它。

这里一共有 6 列数据。第一列，Dive，包含一个字符串，该字符串指定潜水器的名称(如 Tiburon)和潜水的航次(如 596)。你将把它拆分为一个字符串和一个整数，然后将每个值分别存储在数据库中。Date 以字符串形式呈现，但我们要将把它解析为一个特殊的日期格式类型[3]。Lat 和 Lon 包含纬度和经度，它们是带有度数、分数和罗盘方向的字符串。正如在第 10 章所讨论过的，这不是一种非常方便的存储和分析位置信息的格式，我们将再次将其转换为十进制，以便它可以存储为浮点数。在 Lat 和 Lon 之后出现的是 Depth 数据，在实验数据文件中有一部分是整数值。然而，由于深度是连续度量的，所以有些数据可能是浮点数。因此，你将把它都转换为浮点数，并用这种方法将其存储。最后，有一个带字符串的 Notes 列，它允许包含空格和标点符号。

现在你知道表需要包含以下列：

列的名称	类型
specimen_id	INTEGER ←这里是主键值
vehicle	TINYTEXT
dive	INTEGER
date	DATE
Lat	FLOAT
Lon	FLOAT
depth	FLOAT
notes	TEXT

在上述内容中，有几点需要特别注意。列的名称需要具有一定的描述性；在你的数据库各个部分标注上有意义的名称，与在编程时给变量起有意义的名称同样重要。为了方便直观，表的主键通常就使用表本身的名称，再加上一个后缀_id。在 vehicle 列使用 TINYTEXT 类型的小文本，而不用 TEXT 类型的文本，这能使数据库具有更好的内存使用效率，而且不会导致问题，因为我们都知道潜水器的名称从来不会超过 255 个字符。在 notes 列中要使用 TEXT 文本，因为备注有很多合理的理由会超过 255 个字符。

现在你已经收集好了这些信息，就可以开始构造 SQL 命令了，它将创建一个包含这些列的表。创建表的命令毫无疑问就是创建表(CREATE TABLE)。下面将是构造上述设计的表的完整命令(注意，你不需要输入->。这是命令在多行中连续执行的部分提示符)。你也可以从这一章的 mysql_command.txt 文件中找到这些命令，直接复制和粘贴它们：

3 在实际操作中，使用 date 这个名称可能不是很好的做法，因为这是 SQL 中的数据类型的名称，但在本例中这不会导致出现问题。

```
mysql> CREATE TABLE specimens (
    -> specimen_id INTEGER NOT NULL AUTO_INCREMENT PRIMARY KEY,
    -> vehicle TINYTEXT,
    -> dive INTEGER,
    -> date DATE,
    -> lat FLOAT,
    -> lon FLOAT,
    -> depth FLOAT,
    -> notos TEXT
    -> );
Query OK, 0 rows affected (0.10 sec)

mysql> SHOW TABLES;
+--------------------+
| Tables_in_midwater |
+--------------------+
| specimens          |
+--------------------+
1 row in set (0.00 sec)
```

这里 CREATE TABLE 的命令分布在多个行中，在输入完；按 *return* 键后才会执行这些命令；这个命令也可以在一行中连续输入。一行输入的方法适合用脚本和数据自动输入，但在命令行提示符下它的可读性更低，也很容易出错。

CREATE TABLE 后面是你想要创建的表的名称，然后，在括号中用逗号分隔开每个列的信息。该信息包括字段的名称、类型和可选的一些附加信息。这个示例中唯一具有附加参数的列是主键 specimen_id。声明 NOT NULL，表明没有任何一行可以在此列上缺失值，因此，为这个字段创建一个没有值的行将会导致错误。如果没有使用这个选项，虽然数据库也可以工作，但如果包括它可以使表更加强健。由于没有为其他字段指定 NOT NULL，它们就允许缺失数据。AUTO_INCREMENT 指定每次新添加一行时会自动将一个新的唯一整数放置在这个列中，新添加的整数值将比前一行高一个数值。这确保了每行都具有唯一的主键值，并在后台自动创建这个值，这样在添加数据时就不必担心它了。用 PRIMARY KEY 指定此列是主键。在大多数表的创建命令中，可能会使用第一个字段定义的某些变体。

在 CREATE TABLE 命令之后，有两种方法去观察对数据库进行的更改。SHOW TABLES 命令只是给出活动数据库中所有可用表的清单。在 DESCRIBE 命令后跟上一个表名，就会给出这个表的结构摘要。仔细检查该命令返回的结果，确认该表按照预期创建好了。如同 shell 命令里的 ls，对于在文件系统中导航是必不可少的，SHOW 和 DESCRIBE 是你在数据库中导航查找方位的快速工具：

```
mysql> DESCRIBE specimens;
+-------------+----------+------+-----+---------+----------------+
| Field       | Type     | Null | Key | Default | Extra          |
+-------------+----------+------+-----+---------+----------------+
| specimen_id | int(11)  | NO   | PRI | NULL    | auto increment |
| vehicle     | tinytext | YES  |     | NULL    |                |
| dive        | Int(11)  | YES  |     | NULL    |                |
| data        | date     | YES  |     | NULL    |                |
| lat         | float    | YES  |     | NULL    |                |
| lon         | float    | YES  |     | NULL    |                |
| depth       | float    | YES  |     | NULL    |                |
| notes       | text     | YES  |     | NULL    |                |
+-------------+----------+------+-----+---------+----------------+
8 rows in set (0.01 sec)

mysql>
```

向表中添加数据行和显示表的内容

你现在已经创建了一个数据库和一个空表，并准备好添加数据了。在我们探索如何使用工具从一个文件导入数据集之前，先了解如何使用 SQL 命令一次添加一行数据是很重要的。用 INSERT 命令可以添加一组新的数据。这里有一个可以尝试的测试命令，你可以从 mysql_command.txt 文件中复制它们，或者直接在命令行里键入：

```
mysql> INSERT INTO specimens SET
    -> vehicle='Tiburon',
    -> dlive=596,
    -> date='2003-07-19',
    -> lat=36.602,
    -> lon=-122.375,
    -> depth=1190,
    -> notes='holotype';
Query OK, 1 row affected (0.01 sec)
```

经纬度已被手动转换为浮点值了。为了和日期类型一致，DATE 字符串也被重新格式化好了。INSERT 命令本身非常直观。至少你需要指定你要将数据插入哪个表(这里是指 specimens)。然后，在 SET 命令后面是每一列的名称，存储着对应的值。与 CREATE 命令一样，这些都是用逗号分隔开的，它们可以都列在一行里，也可以按顺序逐行排列。有几种不同的方法，用 INSERT 命令将指定的新数据添加到表中，包括一些缩写格式，它不需要你输入所有列的名称。但是指定列的名称，有助于避免错误地将数值偏移到另一个字段中，而且它还会使你的命令更具可读性。

要检查现在你的表的内容，请使用 SELECT 命令和以下语法：

```
mysql> SELECT*FROM speclmens;
+-------------+---------+-----+----------+--------+----------+------+----------+
| specimen_id | vehicle | dive | date     | lat    | lon      | depth | notes    |
+-------------+---------+-----+----------+--------+----------+------+----------+
|           1 | Tiburon | 596 | 2003-07-19| 36.602 | -122.375 | 1190 | holotype |
+-------------+---------+-----+----------+--------+----------+------+----------+
1 row in set (0.00 sec)
```

SELECT 是一个非常强大的命令，这里简单的用法只显示出它的一点点潜力。稍后 SELECT 命令还能允许我们跨多个表将数据重新组合、查看特定的数据子集。在这里，* 示它应该显示出表中所有的数据列，当缺乏其他用于改进搜索的子项目时，将会导致它显示出表中的所有行(到目前为止，你才刚刚插入了一行数据)。

你还可以从 MySQL 工作台查看你的新表和数据。连接到本地主机(localhost)的 MySQL 服务器后，从 Overview 选项卡中选择 midwater 数据库，在那里你将看到全部可用表的列表清单。双击 specimens 表查看其内容。一个二维网格就会出现，显示了表的每一行和列的内容(参见图 15.3)。在底部有添加和删除行的按钮，你也可以单击单元格直接编辑数据(如果你要编辑某个单元格，你必须点击 Apply changes to data 按钮，有一个绿色的选择标记，显示它们可以生效)。这个方法可以方便地浏览数据库，并进行少量修改，但是在数据库交互过程中一定要谨慎使用，因为通常它没有 Undo 撤销键。

继续探索，尝试删除你刚创建的测试行。你可以在 MySQL 工作台中选中它，然后单击删除行(Delete row)的按钮进行删除；也可以从 mysql 命令行界面里，发出 DELETE FROM specimens 删除命令。要谨慎使用 DELETE 命令。你可以看到，仅仅用几个单词就可以很容易地删除表中所有的数据，只留下空的表。与 SELECT 命令类似，DELETE 假定你希望对所有的行都进行操作，除非你指定细节，指明哪些行的子集应该被考虑进来。

在 Python 中与 MySQL 进行交互

与 MYSQL 数据库服务器进行交互有许多可行的方法，命令行程序 mysql 和 MYSQL 图形工作台只是其中的两种；你还可以通过多种其他方式与数据库进行自动化的交互。在本例中，Marrus_claudanielis.txt 文件中的数据在加载到数据库之前需要进行一些解析和计算。对于这种操作来说，Python 就是一种方便的工具，一旦完成数据的转换，它就可以直接与数据库进行交互。在第 10 章中，对很多完全相同的文件实施一些操作，事实上，相当于你已经写了一个程序 latlon.py。在这里，你将重新编写程序，将数据直接写入 MySQL 数据库中，而不是输出到文件里。第一步是将不需要的部分从脚本中删除，并处理将其他文本重新格式化的问题，以便每个数据字段都以正确的格式加载到数据库中。

接下来，构建一个 SQL 语句，将这些数据插入到数据库中。这是一个简单的字符串，它的文本格式就是往 mysql>提示符中输入命令的格式。一旦命令被正确生成，你将使用一个模块连接到来自 Python 内的 MySQL 服务器去执行该语句并开始添加数据。

解析输入的文本

前一个脚本的最终版本是 latlon_5.py，它将作为我们新脚本 mylatlon.py 的起点。第一步是删除旧脚本，删除现在不需要的编写 KML 文件的代码。这个精简版的脚本，能将解析后的数据行打印输出到屏幕上，它被保存为 mylatlon_1.py(我们并没有在这里展示这个程序，因为它与第 10 章中呈现的程序非常相似，不过你可以去查看脚本文件夹中的程序代码)。当mylatlon_1.py运行时，这里就会生成输出；请注意Marrus_claudanielis.txt 文件的路径没有在程序中指定，所以你需要与该文件在同一个目录下运行：

```
host:ctd lucy$ mylatlon 1.py
Tiburon 596 19-Jul-03 36.602 -122.3746667 1190 holotype
JSL II 1411 16-Sep-86 39.94 -70.23833333 518 paratype
JSL II 930 18-Aug-84 40.08383333 -69.05016667 686 Youngbluth (1989)
Ventana 1575 11-Mar-99 36.704 -122.042 767
ventana 1777 16-Jun-00 36.71 -122.045 934
Ventana 2243 9-Sep-02 36.708 -122.064 1001
Tiburon 515 24-Nov-02 36.7 -122.033 1156
Tiburon 531 13-Mar-03 24.317 -109.203 1144
Tiburon 547 31-Mar-03 24.234 -109.667 1126
JSL II 3457 26-Sep-03 40.29617 -68.1113333 862 Francese Pages (pers.comm)
```

初始 mylatlon_1.py 脚本读取输入文件时，会自动跳过标题行，将纬度和经度转换成十进制，然后把所有数据都写到屏幕上。这需要处理大部分的文件解析，还要处理两个文本重新格式化问题。首先，Dive 变量需要被划分为潜水器的名称和潜水航次的编号。这可以用一个正则表达式来完成(记住，潜水器名称里可能会有空格)。其次，文件中日期的格式需要转换为 MySQL DATE 的日期类型(11-Mar-99 变成 1999-03-11)。

日期转换可以从头开始，但它需要一个字典将缩写的月份英文名称转换为数字，并且要在缩写的年份开头添加 19(如 1999 年)或者添加 20(如 2003 年)，方便按照规则实施。幸运的是，内置的 Python datetime 模块已经可以处理所有这些转换。datetime 模块有一个用于存储日期和时间的 datetime 类。这个 datetime 类中有一个叫做.strptime()的方法，可以根据指定的格式从字符串解析 datetime

---

用不止一种方法解决问题　碰巧，SQL 自己的 STR_TO_DATE()函数与 Python .strptime()的操作方法几乎完全相同，因此当它插入时，你也可以将它作为 SQL 命令的一部分进行转换。通常有几种不同的方法都可以解决这些给定的问题，尽管我们这次选择用 Python 进行转换，但你也应该研究一下 SQL 中可用的处理数据的多种选项。

数据。还有另一种叫做.strftime()的方法，它可以从 datetime 变量中创建指定格式的字符串。docs.Python.org/Library/datetime.html 中有许多不同格式化的选项。这里使用的日的格式化字符为%d，缩写的月份名称为%b，两位数的年份(没有世纪)为%y，%Y 为四位数年份，%m 为月的数字表示。程序中除了需要对文本解析更改之外，你还要把取样的 Depth 记录从字符串类型更改为浮点数类型。

要开始实现这些更改，请在脚本顶部附近的其他 import 命令下面添加如下行：

```
from datetime import datetime
```

注意，你正在从一个名为 datetime 的模块中导入 datetime 类。这里有两个不同的对象，一个嵌套在另一个之内。像这样的嵌套对象使用了相同的名称，会令人困惑，所以在你自己的代码中应该避免这种问题。分析日期的循环应该重新组织如下：

```
# Loop over each line in the file
for Line in InFile:
   # check line number, process if past the first line (number == 0)
   if LineNumber > 0:
          # Remove the line ending characters
     # print line  # uncomment for debugging
     Line = Line.strip('\n')
     # Split the line into a list of ElementList, using tab as a delimiter
     ElementList = Line.split('\t')
     # Returns a list in this format:
     # ['Tiburon 596', '19-Jul-03', '36 36.12 N', \
     #  '122 22.48 W', '1190', 'holotype']

     Dive    = ElementList[0] # includes vehicle and dive number
     Date    = ElementList[1]
     Depth   = float(ElementList[4])
     Comment = ElementList[5]

     LatDegrees = decimalat(ElementList[2])
     LonDegrees = decimalat(ElementList[3])

     # NEW CODE ADDED BELOW HERE
     # Isolate the vehicle and dive number from the Dive field
     SearchStr='(.+?) (\d+)'
     Result = re.search(SearchStr, Dive)
     Vehicle = Result.group(1)
```

```
    DiveNum = int(Result.group(2))

    # Reformat date
    # Create a datetime object from a string
    DateParsed = datetime.strptime(Date, "%d-%b-%y")
    DateOut = DateParsed.strftime("%Y-%m-%d") # string from datetime object

    print Vehicle, DiveNum, DateOut, LatDegrees, LonDegrees, Depth, Comment

  LineNumber += 1 # This is outside the if, but inside the for loop
```

运行这个脚本，以确认你从四位数的年份开始获得了一个重新格式化的日期，并且确认潜水器的航次解析正确。

从数据中构造 SQL

现在，每个数据字段都已经从文件中解析好了，并且所有字段都被适当地格式化，这些数据可以被打包然后插入到数据库中去。每一行数据用一个 `INSERT INTO` 的命令就可以添加到数据库中，就像在 SQL 示例中演示的那样。这个 SQL 命令只是一个字符串，它可以描述你想要如何处理这些数据。在向程序添加连接数据库的最终代码之前，你先把 SQL 命令输入到屏幕上。对于任何可以修改数据库的程序来说，这都是一个很必要的步骤。它允许你在出现难以修复的数据库错误之前，提前发觉潜在的问题。

在第 8 章中，我们介绍了用`%` string 格式化操作符的字段构建一个大字符串的简单方法。使用三重引号，使字符串可以跨多个行来实现更好的可读性。注释掉现有的打印行并在它下面立即添加创建 SQL 语句的代码：

```
    #print Vehicle, DiveNum, DateOut, LatDegrees, LonDegrees, Depth, Comment
    SQL = """INSERT INTO specimens SET
vehicle='%s',
dive=%d,
date='%s',
lat=%.4f,
lon=%.4f,
depth=%.1f,
notes='%s';
""" % (Vehicle, DiveNum, DateOut, LatDegrees, LonDegrees, Depth, Comment)

    print SQL
```

注意，我们正在生成的 SQL 命令需要把字符串放在引号当中，因此在三重引号字符串中使用单引号。这个版本的程序被保存为 `mylatlon_3.py`。这个程序现在输出的是一系列的 SQL 命令，前两个显示如下：

```
host:ctd lucy$ mylatlon_3.py
INSERT INTO specimens SET
       vehicle='Tiburon',
       dlive=596,
       date='2003-07-19',
       lat=36.602,
       lon=-122.375,
       depth=1190,
       notes='holotype' ;

INSERT INTO specimens SET
       Vehicle='JSL II',
       dive=1411,
       date='1986-09-16,
       lat=39.9400,
       lon=-70.2383,
       depth=518.0,
       notes='paratype' ;
```

这些 SQL 命令将把样本数据逐行输入到数据库中。你甚至可以将其中一个命令复制粘贴到一个 mysql 会话中来输入数据(当通过 Python 提交命令时，分号是可选的，但是在这里我们包含了它们，因此你可以直接在 mysql>提示符上粘贴执行)。

从 Python 中执行 SQL 命令

剩下的就是从 Python 内部连接到 MySQL 服务器并执行命令。这里分为几个必要的步骤。

安装 MySQLdb Python 模块　这需要在后台进行一些操作来连接 MySQL 数据库。幸运的是，有一个名为 MySQLdb 的 Python 模块负责处理所有背景工作。从 Python 中连接 MySQL 最复杂的部分就是安装这个模块，但是你只需要做一次就行了。旧版本的 OS X、MySQL 和 Python 里的 MySQLdb 有一些已知的安装问题。如果你遇到任何错误或似乎与此处提供的说明不一致的一些问题，请参阅第 21 章，根据你所得到的错误消息搜索 Web，或者访问 practicalcomputing.org 去寻找额外的指导。如果你正在运行 Ubuntu Linux，MySQLdb 可以用 Synaptic 安装包管理器来安装。注意，在安装该模块之前，必须先安装 MySQL。

如果你正在运行 OS X，你可以从 sourceforge.net/projects/mysql-

Python/中下载 MySQLdb 模块，双击存档将它解压和扩展[4]。打开终端窗口，输入 cd 和 space 键，并把你刚刚扩展的文件夹的图标拖拽到终端窗口中，然后按下 return 键进入该目录。请阅读 README 文件中的安装说明，然后继续安装：

```
host:ctd lucy$ cd ~/Domloads/MysQL-python-1.2.3/
host:MySQL lucy$ cat README
host:MyBQL lucy$ python setup.py bulld
host:MySQL lucy$ sudo python setup.py install
```

如果你下载了一个新版本的 MySQLdb，那么文件和文件夹的名称可能会与这里略有不同。cat README 命令将在提供的 README 文件中显示出关于安装过程的信息。如果它显示的建议安装命令与这里显示的 python 和 sudo 命令不同，那么请遵循 README 文件中的说明操作。

在尝试进入一个程序之前，使用交互式 Python 提示符正确地测试加载模块是一个好办法。请移动到 examples/ctd 文件夹，并尝试在 Python 中加载模块：

```
host:MySOL lucy$ cd ~/pcfb/examples/ctd
host:ctd lucy$ python
Python 2.6.1 (r261:67515,Feb 11 2010, 00:51:29)
[GCC 4.2.1 (Apple Inc. build 5646)] on darwin
Type"help", "copyright", "credits" or "license" for more information.
>>> import MySQLdb
>>>
```

在本例中，没有出现警告或错误。有时即使你得到了一些警告，模块仍然可能会工作得很好。在必要的时候，重新启动计算机可能有助你解决一些错误。

建立数据库连接 一旦你在计算机上安装了 MySQLdb，你仍然需要将其导入到你的 Python 程序中来使用它。在你的脚本顶部的 import 语句下面添加以下行：

```
import MySQLdb
```

接下来，你需要创建一个到 MySQL 数据库的连接。你可以在程序的顶部附近创建一个到数据库的连接，然后在你喜欢的任意地方都可以反复地用它。将以下几行放置在 for 循环之前：

```
MyConnection = MySQLdb.connect( host = "localhost", \
user = "root", passwd = "", db = "midwater")
MyCursor = MyConnection.cursor()
```

4 更多有关非存档和安装软件的特殊情况的信息，参见第 21 章。

这些内容的第一行(此处显示为一个\将一行分为两行，来避免行结束)创建了实际的连接对象 MyConnection。它需要关于 MySQL 服务器的网络地址的信息(此处是 localhost，因为是在你的计算机上运行的服务器)、用户名、密码(在这里留空白，因为我们还没有创建它)，以及你想要连接到的服务器上的数据库。一旦你有了连接对象，你就可以使用它来创建一个游标对象(Cursor object)。你可以将这个数据库游标想象为命令行中的游标——它是你与 MySQL 程序交互的点。此游标用于提交命令和检索结果。

在程序的最后，添加两行来关闭游标和关闭数据库连接：

```
MyCursor.close()
MyConnection.close()
```

执行 SQL 命令 到此时为止，你已经生成了 SQL 命令字符串，并与数据库建立了连接。你需要做的就是执行 SQL 命令，以便程序将数据添加到数据库中。现在你已经注意到所有的内务管理和实际执行的命令只有一行。在将 SQL 变量打印到屏幕上的行之后添加它：

```
MyCursor.execute(SQL)
```

这一行执行你之前创建的 SQL 字符串，使用你在循环之前打开的数据库游标。每次通过循环之后，它会执行一个新的 SQL 命令并向数据库添加另一行数据。

最终的程序保存为 mylatlo_4.py，展示在下面：

```
#! /usr/bin/env python
"""
mylatlon_4.py
import latitude longitude records from a text file,
format them into a SQL command, and enter the records into a database
"""

import re # Load regular expression module
from datetime import datetime # Load datetime class from the datetime module
import MySQLdb

# Functions must be defined before they are used
def decimalat(DegString):
    # This function requires that the re module is loaded
    # Take a string in the format "34 56.78 N" and return decimal degrees
    SearchStr='(\d+) ([\d\.]+) (\w)'
    Result = re.search(SearchStr, DegString)

    # Get the (captured) character groups from the search
```

```
    Degrees = float(Result.group(1))
    Minutes = float(Result.group(2))
    Compass = Result.group(3).upper() # make sure it is capital too
    # Calculate the decimal degrees
    DecimalDegree = Degrees + Minutes/60

    if Compass == 'S' or Compass == 'W':
        DecimalDegree = -DecimalDegree
    return DecimalDegree
# End of the function definition

# Set the input file name
InFileName = 'Marrus_claudanielis.txt'

# Open the input file
InFile = open(InFileName, 'r')

# Initialize the counter used to keep track of line numbers
LineNumber = 0

# Create the database connection
# Often you will want to use a variable instead of a fixed string
# for the database name

MyConnection = MySQLdb.connect( host = "localhost", user = "root", \
    passwd = "", db = "midwater")
MyCursor = MyConnection.cursor()
# Loop over each line in the file
for Line in InFile:
    # Check the line number, process if past the first line (number == 0)
    if LineNumber > 0:
      # Remove the line ending characters
      # print line  # uncomment for debugging
      Line = Line.strip('\n')
      # Split the line into a list of ElementList, using tab as a delimiter
      ElementList = Line.split('\t')
      # Returns a list in this format:
      # ['Tiburon 596', '19-Jul-03', '36 36.12 N', '122 22.48 W',
      # '1190', 'holotype']
```

```
        Dive    = ElementList[0] # includes vehicle and dive number
        Date    = ElementList[1]
        Depth   = float(ElementList[4])
        Comment = ElementList[5]
        LatDegrees = decimalat(ElementList[2])
        LonDegrees = decimalat(ElementList[3])

        # Isolate the vehicle and dive number from the Dive field

        SearchStr='(.+?) (\d+)'
        Result = re.search(SearchStr, Dive)
        Vehicle = Result.group(1)
        DiveNum = int(Result.group(2))

        #Reformat date
        # Create a datetime object from a string
        DateParsed = datetime.strptime(Date, "%d-%b-%y")
        # Create a string from a datetime object
        DateOut = DateParsed.strftime("%Y-%m-%d")
        #print Vehicle, DiveNum, DateOut, LatDegrees, LonDegrees, Depth, Comment
        SQL = """INSERT INTO specimens SET
  vehicle='%s',
  dive=%d,
  date='%s',
  lat=%.4f,
  lon=%.4f,
  depth=%.1f,
  notes='%s';
""" % (Vehicle, DiveNum, DateOut, LatDegrees, LonDegrees, Depth, Comment)
        print SQL
        MyCursor.execute(SQL)
    LineNumber += 1 # This is outside the if, but inside the for loop

# Close the files
InFile.close()
MyCursor.close()
MyConnection.commit()
MyConnection.close()
```

从包含 Marrus_claudanielis.txt 文件的文件夹中，执行 mylatlon_4.py。输出看起来虽然与 mylatlon_3.py 的输出相同，但在后台数据已被添加到数据库(避免在测试期间重复运行此命令，否则它将向你的数据库添加重复的记录)。在 mysql 命令行界面中，使用 SELECT 命令再次查看 specimens 表的内容。如果你要启动一个新的 mysql 会话，请记住首先用 USE midwater; 来选择 midwater 数据库命令。下面的输出被稍微编辑了一下，以适合于页面：

```
mysql> SELECT * FROM specimens;
+------------+---------+------+----------+--------+---------+-------+---------------+
| specimen id| vehicle | dive | date       | lat    | lon      | depth | notes          |
+------------+---------+------+----------+--------+---------+-------+---------------+
|          4 | Tiburon |  596 | 2003-07-19| 36.602 | -122.375 | 1190  | holotype       |
|          5 | JSL II  | 1411 | 1986-09-16|  39.94 | -70.2383 |  518  | paratype       |
|          6 | JSL II  |  930 | 1984-08-18 | 40.084 | -69.0502 |  686  | Youngbluth (1989)|
|          7 | Ventana | 1575 | 1999-03-11| 36.704 | -122.042 |  767  |                |
|          8 | Ventana | 1777 | 2000-06-16 |  36.71 | -122.045 |  934  |                |
|          9 | Ventana | 2243 | 2002-09-09 | 36.708 | -122.064 | 1001  |                |
|         10 | Tiburon |  515 | 2002-11-24 |   36.7 | -122.033 | 1156  |                |
|         11 | Tiburon |  531 | 2003-03-13| 24.317 | -109.203 | 1144  |                |
|         12 | Tiburon |  547 | 2003-03-31| 24.234 | -109.667 | 1126  |                |
|         13 | JSL II  | 3457 | 2003-09-26| 40.296 |  -68.1113|  862  | Pages(pers.comn)|
+------------+---------+------+----------+--------+---------+-------+---------------+
10 rows in set (0.00 sec)
```

你还可以从 MySQL 工作台的图形界面来检查修改过的表。注意你的 specimen_id 的值可能与这里显示的值不同，因为 AUTO_INCREMENT 计数器会跟踪所有已添加的行，即使是后面被删除的行也会被计数。

将文本文件导入到表格中

通常，在准备开始使用数据库时，你已经将希望导入到数据库表中的这些数据都存储在文本文件或电子表格中。在本示例的下一个组件中，你将加载一个名为 ctd 的新数据表，其中包含从潜水器上收集 6 个样本时，从 CTD 传感器上测量到的环境数据。与 specimens 数据不同的是，这时你可以创建一个表，使其中的列完全对应于你的数据的列，并且也不需要任何转换。你可以使用另一个定制 Python 程序将这些数据导入数据库中去，因为它们已经被格式化好了，你可以使用简单的 SQL 命令进行添加数据。不过，在添加任何数据之前，你需要去创建表。

创建 ctd 表

打开一个新的终端窗口得到一个 shell 提示符，并更改到~/pcfb/examples/ctd/目录。然后生成一个以单词 Marrus 开头的文件列表，并使用 head 命令查看第一个文件的开头部分。在下一章中详细描述了该文件：

```
host:~ lucys cd ~/pcfb/examples/ctd
host:ctd lucy$ ls Marrus*
Marrus_ctdTib515.txt  Marrus_ctdTib596.txt  Marrus_ctdVen2243.txt
Marrus_ctdTib531.txt  Marrus_ctdven1575.txt
Marrus_ctdTib547.txt  Marrus_ctdVen1777.txt
host:ctd lucy$ head Marrus_ctdTib515.txt
rovCtdDtg,vehicle,depth,temper,salin,oxyg,lat,lon
2002-11-24 14:24:15,tibr,10.32,12.682,33.187,5.83,36.571183,-122.52263
2002-11-24 14:24:45,tibr,10.32,12.678,33.19,5.87,36.70004157,-122.03345157
2002-11-24 14:25:15,tibr,10.82,12.676,33.19,6.57,36.70000171,-122.03336828
2002-11-24 14:25:45,tibr,17.87,12.659,33.189,6.52,36.700005,-122.03334412
2002-11-24 14:26:15,tibr,20.15,12.637,33.191,6.47,36.69998512,-122.03335
...
host:ctd lucy$
```

首先要注意的是，这些值是由逗号分隔的，并且有一个标题行来描述每个值是什么。通过这个信息你可以生成并执行一个具有所有所需字段的 CREATE TABLE 的命令：

```
mysql> CREATE TABLE ctd (
    -> ctd_id INTEGER NOT NULL AUTO_INCREMENT PRIMARY KEY,
    -> clock DATETIME,
    -> vehicle TINYTEXT,
    -> dive INTEGER,
    -> depth FLOAT,
    -> temperature FLOAT,
    -> salinity FLOAT,
    -> oxygen FLOAT,
    -> lat FLOAT,
    -> lon FLOAT,
    -> );
```

这些字段对应于 specimens 表中的字段，它最终会帮助你链接相应的信息片段。这些文件中的 date 字段也恰好已经被正确地格式化了，用 MySQL 可以直接导入[5]。否则，你还不得不使用一个单独的程序——正则表达式，或者是像 STR_TO_DATE 这样的 SQL 日期函数，将它们进行转换。

用 LOAD DATA 命令导入数据文件

从文本文件中将数据加载到表中的命令虽然长一点，但这是最容易理解的部分。下面是第一个 CTD 文件的示例：

```
LOAD DATA LOCAL INFILE '~/pcfb/examples/ctd/Marrus_ctdTib515.txt'
   INTO TABLE ctd
   FIELDS TERMINATED By ','
   IGNORE 1 LINES
   (clock,vehicle,depth,temperature,salinity,oxyen,lat,lon)
   SET dive=515;
```

在这个示例中，从这个文件传送到另一个文件只有两个部分需要更改：文件的名称和放入到 dive 变量中的值，这是由文件名派生出来的。命令的第一行指定它是一个 LOAD DATA 语句，该文件位于本地计算机上，且提供了该文件的路径。该语句的 INTO TABLE 部分指定将数据加载到哪个表。接下来的两行分别表明字段由逗号分隔和第一行是应该跳过的标题行。接下来的括号里是加载到表格各列的字段名称，以及它们在文件中的顺序。最后一行将表中的潜水航次字段值设置为 515，用于所有添加的行。这个 dive 数字位于文件名中，而不是位于文件自身内部。

要生成从所有文件中加载数据的命令，先使用命令 Is -1 Marrus*列出 ctd 目录(这里标记是数字 1)。这将显示一个仅有 CTD 文件名的一列清单。注意，没有来自 JSL II 潜水器的文件，因此不会收集到该潜水器采集的温度等环境信息。将文件列表复制到文本编辑器中，并使用正则表达式将该列表修改成如下所述的一系列单行命令。寻找下面这个：

```
(\w+?(\d+)\.txt)
```

然后用下面的文本替换所有文本[6]，你也可以从文件 mysql_commands.txt 复制出该文本：

```
LOAD DATA LOCAL INFILE '~/pcfb/examples/ctd/\1'
INTO TABLE ctd
FIELDS TERMINATED BY ','  IGNORE 1 LINES
(clock,vehicle,depth,temperature,salinity,oxygen,lat,lon)
```

---

5 多么幸运的一个巧合……

6 这个搜索有点棘手，因为它使用嵌套的括号来捕获要替换的文本。最外层括号内的文本部分，包括了潜水航次数，保存为\1。内括号将潜水航次编号单独保存为\2。

```
SET dive=\2;
```

这个替换的结果会生成如下一系列命令，它们将把每个文件都加载到你的数据库中去。

完整的附加命令集也保存在 mysql_command.txt 示例文件中了。当然还有一个替代方法，你也可以先键入命令一次，然后替换第一行和最后一行的 dive 数字的文件名，再循环重复使用它。与 bash shell 一样，你可以使用↑键返回历史命令，再编辑这些命令重复使用。mysql>提示符的另一个非常有用的方面，是 tab 键也能自动补足 mysql 命令和数据库已知的变量名。注意，如果你一次同时粘贴所有这些行去执行，可能会导致终端程序溢出缓冲区，并且其中一些行可能会错乱。在我的计算机上，一次性粘贴 4 个命令是没有任何问题的。

```
mysql> LOAD DATA LOCAL INFILE '~/pcfb/examples/ctd/Marrus_ctdTib515.txt'
   INTO TABLE ctd  FIELDS TERMINATED BY ','  IGNORE 1 LINES
   (clock,vehicle,depth,temperature,salinity,oxygen,lat,Ion) SET dive=515;

mysql> LOAD DATA LOCAL INFILE '~/pcfb/examples/ctd/Marrus_ctdTib531.txt'
   INTO TABLE ctd  FIELDS TERMINATED BY ','  IGNORE 1 LINES
   (clock,vehicle,depth,temperature,salinity,oxygen,lat,Ion)  SET dive=531;

mysql> LOAD DATA LOCAL INFILE '~/pcfb/examples/ctd/Marrus_ctdTib547.txt'
   INTO TABLE ctd  FIELDS TERMINATED BY ','  IGNORE 1 LINES
   (clock,vehicle,depth,temperature,salinity,oxygen,lat,Ion)  SET dive=547;

mysql> LOAD DATA LOCAL INFILE '~/pcfb/examples/ctd/Marrus_ctdTib596.txt'
   INTO TABLE ctd  FIELDS TERMINATED BY ','  IGNORE 1 LINES
   (clock,vehicle,depth,temperature,salinity,oxygen,lat,Ion)  SET dive=596;

mysql> LOAD DATA LOCAL INFILE '~/pcfb/examples/ctd/Marrus_ctdTib1575.txt'
   INTO TABLE ctd  FIELDS TERMINATED BY ','  IGNORE 1 LINES
   (clock,vehicle,depth,temperature,salinity,oxygen,lat,Ion)  SET dive=1575;

mysql> LOAD DATA LOCAL INFILE '~/pcfb/examples/ctd/Marrus_ctdTib1777.txt'
   INTO TABLE ctd  FIELDS TERMINATED BY ','  IGNORE 1 LINES
   (clock,vehicle,depth,temperature,salinity,oxygen,lat,Ion)  SET dive=1777;

mysql> LOAD DATA LOCAL INFILE '~/pcfb/examples/ctd/Marrus_ctdTib2243.txt'
   INTO TABLE ctd  FIELDS TERMINATED BY ','  IGNORE 1 LINES
   (clock,vehicle,depth,temperature,salinity,oxygen,lat,Ion)  SET dive=2243;

mysql>
```

在这些命令运行之后，所有 CTD 数据都会从文件中被加载到 midwater 数据库的 ctd 表中。我们将在后面的小节中探讨此表。

其他自动将文件导入到数据库的方法在本章末尾也有提到。

以 SQL 文件的形式导出和导入数据库

将数据库作为 SQL 文件发布是很常见的。这些文本文件包含创建表所需的所有命令(有时也包括数据库本身)，并将所有数据行添加到表中。这是通过 mysqldump 命令实现的，这也是备份数据库的一种便捷的方法。不仅数据本身得以保存，数据库的结构也是如此。

我们已经提供了上面创建的数据库的两个表，作为一个名为midwater.sql 的 SQL 文件，你可以在 ctd 文件夹中得到它。它是用 shell 命令创建的：

```
host:ctd lucy$ mysqldump -u root midwater > midwater.sql
```

(注意这是一个 bash 命令，而不是 mysql 命令)。在文本编辑器中打开 midwater.sql 文件查看。文件中的有些命令你已经很熟悉了，然而有一些语句你看到过但格式不同，还有一些没有被涵盖在本书中。

如果你无法像前面章节中描述的那样创建和加载数据库，但是仍然想要追随如下的数据挖掘示例，你可以从 midwater.sql 文件中加载数据库。首先在 mysql 中创建空的 midwater 数据库，然后在 shell 中输入以下命令来执行文件中的 SQL 命令：

```
host:~ lucy$ mysql -u root midwater < ~/pcfb/examples/ctd/midwater.sql
```

这个通用策略适用于执行任何一组 SQL 语句；它们不必一定要用创建和填充表的命令[7]。由于 SQL 命令在关系数据库系统的各种不同实践中基本上保持不变，因此你可以将该文件或稍微修改过的版本导入到另一个数据库管理程序中使用。

用 SQL 探索数据

现在这个项目的所有数据都在数据库中了，你可以使用 SQL 命令来总结、更新和提取信息。

用 SELECT 和 COUNT 命令汇总表

在小样本表中，我们已经使用样本命令 SELECT * FROM 检查了所有的行。这里有一些 SELECT 命令的更多用法，以及改进输出的方法。关于数据库一个基本问题是“我的表包含多少行”。你可以用一个稍微修改过的 SELECT 语句得到这个答案：

```
mysql> SELECT COUNT(*) FROM specimens;
```

7 这本书中没有涉及<操作符的使用，但它是重定向操作符>的一个变体，你一直使用它将输出保存到文件中。当使用另一个方向，即指向左边的操作符时，它会使一个文件被用作程序或命令的输入。

```
+----------+
| COUNT(*) |
+----------+
|       10 |
+----------+
1 row in set (0.00 sec)

mysql> SELECT COUNT(*) FROM ctd;
+----------+
| COUNT(*) |
+----------+
|     3738 |
+----------+
1 row in set (0.00 sec)
```

用 COUNT(*)替换*，现在你就可以检索单个行，它包含了用 SELECT 检索得到的所有行的总数，而不是所有数据行本身。COUNT 命令是 SQL 的统计功能之一，它接受括号里传递给它的参数。其他数学统计运算符讲解如下，在表 15.2 中做了汇总。

表 15.2　SELECT 的 SQL 数学统计运算符和函数

函数或运算符	意义
+,-,*,/	基本的数学运算符
AVG	值的平均值
COUNT	值的计数
MAX	最大的值
MIN	最小的值
STD	标准误差
SUM	值的总数

你还可以用 SELECT 从特定的列中提取数据。你可以指定你想要的列，以此来代替*，因为这是所有列的通配符，要用逗号分隔开它们：

```
mysql> SELECT vehicle,date FROM specimens;
+---------+------------+
| vehicle | date       |
+---------+------------+
| Tiburon | 2003-07-19 |
| JSL II  | 1986-09-16 |
| JSL II  | 1984-08-18 |
| Ventan  | 1999-03-11 |
```

```
| Ventana | 2000-06-16 |
| Ventana | 2002-09-09 |
| Tiburon | 2002-11-24 |
| Tiburon | 2003-03-13 |
| Tiburon | 2003-03-31 |
| JSL II  | 2003-09-26 |
+---------+------------+
10 rows in set (0.00 sec)
```

用 GROUP BY 校对数据

一个常见的任务是去查看一个给定的列有多少个不同的值。例如，它能提供信息让我们知道有多少个潜水器有记录。这可以用几种不同的方式来完成：

```
mysql> SELECT DISTINCT vehicle FROM specimens;
+---------+
| vehicle |
+---------+
| Tiburon |
| JSL II  |
| Ventana |
+---------+
3 rows in set (0.03 sec)
mysql> SELECT vehicel,COUNT(*) FROM specimens GROUP BY vehicle;
+---------+----------+
| vehicle | COUNT(*) |
+---------+----------+
| JSL II  |        3 |
| Tiburon |        4 |
| Ventana |        3 |
+---------+----------+
3 rows in set (0.21sec)
mysql> SELECT vehicle,dive,COUNT(*) FROM ctd GROUP BY vehicle,dive;
+---------+------+----------+
| vehicle | dive | COUNT(*) |
+---------+------+----------+
| tibr    | 515  |      491 |
```

```
| tibr     | 531  |    1348  |
| tibr     | 547  |     486  |
| tibr     | 596  |     760  |
| vnta     | 1575 |     100  |
| vnta     | 1777 |     210  |
| vnta     | 2243 |     343  |
+---------+------+----------+
7 rows in set (0.00 sec)

mysql>
```

输入 SELECT DISTINCT 命令是最简单的，但它并没有告诉你每只潜水器有多少行记录。要获取每个变量的计数，需要使用包含 GROUP BY 子句的替代命令。它用共享潜水器的值对行进行分组，然后用 COUNT(*) 计算每个组中的行数。注意潜水器和 COUNT(*) 都要被选中；如果只指定了 COUNT(*)，你也会得到计数，但你不知道它们与哪些潜水器相关。你可以在 GROUP BY 中使用多个列，因此结果中的每一行都是这些列的一个独特的观察组合。

SQL 中的数学运算

除了从表返回值外，SQL 还可以对检索到的数据执行数学和统计学计算（见表 15.2）。要使用这些运算符，首先要在括号内构建一个公式，然后用数学符号将字段名连接起来，如(depth * 3.3)。你还可以通过在参数名后面的括号中放置字段名来使用统计功能。例如，为了获得潜水的平均深度，按每辆潜水器分组，你可以使用以下命令：

```
mysql> SELECT vehicle,AVG(depth) FROM specimens GROUP BY vehicle;
+---------+-----------------+
| vehicle | avg(depth)      |
+---------+-----------------+
| JSL II  | 688.666666666667 |
| Tiburon |            1154 |
| Ventana | 900.666666666667 |
+---------+-----------------+
3 rows in set (0.06 sec)
```

用 WHERE 对行进行精确选择

除了隔离特定的列之外，你还可以从表中隔离特定的行。这是用 WHERE 子句完成的（图 15.4）。要查看只与 Tiburon 号潜水器有关的行，请使用以下命令：

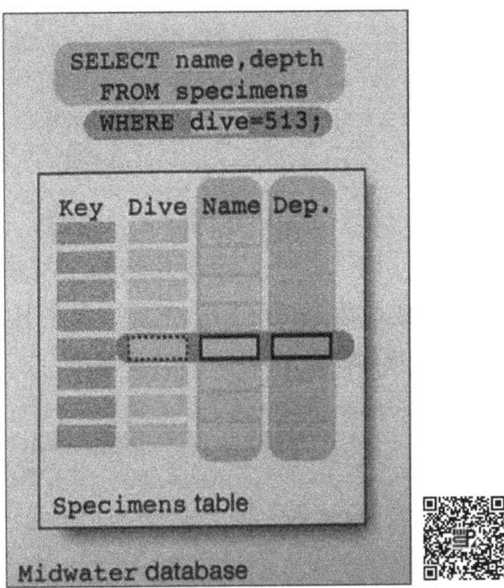

图 15.4　在图形视图中从数据库中提取数据。SELECT 命令从定义要检索的列开始(蓝色字段)。在 WHERE 命令(栗色的横线)中,基于这一列或者那一列中的值,精确定义这些列中的哪些行需要提取。(彩图请扫二维码)

```
mysql> SELECT *FROM specimens WHERE vehicle='Tiburon';
+-------------+---------+------+------------+--------+----------+-------+----------+
| specimen id | vehicle | dive | date       | lat    | lon      | depth | notes    |
+-------------+---------+------+------------+--------+----------+-------+----------+
|           4 | Tiburon |  596 | 2003-07-19 | 36.602 | -122.375 |  1190 | holotype |
|          10 | Tiburon |  515 | 2002-11-24 |   36.7 | -122.033 |  1156 |          |
|          11 | Tiburon |  531 | 2003-03-13 | 24.317 | -109.203 |  1144 |          |
|          12 | Tiburon |  547 | 2003-03-31 | 24.234 | -109.667 |  1126 |          |
+-------------+---------+------+------------+--------+----------+-------+----------+
4 rows in set (0.00 sec)
```

注意，SQL 中的等式运算符是一个单独的=符号，而不是像 Python 和许多其他语言一样是两个 == 。你可以选择适合条件的列 (dive,data) 和适合条件的行 (WHERE vehicle='Tiburon')，把它们结合起来进行数据分割：

```
mysql> SELECT dive,date FROM specimens WHERE vehicle='Tiburon';
+------+------------+
| dive | date       |
+------+------------+
|  596 | 2003-07-19 |
|  515 | 2002-11-24 |
```

```
|  531  | 2003-03-13 |
|  547  | 2003-03-31 |
+------+------------+
```

WHERE 语句的适应性很强，你可以使用它和使用 LIKE，或者在正则表达式中使用 REGEXP 进行近似匹配。你可以使用 LIKE 去检索匹配到字符串的一部分，而不是用=测试对字符串进行精确匹配。LIKE 使用%作为通配符，就像在 bash shell 中使用*、正则表达式使用.*一样：

```
mysql> SELECT vehicle,dive FROM specimens WHERE vehicle LIKE 'TIB%';
+---------+------+
| vehicle | dive |
+---------+------+
| Tiburon |  596 |
| Tiburon |  515 |
| Tiburon |  531 |
| Tiburon |  547 |
+---------+------+
```

要执行一个正则表达式搜索，你可以使用 WHERE 字段 REGEXP query，而 query 内容是一个字符串搜索项。任何能匹配正则表达式的字段值都将会被返回。SQL 正则表达式语法与 bash shell 中使用的术语非常接近(见附录 2)，但不是所有通配符都包括，比如\w 和\d 就不同。你可以用^和$去指定字符串的开头和结尾，或者任何有周期的字符，字符范围用方括号[A-Z]来表示：

```
mysql> SELECT vehicle,dive FROM specimens WHERE vehicle REGEXP '^V';
+---------+------+
| vehicle | dive |
+---------+------+
| Ventana | 1575 |
| Ventana | 1777 |
| Ventana | 2243 |
+---------+------+
```

用 WHERE 构建的表达式，也经常使用数值比较符和逻辑语句，就像 Python 中的 if 语句一样。这可能是你最常用的 SELECT 语句之一。例如：

```
Mysql> SELECT vehicle,dive FROM specimens WHERE dive < 1000;
```

```
+---------+------+
| vehicle | dive |
+---------+------+
| Tiburon |  596 |
| Tiburon |  515 |
| Tiburon |  531 |
| Tiburon |  547 |
| JSL II  |  930 |
+---------+------+
```

如果你建立了一个逻辑的比较序列，一定会考虑使用 AND 和 OR。两个逻辑比较如果用 OR 连接起来，将合并返回两个逻辑测试为真的全部值。例如，为 Tiburon 和 JSL II 返回合并的 dive 数字，你可以使用：

```
SELECT vehicle, dive FROM specimens
  WHERE vehicle LIKE "Tib%" OR vehicle LIKE "JSL%";
```

如果你想要得到 Tiburon 和 JSL 的记录，但是尝试使用了 AND 语句，你将什么结果也得不到。在后面的示例中，我们将在 WHERE 后面使用 AND，从 CTD 记录中返回一组我们期望的子集。

用 UPDATE 修改行

一旦数据被加载到数据库中，你还会经常想要修改它们。在这个数据库中，潜水器在 specimens 和 ctd 文件中使用了不同的名称：

```
mysql> SELECT vehicle,count(*) FROM specimens GROUP BY vehicle;
+---------+----------+
| vehicle | COUNT(*) |
+---------+----------+
| JSL II  |        3 |
| Tiburon |        4 |
| Ventana |        3 |
+---------+----------+
3rows in set (0.01 sec)
mysql> SELECT vehicle,COUNT(*) FROM ctd GROUP BY vehicle;
+---------+----------+
| vehicle | COUNT(*) |
+---------+----------+
| tibr    |     3085 |
```

```
| vnta     |     653  |
+---------+----------+
2 rows in set (0.09 sec)
```

这还不能让人满意。以下是用 UPDATE 命令更改 ctd 表中 vehicle 的缩写，以匹配 specimens 表中使用的完整 vehicle 名称：

```
mysql> UPDATE ctd SET vehicle='Tiburon' WHERE vehicle='tibr';
Query OK, 3085 rows affected (0.07 sec)
Rows matched: 3085 Changed: 3085 Warnings: 0

mysql> UPDATE ctd SET vehicle='Ventana' WHERE vehicle='vnta';
Query OK, 653 rows affected (0.05 sec)
Rows matched: 653 Changed: 653  Warnings: 0
```

在前面的例子中我们探索了数据表，而这个命令是修改数据表的一种方法，这对本章内其余的操作非常重要。在继续学习之前，请尝试执行这些 UPDATE 命令(也在示例文件中获取它们)。

这里 WHERE 子句的作用与在 SELECT 命令中的作用相同——将命令限制在符合指定条件的一组行的子集中。SET 子句与在 INSERT INTO 命令和 LOADDATA 命令中作用相同——为特定的字段指定特定的值。

跨表选择数据

到目前为止，数据库中不同的表之间还没有进行交互。它们已经加载了数据并用于独立分析。跨表组合数据是关系数据库最强大的功能之一，也是关系数据库名称的来由——可以在跨表的数据之间定义关系。这样，即使数据库中的每个表都是二维的，它也能够允许非常复杂的数据库结构，如果只用一个大的二维表，那将是非常低效的。

跨表组合数据并不像你想象的那么复杂。在大多数情况下，它只需要修改 SELECT 语句即可，让它根据特定的关系从多个表中提取数据。要访问多个表，你可以将表的名称放在 FROM 语句后面，由逗号分隔。因为你现在正在查询不同维度和不同字段的两个表，它们有些地方可能具有相同的名称，当你指定字段名时还需要指定讨论的是哪一个表。这是用点符号注释完成的、类似于在 Python 中使用的方法。想在表名称后指定一个特定字段，只需要用一个点，然后加上字段的名称就行了。例如，为了表示 specimens 表的 vehicle 字段，你将使用 specimen.vehicle。

在接下来的一系列 SELECT 命令中，你将从 ctd 表中提取环境数据，它们对应于 specimens 表中采集特定有机体样品时的海水深度。第一步开始，我们只给单倍型(holotype)样本选择 vehicle、dive 和 depth 字段(这个样本被选为整个物种的代表样本)：

```
mysql> SELECT specimens.vehicle, specimens.dive, specimens.depth
    -> FROM specimens
    -> WHERE specimens.notes="holotype";
+---------+-----+-------+
| vehicle | dive | depth |
+---------+-----+-------+
| Tiburon |  596 |  1190 |
+---------+-----+-------+
```

要列出某个 vehicle 在特定 dive 航次中采集到的所有 CTD 数据，请尝试以下命令：

```
mysql> SELECT ctd.* FROM ctd,specimens
    -> WHERE specimens.notes="holotype"
    -> AND ctd.vehicle=specimens.vehicle AND ctd.dive=specimens.dive;
```

这将返回由远程操作的潜水器 Tiburon 在第 596 航次期间采集的数百行数据[8]。不过，dive 和 vehicle 都没有被明确指定过。所显示的部分 CTD 数据被指定的 notes 字段限制，样本的注释字段必须是`"holotype"`，然后`ctd`表中的 dive 和 vehicle 字段必须匹配 specimens 表中所选行的相应值。

此时，你可以滚动这些数据，查找最接近这个样本的深度，并手动提取所需的 CTD 数据，或者也可以让数据库系统自动为你工作。深度不能像 vehicle 和 dive 一样可以跨表指定，因为 CTD 是间断测量的，而且在每次采集样本测量环境参数时，位于相同精确深度的机会很小。

下面的命令显示出所选的最小深度的行的 CTD 数据，可以用`MIN(ctd.depth)`指定，由于这些深度大于或等于收集的深度，指定为`ctd.depth >= specimens.depth`。这是一种找到最接近已知值的方法。这个命令还显示了这次记录中`specimens`表中所有 vehicle 和 dive 值，显示了结果中的每一行如何含有从多个表中汇集的数据：

```
mysql> SELECT specimens.vehicle, specimens.dive, MIN(ctd.depth),
    -> ctd.temperature, ctd.salinity, ctd.oxygen
    -> FROM ctd, specimens
    -> WHERE specimens.notes="holotype"
    -> AND ctd.vehicle=specimens.vehicle AND ctd.dive=specimens.dive
    -> AND ctd.depth >= specimens.depth;
+---------+------+----------------+-------+----------+--------+
| vehicle | dive | MIN(ctd.depth) | temp. | salinity | oxygen |
+---------+------+----------------+-------+----------+--------+
```

8 如果想要在屏幕上只显示出前 10 行，在命令的末尾添加上`LIMIT 10`即可。

```
| Tiburon |  596 | 1190.170043945 | 3.405 |   34.284 |    0.05 |
+---------+------+----------------+-------+----------+---------+
```

接下来，你将在 Python 程序中添加类似这样的命令，以检索每个样本的组合值，而不是只针对 holotype。

使用 Python 生成输出

在多数情况下，有很多种不同的数据提取流程，都可以通过一系列 SQL 命令来完成目标。正如你在本章开头所看到的，使用熟悉的 Python 环境处理文件更加容易，生成定制的 SQL 查询并使用 `MySQLdb` 模块将它们发送到 MySQL。接下来的示例中，你将使用上面派生的命令提取 CTD 数据，并使用 Python 脚本将其应用于 `specimens` 表中的每一行。生成的输出是一个用制表符分隔的表，可以快速格式化以便在出版物中使用。要运行这个脚本，你需要事先在 `midwater` 数据库中生成或导入 `specimens` 表和 `ctd` 表，并执行 `UPDATE` 命令以标准化 vehicle 字段的名称，如本章正文中所述。

```
#! /usr/bin/env python
"""
sqlmerge.py
using the mysql database 'midwater', with its tables 'ctd' and 'specimens',
look up the dive and depth for each specimen, and extract the corresponding
temperature, salinity, and oxygen from the ctd table

output the combined results as a tab-delimited table
"""

import re       # Load regular expression module
import MySQLdb # must be installed separately

# Create the database connection. Often you will want to use a
# variable to hold the database name, instead of a fixed string
MyConnection = MySQLdb.connect( host = "localhost", user = "root", \
                                passwd = "", db = "midwater")
MyCursor = MyConnection.cursor()
SQL = """SELECT specimen_id,vehicle,dive,date,depth,lat,lon from specimens;"""
SQLLen = MyCursor.execute(SQL)  # returns the number of records retrieved

# MyCursor is now "loaded" with the results of the SQL command
# AllOut will become a list of all the records selected
AllOut = MyCursor.fetchall()
```

```
# print AllOut ## Debugging
# Print the header line
Print "Vehicle\tDive\tDate\tDepth\tLat.\tLong.\tTemperature\tSalinity\tOxygen"

# Step through each record and create a new SQL command to retrieve
# the corresponding values from the other DB
for Index in range(SQLLen):
    # two dimensional indexing:
    # from the Indexed record, take the first item (the primary_key)
    Spec_id = AllOut[Index][0]

    # Other ways to print debugging information
#   vehicle,dive,date,depth,lat,lon = AllOut[Index][1:]
#   print "%s\t%d\t%s\t%.1f\t%.4f\t%.4f\t" % AllOut[Index][1:]
#   vehicle,dive,date,depth,lat,lon,

# insert spec_id (the primary key) into each command
    SQL = """SELECT MIN(ctd.depth),ctd.temperature,ctd.salinity,ctd.oxygen
    from ctd, specimens where
    specimens.specimen_id=%d and specimens.vehicle=ctd.vehicle and
    specimens.dive=ctd.dive and ctd.depth>=specimens.depth ; """ % Spec_id

    # print SQL  ## Uncomment to test the command structure before running

    SQLLen = MyCursor.execute(SQL)
    NewOut = MyCursor.fetchall()

    if SQLLen < 1 or NewOut[0][0]==None:  # Some records don't have CTD data
        print  "%s\t%d\t%s\t%.1f\t%.4f\t%.4f\t" % AllOut[Index][1:] \
            + "NaN\tNaN\tNaN"
    else:
        print  "%s\t%d\t%s\t%.1f\t%.4f\t%.4f\t" % AllOut[Index][1:] \
            + "%.2f\t%.3f\t%.2f" % NewOut[0][1:]
# Close the files
MyCursor.close()
MyConnection.close()
```

上面这个示例脚本，在~/pcfb/scripts文件夹中保存为sqlmerge.py，从SQL命令获取的结果将使用.fetchall()函数加载到变量 AllOut 中。这等价于文件操作符.readlines()，它将文件的所有行加载到一个变量中。

这些检索的基本方法是执行查询任务，然后从 MyCursor 对象中加载数据：

```
MyCursor.execute(SQL)
AllOut = MyCursor.fetchall()
```

除了用 .fetchall() 之外，你还可以使用一个循环和 .fetchone() 的方法，从 MyCursor 结果中实时检索一个记录。对于大型数据集来说，这将是一个更好的方法，因为所有的结果都不会同时存储在内存中。

要打印或者用其他方式访问存储在 AllOut 中的每行的内容，你可以使用两个索引方括号：第一个显示要使用的行，第二个显示行中你想要打印的字段。AllOut 中的字段顺序对应于我们运行第一个 SQL 命令时的顺序。

例如，AllOut 变量的第二行是 AllOut[1]，对应于 Tiburon 潜水器 515 次采集的标本。在这一行中，第四个值 AllOut[1][3] 是深度，因此可以将其显示出一位小数点，你可以使用：

```
print "%.1f" % Allout[1][3]
```

在第一个查询中之后，脚本使用样本信息定义了第二个查询。该查询用于隔离一行 CTD 数据，这些数据对应于所收集样本的相同航次和深度。这种方法让你可以用一个表中的信息去指导如何提取另一个表中的信息。

继续向前看

这只是关系数据库中数据管理的最简略的浏览。还有许多其他的方法可以跨表组合数据，也有许多重要的优秀实用方法，可以使你的数据库在变得很大时也不会太过于笨重。如果你将来在研究工作中想要使用数据库，我们强烈建议你继续学习数据库相关内容。可以充分利用本章末尾处提供的其他资源。

数据库用户和安全性

本章中所有的 MySQL 示例都是在没有密码保护的情况下，作为 localhost 数据库系统的 root 用户来执行的。这么做只是为了让数据库系统的介绍更简单些。如果你在研究中真要使用数据库，而且确认是带有网络访问或共享计算机的数据库，那么你必须添加密码保护，通过创建权限对其他用户的访问和对数据的修改行为进行限制。有很多原因需要我们这么做。第一，如果你以 root 身份登录，则很容易一不小心就删除了整个数据库，或者在你还没有马上意识到的情况下对数据进行了大范围的更改，这将导致数据受到很大的影响。如果你以权限受限的用户身份登录，你就为对抗这些错误创建了一道防线。第二，如果对数据库提供了网络访问，或者它安装在共享计算机上，那你一定希望对数据的访问设置安全限制，因为有人会想要窥视你的超级机密的科学数据，

他甚至可能会邀请黑客来危害你的计算机，无论是他有自己的目的，还是仅仅因为他们喜欢浪费别人的时间(和浪费他们自己的时间)去故意破坏计算机。

创建一个 root 密码

SQL 不仅用于与数据进行交互，它还能用于修改 MySQL 用户和密码设置。这是因为数据库系统配置和用户的信息都存储在数据库自身中。更改现有用户密码的命令是 SET PASSWORD。如果你在发出这个命令时没有指定特定的用户，它将会更改当前登录的用户密码。下面的示例将 root MYSQL 用户的密码更改为 mypass，然后还展示了如何使用新密码进行登录：

```
$ mysql -u root
mysql> SET PASSWORD = PASSWORD('mypass');
Query OK, 0 rows affected (0.83 sec)
mysql> EXIT;
Bye
$ mysql -u root -P
Enter password:
mysql>
```

继续向前，尝试在你的计算机上更改根 MySQL 用户密码，但是要选择比 mypass 更安全的密码。当你下次登录时，在 mysql 命令中添加-p 参数。这将导致 mysql 程序要求你输入密码，当你输入它时，它不会显示出来(当你完成输入后就按 *return* 键)。要通过 MySQL 工作台接口作为根用户进行登录，你还需要将新密码添加到你之前创建的 localhost 连接上。这通过工作台主屏幕左下角的管理链接可以完成。尽管在设置了限制用户访问之后修改的效果会更好，你还得在 sqlmerge.py 脚本中添加上密码，如下所述。

添加一个新的 MySQL 用户

这里我们将创建一个用户账户，专门用于从 Python 程序访问数据库。该用户可以对 midwater 数据库中的表进行选择、更新和插入行，但不能删除元素或改变表或数据库的底层结构。我们将此用户名称为 python_user，并将其密码设为 ventana。

添加新用户的 SQL 命令是 CREATE USER，它可以指定用户的名称、密码，以及在哪里可以连接到数据库系统。默认情况下，用 CREATE USER 命令生成的新用户不允许对数据库的任何部分进行任何操作。每个权限必须用 GRANT 命令明确地授予。

下面是创建用户 python_user，并允许这个新用户基本访问数据库的命令：

```
mysql> CREATE USER 'python_user'@'localhost' IDENTIFIED BY 'ventana';
Query OK, 0 rows affected (0.28 sec)
```

```
mysql> GRANT SELECT, INSERT, UPDATE ON midwater.*
    -> TO 'python_user'@'localhost';
Query OK, 0 rows affected (0.00 sec)
```

在 CREATE USER 命令中，@符号将新用户名与它可以连接的网络地址分隔开来。在本章中，我们只讨论如何连接到本地数据库，因此地址是 localhost。新用户的密码由 INENTIFIED BY 子句指定。

GRANT 命令要求列出可执行命令的清单，这些是你希望用户能够执行的命令。注意，在本例中 CREATE 和 DELETE 没有出现在列出的命令中，因此用户不能创建新的数据库或表，虽然它们可以执行各种其他功能。ON 指定这些权限适用于哪些数据库和表。点符号用于指定数据库和表，通配符*可以作为数据库中所有数据库或所有表的替身。要将此命令应用于 midwater 数据库中的所有表，你可以指定 midwater.*。你可以使用一系列的 GRANT 命令分别对不同的数据库和表应用不同的权限。为了指定适用 GRANT 命令的用户，就像 CREATE USER 一样，要求指定用户的网络位置。值得注意的最后一点是，如果你只允许用户从一个网络地址进行访问，那当他们从其他网络位置登录时就会无法连接，即使他是 root 用户或用 VNC 连接也不行(更多地址和 VPN 相关信息，请参见第 20 章)。

现在你已经为 Python 程序配置了一个用于访问数据库的特殊用户。你可以修改你的脚本来连接这个用户。用下面的命令在你的脚本中替换现有的 MySQLdb.connect 行：

```
MyConnection = MySQLdb.connect( host = "localhost",\
    user = "python_user", passwd = "ventana", db = "midwater")
```

程序中没有别的东西需要更改了。对于刚刚设计出来用来检索数据的脚本，最安全的办法就是定义一个只拥有 SELECT 权限的基本用户，这样数据库就不会因为你程序中的错误而被误更改或误删除了。

为特定的程序和语言创建特殊的用户与数据库进行交互，而不是针对特定的人，这是一种常见的做法。通常对于 Web 服务，你有一个权限受限的用户，而且必须从指定的位置连接它。重要的是，要记住这个用户的用户名和密码都会出现在你的程序中。如果要共享你的程序，请勿忘记删除或更改此连接信息。密码可能还会出现在其他脚本中，这些脚本是任何接触到你计算机的人都能打开的，所以不要把相同的密码重复使用在其他用途上。

总　　结

你已经学会了：

- 如何去组织包含二维数据的文件，如电子表格或字符分隔的文本文件，对单个网格进行优化分析。

- 并不是所有的数据在两个维度中都能得到很好的显示，而且关系数据库为存储和分析这些更复杂的数据集提供了很好的选择。
- 如何：
  安装关系数据库管理系统 MySQL；
  创建数据库和表；
  从 Python 内部执行 MySQL 命令；
  从一个文件中直接向数据库添加数据；
  使用 `SELECT` 命令从表中提取数据；
  跨表提取和组合数据；
  管理用户和密码。

进一步学习

- 回顾附录 7 中总结的 SQL 命令，以供快速参考。
- 研究网站中 MySQL 帮助页面上使用 `WHERE` 命令的许多不同选项。
- 有许多可以将数据文件批量导入到数据表中处理的方法。在本章中，使用正则表达式搜索导入 CTD 数据文件，并将文件名转换为 SQL 命令。
  编写一个 shell 脚本然后将数据加载到表中，调用一个像 `loadctd Marrus*.txt` 一样的命令。
  编写一个 Python 程序，也许可以从 `filestoXYYY.py` 派生出来，执行相同的导入，并且使用 `MySQLdb` 库中的函数。

推 荐 阅 读

官方的 MySQL 开发人员页面(`http://dev.mysql.com`)是一个很好的资源，有丰富的文档和教程。

有许多关于数据库、MySQL 和 SQL 的优秀书籍，包括可靠的参考书 O' Reilly。我们还建议你阅读 Luke Welling 和 Laura Thompson 编写的 *PHP and MySQL Web Development*(Upper Saddle River, NJ:Addison - Wesley,2008)一书，把它作为一个学习更多探索工具的起点。该书涵盖了许多网页开发主题，远远超出了本书涵盖的范围，它对 MySQL 和数据库的介绍是非常精彩的。

第 16 章　高级的 shell 和管道命令

从第 4 章到第 6 章，你已经熟悉了基本的 shell 命令，并在文件中使用它们以创建简短的 shell 脚本。在这里，我们返回到命令行环境，并用新的程序和操作以及其他一些方法，把命令并在一起形成一段能大大节省时间的实用函数。我们还展示了如何使用 shell 操作，将程序链接到数据处理管道中。这些半自主的脚本将能帮助你进行自动化分析，并记录下处理操作的过程以备将来再次使用。

其他有用的 shell 命令

用 head 和 tail 提取行

你已经了解了 cat 和 less shell 命令是如何显示文件的内容。还有两个相关的命令是 head 和 tail，前者显示文件的前几行，后者显示文件的最后几行。它们被用来快速浏览一个长文件的部分内容，或者当把它们添加到一个命令结尾后的管道符号处，就会显示 shell 命令打印输出的部分。head 和 tail 都可以通过在命令名后面加上-n X，修改成可以显示 X 行的命令。例如，要查看数据文件的前 5 行：

```
head -n 5 ~/pcfb/examples/ctd.txt
```

或者，在你的命令历史记录上查看 15 个最近的项目：

```
history | tail -n 15
```

通常情况下，与 tail 一起使用的-n 选项将会显示最后的 X 行。然而，当在 X 前面添加一个加号时，它将给你显示文件中从第 X 行开始，然后继续显示。例如，跳过一个标题行：

```
tail -n +2 ~/pcfb/examples/ThalassocalyceData.txt
```

head 和 tail 都可以接受多个文件名。文件名可以一个接一个地指定，也可以通过一个通配符（如*.txt）来指定。这样可以方便地同时查看多个文件。

用 cut 提取列

grep、head 和 tail 命令都可以分割出一些你感兴趣的行，从文件中提取水平的元素。如果要从文件中提取垂直的列，你就要使用 cut 命令了（表 16.1）。这样的操作既要使用-c 标志字符列的位置，也要使用-f 标志定义字段。使用-c 参数时，其后给出的数字是表示要提取相应位置的字符；使用-f 参数时，后面的数字表示要提取的列。

表 16.1　cut 命令的选项

-f 1,3	返回第一列和第三列，用制表符分隔
-d ","	使用逗号代替制表符作为分隔符，此标志与-f 选项一起使用
-c 3-8	从文件或数据流中返回第 3～8 个字符

如果要取出包含有>字符的行中前几个字符，但无需显示>本身，你可以使用：

```
grep ">" ~/pcfb/examples/FPexamples.fta | cut -c 2-11
CAA58790.1
AAZ67342.1
ACX47247.1
ABC68474.1
AAQ01183.1
```

对于由空格、制表符或一些其他字符分隔的数据，通常用 cut 命令并使用-f 可以提取数据中所需的列。-f 后面跟随的数字表示要检索的字段、字段列表或字段的范围：

```
cut -f 2-4 ~/pcfb/examples/ThalassocalyceData.txt
Depth	Latitude	Longitude
348.7	36.71804	-122.0574
520.3	36.749134	-122.03682
118.36	36.83848	-121.96761
200.2	36.723267	-122.05352
100.85	36.726974	-122.04878
1509.6	36.584644	-122.52111
```

默认情况下，cut 命令期望制表符为分隔符；如果没有使用-d 参数，并在后面跟一个带引号的空格时，它就不会把空格作为分隔符。请记住，如果是一段连续的空格，将不会被视为一个单独的分隔符，而是作为多个分隔符。多个连续空格是经常会用到的，例如，经常用多个空格去补齐字符数不等的文本。你可能需要重新格式化数据以适应这种行为。例如，你可以在你的文本编辑器中打开文件，并使用正则表达式去替换一个或多个空格，指定用" +"，替换为一个空格" "。

为了指定逗号作为分隔符，使用-d 后跟一个逗号，再用引号括起来，当你想要一个标点符号被看成字符串时，它是最安全的 shell 操作：

```
head -n 20 ~/pcfb/examples/ctd.txt | cut -f 5,7,9 -d ","
depth,temper,salin
2.78,15.299,33.132
```

```
3.47,15.3,33.133
8.64,15.298,33.134
15.29,15.295,33.134
21.84,15.003,33.155
...
88.93,10.614,33.439
95.28,10.403,33.464
101.53,10.188,33.486
107.68,10.03,33.539
```

用 sort 对行排序

任何这些命令产生的输出数据流，以及一个文件或者一系列文件中的所有行，都可以使用内置的排序命令(表 16.2)按字母顺序排序。默认情况下，排序始于每行的第一个字符和数据的第一列：

```
grep ">" ~/pcfb/examples/FPexcerpt.fta | sort
>Anthomed
>Avictoria
>BfloGFP
>Pontella
>ccalRFP1
>ccalYFP1
>ceriOFP
>discRFP
>ptilGFP
>rfloGFP
>rfloRFP
>rrenGFP
```

表 16.2 sort 命令的选项

-n	按数字值的大小而不是字母顺序进行排序
-r	按相反的顺序排序(z～a)或从较高的数字到较低的数字
-k 3	基于第三列的排序行，用空格或制表符分隔列
-t ","	使用逗号作为分隔符，而不是默认的制表符或空格
-u	对于一个重复项只返回一项作为代表

根据其他列进行排序(要么由制表符要么由空格分隔)，要使用-k 标记(可能是“kolumn”的缩写？)，后面跟着数字，指出你希望用于排序的列数。注意，因为都是按

照 ASCII 值的顺序来排序的(见附录 6)，空格会按 ASCII 顺序排在字母 A 前，所以如果一个制表符分隔的文件中还有空值的列(换句话说，就是两个制表符挨在一行)，这些字段将被排到列表的顶部。另一种情况是所有大写字母都会排在小写字母之前，所以大写 Z 排在小写字母 a 之前。

当使用-n 标记(**n**umeric)时，就可以按数字顺序而不是字母顺序进行排序。下面是根据第二列数据用不同命令进行排序，比较两种命令的输出区别，第一个命令没有跟着-n，第二个命令用了-n：

```
tail -n +2 ~/pcfb/examples/ThalassocalyceData.txt | sort -k 2
Thalassocalyce      100.85  36.726974   -122.04878  2.30    1999-08-09
Thalassocalyce      118.36  36.83848    -121.96761  1.52    1999-05-14
Thalassocalyce      1509.6  36.584644   -122.52111  0.95    2000-04-17
Thalassocalyce      200.2   36.723267   -122.05352  1.63    1999-08-09
Thalassocalyce      348.7   36.71804    -122.0574   1.48    1992-03-02
Thalassocalyce      520.3   36.749134   -122.03682  0.52    1992-05-05

tail -n +2 ~/pcfb/examples/ThalassocalyceData.txt | sort -k 2 -n
Thalassocalyce      100.85  36.726974   -122.04878  2.30    1999-08-09
Thalassocalyce      118.36  36.83848    -121.96761  1.52    1999-05-14
Thalassocalyce      200.2   36.723267   -122.05352  1.63    1999-08-09
Thalassocalyce      348.7   36.71804    -122.0574   1.48    1992-03-02
Thalassocalyce      520.3   36.749134   -122.03682  0.52    1992-05-05
Thalassocalyce      1509.6  36.584644   -122.52111  0.95    2000-04-17
```

按字母顺序排序时，值 1509.6 落在 118 至 200 之间；然而，当按数值顺序排序时，这个值就被放置在排序的末尾了[1]。

用 uniq 分离出独有的行

另一个功能强大且经常使用的命令是从文件中提取值的子集或汇总文本流，它就是 uniq 命令(表 16.3)。该命令从文件中删除连续的、内容相同的重复行，只留下一条作为代表。

表 16.3　uniq 命令的选项

-c	计数每个唯一行的出现次数
-f 4	忽略前四个字段(由任意数量的空格分隔的列)来决定唯一性
-i	在确定唯一性时忽略大小写

1 在不同文件系统的图形界面中，文件名并不是都按照相同的方式排列：有些按字母顺序排序，另一些则按数字顺序排序。现在，你可以花些时间去了解，这两种方法中的哪一种是你的操作系统所偏好的。

为了能顺利移除掉重复的行，相匹配的行必须是连续出现的，在中间必须没有插入任何不同的行。要从整个文件中获得全部独有行，重复的行也只保留一行作为代表，在大多数情况下，你需要先用 sort 命令排序所有的行，把匹配的行先聚集在一起[sort 命令的(-u)标记其实也可以返回独有行，但是 uniq 命令也有这个能力，可以让它发挥作用]。

uniq 命令还可以使用-c 标记来计算某一行出现的次数。这提供了一个非常好的快速统计方法，例如，评估数据文件中每个分类群出现的次数，或者是注释表中哪一条是最多、最常见的注释。

高级 shell 函数的整合

shell 命令的输出可以直接发送到屏幕显示，或捕获到文件中储存。它也可以被管道输送到另一个 shell 命令中，形成一个可以从复杂文件中提取大量处理值的操作链。在这个例子中，起始点是一个 PDB 三维文件，它可以描述每个原子和每个蛋白质的氨基酸的三维位置。我们将使用 cut、sort 和 uniq 命令去构建一个联合的 shell 命令，来从这个复杂的文件中提取一个列表，显示每个氨基酸的出现频率。

首先，使用 head 命令进入示例目录并查看每个*.pdb 文件的前几行：

```
host: lucy$ cd ~/pcfb/examples
host: examples lucy$ head -n 2 *.pdb
==> structure_1ema.pdb <==
HEADER    FLUORESCENT PROTEIN                     01-AUG-96   1EMA
TITLE     GREEN FLUORESCENT PROTEIN FROM AEQUOREA VICTORIA

==> structure_1g7k.pdb <==
HEADER    LUMINESCENT PROTEIN                     10-NOV-00   1G7K
TITLE     CRYSTAL STRUCTURE OF DSRED, A RED FLUORESCENT PROTEIN FROM

==> structure_1gfl.pdb <==
HEADER    FLUORESCENT PROTEIN                     23-AUG-96   1GFL
TITLE     STRUCTURE OF GREEN FLUORESCENT PROTEIN

==> structure_1s36.pdb <==
HEADER    LUMINESCENT PROTEIN                     12-JAN-04   1S36
TITLE     CRYSTAL STRUCTURE OF A CA2+-DISCHARGED PHOTOPROTEIN:

==> structure_1sl8.pdb <==
HEADER    LUMINESCENT PROTEIN                     05-MAR-04   1SL8
TITLE     CALCIUM-LOADED APO-AEQUORIN FROM AEQUOREA VICTORIA

==> structure_1sl9.pdb <==
```

```
HEADER    LUMINESCENT PROTEIN                05-MAR-04     1SL9
TITLE     OBELIN FROM OBELIA LONGISSIMA

==> structure_1xmz.pdb <==
HEADER    LUMINESCENT PROTEIN                04-OCT-04     1XMZ
TITLE     CRYSTAL STRUCTURE OF THE DARK STATE OF KINDLING FLUORESCENT
```

注意放置在==>和<==之间的文件名，每一个都是独特的，由于使用了通配符指定多个文件，所以全部都显示出来了。

下面的示例将使用 structure_1gfl.pdb 文件演示，但是生成的命令也可以应用到其他 PDB 文件中。从文本编辑器中打开示例文件夹中的 structure_1gfl.pdb，查看文件内容。你可以在 tinyurl.com/pcfb-gfp 网站上，查看在线的三维结构渲染图。

示例文件中的蛋白质是一个二聚体，具有相同分子结构的 A 和 B 亚基。我们将创建 shell 命令，让它只从其中的一个亚基中给出计算结果，但你也可以很容易地让它计算出两个亚基中的所有氨基酸含量。

请注意，文件顶部有许多介绍行和摘要，最后还有一些不重要的行，它们都不包含我们需要的氨基酸信息。在收集我们所需信息的第一个传递过程中，我们使用了 grep 命令(图 16.1)，只提取包含单词 ATOM 的行。这样就消除了许多不相关的行，但我们还保留了包含单词 ATOM 的一些附注信息。为了删除这些特殊的附注，将第一个 grep 命令的输出用管道输出到 grep-v 命令，它是一个反转倒置的例外捕获命令，只返回不包含单词 REMARK 的行：

```
grep ATOM structure_1gfl.pdb | grep -v REMARK
```

注意，你只需要在第一个命令中指定文件的名称，后面就不需要了，因为后续的命令将操作上一个命令的输出内容。通过这种方式，你可以创建一个越来越精简的输出结果——在本例中，就是指所有包含单词 ATOM 但不包含单词 REMARK 的文件行。图 16.1 顶部的褐红色区域示意了不同阶段的处理过程。

在这个过程的每个阶段，为了更清楚地看到中间步骤的处理结果，你可以将|less 或|head 附加到命令的末尾。这样你就不需要查看所有输出内容，而只显示出第一行或最后几行内容。

在经过两个 grep 命令之后，现在的每一行输出都包含一个与氨基酸相关的原子(在开始处是 ALA，最后的是 THR)，以及氨基酸的顺序数。你可以看到，每个氨基酸都会重复列在许多行上，因为它的每一个原子都被列出来了，但是我们想要移除这些重复的条目，每一个氨基酸只留下一行代表就行。

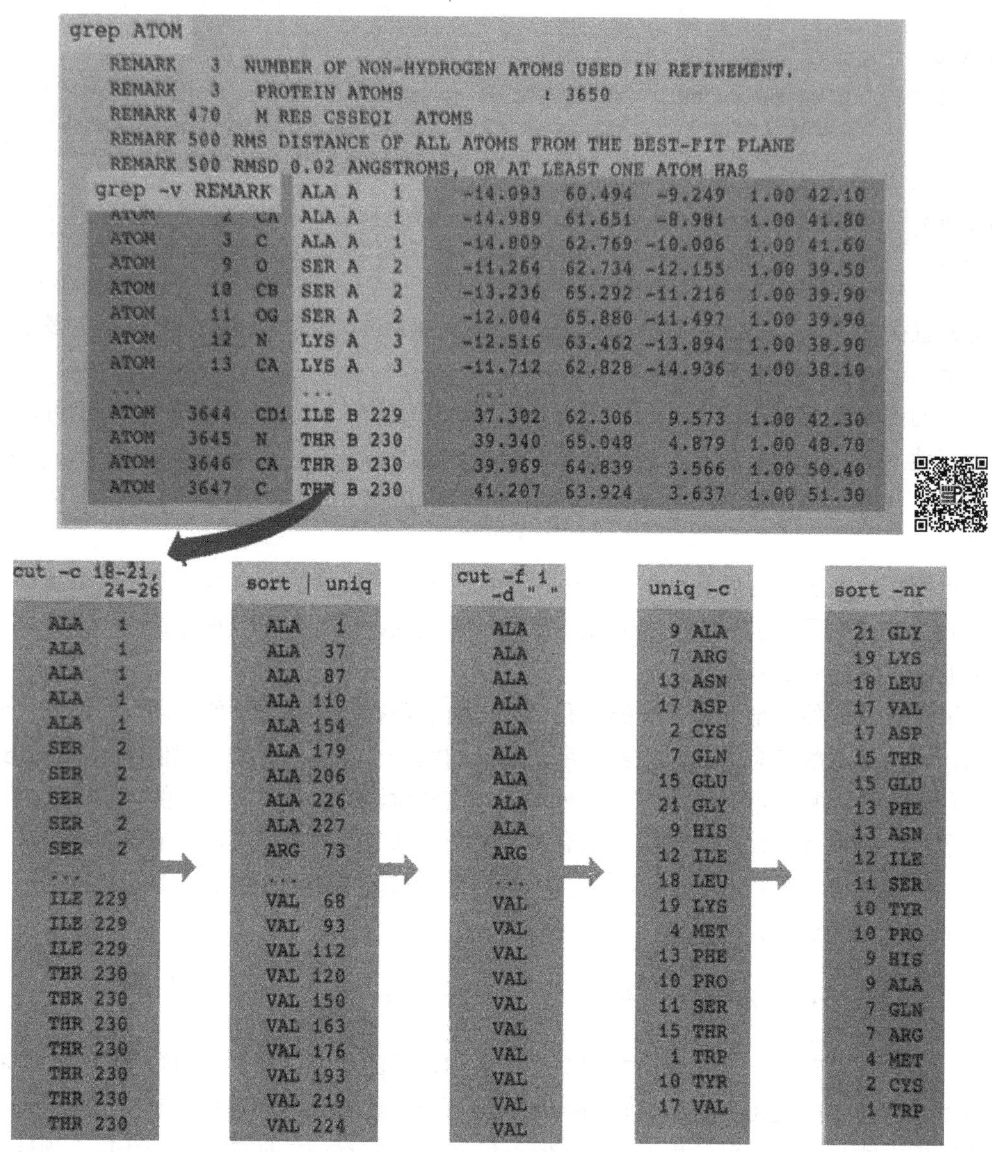

图 16.1　示例管道中每个命令的连续提取和修改。彩图的方框显示了 bash 命令，这些命令被依次添加到管道中，在其他灰色框中被分别显示出来。(彩图请扫二维码)

做这件事的第一步是先使用剪切命令 cut，提取氨基酸的三个缩写字母和位置数字，从字符 18～21 和 24～26(其间的 A 或 B 是指重复的氨基酸亚基)。当你创建 cut 命令时，就如同我们接下来要做的，请确保不要在数字、破折号或逗号之间留下任何空格。

将两次 grep 命令的输出内容用管道传输到 cut 命令中，以得到图 16.1 中第一个灰色列中显示的结果。这时候，每个氨基酸都由几条相同的行来表示，如 ALA 1 或 THR 230。由于存在 A 和 B 两个相同亚基，实际上在输出中有两组 ALA 1 行，一个在列表开始处，一个在列表中间位置。为了将它们彼此放在一起，我们将对输出进行排序，然后使用 uniq

命令来删除每个氨基酸的所有重复行(名字旁边的数字，可以阻止存在的全部特定氨基酸被删减合并为一条)。到目前为止，这个命令组成如下：

```
grep ATOM structure_1gfl.pdb | grep -v REMARK | cut -c 18-21,24-26 | sort | uniq
```

现在，每一个存在的氨基酸在文件中都有一行记录。例如，在列表顶部的 ALA 表明序列中有 9 个丙氨酸。要统计每一种氨基酸的出现次数，你首先要删除第一列，从而去掉行中的数字。在这种情况下，代替基于字符位置的剪切方法，我们将使用空格作为分隔符来提取第一个字段(第一列)，通过这个附加的函数用管道输出：

```
| cut -f 1 -d " "
```

到这里，我们有了一个氨基酸名称的列表，可以使用 uniq -c 命令来计数。这个函数会返回两个数据列：第一个是重复元素的频率，第二个是元素的名称。至于最后一步，你可以将这个列表按照数字大小的反向顺序进行排序，从而将含量最丰富的氨基酸放在列表的顶部。

最后的命令如下所示，输出显示在图 16.1 的最后一列中：

```
grep ATOM structure_1gfl.pdb | grep -v REMARK | cut -c 18-21,24-26 |
 sort | uniq | cut -f 1 -d " " | uniq -c | sort -nr
```

在本章的最后，你将看到如何将这些处理过程转换为一个通用函数，这样将来你就可以输入函数名，然后再输入一个文件名(如 countpdb structure_1gfl.pdb)，就能得到处理后输出列表了。

用 agrep 进行近似搜索

现在，你已经熟悉了 grep 命令，可以针对匹配或不匹配特定字符串，在文件中搜索每一行。然而，有时若能够搜索近乎匹配的字符串也是很有帮助的。你可以使用一个经过特殊修改的命令 agrep(**approximate grep**)来实现这一点，该命令允许你搜索包含多个替换的匹配项，匹配项可以跨越行，并匹配两个不同的字符串(表 16.4)。

表 16.4　agrep*的一些操作

-d "X"	在记录中使用 X 作为分隔符，而不是行尾字符
-B -y	返回最好的匹配，而不指定确切的数字；-y 会告诉命令，在不需询问的情况下，就打印出这个最好的匹配
-2	返回结果中此查询和记录之间有多少错误匹配；最大允许值为 8
-l	只列出包含一个匹配的文件名
-i	有大小写之分的搜索

*请用 man agrep 查看完整功能清单。

与 grep 不同，agrep 不是默认安装的。在 en.wikipedia.org/wiki/Agrep

网站的底部，能找到适合不同平台的下载链接，可以下载所需的软件(如果是 OS X，请选择 Unix 命令行版本下载[2])。

agrep 的一个重要用途就是搜索存储在 FASTA 文件中的蛋白质或 DNA 序列，来检索与查询序列密切匹配的短序列。回想一下，FASTA 文件的序列名称以>开头，后面跟着包含序列信息的行。

agrep -d "\> "命令表示你希望搜索以>分隔的文本块，而不是以行结尾符分隔。它匹配指定的项而不是去匹配行，现在的输出将是包含有该项的很多块。为了避免解释为重定向符号，>字符要放在引号中，同时用\符号转义。当使用这个分隔符找到匹配项时，agrep 会输出序列名称和所有序列，而不只是匹配上的单一行。

尽管你可以使用数字作为标志来指定允许的不匹配数量，但你也可以通过添加两个额外的标志——-B -y 来返回最佳匹配或匹配。

例如，为了找到与 FPexcerpt.fta 文件中氨基酸片段 CYG 最匹配的序列，你可以使用如下命令：

```
agrep -B -y -d "\>" CYG ~/pcfb/examples/FPexcerpt.fta
```

额外的 grep 技巧

因为 tab 键在命令行有好几个功能，所以很难将它用作搜索项。在这种情况下，你可以使用 ctrl+V 操作符。当你在命令行里按下并释放 ctrl+V 时，它会导致 shell 去解释按键的含义，而不是执行它的操作。包括 delete 和 return 键，如果它们出现在 ctrl+V 序列之后，也将会被转换成文本表达形式。你可以看到 return 键等同于 ctrl+M(^M)[3]，试着输入：

> 你的键盘可能会是 backspace 键

```
Echo "ctrl+V+return"   ←这个例子中，你在其他键位的前后都输入了引号标记
```

使用此方法，是为了在 grep 搜索中使用制表符，你可以输入 "ctrl+V+tab"，它将在你的搜索字符串中插入一个不可见的制表符。

用 grep 搜索负数比看起来更困难，因为在减号后面的字符通常被认为是某种修改参数。例如，如果你尝试用 grep -8 或 grep"-8"或 grep \-8 去查找所有包含-8 的行，是不能顺利工作的。为了让这个搜索能够成功进行，你必须用上你的所有技巧，用带引号和转义的方法来搜索：

```
grep "\-8"
```

计算单词数和行数　在一个文件名后使用 bash 命令 wc，可以用来打印文件中的行、单词数和字符数。当它把自身放置在管道符号之后，wc 将对管道给它输出的任何组件进行量化计数。

---

2 关于安装 agrep 的说明参见第 21 章。

3 请回顾第 5 章，一个插入符号(^)放在一个指定字符之前，就相当于你按住 ctrl 键的同时选择了字符。

还记得别名吗?

在第 6 章的末尾，我们简要介绍了 shell 别名。这些是常用命令的快捷键。在本节中，我们将介绍一些特别有用的别名。这些示例将帮助你搞清楚自己定义别名的方法，以及在~/.bash_profile 设置文件中定义别名的方法。在命令行中可以方便地创建别名并测试它，但是除非你在设置文件中定义了它们，否则一旦关闭终端窗口或退出会话，它们就无法保留下来。如果你在远程机器上有一个账户，你将会希望在自己的设置文件中定义最喜欢的别名。

我们的第一个示例是给一个命令创建一个快捷键，该命令是打印出正在进行的进程列表，然后再筛选这个列表，让它只显示包含用户名的进程——在这个例子中，用户名是 lucy[4]。(其中一个进程就是 grep lucy 本身!)这个别名便于查找失控进程并停止它们:

```
alias myjobs="ps -ax | grep lucy"  ← 显示出用户 lucy 的所有进程
```

如果你经常使用 ssh 命令登录到远程计算机，那么下一个别名对你来说就非常有用(详见第 20 章)。你可以创建一个只有几个字符的快捷键，这样可以节省你每次键入完整命令的时间:

```
alias sp='ssh -l lucy practicalcomputing.org'
```

甚至在前一节中描述的 agrep 的例子也可以转变成一个别名:

```
alias ag='agrap -B -y -d "\>" '
```

注意，单引号用于设置别名定义的边界，在内部嵌套双引号来定义分隔符，然后就可以使用命令行来调用此别名了:

```
ag CYG ~/pcfb/examples/FPexecerpt.fta
```

其中，CYG 是你要查找的查询序列，FPexcerpt.fta 是你要在其中搜索的 FASTA 格式的数据文件。

很多时候，你会希望你能回顾最近使用过的命令，然后重新执行或复制其中一个命令。使用此处所示的方法设置好别名，你就可以键入 hg pcfb 来查找最近命令历史中所有出现字符串'pcfb'的命令了:

```
alias hg='history | grep'
```

最后，要查看当前你定义的别名列表，你可以直接键入 alias。这些别名快捷键虽

4 ps 命令在第 20 章有详细的讨论。

然对经常使用的操作非常有用，但它们的复杂性却非常有限。不用担心，下面你将要学习 shell 函数，它会让你在 shell 中编写微型程序以轻松地完成需要经常重复的任务。

函　　数

要创建比别名更智能的多行命令，你需要使用另一种类型的快捷方式，称为**函数**(function)。shell 函数的语法比较晦涩，因此我们将有限度地讨论，只向你展示最实用的基础知识，并提供一些示例。

函数是使用以下格式定义的，每个这样的定义都要添加到你的 `.bash_profile` 中：

```
myfunction() {
   first command
   second command
   last command
}
```

定义的第一部分是函数名称——也就是说，今后你将要键入它来运行函数。接下来是 `()` 和一个左大括号。你还可以使用以下语法开始函数定义：

```
function myfunction {
```

例如，复制你在第 6 章中编写的 `dir.sh` 脚本的函数，你可以将相同的命令添加到函数定义中，这里调用名称 `listall`：

```
listall(){
  ls -la
  echo "Above are directory listings for this folder: "
  pwd
  date
}
```

当然，你可以通过在 shell 命令提示符中键入或粘贴这些行来定义该函数，但就像用这种方式创建别名一样，效果只会持续到 shell 会话关闭为止。如果你想要每次打开新的 shell 窗口时都有可用的函数，你必须将它们的定义添加到你的 `~/.bash_profile` 中(Linux 中是 `.profile` 或 `.bashrc`)。在你的 `.bash_profile` 中，这些函数的定义与在命令行中键入的方式相同，因此就像你使用 shell 脚本一样，不需要包含一个 `#!` 行。

本节中描述的所有函数都可以在文件 `~/pcfb/examples/scripts/shellfunctions.sh` 中找到。在 shell 函数中，`echo` 语句相当于 Python 中的 `print`。它在 `listall` 函数中使用时，是用来打印出一个引用文本的纯字符串。shell 也可以有变量，传统上用大写字母来命名。请回忆一下在第 6 章中你是如何设置 `PATH` 变量的：

```
export PATH="$PATH:$HOME/scripts"
```

在这种情况下，你在读取变量$PATH 和$HOME 的现有值时，就设置了一个新的 PATH 值。在 shell 中，变量前有$符号的是指读入变量，而没有$符号的就指赋值。

在命令行，尝试输入：

```
echo $HOME
```

这行命令就如同说“打印变量 HOME 的值”。系统范围内的变量，如 HOME、PATH 和 USER，在你的 shell 函数中都是可用的。你还可以使用特殊变量$1、$2 和$@来表示跟随在你的命令后的用户参数。$1 是指命令后的第一个用户指定的参数变量，$2 是第二个用户指定的参数变量(用空格与第一个参数分隔开来)，$@则是指包含所有的参数。

通过在 shell 窗口中输入以下行，来创建一个简单的函数。注意，输入第一行之后，你会在提示符处看到一个>，这表明 shell 在等待你完成函数定义，直到用一个大括号关闭它：

```
repeater(){
 echo "$1 is what you said first"
 echo "$@ is everything you said"
}
```

有了这些行，你就已经创建了一个微型 shell 脚本，它能够根据用户输入进行操作。用一些不同的输入在命令行测试你的函数：

```
host:~ lucy$ repeater 1 2 3
1 is what you said first
1 2 3 is everything you said
host:~ lucy$ repeater "1 2" 3
```

注意，如第 11 章所述[5]，这个和 Python 中的 sys.argv[]变量很像。

如果你有一个经常使用的 shell 命令，而且文件名后面要跟着一长串额外字符串，那么你就可以马上用这个方法。通常，每次使用此命令时，只有文件名会发生变化，所以你不能轻松地使用[↑]键去编辑命令行，因为要更改的地方不在尾部。

例如，phyml 是一个从基因序列文件推导最大似然树的程序。它首先接受数据文件名，然后跟着一长串选项：

```
phyml sequencesA.fta 1 i 1 100 WAG 0 8 e BIONJ y y
```

当在不同的数据集上再次使用这个命令时，你可能会指定相同的选项，但是序列文件名会随着每次使用而改变。

5 类似于 Python 的 sys.argv[]，bash 中的第 0 个参数$0，就是正在运行的 shell 脚本的名称。在只有一个函数的情况下，就是 bash 本身。

为了更方便使用，并且输入次数更少，我们可以将命令用函数定义好，并以$1替换文件名：

```
myphyml(){
 echo "myphyml $1 performs 100 bootstraps on AA data"
 phyml $1 1 i 1 100 WAG 0 8 e BIONJ y y
}
```

现在你可以通过输入以下命令来调用这个函数，而文件名(第一个参数)将插入到$1占用的位置：

```
myphyml sequencesA.fta
```

如果你的工作流需要用其他程序来运行 phyml 的输出，你可以向你的函数再添加几行来调用这些操作，并用一个命令完成所有的处理步骤。

如果你想设计一个能指定自举检验运行次数的选项，作为函数的第二个参数(当前被数字 100 占用)，该怎么做？你可以使用 shell 版本的 if 语句：

```
phymlaa(){
  BOOTS=100
  if [ $2 ]
  then
   BOOTS=$2
  fi
  phyml $1 1 i 1 $BOOTS WAG 0 8 e BIONJ y y
}
```

注意，if 语句的结尾是由 fi 标记的(就是一个反向的 if)。缩进在 shell 脚本中没有特殊含义，但是如果你要将它们粘贴到命令行中，就不要在文本正文中使用制表符，否则，shell 将尝试使命令完整，就像你在输入它们。在许多 shell 命令的行中，空格是至关重要的，如在任务 BOOTS=$2 中它们可以被忽略，但它们必须在[]和$2 或任何逻辑测试之间存在。开口方括号[实际上是一个测试程序的链接，使用 man test 命令，你可以在逻辑测试中得到帮助信息。shell 语言中的注释和 Python 一样，也是以#开头。

在这个函数中，你首先要给 BOOTS 变量设置一个默认值。如果用户只输入一个参数(文件名)，则使用默认值 100；如果他们输入第二个参数$2，则将此插入到变量$BOOTS所在的命令中。

注意 if 语句的表达式，其中方括号包含逻辑表达式。在本例中，仅测试$2 是否存在，来检查用户是否输入了第二个参数。

即使你没有安装 phyml 程序，你也可以通过使用 echo 命令，然后用引号包围住行后面其余的内容，来测试这个函数。在命令行上尝试不同的输入，看看这会怎样影响打印输出的行内容。使用 echo 命令是一种测试脚本的好方法，以防在真正运行脚本时导致错误覆盖其他文件。

现在我们将给出一些 shell 函数定义的例子，让你多了解哪些功能是可以实现的。

用户输入的函数

某些情况下，你希望能把来自用户参数的数据，用管道传送到函数的命令中去。为实现这个，你可以 echo 用户的输入，再添加一个管道操作，后面紧跟命令的名称。例如，如果你在本地服务器上安装了一个 blastall 程序，且希望能用你从文件中复制的序列做一个快速 BLASH 搜索，你可以定义这个函数：

```
myblastx(){
 echo "Blasting protein vs swissprot..."; date;
 echo $1 | blastall -d swissprot -p blastp -m 8 -i stdin
}
```

如果你要在 shell 中运行它，请使用以下命令：

```
myblastx "GKCPMSWAVLAPT"
```

然后，echo $1 语句将会把字符串发送到 blastall 程序中去，就像它从文件中读取的一样。

一个字典函数

要在系统字典中查找单词，你可以定义一个函数来对列表进行 grep：

```
function dict(){
   grep -Ei ${1} /usr/share/dict/words
}
```

使用单词片段或 grep 通配符来运行此命令：

```
dict kkee
dict noi | grep ion
dict ^ct
dict p.z.z
```

转换字符

为了适应许多 Unix 脚本的要求，我们需要进行批量转换，将行尾字符从\r(硬回车)变换为\n(换行)。你可以使用 tr 函数，它可以在数据流中将一个字符转换为另一个字符。在其中一些示例中，括号字符{}被放置在变量名周围，如${1}。这有助于脚本处理

变量中包含空格的情况：

```
unix2mac(){
# this line tests if the number of arguments is zero
if [ $# -lt 1 ]
then
   echo "convert mac to unix end of line"
else
   tr '\r' 'n\' < "${1}" > u_"${1}"
   echo "converting ${1} to u_${1}"
fi
}
```

循环遍历传递给函数的所有参数

shell 函数还可以包括 for 循环。这些操作执行一系列空间分隔的值，这与$1 和$2 的值在提示符处用空格分隔开一样。要遍历命令行给出的所有参数，你可以使用以下基本语法：

```
for ITEM in $@; do
```

这个项目列表是能在命令行中被正确诠释的任何内容。因此，要循环遍历目录中的所有文本文件，你可以这样做：

```
for FILE in *.txt; do
  echo $FILE
done
```

在 bash 命令和函数中，分号与按 *return* 键一样都是结束命令。你可以使用它将多个命令连接到一行上。上面的三行脚本可以重新表述如下：

```
for FILE in *.txt; do echo $FILE; done
```

实际上，这时如果你使用↑键来返回 bash 历史，那么将会呈现三行操作。在 echo 语句之后添加其他用分号分隔的语句，可以将这些命令插入到循环中。

下面的函数将循环遍历一组命令行所指定的文件名(不管是单独输入的还是用 *.txt 表示的)，并重命名它们，从 filename.txt 变为 u_filename.dat。通过在这里显示的例子，你可以看看每个文件是如何被连续处理的：

```
renamer(){
 # Edit the prefix and extension to change how this works
```

```
EXT="dat"
PRE="u_"
# test if there is one or more file name provided
if [ $# -lt 1]
then
  echo "Rename a file.txt list as $PREfile.$EXT"
else
  for FILENAME in "$@"
    do
      ROOTNAME="${FILENAME%.*}"

      cp "$FILENAME""$PRE$ROOTNAME.$EXT"
    echo "Copying $FILENAME to $PRE$ROOTNAME.$EXT"
    done
fi
}
```

在 shell 函数中，`$@`表示发送给脚本的所有参数的列表。如果你在命令行中输入`*.txt`，`$@`将会是所有匹配文件名的列表。loop 循环会遍历包含在主参数`$@`中的每个参数。对于每个文件名，程序都会使用不寻常的 shell 表达式`${FILENAME%.*}`来删除扩展名。百分号是开始一个搜索项，它会留下最后一个点号前所有的东西，但是删除点号后面的全部内容。记住`*`是 shell 中最具有包容性的通配符，就像`.*`在正则表达式中一样。在这里，点号被解释为字符，而不是通配符。作用于一个完整目录名称的等效操作，其中的每个元素都由斜杠分隔，将是`${RESULT%/*}`。这个命令作用了所有的内容，但不包括最后的斜杠。这对于处理目录名称以找到封闭的文件夹来说非常有用。

该函数使用文件的“根名称”作为构造新文件名的基础，通过用一点其他文本(`$PRE$ROOTNAME.$EXT` 包含三个变量和一个纯文本句号)来加入变量。

删除文件扩展名

扩展名删除`${VAR%/*}`语法的另一个用处，是寻找文件夹的名称，并给出一个文件的完整路径。例如，你可能想要进入一个包含特定程序的目录——比如说，`grep` 程序存储的地方。通常，你需要先键入 `which grep` 来查找目录的名称，然后用 `cd` 命令加上重新输入或粘贴在文件名前面的路径的部分：

```
lucy$ which grep
/usr/bin/grep
lucy$ cd /usr/bin
host:bin lucy$
```

一个快速的 shell 函数可以在一个命令中完成这些步骤：首先找到该命令的位置，然后 cd 到程序所在的路径，但是去除了程序名称的尾部。

```
whichcd(){
    RESULT=`which ${1}`
    cd ${RESULT%/*}
}
```

这个函数使用了另一个 shell 的传统字符——反引号`(通常位于 esc 键附近)。这在其他编程语言中也会显示，它实际上代表了在 shell 窗口中执行命令时输出的文本。在本例中，如果你输入命令 whichcd zip，它会对 zip 程序执行一次 which 命令，并分配值/usr/bin/zip 到名为 RESULT 的变量。然后，它会去掉目录中程序名称的尾部，并将其用于 cd 命令。

确保转义　一些函数定义粘贴到命令行中时能正常运作，但当从你的.bash_profile 中加载就不起作用了。这就是典型的字符问题，比如&或$，当它们从文件中读取时需要用\进行转义。如果你在函数中使用了这样的字符，但不能成功运行，请试着转义它们，而不是忽略它们，看看哪种方法有效。

在命令行中通过设置一个变量来试用${%.*}，然后使用 echo 检查输出：

```
lucy$ TEST="/MyDir/MyFile.txt"
lucy$ echo ${TEST%.*}
/MyDir/MyFile
lucy$ echo ${TEST%.*}
/MyDir
```

寻找文件

find 命令是一种在计算机中按照指定匹配项精确搜索文件的方法。不过，它的语法还是比较混乱的。要为它的一个用法创建一个快捷方式——搜索与当前位置相关的所有嵌套文件夹，你可以定义这个函数：

```
findf(){
  find \. -name ${1} -print
}
```

在这个快捷方式中，命令将从当前位置(.)开始，并使用第一个参数$1 作为搜索名称。这给用 find 命令定位文件提供了一个更直观的界面。

回顾管道命令

在本章的早些时候，你看到了如何从一个 PDB 格式的蛋白质结构文件中提取氨基酸并计数。要从这个命令创建一个函数，只需用`$1` 替换该文件的名称并将其插入到函数定义中。例如，在 Python 中，你可以使用反斜杠来转义行尾字符，将一个很长的行拆分为两行：

```
countpdb(){
 grep ATOM $1 | grep -v REMARK | cut -c 18-21,24-26 | sort | uniq \
 | cut -f 1 -d " " | uniq -c | sort -nr
}
```

如果经常需要列举出制表符分隔的列，并去除重复，保留其中唯一项，可以使用如下定义方法：

```
countlist(){
 echo "### Type countlist followed by file name, then column number"
 echo "### Returns a sorted list of the unique items in that column"
 cut -f ${2} ${1} | sort | uniq -c | sort -n -r
}
```

用循环重复操作

设想一下，如果你想测试更改某个参数来观察其对分析结果的影响，但仅仅运行一次操作就足足需要一个小时。你可以生成一个含有连续命令的脚本，让 shell 函数自动循环遍历一系列参数，而不是每小时都去检查你的计算机并重新启动命令。shell 的 `for` 循环的基本语法是：

```
for k in {1..10}; do
 echo $k
done
```

注意大括号后面跟着一个分号和单词 `do`，用来启动循环，然后 `done` 这个单词用来关闭循环。

现在尝试一下在 shell 函数中创建数字循环的两种不同方法。首先将参数 `x` 的值从 `20` 增加到 `40`，将 ABYSS 程序的输出内容分别保存为 `contjgs_20.fa`、`contjgs_21.fa` 文件，一直增加到 `contjgs_40.fa` 文件中：

```
for x in {20..40}; do
ABYSS -k$x reads.fa -o contigs_$x.fa
done
```

第二个变量 `x` 从 `35` 到 `40`，每次增加 `5`：

```
date;
```

```
for ((x=30; x<=45; x+=5)); do
    ABYSS -k$x reads.fta -o contigs_reads-k$x.fa
    Date;
done
```

封 装 器

封装器(wrapper)是一个程序，它能够控制和扩展其他程序功能。在其核心，封装器不仅可以从命令行中调用另一个程序，而且还可以处理各种各样的其他任务，如重新格式化输入数据、构造复杂的参数字符串(包括创建计算所需的字段)，以及将程序输出解析为更方便的格式。封装器不仅会让你使用现有程序更加方便，还可以让你能够执行全新的分析。

Python 和 shell 命令的组合是构建封装器的非常好的方法。甚至 MATLAB 程序也可以在命令行模式下执行，因此它们都可以包含在你的自动脚本中。这里显示的 `exifparse.py` 脚本使用了第 19 章中描述的 `exiftool` 的 shell 程序，用来提取嵌入在一系列电子显微镜图像中的标尺信息；它还使用了 Python 的 `os.popen().read()` 函数去运行 shell 命令并捕获其输出：

```
#! /usr/bin/env Python
"""Generate a table of pixels per micron for TEM
images, using exiftool. Run from a folder containing
images or subfolders with images...

Requires the program exiftool to be installed and in the path:
http://www.sno.phy.queensu.ca/~phil/exiftool/"""

import os
import sys

DirList = os.popen('ls -F| grep \/','r').read().split()
DirList.append('./')
#print DirList

for Direct in DirList:
    sys.stderr.write("Directory "+Direct+'-----------------\n')
    FileList=os.popen('ls ' + Direct +" |grep tif").read().split()

"""Exif data are in the format:
Image Description: AMT Camera System.11/18/09.14:12.8000.7.0.80.1.Imaging...
-79.811.-552.583..XpixCal=65.569.YpixCal=65.569.Unit=micron.##fv3
```

```
"""
    if len(FileList)==0:
        sys.stderr.write("No files found in "+Direct+'\n')
    else:
#       print "Found", FileList  ←被注释掉了
        for Path in FileList:
         # The statement below runs a bash command and captures the output
         ExifData=os.popen('exiftool '+Direct+Path +' | grep YpixCal').read()
         SecondHalf=ExifData.split('XpixCal=')[1].strip()
         NumberOnly=SecondHalf.split('.YpixCal')[0].strip()
         print Path +"\t"+NumberOnly
```

对管道的一些想法

管道能够创建一个自动化的工作流，将多个程序缝合在一起，或者重复执行繁重的操作，还可以节省大量的时间。然而，在某些情况下，自动化还有其他更为重要的好处。首先，你的分析任务可以持续执行，不会因为需要反复操作输入而被打断。你的自动化任务也会记录下你所做过的分析过程。等到你开始撰写分析报告的时候，你有一个良好的记录，里面记载了如何调用程序，都保存在调用它们的脚本中。这种细节通常很难撰写出详细的说明文档——因为大多数生物学家更擅长记录他们是如何收集数据的，并不擅长精确地记录数据集如何被分析的详细过程。

对于各种各样的自动化任务，并没有一个万能通用的解决方案。有些程序设计的用途是与其他程序互相直接对话[6]。而有些程序虽然并不是专门设计用来与其他软件进行交互的，但它们图形界面的性能特征还保有自动化的潜力。不幸的是，有些程序拥有的用户界面使自动化变得完全不可能或者非常困难；最糟糕的是那些只有图形用户界面却没有命令行界面的软件，它完全无法读取外部配置文件，或者没有内置脚本功能。

一般来说，几乎所有的命令行程序都可以被比喻为一种程序与人进行思想交流的过程。随着你越来越好地掌握 shell 和编程操作知识，你就可以用更少的精力去完成更多复杂的任务。

总　　结

你已经学会了：

- 显示一个文件的 head 或 tail；
- 使用 cut 去提取文本的列；

6 当一个软件为一些特定的程序提供了接口，以方便它与该软件直接通信时，它就被称为 API，或称应用程序编程接口。

- 文件中用 sort 对行排序；
- 用 uniq 查找并计数独有行；
- 使用 alias aliasname = "*alias command*"定义一行别名；
- 使用 functionname(){}创建更多有关的 shell 函数；
- 在 shell 中创建循环；
- 创建一个封装器，它可以自动化并使现有程序的执行更便捷。

推荐阅读

"Bash shell scripting tutorial", http://steve-parker.org/sh/sh.shtml.

Taylor, Dave. *Wicked Cool Shell Scripts: 101 Scripts for Linux, Mac OS X, and Unix Systems*. San Francisco: No Starch Press, 2004.

第五部分　绘　　图

第 17 章　图像的概念

非常多的科研数据天生就是要可视化的，在科学成果展示和演讲中，图像担当了非常重要的核心角色，能够帮助人们清晰地交流。所以，科学家们经常不得不去学习如何用好绘图软件，反复权衡、避免错误、优化设置、决定文件格式等一系列的技巧，反复摸索如何制作出比较美观的图形。这些技巧对于能否更好地交流有非常重要的影响，但是科研人员常常由于不了解这些技巧带来的影响而在处理图片时做出不恰当的妥协。在试验具体的作图方法之前，我们先来看一看图片的一些基本概念，如最能影响图片效果的质量、颜色、文件大小等因素。这些认识会对你如何制图、保存、修改、展示图片等有最直接的影响。

引　言

在相对很短的时间内，图表的制作方法已经完全由红环牌的钢笔、手写的文字及暗室中的化学反应，转变到了基于计算机的绘图和编辑了。同时，杂志社也将作图的工作统统推到了科学家身上，要求他们提供用于出版的数码图片。你再也不能提交一个看起来差不多的图片了，必须是“CMYK 的图片，每英寸 300 点数，利用 LZW 压缩格式存为 TIFF 文件”。对图片如此多的、各种各样的格式化要求，实在让人感到头晕。甚至有些时候，连杂志的主编或图片编辑在叙述对图片要求时，本身就是错误的。在本章中，我们会讨论一些与科学研究成果发表相关的图片处理技术方面的事情，也会介绍一些重要的工具和技巧，帮助制作高质量的图片用于印刷或者展示。

常用的图像类型

矢量图与像素图

在准备作图之前，最为基本的考虑就是我们应该使用基于**矢量**(**vector**)还是基于**像素**(**pixel**)的图像。矢量图是由独立的可编辑线段、曲线及形状构成的，所有这些都是由少数关键属性定义的。而基于像素的图像也可称为**位图**(**bitmap**)或者**光栅图**(**raster art**)，它们是由统一网格化的一些色彩点(即像素点)构成的。

在矢量图中，仅需要两个端点就可以确定一条直线，只要你确定好了起点与终点，线段会自动画在两点之间，只要移动其中一个端点，线上所有相关的位置都会移动。而在像素图中，一条直线则是由一系列特定颜色的像素点构成的，它们一个挨一个地被排列在屏幕上(图 17.1)。某种意义上，像素线能够存在就是因为它们与邻近区域的颜色不同。实际上，并不存在“线像素点”与“非线像素点”的区别，只是我们看上去它们好像是不同的。

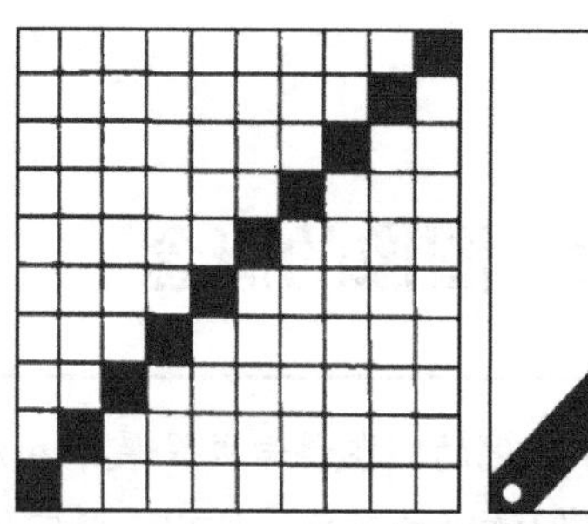

图 17.1　一个 100 像素(10×10)的位图线条和用两点绘制的矢量线条。虽然矢量线条只需要位图 1/50 的点位，但它更容易编辑，打印时也更加清晰。

当有一条黑色的直线画在白色的背景上时，我们考虑一下它需要存储的信息。对于矢量线来说，你需要保存两个端点的 X 与 Y 坐标，以及线条的颜色和宽度、背景的维度和颜色。在这个理想化的例子中，一共需要 9 个信息[1]。它的信息量大小与出现在屏幕上或者纸张上的尺寸大小没有关系。它可以放大到广告牌那么大，但仍旧只需用上述几个信息就能实现。现在我们再来想象一下像素图的情况，为了估计记录这条线的信息总量，就需要判断这条线所在的所有图像维度。这条线是在 10×10 网格的像素点上，还是在 100×100 的网格上呢？储存在位图中的信息是网格中每个点的颜色。对于 10×10 像素点的图像，就有 100 个信息块。每一个点的颜色被决定它是否要用来画线。对于 100×100 的图像(仍然非常的小)，需要被储藏的信息量就增加到了 10000 块。幸运的是，这些信息可以被压缩处理，因为这些像素绝大部分都是同样颜色。

制作矢量图和像素图的时候有非常大的区别，大多数情况下所使用的软件和生成的格式都是完全不同的。常用于储存矢量图的文件格式有 PDF、EPS、SVG、AI 和 PostScript。这些我们将会在第 18 章再进行深入讨论。常用的像素图片格式包括 JPEG、PNG、TIFF、BMP 和 PSD，这些我们将在第 19 章进行进一步的讨论。一些特殊的矢量格式，如 PDF、EPS 和 AI，也可以内镶像素图，所以它们适应多种格式的杂合图像。在传送文件的时候，需要使用正确的扩展名(如 .pdf)，这样可以帮助接收方容易辨认它的正确格式。

矢量图中的线段是可以被反复移动、旋转，或者放大缩小到任何大小，变换过程中它的颜色及宽度等也都在同步变换，所以无论怎么变换，它看起来都十分平滑。然而当你放大一个像素图时，用来组成图像的小像素点会被明显地看出来，导致边缘出现缺口，以及其他视觉上的不完美。而且像素图往往也不能任意地调整颜色、宽度及图像的位置。综上我们可以看出，像素图不仅需要上千倍于矢量图的储存空间，往往还需要压缩，故而会损失画面质量。

决定何时用矢量图？何时用像素图？或是二者都用？

首先，既然像素图有那么多的缺点，那为什么还会有人选择使用它呢？其中一个原因是，开始采集数据之初，常常都是用像素图形式储存的，比如照片就是一个很好的例子。像素图也有一些优点，它可以储存大量的、复杂的、相互关联的信息，而这些信息用线与线、对象与对象的形式很难表现出来。然而很多科研工作者常常在没有考虑矢量

1 这个例子中，我们忽略了一些次要内容，包括每种颜色通常需要至少三个值来描述它。

图是否更合适的前提下就选择了像素图，这是因为他们对于类似 Photoshop 这样的像素图编辑器更加熟悉。

一个比较好的方式就是你开始制作的任何图片元素都用矢量图，在随后处理过程中一直保持这样，直到最后出版。任何原来就是像素图的图像，都只能在后续的过程中保持这一格式，除非它很明显更适合矢量图或者有矢量的轨迹。任何注释，如引号、箭头、字母或者艺术图形，都应该用矢量形式制作。换句话说，如果图像一开始就不用像素图，那么它就是由矢量图形式创造和保存的。当然也有例外，不难找到同时运用矢量作图与像素图组合的例子。

矢量图还有一些其他优势，从矢量图转化为像素图是很容易的，但是反过来却困难得多。此外，像素图中的文字是无法被搜索和识别的，这就意味着像素文字不能用搜索引擎识别，在搜索关键词的时候，这些字就会被忽略掉。而且，像素文字也不容易拷贝或粘贴到其他的文档中。

依照以上这些指导，我们认为大多情况下，矢量图可用于各种图标图像元素的制作，如针对图像、表格、实验流程图、图表、流程图等元素。文字信息也应该保存为矢量形式。必要的时候也要用像素图，如照片、电泳胶图像、大多数的 3D 图像，以及那些有着精致细节的或者复杂视觉信号的图片，如具有模糊效果和复杂的纹理。当存在上千个数据点的时候也需使用像素图，因为使用矢量图在这种情况下会过于笨重。

很多时候，将二者结合起来使用其实更好。典型情况是，当我们想要在照片里加上文字的标识，就需要叠加一层矢量的注释图层。尽管这些照片本身并不能在不损失细节的情况下随意放大缩小，但这样可以让注释一直都清晰可见。矢量图和像素图可以实现混合是因为大多数的矢量格式(比如 PDF)都允许像素图嵌入其中。你可以导入一个像素图(比如一张照片)到矢量文件中，之后用矢量元素去添加文字说明和一些图形元素。并不是只要图像中有一个像素图，就一定要将所有元素都使用像素图制作的，你可以将二者完美结合起来(图 17.2)。

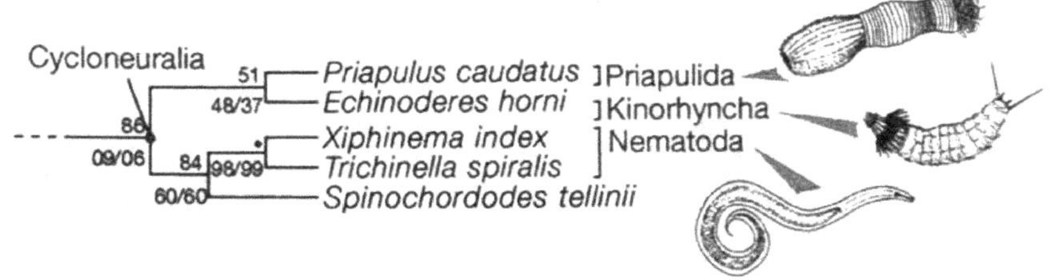

图 17.2　把矢量图和位图合并后的图像细节。图像的左侧是矢量图像，图像的右侧是位图图像。

最后，我们看到的所有计算机合成的图像，无论是直接用于展示还是用于打印页面，都需要转换为像素图使其可视化。理想中这一步，也就是光栅化，是在硬件产生图像的最后一步，用墨水打印在纸上或者呈现在显示器上。当你制作一张矢量图的时候，你需要尽可能晚的进行这种转化。这样你就可以在最后外接装置的支持下得到合适的分辨率，尽可能少的损失图片质量。在用于网页时，目前像素图占了压倒性的优势，但这会随着新 SVG 格式(矢量图)图片的使用有所改变，这是一种使用 XML 语法制作的矢量图。与此同时，有时也需要将矢量图转化为合适大小的像素图后，再将其上传到网络之上。尽管如此，这样的转化也要尽可能到图片编辑的最后一刻再进行，所以你要注意保存矢量格式图片的最后版本，以便尽可能得到清晰的像素图。

图片分辨率与尺寸大小

像素图是由很多格子的像素点组成的，比如之前提到过的 10×10 的网格。有些时候，你需要去处理图像的分辨率和尺寸的问题。一共有三个相关参数值与位图尺寸大小有关：

- **像素尺寸**：指 x 轴与 y 轴所包含的所有像素点，比如 800×600 的像素点。
- **物理尺寸**：即图像出现在打印纸张上的大小，比如 89mm×66mm。
- **分辨率**：每一个像素点的尺寸，表现为每个物理尺寸内含有的像素点的数目，被称为“每英寸点数”(DPI)或“每英寸像素数”(PPI)。

如果你知道这些描述参数中的任意两个，就可以通过这个公式计算出第三个描述值：像素图维度=物理尺寸×分辨率。然而，所有这些描述中，真正决定位图大小尺度的是**像素图维度(pixel dimension)**。像素图维度决定了一幅图片中所包含的信息总量，也就决定了文件大小，以及可以被展现的细节多少。实际上，分辨率只是对所储存图片文件像素的任意的倍乘，由它指定图片应该展现的大小。

因为分辨率是物理维度，它可以在不影响图像基本信息的基础上，任意改变倍数(图 17.3)。例如，对一个给定像素尺寸的图像，实际像素组成可以呈现在 $1mm^2$ 里，也可

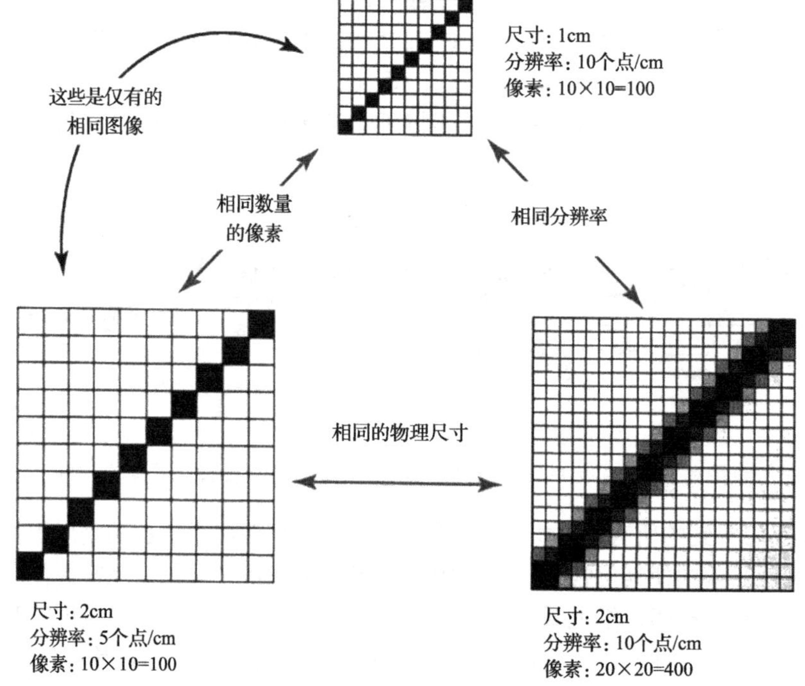

图 17.3　物理尺寸、分辨率、像素尺寸之间的相互关系。你可以想象一下，包含信息量相同(像素数相等)时，不同物理尺寸和分辨率的关系。

以呈现在 1m^2 里，而此时两个图片中所包含的信息量是一样多的。我们可以想象，当 10×10 的线条投射到屏幕上，如果把投影仪向远离屏幕的方向移动，在移远的过程中屏幕上像素点的物理大小便增大了（换句话说就是分辨率下降了），尽管这样，所展示出来的仍然只是 100 个像素点。

图像大小调整和对 DPI 的错误看法

阐述清楚这些关系后，你就应该知道为什么在不指定相关物理维度的情况下，问别人要一个“300DPI”分辨率的图像是没有价值的。300DPI 的图像既可以是 100 个像素点、也可以是 30000 个像素点，或是其他任何维度。尽管各种杂志常常有这样的类似要求，但其实这无法明确图片的大小。

在你重调图片大小之前，你需要事先考虑到该图片将要用到的最大物理尺寸，这些图片是要用在杂志封面呢，还是在演讲中使用？或者是用于杂志中一张 89mm 宽的图片？接下来要考虑的是最终所需要的分辨率（一般是 300DPI 或者每厘米 120 个点），然后将所需要的图片物理尺寸与需要的分辨率相乘得到图片的像素大小。如果你还不知道确切的需要，那么最好设置一个稍大一些的像素值。

一幅图像的分辨率需要多大，取决于它将如何展示给使用者看。典型的分辨率是 72～100DPI，这样的分辨率只能够使用在屏幕上，如果打印彩色图片需要 300DPI，打印黑白图像则需要 600DPI。与屏幕显示相比，人眼可以在打印出的图片上看到更多的微小细节，打印机通常都比屏幕的分辨率更高，这就是为什么用于打印的图片需要更高的分辨率，如一张 90DPI 的图片在屏幕上看起来很清晰了，但是打印在纸张上就显得模糊不清了。当图片对比度更高的时候，眼睛也可以看到更多的细节，这就是为什么黑白图片反而比彩色图片需要更高的分辨率。

你可以安全地更改像素图的分辨率或者物理尺寸，而不会损失图片质量或者限制将来的操作——这就相当于将投影仪离屏幕的距离移动近一点或者远一点。同时，撤销这些改变也非常容易，只需要输入新的像素或者物理尺寸。然而，如果你做了任何会影响像素大小的改变（换句话说，如果你决定重新调整其大小），图片就会被编辑软件重新**取样（resample）**（图 17.4）。重新取样有两种可行的方法。第一，你可以通过减小图片的总体像素尺寸来减小取样量，如果这样做的话，你就会扔掉一些信息，现在的所有像素点都要**重新**集中到更少数量的像素中。第二，你可以增大取样量或者增大像素尺寸。在这样的操作中你会得到更多的信息。不过需要增大像素的情况是很少出现的，通常情况下我们并不需要这样做[2]。

如果你需要对你的图片细节进行调节，比如调整亮度等，应该将这些事情放在重调尺寸之前做。这是为了避免引入人为的误差，或者在后续操作中可能带来不完美。如果你增加图片的像素分辨率，他可能会放大任何早期调整时带来的人为误差。如果你选择减小图片像素分辨率大小，那么就可以很明显地减轻之前调整所带来的人为误差。

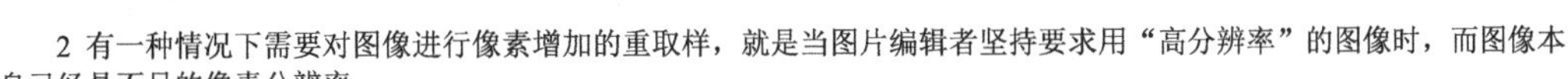

2 有一种情况下需要对图像进行像素增加的重取样，就是当图片编辑者坚持要求用“高分辨率”的图像时，而图像本身已经是不足的像素分辨率。

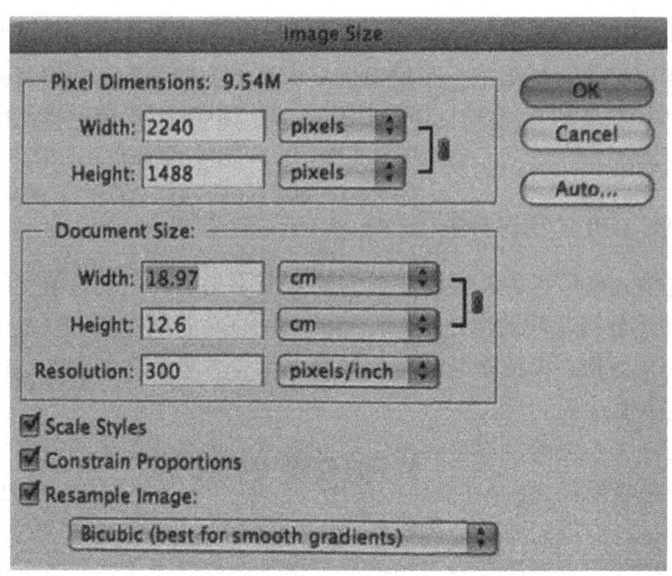

图 17.4　Photoshop 软件的图像尺寸设置对话框。在这里可以设置像素尺寸、文件大小和分辨率。这些附加的选项可以用于控制重新抽样。如果重新抽样图像没有最后确认，那么你的像素尺寸，也就是实际图像尺寸将不会改变。

你应该尽可能地减少对图片重新取样的次数，并且尽可能在靠后的时间再进行重调。重新取样会导致图片质量的损失，并且这种损失是无法修复的，这是因为在修改过程中有些信息被丢掉，并且重取样的过程本身也是一种损伤，这种质量损失是无法通过将像素参数重新调回最初值来恢复的。减少图像的像素尺寸的主要动机，除了为了满足最后图片需求的目的以外，还为了尽量使图片占用更少的磁盘空间。当然，由于个人计算机性能和储存空间的快速提升，这些担心已经比前些年有了明显的下降。如果你是想要用电子邮件寄送图片或者将其用于演讲展示，那么对图像的复制品进行重新取样是一个不错的选择。一张全屏展示的图片所需要的像素大小通常不会大于 1024×768 的像素点，所以如果你将其缩小到这个大小的话，在演讲时候就会得到比较好的效果。当然，你最好在调整大小之前保存好原始图片版本。

一般情况下，图片的长和宽的比例在调整大小的过程中是固定的，以免造成图片变形[3]。如果你将宽度缩小到原来的 50%，那么长度应该是随着固定比例自动缩短的。大部分时候，你进行整数倍(例如，1/2 或者 1/4 大小)的调整所得到的效果会好于非整数倍的调整(比如 43%)，这是因为前者会更有效地摒弃掉不需要的像素。

由于矢量图大体上是与分辨率无关的，因此它调整尺寸主要是因为要对矢量图光栅化，才能用于展示或在网络上使用。有些矢量图进行调整尺寸操作时，可能不会自动调整线条的尺寸和文字的比例，因此可能会影响到图像的总体显示效果。

---

3 有一个令人印象深刻的方法叫“接缝雕刻(seam carving)”，它可以按照非固定比例来调整图像，而且图像内容也不会产生变形。在最新版的 Photoshop 中的智能缩放(content aware scaling)中包含了这个功能，或者在命令行软件 Imagemagick 的 liquid-rescale 中也能使用它。

有一些杂志依然拒绝接受提交的矢量格式的图像，尽管他们有着先进的印刷技术。在这种情况下，我们可以联系负责版面印刷的专业人士，他们会考量矢量图在这里是否可用。很有可能他们会欢迎使用这种升级的图片格式，但是他们如果不接受的话，你就需要按照前面所述的图像大小×分辨率的指导，来重新光栅化图片了。光栅化矢量图时，选择一个合适的图像压缩格式也非常重要，这一点我们将在第 19 章进行详细讨论。当你将图片保存为 EPS 格式时，你就可以选择将文字说明固定到图片中，满足出版商们的要求。如果你用的是非英语字体，你也可以将文字转换为轮廓，只是这些文字无法再次进行编辑了，但可以保证这些文字在任何计算机上都可以正确显示。

图片的颜色

颜色模型和色空间

在考虑使用矢量图还是像素图的时候(或者二者皆使用)，也应该考虑文档的**颜色模型(color model)**。颜色模型是基于描述图片所用的颜色系统，它主要决定了初始颜色是什么样的，以及混合后的色彩效果。最常见的两个颜色模型是 **CMYK**(蓝绿、品红、黄、黑)及 **RGB**(红、绿、蓝)。CNYK 是用来操作墨水使用及颜色控制的系统，并且用着色的墨水名字来命名。RGB 是计算机显示和数码图片的描述标准，它用 3 种颜色命名，每种颜色都会发光显示。

很多图像编辑软件都允许为每个图片设置颜色模型，比如说在 Photoshop 中，这项功能的位置在 Image-Mode menu；如果是插图的话，则可以在 File-Document Color Mode Menu 中找到。其他的软件，如 INKSCAPE，则是完全用 RGB 模式进行工作。

CMYK 颜色模型是基于颜料对光的吸收，因此这是一个减法的系统，每一个色素值越高意味着颜色越暗。一张白纸是没有用任何颜料的，那么它的 CMYK 值就是`[0,0,0,0]`，这里每一个数值分别代表蓝绿、品红、黄、黑墨水的用量。在你开始添加墨水时，颜色就出现了，同时亮度值就开始下降。CMYK 值为`[100,0,0,0]`的色图是纯的蓝绿色，而`[100,0,100,0]`则是蓝绿色加上黄色，这样就得到了暗绿色。即使你把每一个色值都设置为 100%，也不可能吸收全部的光，所以我们得到的图片并不是全黑的，如果想要更暗一些，则需要混入黑色的墨水。你可以看到它们可以通过几种不同的方法来得到黑色，既可以通过每种颜色都多加一点，也可以通过直接添加黑色。这就造成了不同颜色空间转换时会面临的一个共同问题，我们将在之后简短讨论。

RGB 颜色模型更适用于显示器和投影仪，它是发射光而不是吸收光。如果你使用一个放大镜去看你的显示器，或者在上面滴一小滴水，你就可以观察到看似白色的地方实际上是由三种颜色的发光像素点混合组成的。越高的值意味着三种颜色合并发出的光子越多，直到每种颜色值都达到最大时，合并的结果就是白色。正因如此，RGB 也被称为颜色添加系统。RGB 装置可以产生非常广的颜色范围，无论在感知亮度范围还是色彩饱和度上，都超出了打印页面所能捕获的范围(图 17.5)。RGB 参数值通常是在 0～255 之

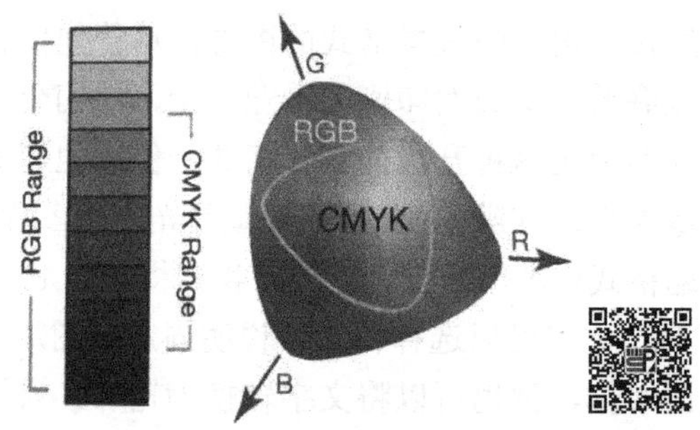

图 17.5　色彩范围的图示。对 RGB 来说，色彩值增加意味着像素亮度和颜色都会增加；而对 CMYK 来说，则代表使用了更多的墨水，因此颜色会更暗。RGB 模型颜色的最亮和最暗范围都比 CMYK 模型要大。另一种方法是看 2-D 的色空间图，CMYK 只是 RGB 的一个子集。(彩图请扫二维码)

图像数据的编码　RGB 值的范围是 0～255，看起来似乎是任意的数字，但是考虑到要用二进制编码它，情况就复杂了。计算机内存的 1 个字节包括 8 个二进制数字(或称比特)，因此可以存储值 0～255(2^8=256，其中零值是第 256 个值)。红、蓝、绿每种颜色的像素值要各使用一个字节的内存，这样定义的色空间能够最有效地利用内存。在计算机操作中，你会在很多地方经常看见 256 不断重复出现，附录 6 有对此有相关描述。

如果每种颜色是标准的 8 比特，总计能定义出 16 777 216 种颜色(2^{24}或者 256^3)。你也许还听说过有些照相机或图像处理软件支持 16 比特，甚至 32 比特的色彩。这时用 2 个字节(65 536 个值)来定义每种颜色的 RGB 值，可以产生非常大的色调范围。用比较大的色调范围，每个颜色通道都大大增加，可以呈现更多色彩渐变的细节信息，这样阴影处的细节也能看见了。但是，像 JPEG 这类图像压缩方法会改变色空间范围，显著影响图像质量。

间的，在 RGB 空间中，`[0,0,0]`意味着黑色(所有颜色都处于关闭状态)，而`[255,255,255]`则意味着白色(所有颜色都打开到了它们的最大值)。请注意在 RGB 中，参数值越高意味着越亮，而在 CMYK 中参数值越高则意味着会吸收更多的光(即越暗)。

色空间(color space)是真实颜色的实际范围，与如何描述它们无关。RGB 和 CMYK 都不能描述色空间中全部的颜色，这也就是为什么你所设置的颜色模型会很大程度上影响最后的图片展现。RGB 比起 CMYK 可以描述更大的色空间，并且可以用 CMYK 描述的颜色属于 RGB 可以描述颜色的部分子集。

颜色模型的转换

在将文件从 RGB 转换为 CMYK 时，RGB 超出 CMYK 的颜色就需要被转换为 CMYK 能包括的颜色。但是并没有合适的方法去做这件事情，这样的压缩转换可能会导致意外的结果。出版商一般要求 CMYK 文件，是因为他们想要确保颜色转变的结果可以与作者的构想和需求相一致。如果在色彩转换时，把 RGB 中不相同的颜色转换成了 CMYK 中相同的颜色，那么会导致图像产生莫名其妙的变化(图 17.6)。这样图片将会和原图发生很大的偏差(尤其是对于对饱和颜色的图像)，或者图像会变得更丑，与原图颜色有轻微差别。所以

在图像更改之前最好双方做好沟通，尽量减少图片更改的次数，只在必要的校样时完成。

从 RGB 转换为 CMYK 时，明亮的和暗的色彩部分会尤其困难。图 17.6 显示了转换图片时出现这种情况的特殊例子。我们无法精确地向你展示 RGB 图像打印出来的效果，不过图 17.6 可以在 `examples/MapColors.pdf` 中找到，作为 RGB 格式的一个图例，你可以在计算机显示器上看到真实的颜色效果。在空白窗口中对比这三对色彩的值，在 RGB 图像中可以轻易地区分出它们的不同(红色更为精细)，然而一旦将它们转变为 CMYK 格式，这种区别就无法分辨了。当某人把你的文章以 PDF 格式下载并且打印出来，那么他看到的就是这种 CMYK 格式的图像。事先知道了这件事，你就可以控制颜色的转换，并且设法将你的图片设置为电子版和打印版都很完美的状态。

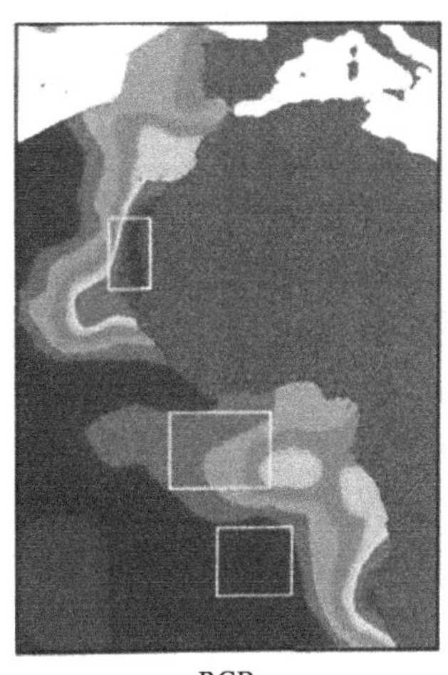

RGB

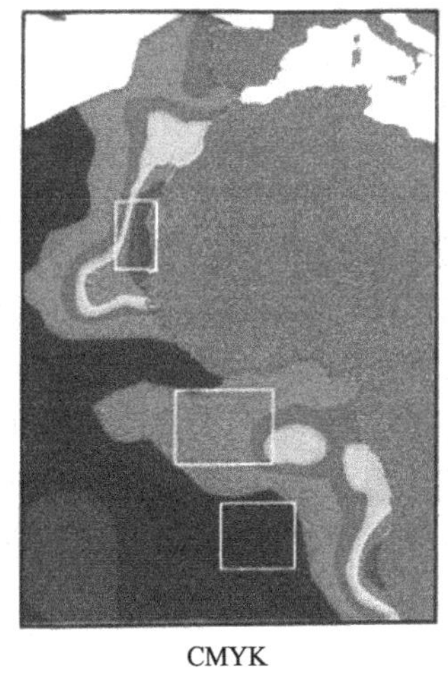

CMYK
铜版纸

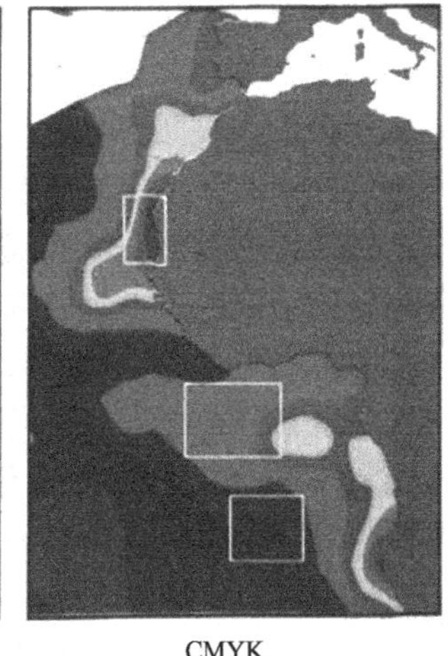

CMYK
胶版纸

图 17.6 同样的图像呈现在不同的色彩空间。为了观察真实的 RGB 色彩图像，请打开本书的示例文件 `MapColors.pdf`，仔细观察这个 RGB 图像在计算机屏幕上显示的情况，期刊打印在铜版纸的 CMYK 色彩图像情况，以及用激光打印机打印在普通纸上的 CMYK 色彩图像的情况。由于色彩映射问题，可见白色方框内的海蓝色色彩信息有丢失的现象。(彩图请扫二维码)

在从 RGB 向 CMYK 转换的时候，有一系列的选项可以用于图像质量控制。在图像编辑软件的默认设置中，经常会有对各种颜色中黑色墨水用量的控制，这是所有图片转换过程中最为重要的适配调节方法。但要注意，有些程序(如 Inkscape)不支持 CMYK 格式图片；而有些程序(如 MATLAB)在 TIFF 及 EPS 格式下只能导出 CMYK 格式图片。

在进行图片处理的时候，尽可能使图片处于 RGB 状态，很多调整在这个状态下更有效率、更精确，甚至只能在这个状态下完成。如果你的图片最后的目标是用于网络或者是用于投影仪展示，那么你就可以一直保持为 RGB 格式。然而，如果你需要打印出来的话，你最终就要将其完全转换为白纸上印刷的墨水量，这就意味着要将 RGB 值需要转换为 CMYK 色空间[4]。如果你可以自己控制印刷过程，或者联系到艺术负责部门，跟他们

4 有些新型的打印机已经可以直接支持 RGB 格式的图像，但也意味着你放弃对转换过程的控制权。如果你打印的是色彩比较少的图像，你可以使用自动彩色处理过程，如 Pantone 色卡匹配系统。如果需要更为可靠的特殊墨水混合方案，就要参考打印色板，这样可以使你对颜色的控制更加精确。

说好你的打印需求，他们会告知你设备支持的合适的图片格式、色彩配置文件及色彩转换设置。

色域与颜色配置文件

一个显示器的**色域**(**color gamut**)是指它所能产生的不同颜色的数量及范围。一个高色域的显示器可以呈现很多颜色，色彩间有着细腻渐变，而低色域显示器就只能展示比较少的色彩。在低色域的显示器上，想要分辨清楚颜色之间的细微差异是十分困难甚至是不可能的，尤其是黑色背景下的红色和深蓝色，或是白色背景下的蓝绿色及黄色。演讲者可能会花费几个小时在一台标准的计算机显示器上精心准备一个演讲，但当他站到台下满是观众的演讲台上时，才发现投影仪的图像上并不能区分出那些重要的颜色。这是因为大多数投影仪的色域都比较小，而一台较便宜的普通计算机显示器就可以显示出数百万种颜色。

处理色彩色域的变化与处理不同色彩模型一样，都会导致许多相同的问题。在这两种情况中，图像的色彩都被转换或者压缩成了更小的色空间。事实上，针对各种特定的输出设备，根据其预期的彩色色域损耗，都要运用精确对应的色彩模型，比如某种运用 CMYK 的打印设备。

尽管 RGB 值为`[255,0,0]`代表着“纯红色”，然而在不同的显示设备上它看起来并不完全相同。一样的道理，100%蓝绿墨水也会因为所用的打印程序及纸张等因素，看起来有些不一样(见图 17.6)。这就造成了难以处理的情况，不同的色彩模型很难应用到多种不同的设备上，如计算机、打印机、投影仪、手机等。

输出设备的色空间信息可以被储存在一个标准格式的**色彩预置文件**(**color profile**)中。使用色彩预置文件，就可以使得同一图像在不同输出设备上展现出良好的适应性。举个例子来说，如果你知道某个打印机的色彩文件设置，你就可以预先知道你这张图片打印出来到底会是什么样。在 Photoshop 中，你可以通过使用 View 菜单中的 Proof Setup 选项，以及 Proof Colors 来预先查看图像的最后效果。

色彩模型和颜色预置文件还有一个附加的功能，就是它也能用于指定图像的颜色空间。为了确保你可以使用最大范围的色空间，就需要调整图像处理软件中的色彩设置，在 Color Setting 选项中，默认的是 **Adobe RGB 1998** 的系统。由于在网页上无法展现这么大的色空间，故而网页图片通常都会使用 sRGB 色空间查看。关于转化图像的色彩预置文件，我们在这里不再介绍转换机制了，但是你可在网上搜索关于“调整色彩”这样的关键词，能获得更多信息。在 Photoshop 中，转换设置可以在 Edit-Convert to Profile 的菜单下找到。

颜色选择

至少有 7%的男性具有一定程度的色盲，这常常会影响到他们区分红色与绿色，所以应该尽量避免使用红色和绿色来区分图像中的关键属性。如果你想要使用类似红色与绿色色系的颜色，一个最简单的解决方法就是使用品红，它可以取代红色而与绿色区分开来。你也可以在 `vischeck.com` 上去检测你的图片在色盲人士看来是什么样子的。我们的目的并不是让图片在每一个人眼中都一样，而是想通过颜色的不同来传递的信息都可以准确传达到每一个人眼中。CS4 及以上版本的 Photoshop 软件内都建有专门模拟色盲的滤镜。

同时你也需要考虑你的图像在灰度图中效果如何，因为有些杂志为了节约成本，会将图像在纸质杂志上印为黑白灰度效果，但却在零成本的网络数码发行中保持为彩色。要考虑灰度图效果的另外一个原因，就是有时候人们可能不得不从印刷的杂志上复制你的图片。你需要检查图像颜色选择变化时的容忍度，看看图像被调整为亮暗的灰度值时会是怎么样的。将图像颜色从彩色转为黑白色有许多方法，你可以回顾一下之前我们讨论的在 Photoshop 中将图片从 RGB 转化为 CMYK 的选项设置，二者是一样的。

在图 17.6 中所展示的 RGB 和 CMYK 图像中还有一点值得说明，在选择颜色组合的时候你也需要考虑颜色梯度。颜色梯度在一张图片中常用来传递科学信息，用来指示图片中哪些指数是高于其他指数的，在选择颜色组合的时候，应该使用符合直觉习惯的从冷色到暖色(或从暗到明)的过渡。有些程序对于颜色调色板有一些默认的设置，用相近的颜色表示最高及最低的值，或是在调色板中重复出现相似的颜色。这会造成在我们乍一看图的时候，很难或者说几乎不可能区分开这些数据，或者使得图像轮廓线模糊不清。你可以打开文件 `examples/ODVpalette.pdf` 去看一个典型的有问题的颜色组合范例。其实有很多在线的资源及本地的颜色调色盘可以帮助你进行图片调色，例如，`kuler.adobe.com`、`mypantone.com`、`colorbrewer2.org`，以及 `degraeve.com/color-palette`。

颜色的 HEX 值　你可以在 RGB 色彩中使用数值(例如，`[9,141,255]`)，但是在编辑软件和网络图片上，你将会经常看见彩色编码用相应的 **hexadecimal** 值(在这个例子中，`#098DFF`)。这看上去比较混乱，但其实是用最直接的方法表示了相同的信息，只不过用 3 个 16 进制的 hexadecimal 数字(`09,8D,FF`)，而不是通常使用的 10 进制数(见附录 6 中对 hexadecimal 的注释)。在 16 进制中最大的 2 个数字是 FF，它代表 255，所以用它表示 RGB 中每种颜色的最大值，这不是巧合。它只使用了 6 个字符，就能相对容易和有效地代表 3 个范围是 0～255 的值，也能直接对应于计算机内存中存储的数值。你能在网络图片调色板中使用取色器，看见不同色彩的 hex 值，在 TextWrangler 软件中，也包含有系统颜色取色器。

决策过程总结

尽管现在针对不同的图片操作需求有非常多的选择及潜在可能的文件格式，但其实决策过程可以被分为简单的几个关键点。我们将在接下来的篇幅中讨论它，也会将其展示在图 17.7 中。

尽可能地使用 RGB 的矢量图形式，只在最后展示的时候再将其转化为 CMYK 及像素图。对于要发表的文章，在一开始就是用 CMYK 去制作一些图表是很常见且实用的，所以当你看到荧光绿与暖粉色在印刷出来后分不清楚也就不用惊讶了。

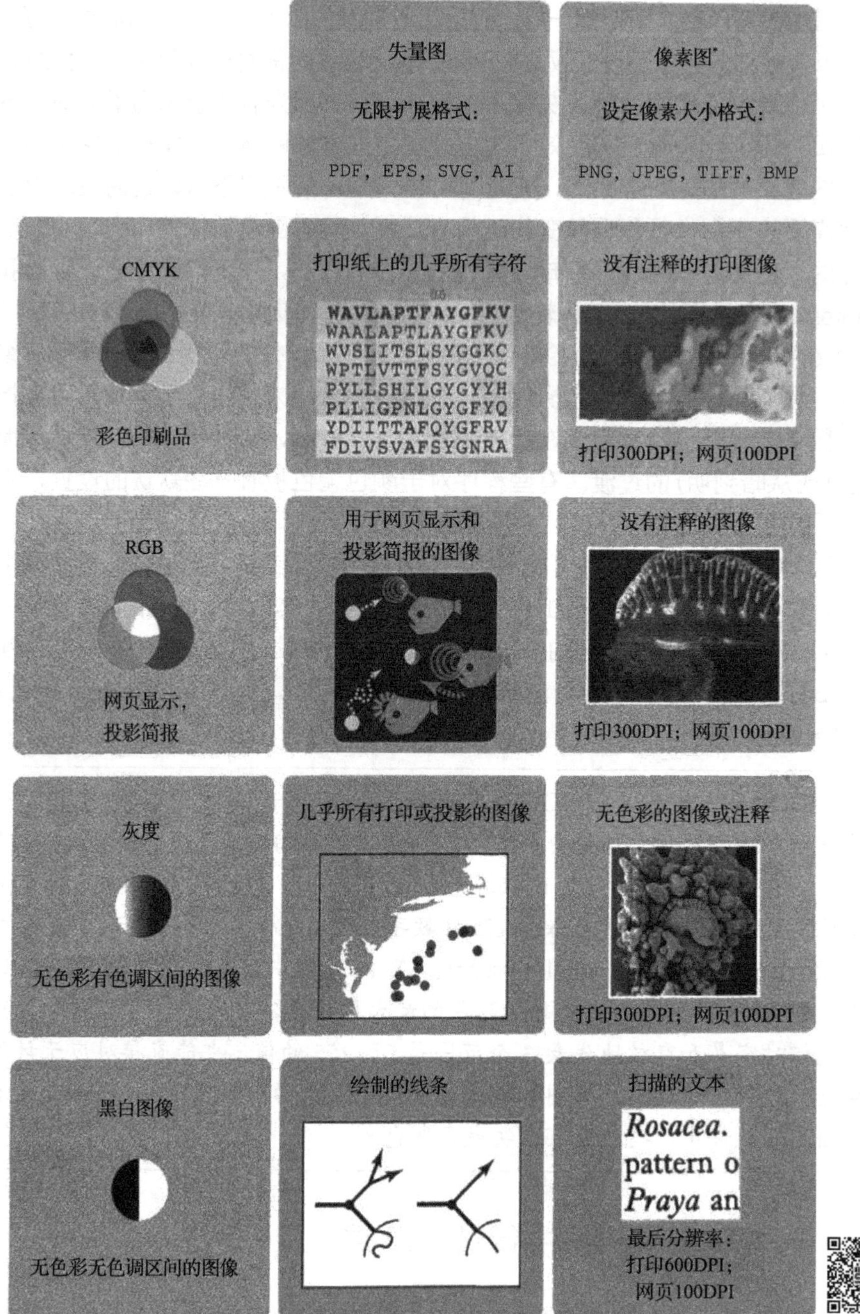

图 17.7 多种可选择的图像格式，可适用于各种科学用途。(彩图请扫二维码)

图　　层

在图像编辑软件中的图层概念，可以被看成是一种物理上的类比，就像是素描册中透明的页面。每一页上都有一些图形元素，这些图层都可以重新排序从而使得一些元素放置于另一些元素的前面。

尽管图层只是作为组成图像的元素的一个容器，但它还是非常有用的。一般来说，文字信息有自己的图层，图标数据则在另一个层上，坐标轴和比例尺也有自己独立的图层。你可以将一些最后不会出现在展示中的图形元素放在一个单独的图层中，之后使该图层隐形。这就使得你还可以保留一些参考信息来提醒你这些图片是如何生成的，或者在不生成新的文件的前提下保存一些你之后可能会用到的图形。图层也可以被锁住，这样就可以保证你在修改某些图层图像参数时，不会影响到你不想更改的图层。锁住一些图层也可以帮助你快速从复杂的图像中找到某一个重要图像元素。

尽管图层很大程度上提升了图像绘制的效率，但很多初学者常常还是不会用它处理图像。当你能够熟练运用图层时，就会发挥出它们巨大优势，一个典型的科学数据图像常常会有一大堆的图层。事实上，也要避免图层过多，太多的图层也不好操作。一般基本的图像编辑软件都具有图层功能，除非是最基本的图像软件。不过，一旦你将它保存为 JPEG 或者 PNG 格式，这些图层信息也就随之消失了。这就意味着如果你想要保留这些图层，你对于图片格式的选择就会被限定于 PSD(Photoshop 的标准格式)、TIFF(也是 Photoshop 格式)或者 XCF(GIMP 软件中的格式，这个软件我们将在第 19 章讨论)等几种格式。

展示数据时通常需要考虑的因素

真正准备制作一幅图像所花费的时间，必然比选择色空间、矢量图还是像素图以及文件格式这些事情要多得多。如果设计的图像不能有效地与观众沟通的话，这些技术细节问题就没有什么讨论价值了。在科学图片的展示中也会包含美学问题，如果表现不佳的话，这些问题就会使得读者不知道你想要呈现的重点是什么，甚至完全不知道你想要说的要点什么。所以根据数据制作一张图像的时候，你需要将这些标准铭记在心。

消除图像的混乱

对于科学数据图像来说，一个最令人头疼的问题就是插图混乱——那些没有任何信息价值的图像元素会带来干扰。在关键图像上添加一些不相关的图像元素，虽然有时会使得图片更有吸引力，但是更多情况下，它反而会给统计分析软件得到的图像带来负面效果。3D 版的柱状图在季度工作报告中可能很常用，但是在科学文章中就不适用了(图 17.8)。

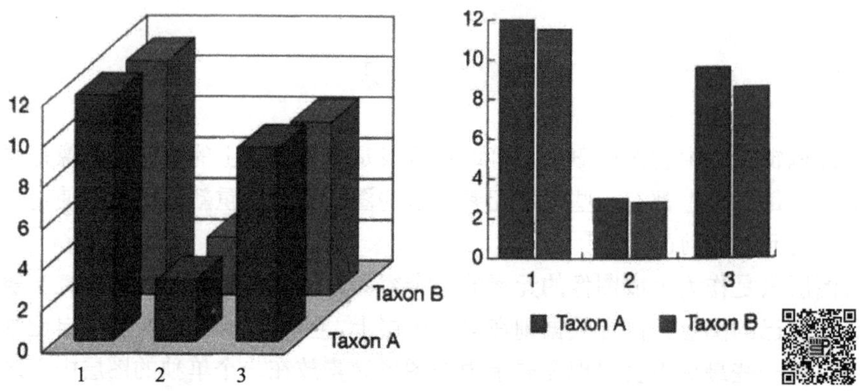

图 17.8　用 3D 和 2D 柱状图显示相同的一组数据。虽然多数科学家都偏爱用清晰和信息丰富的 2D 图像，但用在文献中使用数据生成的 3D 图像也不罕见，在投影展示的时候尤其多见。在左侧的 3D 图像中，就看不清蓝色 Taxon A 的数据稍微高于对应的红色 Taxon B。(彩图请扫二维码)

混乱常常是由于想要在已有的图片上添加其他元素而造成的，如果你发现自己想要在已有图片上添加点什么东西来增加可读性，请尝试换一种思考方式，看看能不能通过移除一些元素或者重排元素来实现这种目标。

电子表格软件的默认设置可能会将一些不和谐的视觉元素结合在一起，产生不恰当的图像：黑色系的背景色、毫无关联的边界线、无法很好打印出来的细线，以及那些并不能传递有效附加信息的默认华丽色彩。

对于重叠数据的透明化处理

在有限的空间内展示大量的数据总是一件很困难的事情，过多的线条和点会使得隐藏在它们后面的图像模糊不清，使得数据混作一团很难理解(图 17.9A、C、E)。在某些情况下，当点的密度是数据中很重要的一部分时，将其勾勒出轮廓线就很重要了(尤其对于自上而下的 2D 图像)，图的颜色深浅代表了点或线的密度。处理重叠数据的一个简单方法，就是使得数据部分透明起来(图 17.9B、D、F)，这样可以更好地展现图片背景上的点或线，使得点或线密集的地方颜色更深。这让柱状图展现为 2D 的图像，并且将混乱的图形变得清晰有条理。

合理利用空间

屏幕百分比　无论你是在做一个幻灯片(你的观众可能会坐在 20m 开外观看)，还是在设计一个有着特定纸张页面限制的图片，合理地利用空间都十分重要。一个常见的错误就是在一张图片里面堆积了太多信息，多留出一些空白空间会使得你想要展现的内容更加清晰。在演讲展示的时候，科学家们有时会让 PPT 上的内容文字等元素非常小，然后他们说：“我知道你们看不清这个，但是……”，其实在你准备数据进行展示的时候，首要重要原则就是离开电脑，站到至少 3m 之外的地方，看看你是不是能够清晰快速地识别出 PPT 上

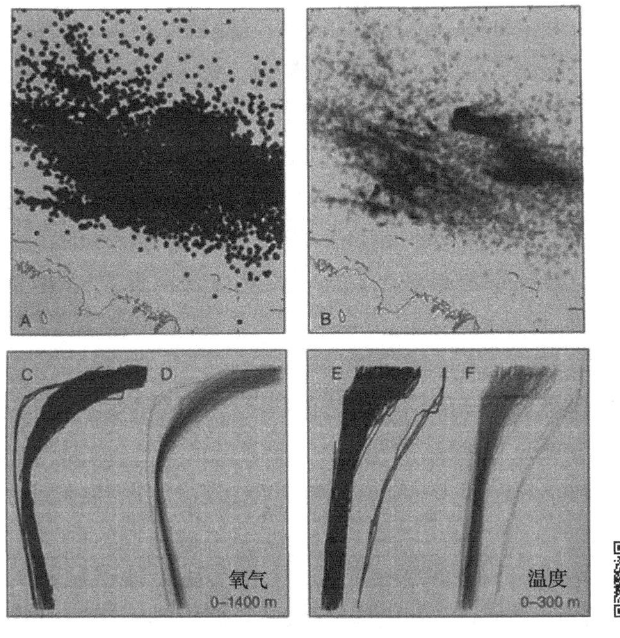

图 17.9　使用具有透明效果的图像可以使得图像表达更多的信息。同样的数据系列展示在成对的图中(A 和 B；C 和 D；E 和 F)，但是在不透明的版本里数据结构含混不清，而在透明版本里却能看得更加清楚。例如，图 B 显示的是几千个发现鲸鱼的位置信息，这个区域在右上角的位置报告发现鲸鱼的密度更高，而这个特征在图 A 中是无法看出来的。在图 F 中是由潜水艇采集的温度图标，潜水器位于不同的深度时，温度传感装置显示有一个水平带在靠近顶部处。(彩图请扫二维码)

的文字和图像标记等。通常观众看见的投影仪屏幕的尺寸，大约和你在一只手臂远的地方观看计算机屏幕差不多大小，所以用这样的预期试着看看你的计算机屏幕。 

图像是不允许超出边界的，因此要注意避免这样的情况发生。有时候人们会用 3D 效果的图片去展示 2D 的数据，这并没有增加任何新信息，但是却会占用多余的空间。除此之外，边和点的阴影虽然不会添加视觉噪声，但是会对数据的总结造成一定干扰。

就像之前我们讨论过的，用于演讲展示的像素图片不需要大于 1024×768 像素(因此，一般文件大小小于 1 兆)，要知道相机拍摄的照片可以达到 5 兆像素。如果你使用了过大的图片文件的话，你的 PPT 报告会占用较多的磁盘空间，还有可能在放映过程中崩溃。有一些报告软件也可以支持矢量图的展示，这样你就可以直接把 PDF 文件导入你的 PPT 中，无论投影任何分辨率的文件和图形都可以清晰地展现。

图片打印　在你开始制作需要打印出来的图片时，你需要事先知道这些图片打印出来是什么效果。基本上所有杂志在他们的在线教程中都会对图片大小提出要求。在你初次创建图片的时候，首先你要选择一个色空间，此后按照指定大小建立一个工作面板，此后你所创建的图片都需要在这个面板之内。你可以将这个蒙版图层上锁(像我们第 18 章介绍的那样)，这样它的存在就不会干扰到你后续的编辑，你不需要去编辑那些只有将图片放到整个页面那么大才能看到的细节，因为你知道这些细节在最后印刷出来的杂志上基本上是看不见的。

在有限的空间内进行操作时，通常线的尺寸不要小于 0.5pt，有些程序虽然可以画出 0.1pt 的细线，但这已经低于通常打印机所能打印出的最细标准(0.35pt)了，一般只有高于 0.35pt 的线才能够被印刷清楚。一条宽 1pt 的线相当于 1/72 英尺，那么 0.25pt 就只有 1/288 英尺那么细了(这就大致相当于 600DPI 的画布上 2 个小小的像素点)，这样印刷出来是根本看不清的。细线在你自己的电脑屏幕上看起来也许还好，但是投影仪会使得图像元素看起来比原先更小。把图片放大到 300%到 400%，这样你能大概知道最后的打印效果，在这样的放缩倍数下，屏幕上的一个像素点就相当于 300DPI 下的一个像素点。

你可以用一些最近发表的文章中的图片进行练习，杂志文章的图片分辨率几乎是没有关系的，大多数的用户会直接在屏幕上观看这些图片，或是用最普通的打印设备将其 PDF 文档打印出来，目标就是在这些条件限制下使它能最大限度地清晰可视。这也是为什么你最好把你文章中的图片做成矢量图，这样你就可以任意地缩放它了。

一致性

对于图片作品的原初设计布局，你能够掌控的其实很少，这就使得将演讲，以及文章中图片色彩和艺术风格保持一致非常困难。插图可能是由合作者提供，或者由无法调整显示效果的分析软件生成，这都会给展示造成一定的局限。当然，插图也可能从有很多可调整选项的程序生成，但是得到的结果还是很糟糕。如果使用默认设置，图片的线条不是太粗就是太细，文字的字体格式会不一样，颜色不一致，图像元素混杂等现象都会出现。为了使你的图片具有一致的外观和素材，你可能需要对每一张图片都逐一编辑。

如果你的插图是矢量图模式，那么这是最棒的。你可以使用矢量图编辑器(在下一章讨论)按照你的喜好编辑图像中的每一个元素，以便进一步提高图片的清晰度，调整图像的风格(当然前提是不改变图片中的科学数据)。如果你使用的程序并没有直接生成矢量图的选项，你通常都可以将它转存为 PDF 文件，从而得到矢量图。如果你无法得到原始图像的矢量图，那么你值得花一些时间将其追溯为矢量格式，或是在原始数据图像中加入矢量元素(关于追溯的内容我们会在下一章讨论)。

一致性也体现在图片元素与它们所呈现的数据之间，如果一张图片里红色是实验组、蓝色是对照组，可是接着下一张图片又变成了绿色是实验组而红色是对照组，那么读者一定会很困惑。编辑程序给了你足够的自由去控制你的图片的样子，所以你不必被那些默认设置所局限。你可以向原始图像中不容易被展示区分的地方添加新信息，比如，用白色圆圈代表白天的数据，黑色圆圈代表夜晚的数据，灰色圆圈代表黄昏的数据。你可以将多个不同程序得到的不同图像汇合到一起，它们之间可能会有非常不同的外观，但是我们可以通过仔细编辑使它们具有完整的外观和统一的风格。这可以帮助读者把注意力集中到数据和结果的不同之处，而不会被风格迥异的图像元素所迷惑。

保持数据的完整性

任何可以编辑科学数据图像的工具都有可能会彻底改变数据诠释的基本意义。当然，删掉一些多余的信息通常是没什么问题的，例如，删去不相关的数据系列，或者调整一下图片的艺术风格，或者改一下数据点的颜色；但是如果你删除掉一些数据集内关键的点，那就会出现问题了。就像剪裁一下图片通常没什么问题，但是删除掉其中的一些显著元素那就有问题了。

当然，有时候你甚至会在完全没有恶意的情况下，彻底误导你的听众，对关键图像元素的改动可能会不经意间改变了数据意义。现在很多杂志都会提供最佳图示实例的列表，或者至少给出关于图片可以如何被改动的严格要求(尤其是像素图片)，请确保你注意到了这些标准和规则。对于像素图片来说，那些对于整体图片外貌的改变是没什么大问题的。但是，如果你要改变图片的一部分，比如使用 Photoshop 工具擦掉了图中的一些元素，这一般就会被禁止——哪怕是无意中移除掉一些灰尘点这样看起来无害的事情。

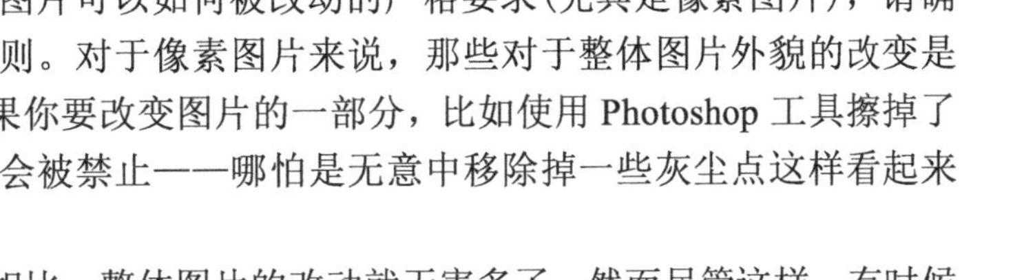

那么与改变图像的局部相比，整体图片的改动就无害多了。然而尽管这样，有时候还是会带来一些问题，比如当你增加图片饱和度的时候，荧光显微图片就可能导致一些误导：可能是噪声点被提升，看起来是一个数据点；要不就是低亮度的荧光信号被抑制，造成了人为的干扰结果。因此要仔细思考所要做的改变，如果你认为这些改变有任何可能会对读者造成误导，那么一定要在图片说明中准确陈述所修改的部分。

为什么你应该避免使用 PowerPoint 幻灯片

你会注意到，到现在为止，无论是作为图片编辑器还是一种图片格式，我们都没有提到过 PowerPoint 幻灯片的使用，尽管它经常被科学家们用于编辑或者分享图像。这并不是我们偶然的疏忽。你不应该在除了演讲展示以外的地方使用 PowerPoint 幻灯片，首要原因是它的颜色模式、图像压缩及分辨率问题，还有一些其他关键原因是镶嵌在其中的图像不会很快发现问题，文件的格式和质量会在不知觉的情况下自动转变。如果你给同事发送一个 PPT 或者 Word 格式的文件，你并不知道它们在显示屏幕上或者打印出来会是什么样子的，同时很多时候，他们都不能将其中的图片加载到其他有用的程序当中。所以我们应该尽量选择使用不会造成关键图像信息模糊的编辑软件和文件格式，或者添加不必要图层导致不必要的复杂性。

如果你想要创作一个包含多组图片、有很多页面的文件，请不要将他们放到 Word 或者 PPT 文件中，因为这样会使得图片无法进行编辑。替代方法是，你可以用 OS X 系统上的 Preview 尝试打开其中的一个图像，或者在其他系统中使用 Adobe Acrobat。在 Preview 软件中，如果你显示了边栏，它会包含文件页面的缩略图，你可以拖拽其他图片到那个对话窗口中，重排它们的顺序，并将它们一并存到一个 PDF 文档中。

总　　结

你已经学会了：

- 矢量图与像素图的不同。

- 为什么对照片使用像素图，而在其他所有情况中尽量使用矢量图?
- 像素图中的像素大小、物理大小及分辨率之间的关系。
- 为什么在网页内容、照片及演讲展示中选择使用 RGB 色彩?
- 图层是什么? 它们被用来做什么?
- 对科学数据作图通常要考虑的事情。

进一步学习

- 当你在期刊文章、网站网页或者新闻报道中看到有特色的图片元素时，尝试着思索该图片表达的是什么，或者哪些是不能表达的。把这些启发运用到你的视觉沟通任务中。
- 用一些图片编辑器打开你的一些图片，并且尝试看看改变色空间会如何影响它们。
- 在你的计算机显示器设定中，无论你使用什么操作系统，留意你所使用的色彩设置文件。之后尝试更改一下设置，看看对图片会有什么影响。
- 在 `http://vis.stanford.edu/protovis/ex/`网站中，你可以查看到大量数据可视化的图册。
- 可以在 `tinyurl.com/pcfb-flights` and at `tinyurl.com/pcfb-eigen` 网站中，查看如何使用透明功能，这些很棒的图片会给你很多启发。

推 荐 阅 读

下列参考文献是按照重要程度排序的，参考书目名称列在上方，对书中特殊的用途说明列在了下方。

Tufte, Edward Rolf. *The Visual Display of Quantitative Information*. Cheshire, CT: Graphics Press, 2004.

对任何科学家来说，这本经典都是必读的，而不只是推荐。

Wainer, Howard. *Graphic Discovery: A Trout in the Milk and Other Visual Adventure*. Princeton, NJ: Princeton University Press, 2005

从历史的角度看数据图形方法的发展。

Nelson, Roger B. *Proofs without Words: Exercises in Visual Thinking*. Washington, DC: The Mathematical Association of America, 1997.

数学原理优雅而无声的图解证明。激发出了新的方式去呈现数据之间的关系。

Cleveland, William S. *Visualizing Data*. Summit, NJ: Hobart Press, 1993.

Cleveland, William S. *The Elements of Graphing Data*. Summit, NJ: Hobart Press, 1994.

这两本书以几种不同的方式呈现数据，以强调信息的清晰度是如何依赖于其呈现方式的。可访问 `Hobart.com`。

Steele, J., and N. Iliinshy, eds. *Beautiful Visualization*. Sebastopol, CA: O' Reilly Media, 2010.

科学家撰写的一系列章节，解释了他们为显示数据而生成的一些复杂图形的方法和动机。在某些情况下，示例包括使用的程序。

第 18 章　矢量图的编辑和使用

如今已经有许多可用于制作与编辑矢量图的软件应用程序及文件格式，这里我们将介绍其中一些常用的软件，同时对创造与组织图像矢量元素的关键原理进行一些讨论，并对用于创造与编辑矢量元素的一些基本处理工具进行阐释。这些内容能够让读者学会使用相关程序来修改和注释矢量艺术图形，并开始尝试使用草稿来构建新的图像，以及创造矢量图的轨迹。

矢量图简介及原理

正如这本书中涵盖的其他专题一样，关于如何使用矢量图编辑器的相关指导多之又多，并且非常详细。但是这些相关内容提供了许多过于详细的解释，包含了太多过于丰富的细节，以至于我们很难从中快速筛选出和科学研究最为相关的部分。与此同时，大部分科学教程中又很少包含如何使用图像处理软件的相关指导，有的甚至完全跳过了这一话题。为了弥补这一个缺陷，在这一部分中我们将专注于与生物学家日常科学研究联系最为紧密的矢量艺术图形的部分内容。

文件格式

最基本的矢量文件格式包括 PDF(Portable Document Format)、PS(PostScript)、EPS(Encapsulated PostScript)和 SVG(Scalable Vector Graphics)。AI(供 Adobe Illustrator 使用的格式)虽然原本是专有格式，但现在也是一种常用的文件格式。其中，PDF 是应用最广泛、使用最频繁的矢量文件格式，同时 Adobe Illustrator 也使用 PDF 作为其原初的格式。而 SVG 则是一种完全开放的标准文件，其在网页设计过程中越来越流行，也逐渐被越来越广泛多样的程序所支持。总的来说，PDF 与 EPS 文件格式能够满足你的大部分需求，同时它们也能够被很多的软件应用支持，以及被大部分的学术期刊所认同。

生成矢量图

在上一章中，关于大家为什么要在尽可能的情况下使用矢量图的讨论之后，大家可能会对怎么生成矢量图文件产生疑问。目前有三种常用的生成矢量图文件的方式：

(1) 从其他程序输出一幅图像，比如一个图表或一个系统发育树；

(2) 直接画出一幅全新的图像；

(3) 画出一幅已经存在的像素图的轨迹。

从另一个程序输出图像

矢量图经常能够由你所使用的分析程序直接输出。包括 MATLAB 在内的许多程序都能够直接将图表输出为 PDF 格式，其中一些程序还能够将其保存为 SVG、EPS 等格式。即使没有将图像直接输出矢量文件的选项，基本上所有程序都能通过在打印对话框选择“Save as PDF”来生成 PDF 文件。在万不得已的时候，我们可以选择输出能被打印机所识别的 EPS 或 PostScript 文件。因此，当你的计算机不能支持 PDF 格式输出的时候，它们也是可供选择的格式。但是要注意，一个文件是 PDF 格式并不意味着它是这个图像的最佳矢量格式。要记住 PDF 文件同时也能储存像素图，而下面要介绍的其他一些输出方法，能够比其他途径更好地捕捉到图像中的矢量特征。

选择 Print to File 并选择 EPS 作为格式

在 MATLAB 中，不要使用“File ▸ Save as...”对话框去输出一幅图像，而是在你想要的图像处于前台运行时使用命令行 `print('-dpdf','myfigure.pdf')`，其中 `myfigure.pdf` 是你给文件取的新名字。如果你试图在 Adobe Illustrator 中编辑图像，可以使用相同的命令行，但是要把`-dpdf` 换成`-dill`，这样能够在输入上获得比 PDF 更好的效果[1]。也可以使用 PNG 格式(`'-dpng'`)来输出像素图。在 R 语言中，不要使用图像窗口上的“Savefile”选项去处理你的图像。而是在制作图像之前，使用命令行 `pdf("myfigure.pdf")`打开一个类似于打印机的输出“设备”。在你完成了图像的命令行处理与调整之后，使用 `dev.off()`关闭文件。

在文章发表之前，我们需要在绘图程序中逐个处理几乎每一幅图像。使用绘图软件来改变图像颜色、线条宽度、字号大小等，这往往比使用产生图像的软件来进行处理更加简便、高效。在编辑器中做出这些调整有助于提高图像清晰度和图像的一致性。有时候由分析程序输出的矢量图中会包含一些不可见元素，使编辑变得更繁杂[2]；有时候一些看起来像一个单一整体的元素，实际上是一个许多不同元素构成的复杂组合体。这些情况都会给我们带来额外的工作量，但是也不必过分担心，因为通常它们所需要的处理方式一般都比较直接。

绘制一幅新的图像

矢量图通常从一份草稿开始，这一过程可能听起来并不容易，但因为你能够在生成它之后调整每一条线和每一个对象的位置与特征，这个方法往往能够获得比在照片编辑器中处理更好的结果。你可能会尝试使用 PowerPoint 来绘制矢量图，这一程序对于向图像加入 As、Bs、比例尺等操作是可行的。但是，如果你始终限制于使用这一程序，将会导致你无法很好地控制图像的最终面貌。

目前用于画图的程序可分为如下几个类型。如果你想要获得一幅具有 3D 效果的图

1 有些程序和文件格式会将线条和物体分割为许多片段，甚至将文字也逐个分割成单独的字符。在 MATLAB 中，即便你使用矢量文件格式，仍然有些类型的物体(如箭头、椭圆等)总是输出为像素对象。

2 在 Illustrator 中，你可以选择 View ▸ Outline(⌘+Y)，来查看不可见或者模糊不清对象的轮廓，以方便查找并删除它们。

像，你可以使用像Blender、Cheetah3D或免费的Google Sketchup这类的应用软件来生成，随后将其以矢量文件的格式输出或者提取它，整个过程如图18.1所示。而如果你想要生成的是流程图、结构复杂的图表，或者是拥有许多互相联系且重复的元素，那么请使用像OmniGraffle这样的程序，可以为你生成上述独特的矢量图提供许多便利。

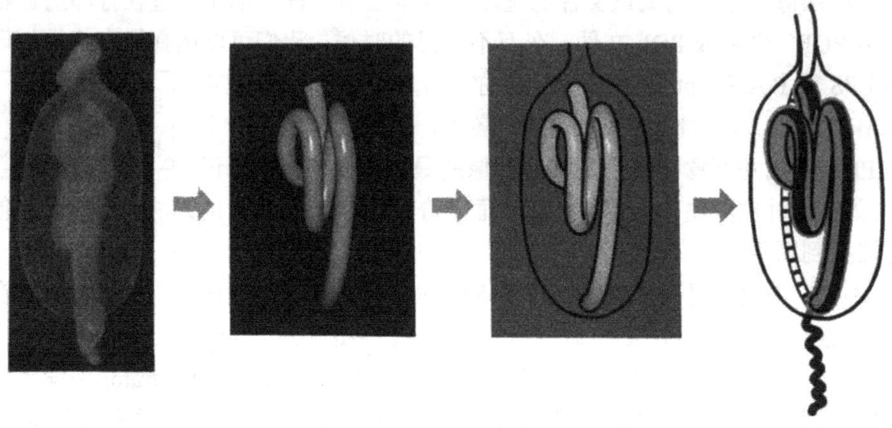

图18.1　从一个复杂的3D图像中创建2D概要图像的步骤。用一个管水母目动物 *Resomia dunni* 的触手肢照片图像作为引导，生成一个3D的模型，再输入一个矢量绘图程序，让图像部分透明和描边。用Illustrator把需要强调的重要部分突出显示出来，而不是没有重点地均匀显示。

从一张照片中提取图像

展示一项研究结果的原始图像有可能是一幅生物体的像素图、一幅显微照片，或一幅实验装置的照片。这些图像通常都含有一些与图像要传达的信息无关的细节。在这些例子中，经过简化的线条就能够成为一种更高效的交流工具。这也是为什么形态学家、系统生物学家都更喜欢使用线条绘图而非照片。同理，简化线条也适用于其他一些情况，比如描述器官建立过程。从照片到绘制、提取图像、使用矢量图编辑器等，一种很好的方法。

首先，扫描或拍摄图像并将其导入你的图解程序，将其移动到对应的锁定图层；随后，在该锁定图像上生成一个绘图图层，并用画笔工具描绘出图像轮廓，生成下个章节将会介绍的贝塞尔曲线(Bézier curve)。在进行上述操作时，你可以选择隐藏或删去含有原始图像的图层。请尝试把图像背景变得不可见或者半模糊，这对于迅速地查看你提取的图像的整体效果会有帮助。使用数位板进行绘图与提取，远比使用鼠标或触控板更加方便，特别是对于较大的对象。你不应该使用比如Photoshop这样的像素图处理程序来提取图像，因为这会导致你最终获得的是一幅原始像素图的简化像素图，而不是一幅纯粹的矢量图。

一些程序拥有自动抠图(提取图像)的功能属性，但是获得的结果图像常常还是会需要后续的调整。Adobe Illustrator的实时追踪功能很棒，能够帮助你动态地控制图像峰值，以用来确定哪些图像边界应该变成外部线条。你可以在实时追踪的弹出菜单中，选择Technical Drawing，来生成一幅只有外部轮廓线条的空心图像。一旦你获得了想要的图像，选择“Object ▸ Live Trace ▸ Expand”来将所画出的轨迹转变为可编辑的外部轮廓。

解析矢量图

贝塞尔曲线

在最核心的层面上，矢量图是由锚点与连接锚点的线条组成的。这些线条被称为**贝塞尔曲线**(**Bézier curve**，发音为 bezz-ee-ay)。矢量绘图软件拥有能够生成框格和直线的标准工具，但你需要了解如何操控这些曲线来更好地处理你的图像。虽然它们一开始看起来会很让人困惑(而且它们往往很难用语言描述清楚)，然而一旦理解清楚，你会发现绘制出你所希望的效果会很容易。

贝塞尔曲线是一条连接了一系列**锚点**(**anchor point**)集合的曲线。如果用一根非常具有弹性的杆代表线条，则锚点有点像扎入其中的大头针。线必须穿过每一个锚点，而且线的形状是由锚点的数目与位置决定的，同时也能够通过控制柄来独立地在锚点的周围延伸、收缩和旋转(图 18.2)。这些控制柄能够控制曲线如何在各个方向上离开锚点。曲线在锚点处的切线总是与控制线相一致(即平行)。控制线的长度决定了曲线被控制点“吸引”的程度，也决定了曲线会沿着那个方向的控制点延展多远。一个给定的锚点的控制点能够与其他点的控制线相交，甚至直接通过另一个锚点(与其平滑地相交)，或者两条控制线以某一角度相交，从而在锚点处形成一个尖锐的结(使它成为一个角点)。

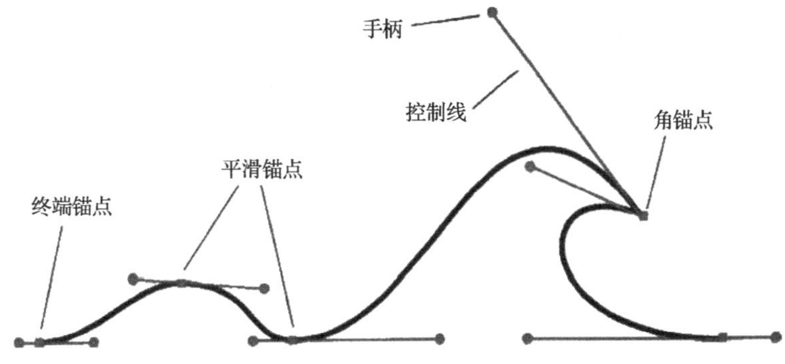

图 18.2　显示贝塞尔曲线的锚定点、控制手柄和控制线。

任何二维图像都能够由一系列的贝塞尔曲线构成，因此它给我们提供了一种用于生成及编辑矢量元素的通用工具。一条贝塞尔曲线在其路径上能包含任意数目的锚点。当它拥有两个终点时，其就是一条未闭合的曲线；而当它的两个终点是同一个点时，其就是一条闭合曲线。其闭合与否的特性影响了其被颜色填充的程度。

线型与填充

矢量图中的每一条线条均有一些特性与其**线型**(**stroke**)(即线条本身)和**填充**(**fiu**)(即被线条所局限的空间)有关。线型与线宽都有颜色属性，以及透明化的设定。线型拥有的属性包括以点的形式(一个点就是一个标准的印刷单元，其宽度常被定为 1/72 英寸)所表现的宽度、线条的实虚，以及线头或圆或方的形状。此外，线型还有类似于画刷的属性，或者能够呈现出由重复出现的点组成的装饰图案。用于填充的颜色通常为纯色，但也能有透明化、图案及渐变等设定。

矢量图编辑器的使用

用于绘制及编辑矢量图的不同程序有类似的工作区布局和工具选项，但是它们在功能丰富度、稳定性和使用便利性上有很大不同。在矢量图的世界中，有一个功能强大(价格高昂)的程序绝对不能被忽略，那就是 AdobeIllustrator。如果你为了科学研究，能够负担得了购买 Photoshop 的费用，那么你应该更进一步，同时买下 Illustrator(许多大学拥有使用授权与学术折扣价)。

作为一个替代品，开源的矢量图编辑器"Inkscape"逐渐吸引了越来越多图像艺术家和网页设计者的注意。目前 Inkscape 仍有许多无法支持的功能，如 CMYK 颜色模块；该程序的 OSX 版本的使用界面并不是 OSX 的；此外，程序中也没有许多能够加快操作的快捷键。即使这样，Inkscape 依旧很适合许多设计图像的任务，其对于一般的图表处理任务也很实用。如果你还无法获得 Illustrator，你可以先把 Inkscape 作为一个很好的开始尝试的程序，特别是其适用于所有常见操作系统，并且能够从 `http://inkscape.org` 免费下载。另外一个可供选择的免费软件是 sK1，它包含了一些 Inkscape 所缺乏的技术功能，并能从 `skiproject.org` 免费下载。

在这个章节中，我们会介绍 Illustrator 和 Inkscape。它们有许多类似的特点，这些类似的功能在应用上只是稍有不同。这两个软件还有许多我们在这里没有提到的功能，包括一些在两个软件中都有的功能，我们会详细介绍其在一个软件中的使用方法。这个章节只是为了帮助你初步了解矢量编辑，并引导你朝着正确的方向努力。我们鼓励你在开始进行相关图像处理后，进一步阅读更多的教程及教学资源。

选定并操作整个对象

实心箭头[Illustrator 中称为选择工具，Inkscape 中称为选择和转换对象工具(select and transform objects)]能够选择、取消选择、移动、旋转，以及调整整个对象或一组对象的大小[3]。这个箭头被用于调整对象之间的相对分布，调整它们的比例(把它们变得更高或更宽)，或者选定一个或多个对象从而改变它们的各种属性。打开文件 examples/ LEDspectra.pdf 来尝试一下接下来描述的过程，不要保存你的样例(如果你想要保存，可以把它以另一个文件名存储)，这样的话，这个文件在以后的例子中仍然可以使用。

可以用很多不同的方式来使用实心箭头。其中一种是直接点击你想要选定的对象。根据你的图像结构不同，对象可以是一条直线、一个由多条线段组成的简单形状，或者一个集合了一系列对象的复合图形。如果这个图像不是你手工生成的，使用工具会选择什么将会变得很难预测。一些程序会把输出的矢量图整合为一个大的整体，这时你就无

3 如果你使用这个工具选定了对象后，没有出现方框围绕着它，请检查 Illustrator 软件 View 菜单中的 Show Boundary Box 是否选中。

法使用实心箭头来编辑图像中的一部分。在上述情况下，你能够通过取消对象间组合或选用第二箭头来选定某些部分进行操作，我们将会在下一个章节中详细介绍。

你经常会想要同时选定多个对象，但是如果你点击一个对象后再点击另外一个，你对第一个对象的选定就取消了。为了避免这种情况，你可以在点击时按住 shift 键，这样就能够在已选定的对象基础上增加被选定的对象。如果你在点击一个已选定对象时按着 shift 键，你就能取消对其的选定。你还可以通过使用实心箭头围绕着多个对象画一个框格来同时选定它们，这比直接点击选择许多很小的对象的操作要简单得多。你可以通过组合实心箭头的不同使用方式来节省时间。举个例子，当你想要选定图像某个区域的大部分对象但又不是全部对象时，你可以先使用实心箭头围绕该区域绘制一个框格，随后再按住 shift 键来取消一些你不想要的对象的选定。这种操作方式往往比你一个一个地选定你的目标对象要快得多。

一旦有一个或多个对象被选中了，此时你就可以使用实心箭头拖动它们来改变它们的位置。你也可以通过选中并拖动选定区域的外角及边界来改变一系列对象的大小。在此过程中，你可以按住 shift 键来保持图像的纵横比不变。

选定并操作对象的一部分

我们要介绍的第二种箭头是 Illustrator 里的空心箭头(Direct Section 工具)或 Inkscape 中的加长三角形(Edit path by nodes 工具)，其能够选定及编辑对象的一部分。许多刚刚开始接触矢量图处理的人对有两种不同选定工具感到困惑并坚持只使用实心箭头，他们并没有意识到第二箭头(在这部分中就这样称呼我们介绍的这一工具)在许多操作中使用起来更加便捷。实际上，第二箭头可能是矢量图编辑中使用得最多的工具。

第二箭头能够选择对象中的单一锚点和线段。它与实心箭头有许多类似功能，但是能让我们更好地控制线条或者形状中的独立成分。在 Inkscape 中，对不同对象使用第二箭头的操作有一些细微差别。因为在 Inkscape 中，只有某些形状才含有锚点。而那些不含锚点的形状可以通过使用快捷键 ctrl + shift +C”来转换为含锚点的形状。

你可以使用 LEDspectra.pdf 文件来尝试第二箭头的操作。可以看到，在图表标题周围的曲线只含有 3 个锚点。你可以通过使用第二箭头点击或者围绕选定一个框格来选定最上面的那个点。通过移动那个点，你能够得到一系列形状的曲线。后面你会注意到，与改变另外一条彩色曲线的形状相比，在锚点比较少时获得形状一致的平滑曲线是非常容易的。

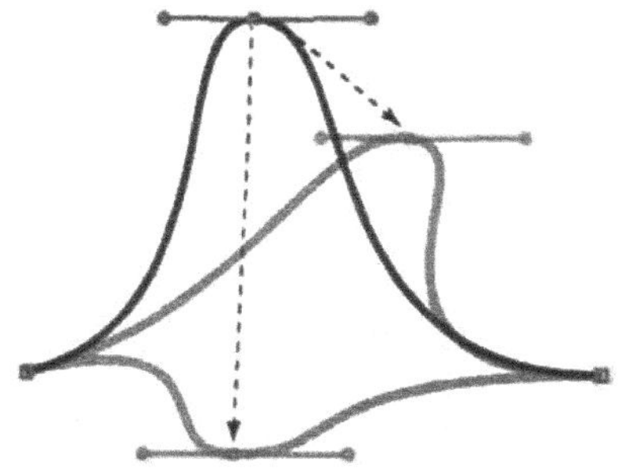

与使用实心箭头时使用 shift 键和框格环绕选定或取消选定整个对象的操作相同，使

用第二箭头时也可以使用类似操作。当一个对象中的所有锚点都被第二箭头选中的时候，你就能够移动它。但是如果你只选定了对象中的某些锚点，改变它们的位置会改变对象的形状，这样你就可以改善与调整你的图像。在典型的图像处理中，你可以先用钢笔工具草拟出大体的形状，生成所有你需要的线条与锚点，然后使用第二箭头小心地把它们选择出来，改变它们的属性并对它们进行排列。

利用钢笔工具生成贝塞尔曲线

Inkscape 和 Illustrator 都有一种可用于绘制贝塞尔曲线的钢笔工具。铅笔工具在你按住鼠标并拖动光标的时候会留下轨迹，而钢笔工具与之不同，其会定义贝塞尔曲线的单一锚点。这意味着你使用钢笔工具画一条单一线条时，需要多次点击鼠标。通过这种方式画图与使用任何实际中的工具都有所不同，但使用一段时间后就会很快地成为第二本能。你掠过新形状的表面，并在每一个曲线弯曲、扭曲、改变方向的拐点进行点击。这一拖拽移动操作能够给每一个锚点设定长度与角度，也由此能够改变曲线弯曲的程度。生成一条线条时，如果只点击而不拖拽，两条线在锚点相交的地方就会弯曲得很厉害，并能生成一个外角点。

在你生成了所有能够定义你的线条的锚点之后，你可以按住 return 键来绘制一个未闭合的图形。而如果要生成一个闭合的图形，你只需要绘制锚点后将最后一个点放置在第一个锚点上即可。线条的两端就会自动融合在一起。

在生成贝塞尔曲线时，如果在一开始的时候就出现一些错误，不要担心，而是先继续。矢量图的美妙之处就在于你总是能够移动锚点，或在不同的锚定类型间转换直到你获得你想要的结果。

如果你在处理的对象是辐射对称或两侧对称的，或者含有一些重复的元素，那么你就不需要把形状完全画出来。你可以画出其中的一部分，然后再使用其他转化方式去旋转、翻转、复制和联结那些元素。

对贝塞尔曲线进行修饰

对于贝塞尔曲线的操作绝不仅仅只有运用钢笔工具生成锚点那么简单，你也需要对已存在的对象的锚点及控制属性进行编辑。

在 Illustrator 中，有下列相关操作：

- 利用钢笔工具点击一条已选定的曲线来加入一个新的锚点；
- 利用钢笔工具点击一条选定路径的一个已存在锚点来删除该锚点；
- 在选定钢笔工具的前提下按住 option 键能够帮助你获得转换锚点工具（convert anchor point）或者**控制修改手柄（control handle modifier** ⌵）。你同样能通过点击并且按住钢笔工具图标来从工具栏中获得该工具。你可以使用此工具点击一个曲线平滑处的锚点，然后在不拖动的情况下放开鼠标，这样你就能把这个点转变为一个外角点。使用这一工具，你也能通过选定一个平滑处锚点控制手柄，然后相对于该锚点的另一控制手柄独立地进行移动来产生一个外角点。如果你点击一个角上的锚点并把它往外拖拽，并同时加入一些控制手柄的参

> Windows 系统：使用 alt 键

数，就能把曲线变得平滑。你可以使用样例中的曲线或者你绘制的图形来熟悉使用这个工具。你可以查看图 18.3 来查看不同种类曲线的应用案例。

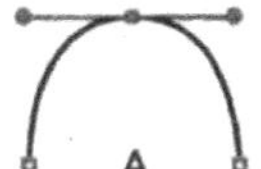

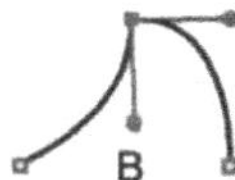

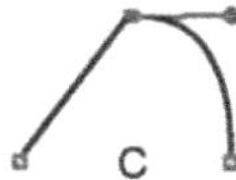

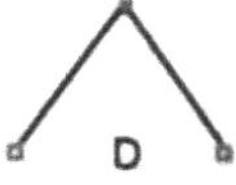

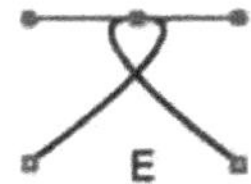

图 18.3　贝塞尔曲线这些曲线同样都有 3 个锚定点，但是由于控制手柄线不同产生了完全不同的形状：(A) 平滑锚定；(B) 角点；(C) 撤销掉一个手柄；(D) 2 个控制手柄都撤销；(E) 平滑锚定点，但是将控制手柄线相对 (A) 图中旋转 180°。

Inkscape 中用来修饰贝塞尔曲线的工具都与第二箭头有关，而 Illustrator 中的类似工具则与钢笔工具有关。当你在使用 Inkscape 中的第二箭头时，一个包含增加、去除和锚点修饰工具按钮的工具栏会出现在屏幕的顶部。

联结功能

在某些情况下，图像中的对象会被碎片化而成为许多独立的线段，特别是对于那些从图表处理程序和电子表格导出的图表来说。你有时可能也想通过把多个形状整合为一个来生成新的对象。而 Illustrator 中的 Join 功能就是实现上述想法的一种途径。选定一条独立曲线的两端点，然后点击 Object ▸ Path ▸ Join (⌘+J)。如果有的点有重叠，它们会紧密结合从而聚集成一个锚点。但是如果锚点之间相距很远，一条直线就会被加到它们之间。文件 examples/LEDspectra.pdf 包含了许多以上述方式联结的曲线，你可以使用那副图像来尝试将线段融合为一个单一的形状。

另外一种获得类似效果的方法是通过使用 Pathfinder 工具。这个调色板中的第一个按钮能够将有所重叠的填充区域整合为一个拥有复杂轮廓的对象。点击那个按钮并点击 Expand 按钮来完成转化。这个工具非常有用，但也常常在正常的图像构建过程中被忽略。如果你的对象是未被填充的形状，但是是单独的线条 (Pathfinder 对其无法进行很好的处理)，你能够使用 Object ▸ Path ▸ Outline Stroke 菜单来将线条转化为填充的图形。一旦线条被转化为了填充的图形，它们就很容易被整合了。

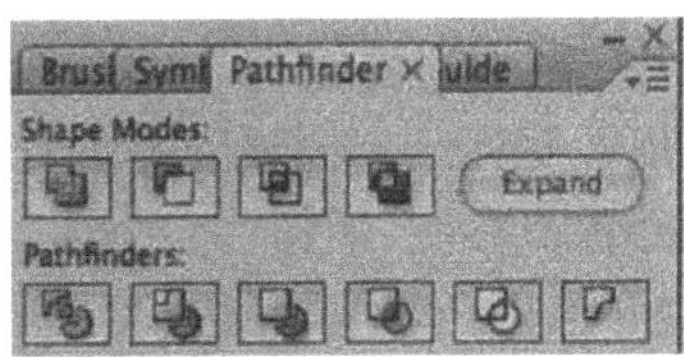

线条与填充

线条与填充的颜色 (对象外部轮廓及内部的颜色) 可以在**调色板 (color palette)** (图 18.4) 中进行设定。调色板在 Illustrator 和 Inkscape 中位于不同的位置，且使用起来也有一些不同。

在 Illustrator 中，你能够使用菜单选项 Window ▸ Color 来隐藏或呈现颜色调色板，或者通过简单地点击工具调色盘底部附近两个对角分布的方框。在这个颜色调色板上，你能够使用下列颜色标准选择器中的任何一种：RGB、CMYK、灰度值等。你可能会选择与你源文件使用的颜色空间相匹配的颜色标准。在调色板右上角的 pop-up 菜单实现不同的颜色标准间转换。

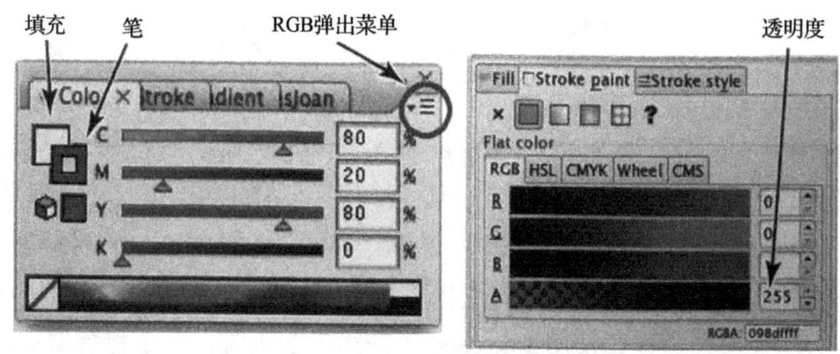

图 18.4 Illustrator 的彩色面板(左)和 Inkscape 的彩色面板(右)。

如果你要设定填充的颜色，可以点击调色板左上角的实心填充框格来让其出现在页面前端，然后选择你想要的颜色。而如果是要改变线条颜色，则要将前述框格中的小正方形框调至前端。大多数程序中文字的颜色都是使用填充选项来进行设置的，而且通常文本都没有外部线条。在 Illustrator 中，有一个单独分离出来的**线条调色板(stroke palette)** (Window ▸ Stroke)能够控制线的宽度(通过点展现出来的)，通过这个调色板你还能生成虚线和箭头(在 Illustrator CS5 之前的 Illustrator 版本中，箭头是由"Effect ▸ Stylize"菜单单独产生的)。

在 Inkscape 中，可以通过双击窗口底部左侧的填充或线条颜色小窗来调出调色板。这个调色板有分开的专供填充及线条颜色调整的列表，同时还有第三个列表能够帮助我们进行包括线宽、线的虚实等线条属性的调整。

如果你需要超过两种或三种不同的颜色，CMYK 与 RGB 颜色选取器就会显得很笨拙。它们并不是特别适合于寻找一些易于区分，同时看起来很好看的颜色。有另外一种叫做 HSB 的调色板(**H**ue 色相，**s**aturation 饱和度，**b**rightness 亮度)可以让你直接在 RGB 空间中选择色相，而不是通过与不同颜色的组合来生成该颜色。色相经常以度数的形式呈现，通常是以 0°～360°的圆盘或彩虹滑块来呈现的。如果你想要两种尽可能不同的颜色，你可以选择两种相差 180° 的颜色(比如红色和蓝绿色)；如果你需要 6 种尽可能不同的颜色，你可以选择任何 6 种彼此之间相差 60° 的颜色。你能够在维持它们距离彼此距离不变的同时旋转它们，从而改变调色板的颜色构成来达到一定的审美需求，或避免含有使色盲患者无法分辨的红绿色。

透明化(transparency)在 Illustrator 与 Inkscape 中的操作也有些不同。在 Illustrator 中这个过程是使用透明调色板来依次对每一个图层或对整个对象进行操作，而在 Inkscape 中这个功能仍旧是填充和画笔调色板中的一个部分。

图层

图层是你对图像中的对象排布及编辑简化操作时的重要工具。Illustrator(Window ▸ Layers)和 Inkscape(Layer ▸ Layers...)中都有可供使用的图层控制板。这些控制板将图层列为一个文件列表，从而让你能够锁定它们(通过点击图层名字左侧的挂锁按钮)，并控制它们是否可见(点击同样位于名字左侧的眼睛图标)，同时也为多种功能提供了入口。

在操作图层时，很重要的一个任务就是将对象从一个图层移动到另外一个中。在 Illustrator 中，你只要选定了你想要移动的对象，之后拖动它在图层控制板上图层名字右侧的颜色方块(这样就能与另一个图层的名字紧贴)(图 18.5 中红圈内所示)，就能在层与层间移动它。而在 Inkscape 中，你能够通过使用图层菜单中的 Move selection to layer... 菜单来在层间移动对象。

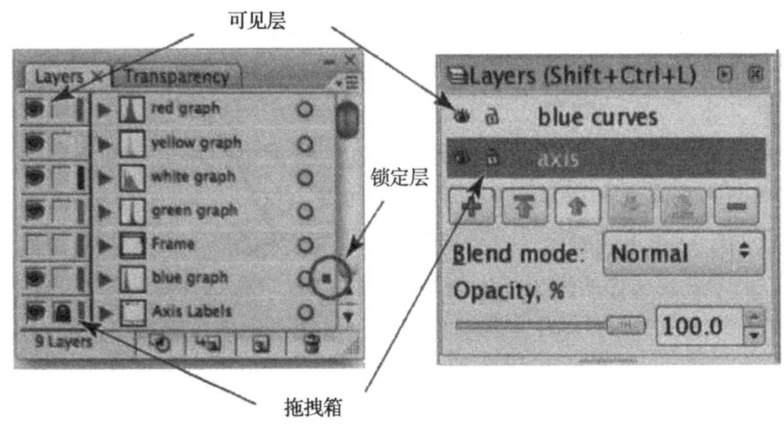

图 18.5　Illustrator 的层面板(左)和 Inkscape 的层面板(右)。通过点击眼睛图标按钮控制层是否可见。图层可以锁定，以便在图像编辑时该图层中的对象不会被选中或者移动。在 Illustrator 中拖拽面板中图层右边的彩色标记，可以将选中的对象移动到你期望的其他图层中。

与图层相关的一个功能就是将对象移动到其他对象的前面(上方)或后面(下方)。这些都是通过 Illustrator 中的 Object ▸ Arrange 选项或 Inkscape 中 Object 菜单中的 Raise and Lower 选项来完成的。而这些方式仅仅只是在不同图层中移动它们，所以有时候可能需要通过移动图层来获得你最终想要的结果。

Illustrator 使用小贴士

Illustrator 有许多一开始看起来有些难懂的功能及快捷键，但是它们会极大地提高你的工作速度。

Illustrator 的键盘快捷键　Illustrator 的键盘快捷键远比传统的剪切、复制、粘贴和撤销更为丰富——键盘可以帮助你无需检索菜单就能在瞬间完成不同 Illustrator 工具间的切换，改变文件的视图及修改鼠标点击的对应功能。使用 Illustrator 最快捷的方式是双手作业，一只手放在鼠标上的同时，另一只手放在键盘底部随时准备点击 *space*、command(⌘)、*option* 和 *shift* 键。许多其他的快捷方式在菜单中都会列出，并且也会在你鼠标停留于工具图标时浮现，因此你很快就能学会一些常用功能的快捷键操作。

使用 *ctrl* 键代替⌘

- 你可以通过按住 command 键(⌘)来从你正在使用的工具切换到最常用的箭头工具。这一操作在你绘制贝塞尔曲线时特别有用。你可以在使用钢笔工具勾勒线条时随时点压⌘键，使用空心箭头来调整锚点及控制手柄。而当你放开⌘键，你就能重新开始使用钢笔工具。在这个过程中，你无需将光标移动至屏幕的边缘并点击图标。如果你在上述操作中按住⌘键获得的是实心箭头而非空心箭头，你可以选定工具菜单中的第二箭头之后重新选定你的钢笔工具。

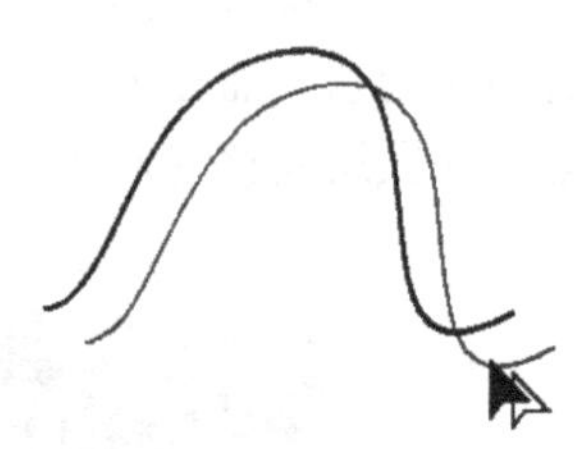

- 如果要复制一整个对象，你可以用实心箭头选定它并在拖动它的时候按住 option 键，这样的话你就省去了多次点击键盘进行复制与粘贴的操作。option 键也能改变许多工具的操作方式，包括旋转与翻转，所以它们在进行上述转变的同时也进行了复制。如果要以相同的间距重复上述复制，可以再次选定转换功能(⌘+D)。这是一种获得多个间距相同的对象的快捷方法，也可以用于生成图表或地图上的网格线、刻度线和标签。
- 在复制与粘贴对象的时候，你可能会失望地发现你复制的对象与其原始位置相距甚远。如果你想要在你所期望复制的地方精确地复制粘贴你的对象，应该使用 Paste in Front 功能(⌘+F)而不是通常的粘贴操作。这对于生成重叠或多图层很有帮助。
- 如果想要限制你现在所用工具，让其只能在固定的方向上运动(上、下、左、右和以 45°旋转)，你可以在按住鼠标不放的同时按住 shift 键。这对于以精确的几何图形输出对象很有帮助。按住 shift 键还可以帮助你在改变对象大小时维持其纵横比。如果你在点击鼠标前按住 shift 键，效果会有所不同，其效果会如我们前面介绍过的选定与取消选定的效果类似。
- 如果你想要在窗口中拖动你的整个工作区，你可以按住 space 键并利用出现的手工具来拖动页面。这比你利用滚轮来改变视图位置要容易许多。
- 目前有许多键盘快捷键可供放大与缩小。⌘+=(按住⌘键的同时按=符号)可以控制放大，而⌘+-可以控制缩小。⌘+ space 能够调出放大镜。点击这一工具的图标能够重新进入并进行放大。使用它绘制一个框格会使它在框格的区域上放大。而如果在前述组合中再加入 option 键(⌘+ option + space)就能获得缩小工具。点击这一工具就能够重新进入并进行缩小操作[4]。

Illustrator 视图选项　有许多个视图选项是非常有用的。View Outline(⌘+Y)能够减少你的设计工作，使你只需要使用简单线框的组合就能处理每一个对象。这能够帮助你理解图像是由哪些元素构成的，也能够揭示一些不可见但会干扰你选定的工具操作的要素。Hide Edges(⌘+D)视图模式并不会改变对象的自身属性，而只是把一些选项变得高度不可见，从而避免你的作品被模糊化。这对于改变选定对象的线条特别有用，因为在你做出上述改变时，选定的直线可能会覆盖了许多你需要看到的直线。在你完成上述调整之后记得取消该隐藏选项(再一次点击⌘+H)，否则在此之后你会对选定却没有反应的现象而感到十分困惑。

---

4 一个警示：在 Mac OS X 的默认系统设置中，Spotlight 搜索工具与放大镜快捷键冲突。你可以在系统设置中(System Preferences ▶ Spotlight)改变 Spotlight 的快捷键为 ctrl + space 或者相似设置。

在 Illustrator 中使用同样的属性来选定对象　Illustrator 中一项最有用但是最容易被忽略的功能就是 Select ▸ Same 系列菜单选项。使用 Illustrator 绘制的科学图像通常由多种元素组成，并且每一种中都包含有更多的种类。常见的任务包括选定和删除图像中所有的刻度线标记，或者选定在一个图像中的众多数据中组成一条曲线的所有微小的线段。要手动选择类似的成千上万的元素是一件很烦琐的事情。但是只要在选定了其中一个之后，使用 Select ▸ Same ▸ Fill & stroke 来选定所有相同元素，随后点击 *delete* 键来一起删除。另一个更好的方法是把它们移动到一个新建的图层，之后让这个图层变得不可见。你可以用类似的方法来把一个图像中不同的元素分离到不同的图层，比如一个系列的数据、数轴和数轴标签等。请锁定除了你操作图层之外的所有图层，这能够让未来的操作更加简单。

在 Illustrator 中生成键盘快捷键　当你发现一些命令比如 Select Same Fill and Stroke 十分有用，你可以通过计算机操作系统主菜单的 System Preference 控制板，或者 Illustrator 软件本身来生成可供操作的快捷键。接下来，你可以从 Edit 菜单最底部选择 Keyboard Shortcuts 并找到对应的菜单命令(图 18.6)。这个设置将会储存在你的系统中，并在未来的文件处理中仍然可以使用。

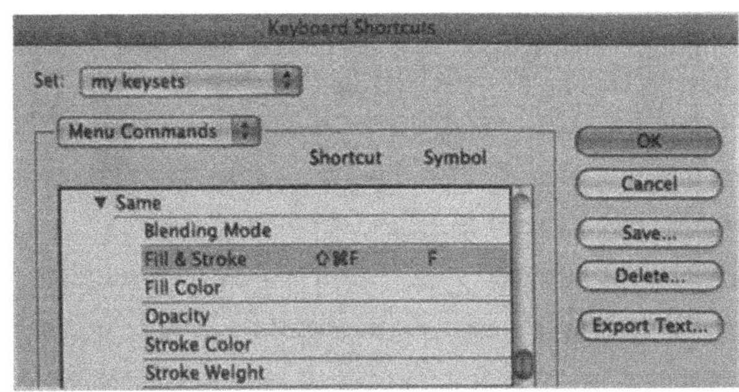

图 18.6　给 Illustrator 的命令创建快捷键。

Inkscape 使用小贴士

Inkscape 也有许多能够节省时间的快捷键，以及许多独特的工具。虽然目前还没有像 Illustrator 那么多的功能，但是其作为一个年轻的、开源的程序，还是很易于使用且具有潜力的。在 www.inkscape.org/doc/advanced/tutorial-advanced.html 上你能找到很有用的关于常用快捷键及使用方法的介绍说明。

Illustrator 中的大部分通用快捷键在 Inkscape 中都是可以使用的，但是它们常常是由不同的键位组合所控制的。举个例子来说，你可以通过开始使用某个工具后一直按住 *ctrl* 键来限制工具的几何形状，从而帮助以精确的角度绘制对象。这与在 Illustrator 中在开始使用工具后一直按住 *shift* 键的效果是一样的。

一个典型的工作流程

你可以如图 18.7 所示，使用示例图表(examples/ScatterandBoxPlot.pdf)来尝试前面学到的这些技能。

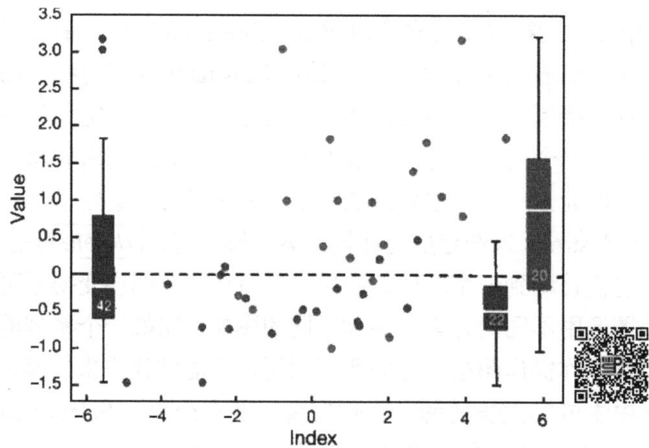

图 18.7　一个由不同程序生成的图形合并而成的图像。(彩图请扫二维码)

这幅图像整合了多个分析获得的结果，这样的图像对于大部分图像处理程序而言都比较难以处理。相对来说，更容易的一种方法是在一直保持它们与相应坐标轴的对应位置前提下，把这些通过不同分析得到的点集合拆分开，然后再在一个绘图程序中将它们进行合成。从你自己的图表生成这样一幅图像的具体操作如下：把它们以 PDF 格式输出，再把它们输入图像处理程序，并把每一个相应点集合加到它所属的图层中。选择一个作为参考，并调整第二个图表的坐标轴直到它与第一个相互匹配。随后你就可以把未使用的坐标轴标签移动到它们自己的图层中并将它们变得不可见。

在尝试了一个与样例类似的图表之后，你可能会想看看如果数据点稍微变得大一点或小一点会是什么样。在 Illustrator 中，PDF 文件格式是固有的，它能够保存图层信息。你可以锁定其他图层并选定所有的点。你能够通过隐藏边缘操作(可通过菜单 View ▸ Hide edges 或使用键盘快捷键⌘+H 来实现)来使你的结果变得更加清晰可见。在 Inkscape 中，你可以通过选定一组点并将它们移动到一个新的图层来实现相同数据点的复制。之后取消它们之间的组合，从而让它们以许多独立点的形式出现，并锁定背景图层(它是不含有任何数据点的图层)。

在 Illustrator 中，选择 Object ▸ Transform ▸ Transform Each。在 Inkscape 中，选择 Object ▸ Transform 并勾选 Apply to Each Object Seperately 框格。这个选项能够独立地改变每一个元素而不是整体。只有当选定的对象不属于更大群体时，这一命令才有效。在你想要独立地改变每一个元素之前，你应该先用实心箭头进行选定并选择 Object ▸ Ungroup(如果把所有对象都移动到了它们自己的图层，你能够选定所有对象)。在图 18.8 中可以看到使用

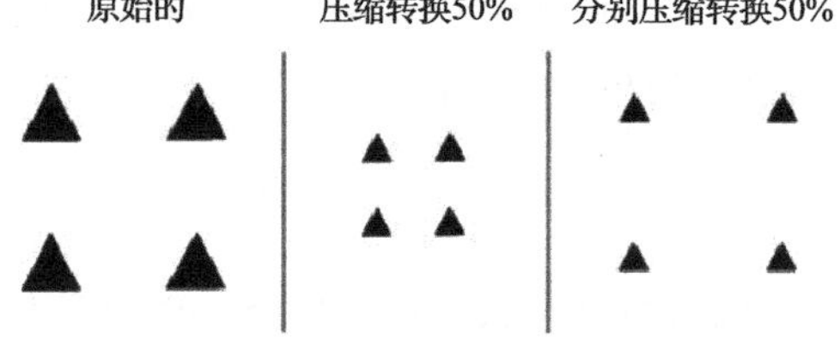

图 18.8　整体压缩转换和每个点分别压缩转换。

Transform 和 Transform Each 带来的缩放比例的差别。

在使用 Transform Each 进行分类时，尝试把点纵横比例放大到原始大小的 150%或者 200%，随后撤销这一操作(⌘+Z)并尝试缩小到 75%。在点集中有很多重叠的点，你可以通过改变它们的填充颜色使其部分变得透明来区分彼此。在点较大及重叠更多时，尝试这一方法应该能够看到更加明显的效果。

有些时候你可能需要在改变纵横比例的同时改变一个图表的缩放比例，来使其与输出页面相符或者与另一幅图像融合。这样的操作能维持数据的数量本质不变，但却会导致标签等变得混乱，并把圆形变成了椭圆形。要想恢复上述属性，你可以使用 Transform Each，并同时逆转缩放比例，比如说你在 x 轴方向上缩小到了原尺寸的 75%，而在 y 轴方向上还是保持原来的尺寸，你就需要在水平方向上将每一个标志转化为原来的 133.3%(1/0.75)才能获得与原始纵横比相同的效果。

在图像处理软件中处理一定量的数据时，你要时刻记得，每一个操作都应当是一致的。你能够单独去改变 x 轴和 y 轴方向上的缩放比例，但任何相关和重叠的图像都应当改变大小来与其匹配。

生成规则排列的对象

在科学图像的处理中，一个非常常见的任务就是生成一系列间距相同并且排列规则的对象。这些对象可能是图表上的一组刻度线、照片上的一组面板，或者是对重复试验设计的一组说明。使用 Align 及 Distribute 命令可以帮助我们方便地生成一组规律放置的对象。在 Illustrator(Window ▸ Align ；Fgure 18.9)和 Inkscape(Object ▸ Align 和 Distribute...)中，都有一个包含着自动排列及空间排布工具的控制面板。接下来我们只详细介绍 Illustrator 中这些工具的使用方法；Inkscape 中的使用也十分类似，我们就不赘述了。

在这个示例中，你将在 LED 光谱的照片中沿着 x 轴每隔 50nm 处生成垂直的线条标记。使用 Illustrator 打开 ledspectra.pdf 文件并建立一个新的图层，使用钢笔或线条工具在其上绘制一条垂直直线。接着你可以将这一线条的尺寸及填充颜色设定为你想要的样子(比如你可以尝试在线条及颜色控制板中选择灰色、虚线等)，然后用箭头点击并按住线条，再点击并同时按住 *option* 键(克隆)及 *shift* 键(保持)。如果你在点击线条之前就按住了 *shift* 键，会导致操作应用到所有已选定的对象上。把该直线水平拖拽至下一条网格标线应在的位置。重复上述步骤来生成你所需要的所有线条，无需担心它们的确切位置(你也可以使用 Transform Again 的快捷键⌘+D 在生成第一条复制线条后再生成更多的复制线条)。现在你还需要先精确地把最左边和最右边的标线移动到它们应该在的准确位置上(分别细心调整到 400nm 和 800nm 的刻度线处)，选定所有垂直线，并点击“Align”面板上的 Distribute Objects Horizontally 按钮(图 18.9)。随后这些线条便会均匀分布在两条末端刻度线的中间。程序中还有一些按钮能够帮助你在垂直方向上均匀分布对象，你还可以控制其间距是相对于对象中心还是对象的某一侧边缘。

除了均匀一致地排布对象，排列工具也能够自动地排布对象，使其高度一致。如果整个对象都被选定了(无论使用的是实心箭头选定对象或者用第二箭头选定了所有锚点)，

Align Top 按钮都能够移动对象使其顶部平齐。而如果使用第二箭头选定整个对象中的部分锚点，排列工具就只会把这些锚点移动到平齐的一条线上。

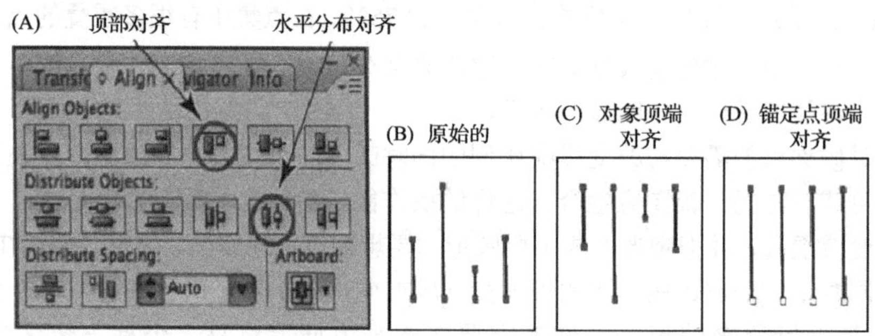

图 18.9　排列对齐工具和例子。Illustrator 的排列对齐面板(Align palette)(A)和排列垂直对象的示例。如果原始的线条(B)被实心箭头选中进行垂直方向对齐的操作，每个对象就会上下移动，直到每条线段的上端都与原有的最高点平齐(C)。如果用第二箭头选中线段的锚定点，再次进行对齐操作，那么每条线段的长度就会改变，直到所有线段的锚定点都对齐(D)。

生成矢量图的最佳实践

在绘制及展示矢量图时有一些问题常常会出现。这些问题可能会影响和降低最终作品的清晰度、可编辑性和专业性，因此在使用的一开始就进行充分实践并建立良好使用习惯在长远来说是十分有利的。

在定义一条曲线时，你应该使用尽可能少的点。如果你使用了太多不需要的点，曲线看起来可能会不太规则，并且由于需要更多的调整，后续的编辑也会变得更加困难。定义一个形状所需要的点往往比你一开始想象的要少。举个例子来说，虽然大多数圆圈工具为了进行额外控制往往用四个锚点定义一个圆圈，但实际上两个锚点就足以准确定义了。

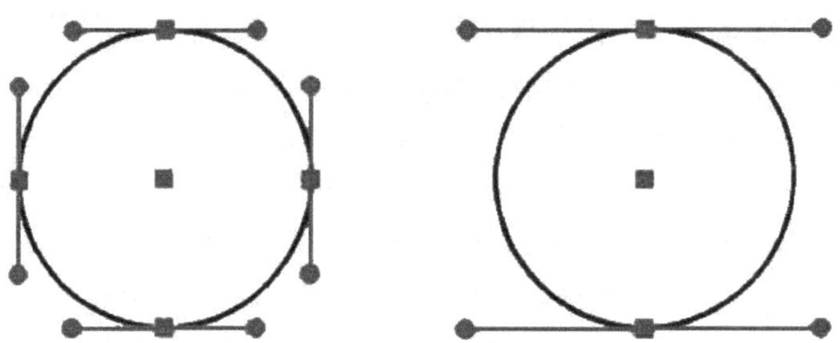

如果你想要绘制多条直线，并让它们平行或成固定角度，你可以使用前面介绍过的引导工具(比如使用 Align 或者点击 shift 键来实现限制)来确保它们的正确排布。你也可以使用嵌入的下标刻度线作为引导，并打开 View 菜单中的 Snap on Grid 来进行对象排布。

线的终点端如果和其他线上精确相交，也就是说基于一条直线的终点端刚好重叠在另一条线上，交点处没有多余空间和延长。图形的角需要额外关注，如果线的末梢点重叠，通常就应该被整合到同一路径中。

肯定会有很多原因会让我们去打破这些既定规则，但是这并不意味着我们在刚开始使用这些程序的时候就不去考虑它们。用计算机来处理图像很矛盾的一点就是，它在使未曾受训的人能进行精准图像处理操作的同时，其高度规范化的工具及最终输出结果的高精确性让其对很小的错误也难以容忍。这就意味着，图像处理人员必须非常注意细节，特别是在对一些规则几何图形进行处理时，要十分小心。

总　　结

你已经了解到：

- 目前有许多软件环境和文件格式能够帮助我们处理矢量图。
- 我们可以通过数据分析程序输出，直接绘制和从其他图像中提取来获得矢量图。
- 贝塞尔曲线(Bézier Curve)是建立复杂形状复合体的一种简单而又十分强大的工具。
- 用尽可能少的锚点来定义形状能使其更加规则，也更易于处理。
- 图层及其锁定和透明度对于排布图像元素十分重要。
- Illustrator 和 Inkscape 中少量的工具与快捷操作就能够符合我们大部分的绘图需求。

进一步学习

- 在一个矢量编辑程序中打开一个 PDF 文件，观察元素是如何归类的、应该如何选择类似图像，并且如何去改变其颜色。
- 在一些图像元素中尝试透明化操作，看看如何使用这一方法来帮助我们传达更多的信息。
- 研究一些网上免费提供的 Adobe illustrator 教程，比如 `http://lynda.com` 上的教程(免费教程都在相应的目录下面，其他的一些教程是需要订阅的)。

第 19 章　使用像素图

在科学研究中会经常使用像素图的作品，无论它们是由通常的摄影照片而来，还是由更复杂的成像过程生成的，如射线成像。这里我们探寻编辑像素图所需的工具和观念并把它与矢量图结合生成插图作品，以及当需要选择文件类型、决定像素分辨率和挑选压缩方案时，如何作评估取舍最为恰当。

图 像 压 缩

通用原则

当你在处理像素图时，除了要考虑在第 17 章讨论的分辨率和尺寸问题，还必须考虑压缩策略。许多像素图里的信息从技术角度看都是冗余的：大块的像素可能都持有一种完全相同的颜色，这些都是不断重复的元素，只需被存储一次即可，或者只有一部分颜色可能被用到。通过压缩程序和文件格式就能减少图像存储所需的内存空间。

有三种图像存储策略：不压缩、**无损压缩（lossless compression）**和**有损压缩（lossy compression）**，每种都对应于不同的文件格式。对那些小图像来说，因为它对系统资源消耗很少，通常采用不压缩文件。无损压缩能减少储存图像文件所需内存，但实际上不丢失任何信息，由此得名。像手风琴一样，图像被压缩进一个更小的空间，当展开时恢复到原来的样子。一个程序通过在颜色或模式方面，识别和合并图像文件里的冗余信息，从而达到压缩目的。这会提供一个图像外观没有损失，但尺寸大小会有所减少的图像文件。不过这样做，图像文件的尺寸减小可能不会非常明显，尤其是当图像很复杂的时候。

如果减小文件尺寸的大小比保留复制完美图像更重要，你可以考虑使用有损压缩。当文件进行有损压缩时，会永久地损失掉一些信息。相近的颜色可能都会被当作同一种颜色，图像的颜色深度会减少，或者图像的边界会模糊，改变画面质感并且减少整体画面的细节。除了会导致图像的信息量减少之外，当压缩图像再展开时，有损压缩会可能会产生赝象（图 19.1）。在很多情况下，有损压缩造成的差别很细微，是察觉不到的，但有时它们也会很严重的影响图像的清晰度。JPEG 格式提供了不同的压缩等级，你可以选择尺寸较小的低质量文件，或者是压缩较少的更高保真度图像。

图像工作流的含义

一个图像如果被反复打开、存储，然后关闭，那么采用有损图像格式就会出现问题。这样的循环每经过一次，就会有越来越多的图像细节被丢掉，虚影也会增加。考虑到这个原因，如果一个图像需要反复修改，就不应该使用有损压缩图像。

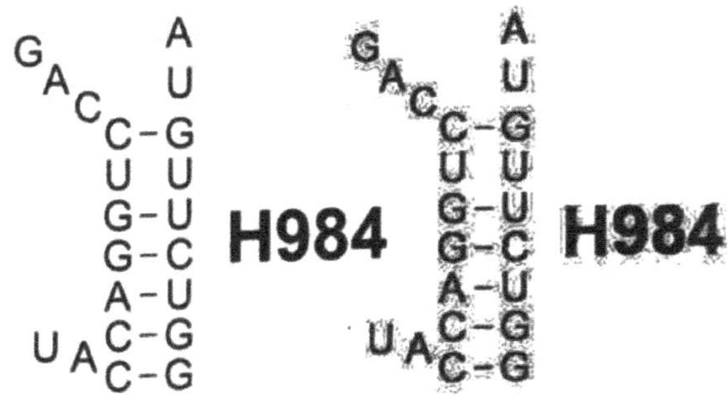

图 19.1 PDF 格式(左)和 JPEG 格式(右)的对比。请注意右图中环绕着文字的灰色“云尘”,这是 JPEG 压缩的典型情况(压缩图像中产生的赝象阴影被加深可见了)。这是压缩过度,导致图像分辨率不足的例子。

出于实际考虑,大多数生成像素图的照相机和仪器都使用了有损压缩存储图像。通常这样做是合适的,因为它们一般会生成很多图像,但用到的却不多。而且,如果只压缩一次,有损格式的不足也不会那么明显。一旦一组图像文件被选出来要进一步处理时,它们应该先用无损图像格式再存储一遍,这样就能保证图像被多次反复打开、编辑、再存储而不会降低它们的质量了。

如果样本的价值极高,或者对于手头的任务而言,每个字节的分辨率都很重要,那么你应该考虑马上使用无损格式存储图像。大多数照相机和仪器使用的默认图像格式都可以很容易地设置成无损格式。

像素图文件格式

像素图文件的格式种类非常繁多,常常令人困惑。它们在几个关键的技术层面有所不同:有些不提供任何压缩功能,而其他的格式可能提供了有损或无损压缩功能;有些能支持透明功能,而另一些则不支持;有些只能够存储单一图像,而其他的能支持一系列图像和视频;有些在文件中允许有多层图像,而另一些只允许有一层。像素图格式在授权上也有所不同:有些是可以让任何程序和用户免费使用的开放格式,并且经过特别设计有意提高了软件的互用性和数据的便携性;而其他的则可能是封闭的格式,仅为某公司所有,在某些情况下,他们会向使用这种格式的软件开发者收取版税。

表 19.1 列出了常用的像素图文件格式。你最常碰到的文件格式是 PNG、JPEG、TIFF、PSD 和 RAW。大多数期刊要求像素图是 TIFF 文件,像素图可以被不压缩、不同类型的无损压缩,或 JPEG 压缩保存在 TIFF 文件里。由于 RGB 和灰度图像里没有多层图像,PNG 是一个杰出的无损文件格式,JPEG 是广泛应用的有损压缩格式[1]。

---

1 PNG-8 是 PNG 里的一个下属有损格式,它在整个图像中使用 256 种或更少选出的颜色。它也广泛用于网页图标和非照片图像。

表 19.1　选出的图像格式和它们的属性

格式	支持的特性			
	压缩	图像层	CMKY	透明
TIFF	无、无损、有损	不一致	Yes	Yes
JPEG	有损	NO	不一致	NO
PNG-24	无损	NO	NO	Yes
PNG-8	有损(通过颜色)	NO	NO	有限
GIF	有损(颜色选择)	NO	NO	Yes
PSD	无损	Yes	Yes	Yes
XCF	无损	支持	NO	Yes
RAW	无、无损	NO	NO	NO

CMYK 很少被用作像素图的原生色彩模型，但有时在出版前需要把图像转换成 CMYK 色空间。PNG 不支持 CMYK，JPEG 则不是一直都能支持，所以程序生成的 CMYK 文件用于一个可以处理彩色底片的程序。

PSD 是 Photoshop 的原生文件格式，XCF 是 GIMP 的原生文件格式。二者大体上都是这些程序的专用格式，所以当需要出版、和他人分享，或者在不同程序间转移它们时，通常要把图像导出为另一种格式。这些文件可以存储许多类型的数据，包括文本、一些矢量图信息、复杂的层次属性和其他能帮助提供较好精细编辑控制的信息。

如果你使用的是高端数码照相机，你也可能碰到 RAW 图像格式。这不是统一的文件格式，因为每个照相机制造商都有他们自己的 RAW 格式——比如，Nikon 的 RAW 格式是 NEF，而 Canon 的格式是 CR2。RAW 指的是从图像传感器而来，只做了最小限度处理的原数据的像素图。当把传感器数据转换到 JPEG 或其他标准的图像格式时，一些信息会被丢弃，所以把图像保存为 RAW 文件时，能对下游的图像调整提供更好的控制，比如白平衡和曝光的调整。这几乎像是使用不同的照相机设置，对实物再拍一张照片。标准 RAW 图像允许用更多的信息储存每个色彩值(色彩比特深度)，允许它们支持更高的动态范围。更多关于色彩和内存的信息请见附录 6。

当软件的输入和输出选项有限制时，BMP 和 GIF 文件格式应该只是作为最后选择的处理手段。因为二者都是较老的格式，有很多属性都不能支持，在不同程序上的性能也不太好。

透明度

一些程序和图像文件格式支持**透明通道(alpha channel)**，它们可以编码每个像素的透明度。在默认情况下，所有像素都是完全可视的，然而有时我们还会希望让一部分图像变得透明，比如当组合不同图像时，或者只是为了简化图像的组成时。在矢量图中你可以很容易做到这点，只要把对象复制在图像上就行。而在像素为基础的图像中，你则不得不编辑透明通道遮罩，来指明哪些像素应该可见。典型情况是使用附加的 8 比特通道(256 个层次，就像 R、G 和 B)和三色通道一起存储。局部透明能够很有效地表达不同图像之间的时间(如增加后期曝光时间)和空间关系(如白光图像上叠加上荧光层)。

像素图编辑器

有很多像素图编辑器，并且和矢量图编辑器一样，它们中的每个都有着自己的一套取舍标准。Photoshop 是目前的工业标准，尤其适用于编辑照片。它是由 Adobe 公司开发的，该公司还开发了 Illustrator 图像软件。在这两个程序中，许多快捷键和导航工具都是一样的。如果你频繁地在这两个软件之间切换使用，将会有很大的帮助。

GIMP 是领先的开放源代码的像素图编辑器，对于大多数操作系统来说，在 `www.gimp.org` 网站中都可以获取免费的版本。它比矢量图模拟软件 Inkscape 要更成熟一些，甚至可以做一些矢量插图。和 Inkscape 一样，GIMP 也没有它的商业版本那么多的特性，但对于大多数普通任务来说够用了。

处理像素图

遮罩和无损编辑

有许多程序既能处理矢量图，也能处理像素图，包括 Illustrator、Keynote 和 PowerPoint，它们都能支持用于裁剪和调整图像大小的图像遮罩。**图像遮罩(image masks)**本质上就是一个小窗口，它可以调整图像的部分区域。呈现的效果和图像裁剪一样，你可以随后编辑遮罩大小来显示之前没包括的图像部分。在 Photoshop 软件中，你可以先选择图像的一部分，之后的调整就只能运用于在遮罩区域内的图像像素。调节图层(adjustment layers)在 Photoshop 中也十分有用，它们能将图像调整限制在调节图层和所有下属图层，或者一个遮罩区域内，其优点是只对图层本身修改，还可以随时撤销或者在后来的过程中再次调节。

有一些图像编辑和照片管理程序，如 Aperture 和 Lightroom，运用更复杂的无损图像编辑形式。在这些程序中，对图像的所有处理(如裁剪、修改大小、层次调整、颜色改变和润色)都被存储为与图像相关的一系列命令，而不是对图像本身进行实际的调整。这些命令会在每次图像被显示或输出时自动应用。这就避免了再次存储文件导致信息损失的相关问题，因为源文件在整个编辑过程中都是保持不变的。这也使得将图像还原为之前的任意版本变得很简单。

亮度水平的调整

有很多因素都会使图像的曝光度不理想。在你的图像编辑程序里，最好的校正方式并不是用很多人喜欢的 Brightness/Contrast 菜单项，而是用 Image ▸ Adjustments ▸ Levels…(你也可能会用调整图层的方法，在这种情况下选择 Layer ▸ New Adjustment Layer ▸ Levels…)。这个对话框展示了图像像素的亮度直方图(图 19.2)。

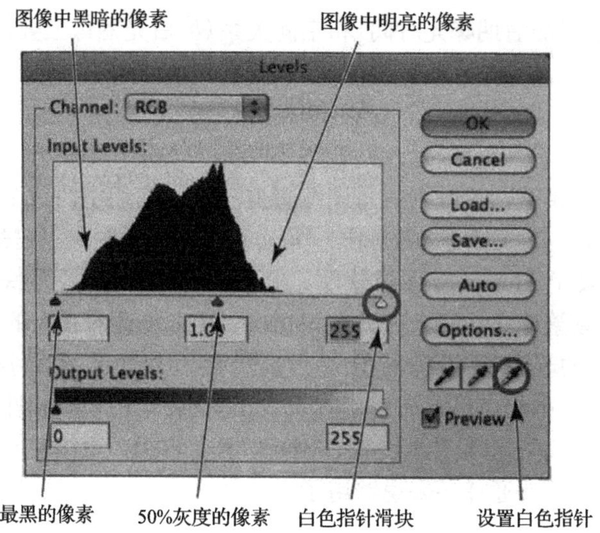

图 19.2 Photoshop 里的亮度水平对话框。此对话框的直方图展示了每个亮度等级下有多少像素。其他程序也会有很类似的视图。

图中黑色曲线区域的左侧部分是指黑色像素的数量，中间部分是灰色像素的数量，而右侧是指白色像素的数量。在图 19.2 中你可以看到这个图像有可能曝光不足：多数值分散在黑色和灰色区域，没有多少像素比灰色更明亮，而白色像素几乎没有。白色的滑标，在这里用红色圈起，可设置全白像素的亮度等级。为了调整这个图片来达到更好的平衡以提高整体亮度，同时重置像素让它们分布在更广的亮度等级里，你只需要把白色滑标向左滑，直到它接近像素直方图的右侧边缘。这意味着接近右边缘分布的像素不再是灰色而是白色的了。

如果有一块区域你知道它是白色，也可以使用 Set White Point 滴管工具取样在图 19.2 圈出来，选中工具后点击图片中的白色区域，这会设置白点来匹配那些像素。白点工具也可以分别独立调整图像的 RGB 通道，所以它也能够改变照片的白平衡(使用它有时会达到理想效果，有时则会变得不合适)。

只要按照上述调整转化方式操作，并且应用在整个图像区域，就会让像素亮度值更好地线性化。这和在照相机里改变曝光度十分相似，并且能完全符合期刊要求的图像调整限度。

灰度图像

在准备科学研究所需的图像时，有时为了使图像更清晰并且花费更便宜些，经常需要生成黑白图像(是指灰度图像)而不是彩色图像。使用灰度图也能使你的注解更好地突显在单色背景上。当在 Photoshop 里将图像转换为黑白时，请尽量不要使用 Image ▸ Mode ▸ Grayscale 菜单选项。这个像自动曝光功能一样，会对图像的红、绿、蓝通道重新估算平均值，导致科学图像使用大量不必要的非标准色彩组分。应该尝试使用 Image ▸ Adjustments ▸ Black and White，并从预设置的各种调整中选择其一，看怎样才会生成最好的结果。这和显微镜工作者处理黑白照片时，用彩色滤镜(以前常用)来提高对比度的方式十分相似。

抗锯齿

像素图都有一个指定的分辨率，当他要转换为其他分辨率时，通常都需要对图像数据进行重新取样。由于矢量图天生就拥有无穷大的分辨率，当把它转换为像素图时，就相当于把高分辨率的图像下调。在这个转换过程中，当图像的锐边界出现在背景上时，就会出现很多人为痕迹，比如文本字母或线条的边缘。这些矢量图的边界没有和像素的边界精确重合。有着绝对水平和垂直边缘的物体的边界会变得略小或略大，这对于细小的形态尤其明显。弧线和曲线这样不是很水平或垂直的边界，就会呈现出阶梯状，并有可能出现不规则的加粗。如果一个物体比像素还细小，它就可能会完全消失。这些绘图误差被称为锯齿化。

对抗这些人工痕迹的一个常用解决方法就是**抗锯齿(antialiasing)**，对有着明显分界的两物体之间的像素使用中间色彩值(一个简化的例子见图 17.3 的右下方)。如果矢量图的边界恰好位于像素图的边界，就什么都不需要做。如果矢量图的边界横跨了一个像素，那么该像素的中间色将取决于该像素被矢量图和其他图像元素占据了多少。靠近看，可辨别的独立像素的抗锯齿图像会变得模糊。但是从正常的观察距离看，它们会平滑得多，没有了像无抗锯齿时转化为矢量图那样明显的痕迹。

大多数有着输出像素图选项的矢量图应用程序，都会提供转换过程中的抗锯齿选项。在最新的 Illustrator 版本中，提供了“像素预览”选项，并且考虑到当把文本和矢量图转换为像素图时的像素网格。

图层

图层在像素图编辑中非常重要。如果没有图层，当你需要创建一个对象来注解或覆盖图像时，它就会重写原始像素，使它不可能再被移动或再次修改你的注解。甚至连曝光水平和对比度等效果，都可以通过图层属性来实现，而不需要改变图像本身，这使得随后移动图像和调整图像效果都变得非常容易。

GIMP 和 Photoshop 都有相似的图层调色板，有一个空白页图标来创建新图层，还有一个眼睛图标来切换可见的图层。它有一个下拉菜单，具体说明了图层之间是如何叠合的；通常它们会从顶部到底部叠落下来，以创建一个单独的合成图像。但是你也可以设置一些层，来影响其他层的显示效果，或者以不同的方式结合。在 Photoshop 里，当你首先创建或打开一个文件，背景层就会被自动锁定为透明度图层。删除一部分图像就会恢复成背景色，而不是出现空白断带。若要解锁，双击 Background 图层，然后选择解锁。

当在 Photoshop 中创建和移动选中工具时，容易观察到一些潜在、容易迷惑的操作。首先，用空白箭头拖拽选中工具时，只能重新设置选项边界，并且不是箭头下的像素。为了移动这些像素本身，你必须要么按住 command 键(⌘)，要么转换为黑色箭头工具。其次，这些操作仅能应用于图层调色板中被高亮的那个图层(并且在那层里，只应用于选中的像素)。所以如果你正在执行的编辑没有见到效果，请先确保选中了正确的图层。

羽化(feathering)是一个术语，用于描述从选中像素到未选中像素之间的渐变过渡，用于边缘部分像素的特殊选择(半透明)。这对于修改选中区域，以及将不同来源的多个图像平滑地结合到一个单独的图像中，能发挥很重要的作用。在应用这些工具合并图像时，当然也要考虑到数据的完善性。

GIMP 的色彩

GIMP 是一个革新的色彩选择器，在一个窗口中包含了几种不同的色空间工具。当你调节改变一个滑标时，其他色空间的滑标也会被同步调整。这很棒！因为你不用在多个色彩窗口间切换就可以预览色彩的变化效果，而在其他大多数图像程序中你都不得不反复切换窗口。这也会为你提供更很多信息，可以直接看到当在一个色空间地图改变时，其他色空间是如何变化的。

然而，这个操作还有一个问题，就是 GIMP 不能支持原生的 CMYK 色空间。所以你在 Photoshop 里尝试的色彩转变，如果没有额外的插件程序，可能在 GIMP 里不容易实现。

Photoshop 快捷键

与 Illustrator 程序一样，在 Photoshop 程序里，也有一系列丰富的、经过周详考虑的快捷键，它们能够显著加速你的工作流程。大多数快捷键在 Illustrator 和 Photoshop 里都是一样的，但它还有一些其他的快捷键。

- 矩形选框工具(工具栏中的虚线矩形)在你的图像中选择一片矩形区域，然后便可以复制、裁剪、删除或者以其他方式变换。和其他的选择工具一样，你可以按住 shift 键同时选中多个区域。如果区域是相互重叠的，它们就会被连接在一起，这样你就可以选择复杂的非矩形区域。
- 当使用选择工具时按住 option 键，就会从原来的区域减去新选中的区域，这可以在已存在的区域中挖洞，或者从它的边缘移除一大块。你也可以反转选择区域，然后从这一图层中删除不感兴趣区域的所有内容。

- 当使用 Illustrator 时，按下 space 键会把光标变成手掌，它可以在画布周围移动，同时按压下⌘+ space 会带来放大镜。当使用矩形选框工具拉出一个矩形选区后，在按住 space 键后开始拖拽，就可以移动选择框内的原始像素。松开 space 键则恢复拖拽选择框的边界。
- Photoshop 最初设计只有一层撤销功能。如果你反复按⌘+Z，它就会反复撤销和重新执行最后一条命令。为了进一步退回到以前的状态，可以选择 Window ▸ History，你会看到一个按照时间顺序排列的状态栏，里面会显示出你执行过的所有命令[2]。单击列表中的某个命令，就能直接跳回到你编辑过程中的那个点。
- 你也可以用键盘上的快捷键⌘+ option +Z 来回到历史操作记录。

---

2 多层撤销命令最早出现在 Photoshop 的版本 5 中。在那之前，图像编辑是一个很令人紧张的活动。

图像处理的命令行工具

命令行工具是处理图像最方便的方法，这似乎有些违反直觉，因为命令行工具完全没有图形用户界面。但事实的确如此，它对自动重复的图像处理任务和快速提取图像信息尤其有用。它们也使编写常用操作脚本变得简单，比如对凝胶电泳图像执行一系列标准变换。

sips 程序

这是个命令行图像编辑器，已经存在于 OS X 系统中。它可以检索各种图像属性、旋转图像、裁剪和调整图像大小等操作。在图像编辑器的方案里，它包含的功能有限，但是已经能够很好地完成一系列常规任务了。

下列命令创建了一个叫做 converted 的新文件夹，然后把当前文件夹里的每一个 JPEG 图像，都以 470 像素宽重新取样，并把生成的所有新文件都存放在 converted 目录里：

```
lucy$ mkdir converted
lucy$ sips *.jpg --resampleWidth 470 --out converted
```

这里，*.jpg 代表要使用的输入文件列表，converted 指定用来保存新创建图像的目录。使用时要小心，因为 sips 会覆盖目标目录中相同名字的图像。若要查看 sips 的完整选项列表，请在命令行输入 man sips。

ImageMagick：convert 和 mogrify 命令

ImageMagick 没有包含在 OS X 里，但它可以安装在 OS X、Linux 和 Windows 里使用。程序安装过程在第 21 章里有详细的描述。如果你的计算机上安装好了 MacPorts[3]，可以用 port 命令安装它：

```
sudo port install imagemagick
```

在 Linux 中，你可以使用命令：

```
sudo apt-get install imagemagick
```

这里安装的不是一个单一的程序，而是许多命令行和图像实用工具的集合，它比 sips 程序含有更多特性。它可以调整色彩、亮度或对比度的水平，也可以实现其他变换，比如反转图像。如果你有许多图像数据需要批量处理，这个工具可以帮你节省很多时间。

你将会经常键入 convert 命令来运行 ImageMagick 程序。例如，把一个电泳凝胶图像从它原本的 TIFF 格式转换为一半大小、反转(黑白互换)图像、变为压缩的 PNG 格

3 建议你从 macports.org 安装 MacPorts，从而使安装和更新命令行程序，以及获取所需的依赖程序都变得更容易。

式，你可以输入：

```
convertgelscan.tif -resize 50% -negate gelscan.png
```

为了成批转换多个文件，你可以生成一个包含多个 convert 命令的 shell 脚本，像在第 6 章中那样，或者你可以使用 mogrify 功能，它的基本功能是成批 convert 一组图像文件。对一个文件夹里所有的.tif 文件执行上述相同的 convert 操作，可以使用如下这条命令：

```
mogrify -format png -resize 50% -negate *.tif
```

使用 mogrify 时要小心，并且一直要在源文件的副本上操作，因为它会不经过检查确认就重写覆盖原文件。对于 convert 命令和其他 ImageMagick 功能的更完整描述，可以通过输入 man convert 或者 man mogrify，或者访问以下网站获得：

www.imagemagick.org/script/convert.php

www.imagemagick.org/Usage/

www.fmwconcepts.com/imagemagick/

ExifTool

许多媒体文件，如图片和音轨，都有内建的元数据，用来描述文件是如何被创建的；同时还记录了其他类似的属性，如创建时间和位置、曝光参数设置和照相机类型等。这些内含的元数据通常存储在一个叫做 Exif 的标准格式中。Exif 数据也可以设置标签(一小段文本，可以帮你把图像分类)，这些都可以从数据库程序中获取。TIFF 和 JPEG 格式都支持 Exif 元数据。

这些 Exif 数据可以用许多图像编辑器来获取，但有时你会想要快速浏览大量文件，而不是把它们都逐一打开来。exiftool 是一个免费的命令行程序，能够读取和写入 Exif 信息及其他格式的元数据。它可以从 http://www.sno.phy.queensu.ca/~phil/exiftool 下载。

ExifTool 也是恢复成批图片原创信息的一个好方法，它可以生成自动分类的管道，来对图像自动分类而不需要用户介入。为了从多个图像中提取出位置信息，你可以像在第 16 章描述的那样，创建一个 exiftool 通道。一些电子显微镜程序会把捕获图像时的放大率等信息嵌入图像文件中。如果你忘记了在图像中加入比例尺，可以探索 Exif 数据，来查看你是否可以创建一个工具来输出一个关于放大率的表格，就像在第 16 章中显示的那样，与此相关的例子脚本见 scripts/exifparse.py。

图像创建和分析工具

ImageJ

ImageJ 是由美国国立卫生研究院研发的一款图像分析程序，从 rsbweb.nih.

gov/ij 上可以免费获取 OS X、Windows 和 Linux 系统的各种版本。它能够输入非常多种的图像类型，提供了一系列丰富的特性，可以从中提取定量数据，包括测量长度、周长和物体面积。它也能够完成一些更特殊的任务，如对凝胶电泳图进行分析和用光学切片重建 3D 图像。还有非常多的定制插件程序也可供使用，网上还链接有很多相应的训练教程。ImageJ 可编写脚本，因此可以记录宏指令，然后通过编辑实现重复分析。

ImageJ 有个很有用的特点，它能够自动计数图像中一定大小的粒子。此工具可以应用到超微结构研究中，包括细胞或微生物计数、样方调查和形态学研究。为了实现它的功能，下载 ImageJ 并且选择 File ▸ Open Samples... ▸ Blobs，这是许多与程序相关的演示图像之一。

为了对小颗粒计数，你得先把图像转换为黑白图像。在这种情况下，意味着它只有黑白像素，没有二者之间的任何灰度值。这样做最灵活的方式是使用 Threshold 命令。从菜单中选择 Image ▸ Adjust ▸ Threshold...，或者使用键盘快捷键⌘+ shift +T 调出阈值对话框(图 19.3)。

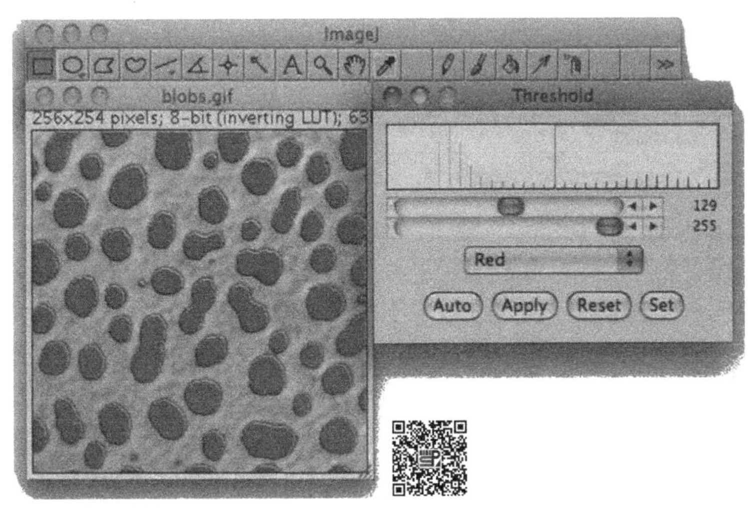

图 19.3 在 ImageJ 中设置黑白转换的阈值。(彩图请扫二维码)

在这个对话框里，你可以使用两个滑标来设置图像的亮度范围，由它来控制像素转换为黑色(图 19.3 的红色框中显示的部分)或白色。尝试调节滑标来观察红色区域是如何延伸和对比的，以及何时可以准确地从背景中分离出小泡的边界，单击 Apply，然后关闭 Threshold 对话框。

这时你的图像应该有了一个白色的背景，以及暗黑色的小泡。根据你选择的阈值不同，一些小泡可能成了很小的污点。不用担心，下一步你将会滤除这些非目标的颗粒。

现在可以计数和测量所有这些粒子了，你可以拿出一个纸垫和尺子；或者用替代方案，从 Analyze 菜单中选择 Analyze Particles...。如果你想要运行这些分析，但没有预先把图像转换为黑白的，你会得到提示，只能对在阈值内的图像进行分析。

为了滤除小黑点，设置最小 Size 为 50(相当于小泡区域内所有像素之和)，然后再看看结果，从弹出菜单 Show 中选择 Outlines(图 19.4)。你也可以选择忽略接触到图像边界上的小泡，或者计数整个区域内有洞的小泡数量。单击 OK，你应该会得到一组图表，它总结了图像中小泡的总数目；还有一个新的图像，它把每个小泡都标上了号码。从这里和总结粒子区域的表格中，你可以决定是否要将某个特定小泡(如第 30 号水滴)，当做两个实际的颗粒计数。

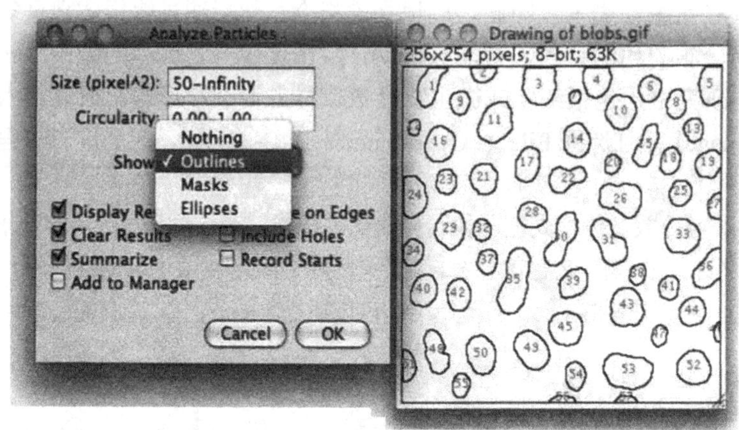

图 19.4　在 ImageJ 中分析颗粒的操作结果。

MATLAB

在一个数据存储环境中，像素图通常由 3 个二维的矩阵组成，每个矩阵对应于图像 RGB 值之中的一个。矩阵 *x-y* 的尺寸对应于图像中像素的维度。在一个标准的 8 比特图像中[4]，数组中的每个值都是从 0～255，代表着那个色彩像素的亮度。依据这些基本的图像数据的自然属性，图像可以被分割、选择和分析，并且很容易地用 MATLAB 里的数组工具进行相应处理。使用 `imread()` 函数把一个图像文件加载为 3 个 *x-y* 的数组。为了把矩阵(不管它本来是什么)可视化为一个像素图，可以在数组上使用 `image()` 函数。这些可以用 `print('-dpng','-r300','myimage.png')` 命令来存储。在这个例子中，附加的 `-r300` 参数代表在指定屏幕大小上的图像分辨率。

R

分析系统 R 也可以用 `ReadImage` 包输入 JPEG 图像文件，用 `rtiff` 库输入 TIFF 文件，二者要分别独立安装。它可以通过 `EBimage` 包与 ImageMagick 程序(见上)进行交互。它也可以从命令行输出图像文件，或者作为脚本的一部分。

动画制作

通过把独立的图像结合成连续的框架，是制作动画的一个简单方式。利用 MATLAB 或 R 程序输出的图像来制作动画是最理想的方式，它们能够每经历一次循环就自动存储一个名为 PNG 的独特图像。很多程序都能够打开一个文件夹里的一批图像，并且把这些

4 关于 8 比特图像的解释见附录 6。

图像处理成动画。QuickTime(www.apple.com/quicktime)和免费的命令行工具 ffmpeg 就是两个常用的例子。

摄　　影

通过拍摄照片对有机物、实验和数据文件进行可视化，是生物学研究中非常重要的方面。尽管这里不是详细讲授摄影课程的地方，但我们也给出一些技巧，希望能够帮助你显著提升科学图像的质量。

光圈和曝光时间

光圈和光圈数 光圈是光线通过照相机、望远镜或显微镜镜头孔洞的有效尺寸大小。大多数照相机的光圈可以开得更大，让更多的光线进入，或者把光圈变得更小，让更少的光线进入(有些照相机，如在手机中的照相机通常使用固定的光圈)。也许用这种方式从相机里排除光线有些奇怪，但还要考虑有其他与光圈大小相关的关键权衡，光圈越小，图像的**景深(depth of field)**就会越好。景深描述了距离——从前景到后景，影像在这段范围内可以聚焦。当使用显微镜时，如果你调小光通道中的光圈，就会得到一个更清晰的视野，因为有着更深的景深。这通常通过目镜与物镜间的镜体上一个表盘或滑动旋钮来调节。光圈与景深的关系甚至在电子显微镜中也同样适用。

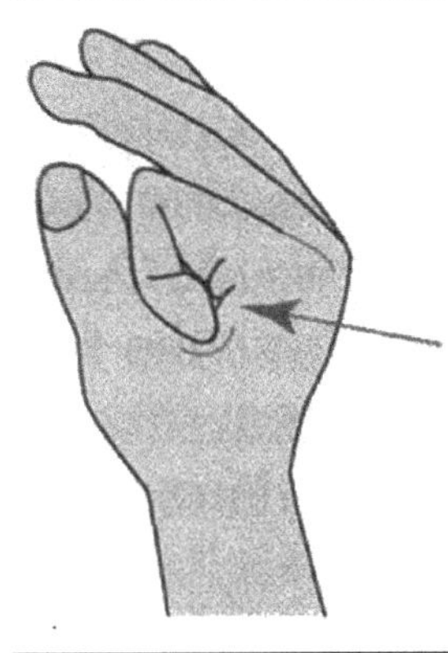

感受一下光圈是如何工作的 用你的大拇指和食指做一个圈，然后把手靠近眼前，使你能通过这个洞往外看。蜷缩你的食指，直到你能通过这最小的孔看到光线进入。这就是我们所说的你的“单镜片”。现在举起你的另一只手，举到视野的一半，并且离脸很近，然后部分看你的手，部分看背景。你的手和物体距离应该都被恰好的聚焦。快速移动你的“光圈”来观察你的手离开聚焦范围。你也可以从一英尺远，通过你的单镜片看计算机屏幕，看每个像素，然后当你移动手时持续看，看到物体立刻离开了聚焦范围。

在摄影中，有效的光圈大小量化为**光圈数(*f*-stop)**，通常镜头的光圈数值从2.8到32。这个值与光圈的通光面积成反比，所以数值越高，进入的光越少，景深越好。光圈数以不均匀的数值增加：1.4、2、2.8、4、5.6、8、11、16、22、32、45。挑选这些间距值是为了使得每个增值比上一个光圈值减少一半的光通量；因此，光圈数 16 进来的光线量是光圈数 11 的一半。对于大多数科学摄影而言，你要尽量用较小的光圈(数值较高)，这样大多数的物体都会在聚焦范围之内。

曝光度 **曝光度(exposure)**反映快门持续打开的时间，在照相机中通常用一秒分数的分母表示，例如，250 度意味着 1/250s 的曝光时间。就像是改变光圈大小时的权衡一样，调整曝光度，对光线和图像清晰度都有直接影响。其原因和景深完全没有关系，而是长时间曝光虽然能使更多光线进入镜头，但更易被振动、照相机不稳定或物体移动等影响，导致图像变模糊。

在大多数情况下，当你用手持照相机，或被摄物体在移动时，你应该避免使用慢于1/60s 的曝光时间。如果物体绝对静止，并且相机在三脚架上，或者通过显微镜摄像时，长一点的曝光时间也是可以的。对于荧光图像，你可能甚至需要长达几秒钟的曝光时间。在有些情况下，当光线强度是个限制因素时，通常开大光圈、减少景深是值得的，从而使曝光时间能控制在合理的限制范围内。如果你有大量光线，并且能更加快速地操作（对于大多数照相机，1/1000s 也是没问题的），就直接照吧。如果你希望拍摄一个很大的对象（也就是说，图像是特写的），并且需要更好的景深，那么你可以使用更高的光圈数（最高 32），但是光学影响（衍射带和边缘失真）就会开始侵犯图像[5]。如果你有一些摄影知识，了解什么是重要的因素（比如说，避免移动虚影或保持景深），你就可以依情况做出合适的调整。

调整感光度 ISO　如果你发现光圈从始至终打开，曝光时间过长，导致所有东西都是模糊的（好像实验室在摇晃的船上），你还有另外一个选择——减少一些光通量，就是用**ISO 设置**（也叫做 ASA 或片速）来调整照相机的敏感度。ISO 在通常情况下指的是相机里胶卷的敏感度；现在也指数码相机传感器的敏感度。ISO 通常在 50～400 范围内，但是在性能较高的消费级照相机上 ISO 最高可以用到 3200 以上。ISO 大小与敏感度直接相关[6]，所以 ISO 为 200 时要比 ISO 为 100 时敏感度高 2 倍，导致对于同一个图像只需要一半的曝光度。

正如你可能已经猜到的那样，提高 ISO 也有自身的权衡机制，并且是有趣的平行关系，就是数码相机和胶卷相机呈现几乎完全相同的结果。当你增加传感器的增益和敏感度时，感光器也会更容易产生噪声，你会看到纹理颗粒和亮斑点。这些可能不会在相机很小的取景器里立刻明显地表现出来，但是当你放大照片时，可能就会变得非常显眼。当光线没有受限制时，你应该保持 ISO 在较低值（50～100），但是当你的目标变得更暗、更快速地移动或者有更微弱的荧光，你可能需要提高感光度。

照明　避免所有这些关于图像质量权衡限制的最好方法，就是提供更多的光照，尽管这可能并不总是可行的。如果你正在用显微镜拍摄照片，请查看光路，确保没有不需要的滤光器，并且反射镜光圈是开大的。对于体式显微镜或者大物体的摄影，使用连接在电缆上的脱机闪光灯，或者遥控触发的闪光灯，可以提供直接照射到样本的光线，从而大幅提高场景的亮度。有了这附加的照明，你就能实现更快的快门速度，这对拍摄活体标本尤其有用。

曝光过度和曝光不足　除了认真查看图像聚焦是否良好，你还应该确保没有曝光不足或者曝光过度，也就是图像的明暗值是否恰当。你想要捕获场景中所有的亮度值，并且没有过度曝光（亮度溢出）或曝光不足的区域。大多数相机都会带有相应像素亮度水平的数量统计直方图，从黑到白，能够呈现在你的图像上，这和 Photoshop 中图 19.2 的亮度水平对话框很相似。图 19.5 显示了一个过度曝光图像的直方图。除非这是一个物体在

5 使用单镜片时，你可以观察到失真和衍射的效果。从近处看你的屏幕或书，然后移动视野，你会在边缘看到鱼眼镜头效应。

6 最终，也不是一个反相的关系！

白色背景上的照片，不然你可以从图表上看出强光部分在右边延伸的直方图。你可以看到有大量像素是浅色，近白色的值，并且分配不均匀。也就是说，图像最明亮的部分有一大片，这样会导致图像在正常情况下本该为灰色阴影的部分，结果也显示成了纯白色。

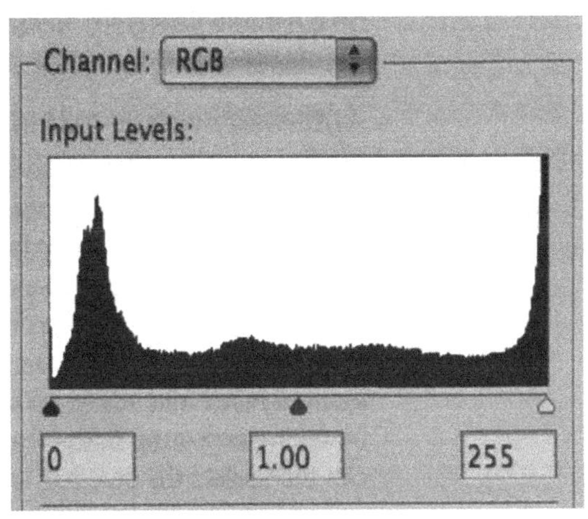

图 19.5　过度曝光图像的亮度水平直方图。

人们通常倾向调整曝光时间，使得显微镜图像，尤其带荧光性质的，看起来明亮且饱满。即使你用探测器找到了所有被高亮淡化的像素，也丢失了大量不能被重获的信息。通常对于图像来说，曝光不足比曝光过度要稍好点，因为一直到探测器变饱和，上阈限值缩短时的信息都可以被重获。只要你的强度没有超过图标的边界值，你就能通过线性重测图，像之前在这章中，在已照好的图像上调整曝光度。

色彩平衡

摄影时，尤其通过显微镜摄影时，最常见的错误是相机的**白平衡(white balance)**设置不正确。光源有着不同的固有色温——橘色的烛光色温比气体火炬或炉灶的蓝色火焰更高。在照片的背景中，灯光亮度是偏黄色的，而闪光灯或阳光是偏蓝色的，所以照相机通过嵌入式的色温设置来矫正这些不同。

白平衡通常在相机中的 WB 或 AWB 菜单下。手动设置白平衡，主要依据你对光线布置的需求。如果你正在使用显微镜上的昏暗光源，或其他白炽光源，就选用小灯泡图标；如果正使用闪光灯，就选用闪电图标。室外或自然光则应该设置为太阳或云的图标，因为日光在照相机的传感器感知下，有很多是蓝光部分。对于其他光源，比如 LED，你可能需要预先试验一下。荧光灯泡设置是为了荧光空间照明而设计的，但实际上它对于捕获显微镜下的荧光图像很有效，因为它处于黄色白炽光和蓝色闪光灯之间。

一旦你意识到了这些白平衡的问题，你就能从你自己或他人的相片色彩上判断出是否偏黄或偏蓝，就会意识到白平衡是否设置错误。有时会出现需要在显微镜下不断切换明亮视野和荧光背景，这就需要设置不同的色温。如果你的图像已经捕获但是色彩平衡错了，你仍然可以在图像编辑程序中对色温进行认真仔细的调整。如果你的图像是 RAW 格式，你可以之后设置白平衡，而且不会损失任何图像的质量。尽管 RAW 格式体积很大，但也有其他优势，比如有更大的潜在色空间。

自动 vs.手动操作

根据默认设置，大多数照相机都有自动挡，可以自主权衡决定上述讨论提到的所有设置，包括白平衡、光圈、曝光度和 ISO。事实上，有时清楚地判断如何手动改变设置是很难的。然而科研图像经常会有更加特殊的挑战，很难通过一次自动设置就适用于所有情况。自动设置，特别是白平衡和曝光度，很少能给出精确的结果。你需要切换到手动模式来调节各项设置。最好的实践是把光线调亮和调暗都曝光试试，而不只是自己猜测需要什么设置。先别着急结束实验，先把图像显示在大屏显示器上看看，就能选出最好的设置。

总　结

你已经学到了：

- 压缩像素图数据的通常方法，以及它们对于处理图像的利弊；
- 像素图和矢量图格式间的常见利弊，包括有损压缩的 JPEG 和无损压缩的 PNG；
- 关于两款受欢迎的像素图编辑器 Photoshop 和 GIMP 的基本知识；
- 在命令行编辑图像的工具，包括 ImageMagick 和 `sips`；
- 如何用图像分析工具(如 ImageJ)提取大量数据；
- 摄影的一些基本原则。

进一步学习

- 发现研究中需要周期性拍摄的图像(凝胶成像、显微镜等)，然后查看是否有方法改善，或使工作流程中重复的部分自动化。
- 在 Photoshop 或 GIMP 中打开图像，然后尝试调整参数控制，让它们使你的图像看起来更舒服。
- 访问 `processing.org` 的图集，查看交互作图的例子，然后尝试使用 Processing 软件，它是一个图形编程环。Processing 软件使用门槛较低，可以在比如 Arduino 等硬件上交互运行(见第 22 章)。其他相关图像显示在 `nodebox.net` 上的图集部分。

第六部分　高 级 话 题

第 20 章　在远程计算机上操作任务

本书的最后几个章节，要深入研究更专业的主题，其中有一些并不是每个人都适用，另一些可能也不是每天都会用到。首先，这些主题都是关于如何操作远程计算机工作。如果你要执行的分析工作需要更多处理器、更多内存，或更多软件，一旦超出了你个人计算机的配置，那么你就一定需要了解这些远程工具。远程计算机既可以是一个由许多研究人员共享的大型集群，也可以是在实验室里的一台专用的台式计算机。我们会介绍控制远程程序运行的一些工具，还包括它们的优先级，以及在你注销登录时，它是否应该自动停止等。

连接到远程计算机

当生物学家不得不在一台没有提供图形用户界面的远程计算机上运行分析时，通常他们只能被迫使用命令行操作。在学习使用命令行的时候，你需要知道如何连接到其他计算机、如何将文件传送到远程账户中、如何在大型共享集群上启动程序和管理程序的执行，这些复杂的流程会让人心生畏惧。熟悉命令行的操作方法，是逐步积累远程操作技巧的基础，这也是它之所以如此重要的原因之一。本章内容是直接建立在第 4～6 章和第 16 章的命令行课程之上的。在这里，你将学会如何获使用命令行访问远程计算机、传输文件与控制分析流程。

客户端和服务器

在讨论网络连接时，你会经常听到**客户端(client)**和**服务器(server)**这样的词语。在大多数情况下，客户端就是你面前的这台计算机，连接就是从它发起的；而服务器则是接受连接并提供服务的远程计算机。服务器的种类有很多，从物理上来讲，服务器可以是任何一台普通的个人计算机，小到一台配置了服务器程序的笔记本电脑，也可以是大到占据几座城市街区的庞大数据中心。服务器可以为客户端提供很多不同的服务，包括磁盘存储空间、网页、数据库和强大的计算能力等。每一个这样的服务都有自己特定的连接需求，因此需要安装不同的软件和协议(即同意如何与其他计算机进行交互的标准)。虽然客户端和服务器是用一种通用语言彼此进行交谈，但它们也需要很多不同的软件和不同的配置设置。最后，对于每一个网络协议而言，一台计算机可以被设置为一个客户端、一个服务器，或两者同时并存。

几乎所有的服务器上，运行的都是 Linux 或 Unix 系统，它们是针对大规模、高强度计算进行了优化的操作系统。这些操作系统与其捆绑的程序，与 Mac OS X 和 Ubuntu

Linux 系统的命令行界面只有非常微小的区别。在本书中我们重点关注的正是 Mac OS X 和 Ubuntu Linux 系统。与个人计算机的操作系统相比，远程服务器上运行的操作系统有更长的发展历史，它更加专业化，而且种类也更多样化。因此，我们在这里所展示的常用操作方法还是有一定的局限性。即使像使用 ↑ 键来查找历史命令和用 *backspace* 键来删除字符这种情况，可能都没办法如预期一样在远程系统上操作。如果你发现对某个特定的服务器操作有疑问，或者本章内容对你没有用，请到服务器的支持网站上寻找帮助(如果有的话)，或者联系你正在使用的这台机器的管理员。

典型的远程访问情景

在几个典型的情景下，需要使用本章中所描述的远程访问工具。在一开始就对这些方案有一个总体轮廓的了解，将有助于你理解这一章中的哪些部分与你的研究工作最相关，以及哪个组件最适合你的总体研究目标。

在大型计算机集群上运算分析 第一个情景：当你需要做一个复杂的数据分析，但它可能需要占用你的笔记本电脑几周或者几个月的时间。在你调查了所在学校的计算资源后，发现校园内有一个可用的 Linux 集群。该集群由一组计算机通过一个局域网连在一起，事实上就可以把它看成是一个有几百个处理器的单一计算机。你要先与系统管理员联系，确认所需软件已安装在群集上，并配置为可以同时使用多个处理器。

系统管理员会为你创建一个账户，并提供给你远程登录需要的所有信息，验证后即可登录。首先确保在你的笔记本上已经准备好所有需要用到的文件，确保文件数据格式正确，并且数据文件和分析文件放置在正确的文件夹中。把所有这些文件压缩成一个文件，并通过一个安全的文件传输程序上传到集群中。然后，通过命令行登录到群集，解压缩该文件。按照集群网站上的指导说明，使用一个专门的 shell 脚本开始进行分析，它能提供多个处理器进行高速运算。之后你就可以退出登录，在几天后会收到一封电子邮件通知你，任务已经完成。然后你再登录到集群，压缩分析得到的结果文件，然后下载到你的笔记本电脑里用于计算结果的进一步分析。

从家中检查一台实验室里的计算机 第二个场景：想象一下你的实验室角落里有一个大型的多核桌面计算机。它连接着你的实验设备，需要花费几天时间自动收集你的样本数据。实验室管理员已经将这台计算机配置为服务器，因此，实验室成员可以使用命令行远程访问它，并且可以远程传输文件。假设你家离实验室有半个小时的路程，在一个星期天的早晨，当你想了解设备当前的运行状况，你就可以登录到实验室计算机并查看数据文件。确认一切都按部就班运行着，你就可以放心去北海岸旅行，而不必浪费时间特意跑去实验室，仅仅为了查看设备运行情况。

查找计算机：IP 地址、主机名和 DNS

在互联网上要想连接到彼此的计算机，首先必须能够找到对方。一旦了解如何找到彼此的计算机，就会使连接变得更容易成功，也能帮助解决一些最常见的连接问题。

所有链入互联网的计算机，无论是一个 web 服务器，还是图书馆里连接 WiFi 的笔记本电脑，都有一个网络号码，通常被称为互联网协议地址(**IP 地址**)。传统的 IP 地址，比如 173.194.33.104，包含了 4 个 8 比特(bit)数字，8 比特数字的范围从 0 到 255[1]。你可以把这四个数的关系看成是不断缩小的范围，一直到一个特定位置的具体地址。序列中的第一个数字是最宽泛的范围，第四个数字也就是最后一个数字是最具体的，确定了一个单独的网络连接(例如，一台计算机、一个设备、一部智能手机等)。你的学校、公司、甚至你当地的咖啡店里，不同的计算机拥有的地址中前几个数字可能都是相同的，只有最后一个或两个数字不同。

但是 IP 地址对于人们来说既难以记忆又难以输入，所以大多数计算机也会被分配一个基于文本的主机名。在网络地址中，主机名是统一资源定位系统的基础，例如 sinauer.com 或者 practicalcomputing.org。不过为了连接计算机和主机名，特定的主机名必须首先要转换成一个 IP 地址。当你在浏览器的地址栏输入超链接后，你的计算机首先会根据主机名查询 IP 地址，然后再从 IP 地址指定的计算机上请求指定的文件。

域名系统(DNS)服务器负责主机名和地址之间的相互转换，作用相当于一本互联网的电话簿。有许多 DNS 服务器，并且都有独立的主 DNS 数据库副本。数据库每天在主机名和 IP 地址上自动在线更新多次。通常你的互联网服务提供商会使用一个特定的 DNS 服务器或是一个配制好的本地网络，使得计算机能够在不需要个性化配置的情况下就能自动连接到本地可用的 DNS 服务器，例如 Google Public DNS(IP 地址 8.8.8.8)几乎可以在任何地方工作。

随着互联网的发展，主机名和 IP 地址之间的关系变得更加灵活。多个主机名可以指向同一个 IP 地址，也就意味着，这使得不止一个网站可以被托管到同一个计算机上。因为不存在永远的 IP 地址与主机名一对一的关系，所以当你从一个主机名查找 IP 地址并做反向搜索的时候，你会得到一个不同于初始的 IP 地址。还有更加容易混淆的复杂情况，很多主机名是另一些主机名的别称(或简称)。

IP 地址和主机名的相互转化　命令行程序中的 host 可以让你找到一个主机名的 IP 地址(nslookup 也具有同样的功能)。在一些情况下，它也可以根据你提供的 IP 地址找到主机号。这个命令的使用需要有网络连接，因为它要把你的查询请求发送给 DNS 服务器，然后会获得以下的结果：

```
myhost:~ lucy$ host www.jellywatch.org
www.jellywatch.org has address 134.89.10.74
myhost:~ lucy$ host 134.89.10.74
74.10.89.134.in-addr.arpa domain name pointer pismo.shore.mbari.org.
```

有时，使用 host 命令找不到你要找的主机名或 IP 地址的任何可用信息，从而导致查找失败。然而即使 host 失败了，你也可以通过 whois 命令来获得一些大致信息。whois 命令需要你提供一个以-h 为参照的 whois 在线数据库，并在该数据库后面加上

1 IP 地址广为熟知的传统方案是 IPv4，每一个 IP 地址是 32 比特(由 4 个 8 比特连在一起)。然而，这样这个方案最多只能分配 40 亿个地址供设备使用，目前快要全部耗尽了。为了解决这个问题，一个新的协议被开发出来，称为 IPv6。它的每个地址用 128 比特编码，这样总计将可以容纳超过 3×10^{38} 个地址。

你想获得更多信息的如下地址：

```
whois -h whois.arin.net 75.119.192.137
```

这将得到从 75.119.192.0 到 75.119.223.255 的全部注册信息，同时也包括了你指定的 IP 地址。

特殊的主机名 localhost　主机名 localhost 总是指向你此时登录的计算机，并且 IP 地址永远是 127.0.0.1。尝试使用 host localhost 命令来查看一下。如果你在计算机上启用了网络共享，http://localhost 甚至可以作为浏览器的一个地址[如果你没有启动网络共享，会产生“不能连接到 localhost”的错误。对于 OS X 系统来说，这个可以在系统偏好设置(System Preferences)里的共享(sharing)窗格中打开]。

安全性

进行远程计算机操作时，安全性永远是至关重要的，操作过程中的每一步都要考虑到安全性问题。首先要做到的，密码不要告诉任何人，而不仅仅是不告诉系统管理员。如果系统管理员需要登录你的账户，他们会重置密码，而后你可以进行再次更改。这是标准的规则，一旦出现的任何偏差都是值得我们关注的。其次，要在不同计算机上使用不同密码，这样不至于当一个密码泄露后所有计算机都受到影响。

当你设置服务器时，牢记你已经让它暴露在潜在的攻击中。不要启用任何不必要的网络协议或服务，因为每个协议都可能是一个漏洞。确保所有的软件都是最新版本，因为许多新版本补丁修复了黑客们察觉到的安全漏洞。阻止不必要访问的一个简单的办法是限制可访问特定服务的 IP 地址，例如，把访问局限在同一个校园内的计算机。这样做的具体方法取决于你使用的操作系统和网络协议。

当你从自己的计算机登录远程服务器时，安全性同样也是一个值得关注的问题。首先保持你的计算机软件是最新的，这有助于防止键盘记录程序和其他恶意程序窃取登录信息，并损害你连接的其他计算机。尽可能使用加密的连接，防止别人窃听你与远程计算机的连接。避免连接到过于开放的网络连接，比如咖啡厅里不安全的、没有被工具软件(比如 VPN)加密过的 WiFi 信号。

使用 ssh 的安全命令行连接

本书的大部分内容都讲的是使用命令行与你面前的计算机进行互动。现在你已经熟悉如何打开一个终端窗口，该过程启动了一个 shell 程序，并给出提示符，然后用它来导航和控制连接了屏幕和键盘的计算机。正如你能看到的那样，这和使用命令行与远程计算机通过网络连接进行交互是一样的简单。你仍然可以坐在自己的计算机前，用自己的屏幕、键盘和终端窗口。但现在窗口可以传递命令到远程计算机并返回结果，好像你就在远程计算机旁边一样(而在现实中，它甚至连键盘或屏幕都没有)。

远程命令登录是通过一个叫做 ssh(**s**ecure **sh**ell)的网络协议。ssh 程序为你的客户端与服务器之间的连接提供加密服务，这样你在自己计算机上的终端窗口上打字时，就通过该窗口连接到了远程计算机上。通过 ssh 转换的数据已经被编码加密，因此想要窃听你正在说什么对任何监听者来说都变得很困难。

ssh 命令

因为我们还没有能开放给每一位读者的服务器，所以除非你有自己的服务器访问权限，否则你将无法执行这一章的远程访问命令。如果你隶属于一所学校或者一个公司，虽然你可能不知道，但或许你已经在服务器上拥有了一个账户，请咨询网络管理员。本章的结尾部分有关于如何建立一个服务器的相关信息，你也可以使用它来配置自己的服务器，用来测试本书中的一些例子。

你需要至少三条信息才能通过 ssh 登录到一个远程计算机上。第一，你要有远程计算机的地址。这可以是 IP 地址或者是一个人们易读的域名，例如 myhost.myuniversity.edu。第二，你要有一个用户名，有时也叫做账户名称。第三，你要有一个密码。系统管理者会创建一个账户，并把这些信息提供给你。如果没有给你发电子邮件也不要感到惊讶，在计算机通信过程中，电子邮件的内容对于许多计算机都是可见的，所以通过电子邮件发送重要信息如登录凭证是非常危险的。一些管理者用邮件发送用户名和计算机地址，然后会打电话告诉你密码。

登录后的第一件事就是用 password 命令更改密码。你可以按照简单的提示来完成这一操作。启动 ssh 连接远程服务器的命令的结构如下：

```
ssh username@address
```

这里的用户名(username)和地址(address)会根据你服务器的不同而异。进入这个命令后按 *return* 键，提示会要求你输入密码。输入管理员提供的密码后按 *return* 键。如果登录凭证正确，你会收到远程计算机的欢迎提示命令行。

第一次连接时，服务器会显示它收到一个新的密钥，并询问你是否要把它加入到你的钥匙链上。这个密钥是一系列信息的集合，能够让两台计算机之间建立一条加密的交流通道。请接受这个密钥。如果提示再次接受新的密钥，请联系远程系统的管理员。它可能仅仅是远程计算机的一点改变需要一个新的密钥，但也可能是某个坏人企图拦截你的沟通信息。

ssh 命令使用时的故障排除

当登录到远程系统时，有可能产生这样的错误：

```
ssh_exchange_identification: Connection closed by remote host
```

这通常是表明主机的另一端没有批准你的计算机地址。根据系统的规则，有两种可能的解决办法。一个是建立虚拟专用网络(VPN)连接，来让你的计算机地址看起来在你试图连接的系统内部；见本章后面的 VPN 部分。如果此功能不可用，另一个解决办法是通过联系远程计算机系统的管理员，让他把你的地址(或你可能连接到的地址范围)添加到许可的客户端名单中。

一旦你从一台计算机登录到服务器，过一段时间之后，再从另外一台计算机上登录的时候，你可能产生很严重的错误。例如：

```
IT IS POSSIBLE THAT SOMEONE IS DOING SOMETHING NASTY!
Someone could be eavesdropping on you right now!
It is also possible that the RSA host key has just been changed.
The fingerprint for the RSA host key sent by the remote host is
...
Host key verification failed.
```

这种情况下，系统间的通行码就改变了，编辑主目录里的~/.ssh/know_hosts文件来删除你尝试连接的主机那行命令。当你再次连接的时候，它就会为你产生一个新的密钥了。

在远程机器上操作

ssh程序提供了无缝的命令行来访问远程计算机，在相当程度上与服务器位于你的房间里时没有什么不同。不过你可能会发现，远程计算机上的命令行与在你自己的计算机上的不完全相同。这是因为远程计算机可能会运行不同的软件，而且有着你不熟悉的配置。其中最常见的、令人意外的就是，shell程序本身可能就是不同的。即使在本地的机器上启用ssh时使用的是bash shell，你会用它自己的默认shell程序与远程计算机进行交互，这可能会有些冲突(bash)。一旦ssh连接激活，shell程序就会启动。如果远程计算机上是与bash不同的shell程序，你会发现回应提示的方式有一些细微的差别。因此，通过键入echo $SHELL先查看它属于哪种shell程序是一个很好的办法。如果远程的shell程序不是bash，而是tcsh、sh或者zsh，它们都是众多常见替代者的其中之一，参照这种shell程序的在线记录，可以找到它与bash之间的关键区别。

在你的远程服务器账户上会有一个独立于自己本地计算机的主目录。当你第一次登录时会使用默认的shell配置(如果shell程序是bash，它位于.bash_profile)；在系统文件夹里，你的PATH只包含目录设置，而主目录上基本是空的。

一旦你用命令行访问远程计算机系统，就可以使用与本地计算机上相同的命令行工具与其进行交互。例如，你可以用mkdir在远程计算机上创建文件夹，用cd来改变目录，并用 ls 列出文件夹的内容。在你登录远程系统之前首先想到的一件事情是探索你的主目录中的文件和文件夹[通常有一个自述(README)文件解释了系统的政策和使用]，以及建立新的文件夹来存储数据和分析结果。

虽然ssh提供了一种登录和操作远程计算机的方法，但它不能直接访问远程机器上的文件。正如在下一节所述，你必须使用其他的工具来传输文件。你在远程机器上也可以完成其他一些任务。例如，在一个远程文件上做出小小的改变，这时要使用命令行编辑软件，比如nano，它往往比来回传输文件并在自己计算机上编辑来得方便(见第5章和附录3的nano练习)。通过ssh登录时，熟悉命令行编辑器对于远程操控计算机是十分重要的技巧。

计算机之间的文件传输

当你在远程计算机上执行命令时，你会希望完成一些分析工作。但是首先，你必须能够在本地计算机和远程计算机之间传输数据和分析文件。这里有好几种选项。在大多数情况下，这些选项都是可以互换的，但是在一些特殊情况下，你可能会发现有些会比其他选项更为方便。

文件归档和压缩

你常需要传输文件的集合，而不是一个个单独的文件。因为不是所有的文件传输工具都可以用来传输文件目录。你也可以一个一个地将文件传输，但随着文件数量的增长，这个数字很快就变得冗长。如果你的服务器上有可用的工具，先使用 zip 命令将众多文件合并为单一的压缩归档文件，然后再传输往往是最容易的方法。尝试使用这个 man zip 命令来查看一些压缩命令的选项。如果 zip 不可用，在 UNIX 服务器上一个有保证的解决方法就是创建一个 **traball**。你可以使用 tar 命令将多个文件合并成单一的文件归档：

```
myhost:~ lucy$ tar -cf ~/Desktop/scripts_25Jun2011.tar ~/scripts
```

上面的例子中，会在 Desktop 文件夹建立一个名为 scripts_25Jun2011.tar 的压缩文件。-cf 指令指定你要建的压缩文件目录是~/Desktop/scripts_25Jun2011.tar（按照惯例，归档的文件以.tar 为扩展名）。你要归档的文件和目录被放在最后的位置；这里可以有一个或多个用空格隔开的条目。在这个例子中，被归档的目录是你的 scripts 文件夹。

tar 创建的文件归档包含原始文件夹中的所有数据，这些文件只是整合在同一个大的文件里。使用上面的命令来归档的原始文件仍然在原来的文件夹位置里。将数据包含在归档文件中是很好的习惯。这使得一个归档的文件包含的内容变得容易理解，并允许你在同一文件夹中存储的相同文件档案不会产生任何文件名称上的冲突。

tar 归档文件大小基本上与它包含的原始文件的总容量大小相同。而为了节省网络带宽和硬盘空间，文档通常还需要用 gzip 命令行进行压缩。用 gzip 压缩普通文件会产生以.gz 或.z 为扩展名的压缩文件；用 gzip 压缩 tar 文件产生的文件扩展名是.tar.gz 或者.tgz。

尝试用下面的命令压缩你之前创建的归档文件：

```
myhost:~ lucy$ gzip ~/Desktop/scripts_25Jun2011.tar
```

注意使用这个命令，会在 Desktop 创建一个新的文件 scripts_25Jun2011.tar.gz 的同时，删除原有的未压缩的文件。压缩文件的大小通常会比原始文件要小得多。

与 gzip 命令相对的 gunzip，用来解压已经压缩的文件。同样，tar 命令，也有与归档功能相反的命令选项，可以使归档文件重新扩展为原始文件。所以，在还原压缩文档到原始文件时，通常要一起使用这两个命令：

```
myhost:~ lucy$ cd ~/Desktop
myhost:~ lucy$ gunzip scripts_25Jun2011.tar.gz
myhost:~ lucy$ tar -xvf scripts_25Jun2011.tar
```

这里要用到tar命令选项-xvf，它还原的归档文件是scripts_25Jun2011.tar。展开后的文件路径和名称将与归档前的文件完全相同(这就是为什么我们要在桌面创建归档文件，我们不希望原始的文件目录受任何的损坏)。在重新保存文件后，归档的文件本身在扩展之后不会被自动删除。

tar、gzip和gunzip构成了归档程序三部曲，它用途很广，适用于大多数情况，能用来储存和压缩所有类型的文件。在服务器和客户端之间来回传输文件时，都会频繁地用到这些程序。在互联网上下载的大量数据和软件文件也会被压缩成tar文件，那么就会用到gunzip和tar来进行扩展和解压。压缩的归档文件在与同事分享时也是一种非常方便的格式。

用 sftp 传送文件

命令行程序sftp(安全文件转移程序)可以通过ssh连接来传送文件，它会使用保密文件传输协议，也可以简写为SFTP。由于它使用的是ssh连接，所以传输是自动加密的，你可以在任何拥有ssh连接的地方使用它，而不需要断开与远程计算机的连接，即使你同时与其他类型的远程机器保持连接，它也是安全的。打开sftp连接与运行ssh相似，一旦连接上，本地与远程文件系统之间的连接就是稳定的，能够让你使用命令行来获取和来回传输文件。你可以将文件事先移动到本地计算机上的发送或接收文件的目录下，然后使用下面的命令连接到远程服务器来传输文件：

```
myhost:~ lucy$ sftp lucy@practicalcomputing.org
Connecting to practicalcomputing.org...
lucy@practicalingcomputing.org's password:  ←输入密码
sftp> ls
```

一旦连接成功，sftp程序会提供一个新的命令行提示。表20.1列出了sftp下最常用的命令。get和put命令还可以接受如*.txt这样的通配符作为文件名。如果在传输多个文件时总是出现错误，可以尝试使用mput或mget来传输多个文件。

用 scp 复制文件

使用命令行来同时浏览本地和远程文件系统时会产生混乱，所以你可能更乐意使用安全的远程复制命令(scp)。scp的功能与cp命令相同，但是需要你提供的信息除了路径之外，还需要提供用户名和服务器名。下载文件时使用的基本格式如下：

```
scp user@hostname:directory/remotefile localfile
```

表 20.1　使用 sftp 的一些常用命令

命令	用途
cd	更改远程机器上的目录
get A B	从远程机器上下载 A 并在本地储存为 B
put B A	上传本地文件 B 到远程文件 A
lcd	更改本地机器上的目录
!ls	列出本地机器上的文件
!command	在本地机器上执行特定的 shell 命令
exit	关闭 sftp 连接

如果想要上传文件，你只要在目标位置上指定主机名：

```
scp localfile.txt user@hostname:remotefile.txt
```

在运行命令之前你可以先把文件移动到合适的本地目录里，这样就不必打出本地文件的全部路径。但你必须在该系统中指定远程系统上的文件路径，并让目录名称与主目录相对应。

SFTP 中其他的文件传输程序

使用 SFTP 来进行文件传输和重命名还有一个更简单的图像界面程序是 GUI，它允许你像在 Finder 中一样拖动文件。你可以尝试一下免费的共享程序 Cyberduck 或 Fetch，或者商业程序 Transmit。所有这些程序都会弹出一个可以让你直接在远程和本地机器之间拖动文件的窗口。在 Linux 系统中，你也可以使用 FileZilla 来行使相同的功能，这个程序也可以在 Windows 系统和 OS X 系统中应用。

其他的文件传输协议

很多操作系统都有内置的文件分享协议，能够让整个硬盘驱动器直接连接到远程计算机上。在 OS X 系统中，你可以搜索(Finder)菜单栏(或者⌘+K)来选择 Go ▶ Connect to Server，然后输入远程计算机地址。在 Windows 系统和其他 Mac 系统中可以分别用 cif://和 afp://作为前缀，并使用 scp 加上 username@servername 作为后缀来实现连接。在下面的内容中我们还会讲到 Connect to Server 对话框也可以用于 VNC 的连接。

通过 VNC 对远程计算机进行完全 GUI 控制

虽然我们前面都是专注于用命令行与远程计算机之间相互连接，但是我们也可以使用虚拟网络计算(VNC)来连接远程计算机完整的图形用户界面。尽管 ssh 能够让你好像直接面对远程计算机上的终端窗口一样，而 VNC 不但可以让你看到远程计算机的整个屏幕，而且好像直接坐在它面前使用鼠标和键盘时一样。这种额外的功能可能更方便地修改系统设置，或者运行命令行不能运行的程序。它还可以用来在你外出旅行时，方便地进入你自己的桌面系统。

VNC 也有一定的局限性。VNC 对网络宽带的要求比 ssh 高，如果计算机间的连接速度缓慢，VNC 甚至会变得非常难以使用。还有一些 VNC 在安装后，在通过互联网连接传输数据时没有自动加密。这意味着，其他人可以监视你的活动，甚至控制你的计算机(本书的作者之一就曾因为被黑客袭击而损失了几周的工作成果)。所以使用 VNC 时一定要确保你的加密工具已启用。还有一些远程服务器，尤其是大型集合体，刚开始根本就没有安装 GUI，所以 VNC 当然无法连接到一个没有安装 GUI 的服务器。

构建一个 VNC 连接需要两个要素：其一是远程计算机上运行着 VNC 服务器软件，其二是你自己计算机上安装的 VNC 客户端软件，它被配置好可以与远程服务器互动。这个客户端软件可以用于所有平台，甚至包括智能手机。在 OS X 系统中，VNC 内建于文件共享系统中。你的计算机同时也可以设置成一台 VNC 服务器，可以通过点击 System Preference 中的 Sharing 控制板进行 VNC 连接配置，能够通过屏幕共享(Screen Sharing)使别人连接到你的计算机，或者通过远程管理(Remote Management)在免于远程登录的状况下共享屏幕。同时，你需要设置一个进入的密码，防止别人在未经允许的情况下控制你的计算机。对于 Windows 系统，RealVNC 软件可以同时作为服务器和客户端来使用。对于 Linux 系统，VNC 服务器也可以使用，但是相关的安全设置需要参照 help.ubuntu.com/compunity/VNC 中的指示操作。

要启动 VNC 服务器的通信需要打开 5900 端口(这是你与外界建立网络连接的一部分)。一旦你在计算机上打开 VNC 服务器时，你就能通过 IP 号码或地址与它连接。在你尝试用外部客户端连接前，可以先用浏览器访问以下网站来确认服务器是否设置完成：

```
http://www.realvnc.com/cgi-bin/nettest.cgi
```

它会告诉你服务器的 IP 地址是什么，并且通过 5900 端口向你发送通信连接。

为了查看运行 VNC 服务器的远程计算机的屏幕，你可以作为远程客户申请访问连接。在 OS X 系统中，不需下载额外的软件就可以使用 VNC 客户端程序，当然你也可以下载并安装第三方程序，比如 VNC 软件 Chicken。要用 OS X 系统内置的客户端来连接，先用 Finder 选择 Go ▶ Connect to Server(或用⌘+K)；在出现的对话框内输入 vnc:// 随后加上远程机器的地址。虽然你可以用 VNC 来进行鼠标操控远程计算机，但它不能用来传输文件。

排除远程连接障碍

使用虚拟专用网络(VPN)连接到本地

一些服务器(比如访问工具库网站)和特殊网络连接(比如 ssh)会妨碍计算机尝试连接到外部网络。因为每个本地网络都使用一组特定范围的 IP 地址，所以你校内的 IP 地址是不同于校外的。如果你在校外试图连接校内的服务器，服务器的设置可能会发现这一点，并拒绝你的访问。

一种方便的解决方式就是使用虚拟私人网络，也就是 VPN[2]。验证了合法的连接凭据

---

2 在实践中，VPN 和 VNC 经常容易相互混淆，但其实它们是完全不同的网络工具。

后，VPN 系统将给你一个有效的区域内部 IP，让你像本地网络上的计算机一样进行访问，能够让你获得区域外计算机被禁止访问的资源。VPN 同时还有保密通信的优势。如果你正在咖啡馆里用着不安全的 WiFi，你可以打开 VPN 来加密你和区域内的 VPN 服务器之间的网络通信。这可以防止任何人窥探你的密码和 WiFi 传输的其他数据资料。

在 OS X 系统中，可以在系统偏好中建立一个新的 VPN 连接。点击设置里表中的+，在弹出的列表中选择 VPN。在 VPN 模式中，你可以尝试选择 PPTP 并在你的机构区域名前打上 `vpn.`（比如，`vpn.yourschool.edu`），如果不管用的话，你就要查找你计算机的支持页面，或者联系系统管理员来查找正确的设置。有些 VPN 要求预先安装一些特殊的软件。

用 `traceroute` 命令追踪网络连接

无论你是在尝试 `ssh` 连接或者是通过网络访问网址，当遇到远程连接障碍时，都可以通过追踪你的计算机系统和远程地址之间的网络过程来帮助判断故障。这可以通过 `traceroute` 命令来实现。只要在本地的终端窗口中输入 `traceroute` *`remoteaddress`*，你就可以看到你和远在地球另一边的一个热带小岛上的远程学习端的服务器之间的所有连接跃点。你可以尝试一下，追踪你最喜欢的网站之间的网络连接路径来测试这一命令。

配置 *backspace* 键

backspace 键在你登录到某些服务器上的时候有时可能无法表现得如你所愿。其原因和前面提及过的行结束符号不一样，因为在历史上曾用两个不同的符号来表示删除或退格。如果在你在命令行里删除什么东西的时候看到过`^H`（*ctrl*+H）时，试着用 `stty` 命令代替退格键。

输入以下文字来开始命令：

```
stty erase '
```

在单引号后，按键盘上的 *backspace* 键并不会删除单引号，而是在终端上显示出`^H` 或 `^?`（按一下会出现两个字符）。用另一个单引号来关闭这个字符串并按下 *return* 键，这样退格键的功能就可以恢复了。

为了使这一功能在远程计算机上一直有效，可以用 `nano` 来编辑你的`.bash_profile`（或者任何可能的配置文件，如果 `bash` 不是远程计算机默认的外壳文件的话）。增加下面一行命令：

```
stty erase '^H'
```

请注意，为了能够在你编辑的时候在文件中键入 *ctrl*+H，首先要键入变体形式 *ctrl*+V 才能按下 *backspace* 键。请回忆第 16 章中提到的，这产生了对后面的按键的字面的新解释，无论它是 *return* 键、*backspace* 键还是 *esc* 键。

在远程计算机上，有时会忽视另外两个特征。第一是在服务器上命令行的自动补全经常是不可用的，和 *backspace* 键一样，要启用这一功能也需要对 shell 文件做一些特殊的修改。第二是使用方向的↑键退回到历史命令行，这是通过 readline 库控制的，通常可能会被忽视掉，也可能无法配置。搜索你正在访问的系统程序的版本，或者联系你的系统管理员来指导你按照个人喜好配置相应的功能。

控制程序如何运行

在使用远程服务器的大多数情况下，你会传送文件到远程服务器上，然后开始执行复杂的计算分析程序。你访问的计算机型号、谁在管理、多少人在同时使用、系统政策是什么，以及计算机的配置等，都决定了你将如何在远程计算机上启动和管理你的程序。管理一个实验室专用台式计算机和管理一个有许多用户的大型计算机集群上运行的程序显然是显著不同的，在集群上特别要确保各种软件能够合理分配多个处理器计算资源，保持不同的分析软件之间彼此不要产生互相干扰。

在这一节中，我们先介绍在普通的计算机上，也就是没有大型分享计算机集群时应该如何管理程序。适用于计算机集群大规模分析的方法，将会在下一章中详细介绍。这里介绍的一些常用方法，即使是在控制个人计算机程序的运行方面也是非常有用的，所以它们并不只是适用于远程计算机的访问。随后我们会简单介绍一下如何在大型计算机集群上进行分析工作。但是由于目前计算机集群的类型十分繁杂，所以我们也很难提供太过具体的建议。

为了解释如何在普通计算机上进行程序管理，我们这里使用 `sleep` 命令来替代实际的分析程序。这个程序会导致数秒时间内计算机没有任何反应，然后程序就会自动结束。尝试键入以下内容，实现操作：

```
host:~ lucy$ sleep 15
ls
```

你会发现当 `sleep` 命令运行时不会出现 shell 提示符，在命令操作完成前也没办法运行其他命令（例如，你只有等待命令运行结束后，键入的 `ls` 才能显示出来）。任何在 `sleep` 运行时输入的命令，都将在 `sleep` 退出后才会开始运行。

结束进程

一个运行的程序也被称为**进程（process）**。如何结束一个进程对于远程操作来说是一个非常重要的常用技能。这是因为在某些程序运行发生错误时，你可能没办法接触到远程计算机实体，但是你要强制停止已经崩溃的程序，或者停止错误分析进程，防止它继续占用宝贵的运算资源。

之前我们已经多次提到过 *ctrl*+C。这是一个强制中断命令，用来结束命令行上正在运行的程序。在按住 *ctrl* 键的同时按下 C，因为在 shell 操作中^代表 *ctrl* 键，所以这个操作通常被简称为 `^C`。

输入下面的 `sleep` 命令，然后按下 *return* 键：

```
host:~ lucy$ sleep 1000
```

这个 sleep 命令如果未被打断的话需要 1000s 才能结束。在那之前要想停止它的话，输入 ctrl +C，就能回到 shell 提示符了。但是有些程序，比如 nano 和 Windows 系统下的所有程序对于 ctrl +C 的理解是不同的。因此，虽然 ctrl +C 并不是完全通用的应用方法，但它的使用范围还是很广泛的。

用&在后台开始任务

通常来说，当你开始运行一个程序时，在它运行结束前你都不能对命令行进行其他操作。然而，如果你在命令后面打上&后再按下 return 键，这个程序就会自动在后台运行，并且立刻就能得到你的返回提示符。注意，虽然后台程序在独立运行中，但是你一旦关闭窗口，它就会停止运行。

输入以下 sleep 命令，并在结尾加上&：

```
host:~ lucy$ sleep 15 &
[1] 4900
host:~ lucy$
```

当你输入这个命令时程序会在后台运行，所以马上就能返回当前提示符，但这个程序会在后台继续运行 15s(这里给定了它一个任务编号[1]和一个单独的进程编号 4990)。这与终止程序再返回提示符完全不同，因为那样的话程序已经完全不在运行了。只有在命令开始前加上&符号，才能使命令进入后台运行。一旦程序已经开始运行了，就不能用这样的方法使程序在后台运行了。

用 ps 和 top 命令来查看任务状态

为了查看包括后台程序在内的正在运行程序的运行状态，可以使用ps和top命令。ps 命令可以获得当前进程的一个快照。尝试像前面一样输入一个 sleep 命令，然后在命令行里运行如下的 ps 命令：

```
host:~ lucy$ sleep 15 &
[2] 4992
host:~ lucy$ ps
 4800 ttys001    0:00.02 -bash
 4992 ttys001    0:00.00 sleep 15
```

首先，对于后台运行的 sleep 进程来说，你会获得一个进程标识符，或者 PID。每一个运行的进程都有一个用于任务操作控制的独有 PID。ps 命令会告诉你现在在当前 shell 中运行的进程 PID。其中一个是 sleep 的，另一个是 bash shell 本身。上述列表中的内容并不是你的计算机里所有正在运行的程序，请使用下面的命令来查看完整的程序运行列表：

```
ps -A
```

其他系统中也可以使用小写字母-a

由于大多数的程序名字都有一定的长度，这个命令的结果会在适当位置把名字切断。这个命令会显示所有正在运行的进程，包括一些管家程序，比如监控你是否插入了新鼠标，或者定期检查是否连入新的网络连接。甚至还包括了 Finder 和绘画程序，它们可能一开始看起来会觉得有点奇怪，但它们的确也是你计算机中正在运行的程序。

想要在如此长的列表里找到某一个确定的进程，你可以在 `ps -A` 输出后加上一个 `grep` 命令，这样就能在输出结果中找到如下名称：

```
ps -A | grep Finder
```

这样就能够只把关于那个程序的相关信息显示出来[3]。用这个命令结合我们之后会提到的 `kill` 命令，这是我们用来查找和终止某个进程的常用方法。

`top` 命令则可以提供与 `ps` 相同的，而同时又是实时的(持续更新的)进程列表。只要键入单独的 `top` 命令就可以查看 PID 分类的基本进程列表。键入 `q` 就可以退出 `top` 命令，这一点与 `less` 程序相同。用`-o` 修饰该命令，就可以获得按字母顺序反向排列的实时进程列表，操作命令如下：

```
top -o command
```

其他的 `top` 命令选项在表 20.2 中全部列出了。

表 20.2　top 命令的一些选项

`top -o`	按照名字的排序显示所有进程，默认 pid，但是以-o 结尾命令会依据程序或者进程名字进行分类
`top -u`	按照占用的 CPU 资源排序，用来检查失控的进程
`?`	当 top 命令正在运行时，展示显示选项列表
`q`	当 top 正在运行时用来退出

打开第二个终端窗口，把它放在之前运行命令的窗口右侧。这样你就可以实时在左边的窗口中观察到右边窗口执行的程序了。在右边的窗口再一次运行 `sleep 15` 命令试试，你会在左边的窗口顶部看到按照字母顺序列出的 `sleep` 程序进程，并一直会持续 15s 后结束并消失。

除了基本的进程名称列表之外，`top` 还可以查看每一个进程所占用的记忆空间和 CPU 资源量。这提供了一个方便的途径来监控计算强度高的程序，从而迅速了解系统工作状态。如果你使用 `ssh` 登录一个实验室内的共享计算机来开始进行分析时，第一件事就是要用 `top` 命令查看是否有其他人占用了所有的进程来进行其他分析。如果你自己的计算机不明原因的开始发热，你也可以运行 `top -u` 来查找一下可能的原因[4]。我们稍后将会提到如何终止这些进程的方法。

---

3 在 Linux 或者 Cygwin 中，你可能没有 Finder 程序，但换成其他程序名称，这个命令同样可以工作。

4 检查是否有 Ahem 或 Flash 内容在运行？

暂停任务并把它移至后台

如果你在运行命令时没有以&结尾，并且在命令开始运行后才发现想要把它移至后台，你可以先输入 ctrl +Z 来暂停这一命令。它与 ctrl +C 的区别在于，ctrl +Z 只是暂停而不是结束该命令的进程。它也不同于在程序开始进程前就将其放在后台的常用命令方法，因为那样的话进程还没有开始。请用 sleep 命令来尝试这一方法，持续一小段时间后加上 ctrl +Z，命令如下：

```
host:~ lucy$ sleep 15
^Z
[1]+ Stopped                 sleep 15
host:~ lucy$ ps
  PID TTY           TIME CMD
 5760 ttys001    0:00.02 -bash
 5954 ttys001    0:00.00 sleep 15  ←这里显示任务不但移至后台，而且已经暂停
```

输出的结果和运行 sleep 15 &后用 ps 获得的列表很像，两个结果都列出了 PID 代表的进程，而你也都能在 sleep 结束前对 shell 继续进行操作。然而，最大的不同就是，如果超过 15s 后用 ps 来查看的话，就会发现这个进程还会出现在列表里，因为它还一直在后台暂停并保持着未完成的运行状态。

想要只显示出所有的后台命令进程，也可以使用 jobs 命令。首先添加另一个 sleep 命令来让它在后台运行，然后使用如下的 jobs 命令：

```
host:~ lucy$ sleep 20 &
[2] 5989
host:~ lucy$ jobs
[1]+ Stopped                 sleep 15
[2]- Running                 sleep 20 &
```

注意我们新的操作进程的编号是 [2]，而且它也列在正在运行的进程里，与此同时，第一个由 ctrl +Z 暂停的 sleep 任务也列在停止进程里面。想要继续任务 [1]（后台中停止的 sleep 命令），可以使用 bg 命令加上任务的序号，如下所示：

```
haeckelia:~ haddock$ bg 1
[1]+ sleep 15 &
[2]   Done                 sleep 20
```

更新后的列表显示 sleep 15 现在正在运行，而任务 [2] 已经结束了。

同样，fg 命令可以将暂停的任务移至前台。因此，熟练地联合使用 ctrl +Z、jobs、bg 和 fg 命令就可以方便地使进程在开始和暂停、前台和后台之间来回转换了。

用 kill 命令来结束进程

一旦你用&或者 bg 把任务放置在后台，就不能通过 ctrl +C 来终止这个进程了。这是因为键盘输入只能用来控制位于前台的程序，因此一般的方式没办法阻止它们。可以用来终止一切进程的命令很恰当地被称为 kill 命令，这一命令操作中用到的 PID 就是在 ps 和 top 命令所显示的 PID 号码。

请尝试用后台的 sleep 来测试这一功能，但这一次让它运行 60s。然后用 ps 或者 top 命令来获取进程的 PID。最后使用 kill 命令来停止这个进程，再用 ps 检查一下进程是否真的已经结束了，具体操作如下：

```
host:~ lucy$ sleep 60 &
[1] 5563
host:~ lucy$ ps
  PID TTY           TIME CMD
 5089 ttys000    0:00.06 -bash
 5563 ttys000    0:00.00 sleep 60   ←这里的第一个数字就是PID
host:~ lucy$ kill 5563
host:~ lucy$ ps
  PID TTY           TIME CMD
 5089 ttys000    0:00.06 -bash
[1]+  Terminated              sleep 60
host:~ lucy$
```

在一些特殊情况下，某个顽固的程序可能无法用 kill 命令来终止。这时，强制它终止的方法就是使用最高级的秘密武器 kill -9 了。如果进程是因为你没有足够的权限，因而不能结束它，这时你可以用 sudo 命令来提高权限。这个命令是系统最高权限，具体操作如下：

```
sudo kill -9 5563
```

这会绝对结束任何运行的进程，因此要限制使用(尤其是在处理共享计算机上属于别人进程的时候)。

还有另外一个 kill 命令，即 killall，它可以通过名字而不是 PID 号来结束进程。这包括强制结束在 Finder 窗口中运行的 GUI 图形界面程序，因此使用这个命令时必须十分谨慎，因为它会结束所有名字匹配的程序。例如，如果你一连串运行了几个 sleep 30 &，一个 killall sleep 命令就会结束所有这些进程。如果你是 OS X 系统的话，尝试输入以下命令来查看会产生怎样的结果：

```
killall Dock
```

在某些特定的情况下，kill 命令还可以用来防止你丢失数据，或者能挽救没来得及保存的工作，即便是这些程序运行在 GUI 上而不是通过终端运行的。举例如下，当计算机由于某一程序(例如浏览器)而死机，你还能通过 ssh 远程登录到那台计算机，只要你能在第一时间想到这个办法。一旦连接后，你就能用 top -u 命令找到这个讨厌程序的 PID 或名字(通过查找 CPU 的占用程度高，或者一个你知道的已经被冻结的程序)。这样从远程计算机发出的 kill 命令就能够结束这些程序进而释放系统，并使你能保存你此时正在其他程序中运行的工作。

用 nohup 命令使任务继续进行

当你关闭终端或者退出登录 ssh 连接来结束 shell 程序时，所有在 shell 中正在运行的程序也都停止了。这种情况即使某些进程还在后台运行的时候也会发生。这就意味着，当你远程连接到服务器并开始运行一个程序，一旦你退出登录后这个程序就停止了。如果需要几个小时、几天，甚至几星期才能运行完成一个程序，那么始终保持你的计算机与服务器连接实在是太不方便的一件事了。

为了防止关闭 shell 程序后终止进程，你可以在开始程序之前，在程序名称前插入一个 nohup(**no hang-up**) 命令。这意味着即使 shell 程序关闭，这个程序也会一直保持运行。

使用 nohup 是确保你程序持续运行的一个好方法。如果你的程序在进程中输出了错误的信息，虽然它们还一直在输出，但是目标(终端窗口)却不在了，这会使程序立刻结束。我们很少会让你使用没有完全解释的命令，但是对于全部命令的内部工作内容的详细描述，我们所要做出的解释会远超出本书的范畴。如果你觉得它有用且高效的话，那你就默认接受如下的这些奇怪的语法规则吧。

设想你的程序通常在下面这条命令下可以正常运行，更改路径保存输出内容到文件 log.txt 中：

```
phrap infile.sff -new ace > log.txt
```

换句话说，它会自动运行，像这样把你的命令插入到粗体代码之间：

```
nohup phrap infile.sff -new ace > log.txt 2> /dev/null < /dev/null &
```

这个初始的 nohup 命令让你在退出登录后在没有影响的情况下，程序还能继续运行。而在 2>后面的语句会把产生的错误放到一个叫做/dev/null 的假想空间——实际上就是不把它们放在任何地方。最后的&符号使程序在后台运行。

通常情况是，我们知道进程运行的时间会长得超出预想。如果你在远程计算机上开始一个你认为只要一会儿就能结束的进程时，就不需要在开始前加上 nohup 了。但是如果你发现几个小时后，在你需要收起计算机回家的时候它还在运行，你可能会希望不要结束进程，因为那样会导致失去之前所有运行结果。

幸运的是，有一种方法可以对已经开始的程序进行修改，这样就不至于进程在关闭 shell 程序后不得不全部终止。首先，用 ctrl+Z 暂停进程，并用 bg 1(或者是任何已经记录的实际任务的 PID 编码)把它放到后台去。虽然这时进程被移动到后台去了，但它依然属于现在的 shell 程序，仍然会随着 shell 程序的关闭而终止。因此需要再使用 disown-h 命令，就可以使进程摆脱 shell 程序，确保它在 shell 关闭后不受影响继续运行。但是如果你运行一个十分重要的程序文件很长时间了，现在确定要退出登录时，最好在这之前测试一下这个命令。如果程序正在输出运行结果，并且在以上 nohup 命令的输出设置没有发挥作用，那么该程序还是有可能在你退出之后被终止。

用 renice 命令更改程序的优先级

通常除非受到如硬盘速度或者 RAM 等因素的限制，分析程序总会在完成前一直占用可用的进程。有很多程序设计为一次只会占用一个进程，而不管计算机一共有多少个处理器。也就是说，它们只会最大限度地使用一个处理器。而另一些程序被设计并且配置成可以同时占用多个处理器运行。但无论上述任意一种情况，只要有多个程序需要同时运行，那么它们之间就会相互竞争运行资源。当计算机的进程被运行程序全部占满时，如果再开始一个新的程序，就会使其他的程序处理速度降低。

有些时候，一些程序要比另一些程序更重要。这时你可以使用 renice 命令来调整每一个程序的优先等级，使它比其他程序占用更多或更少的进程资源。运行这个 renice 命令需要两个指令，一个是你想要分配给指定程序的优先等级，另一个是要先用 ps 命令获得的这个程序的 PID。优先等级可以是从最高级-20 到最低级 19 之间的整数值。刚开始时，每一个进程都默认配置为 0 的优先等级。

一个典型的 renice 命令如下：

```
lucy$ ps
 PID TTY           TIME CMD
29932 ttys000   0:00.01 -bash
29938 ttys000   0:00.06 raxmlHPC -b 13 -# 100 -s alg -m GTRCAT -n TEST
lucy$ renice 19 29938
```

这里，这个 raxmlHPC 进程被降到最低的优先等级了。

如果你在一台计算机上运行一个分析程序，它要占用所有的进程，并且会运行很长时间。但这台计算机还需要间歇地用于其他的用途，比如用显微镜进行拍照。这时，你就可以用 renice 命令把该分析程序的优先级设置为最低的 19，这样这个分析程序就可以在计算机没被占用时全速进行，而同时也不会妨碍到其他程序的正常运行(除非你限制了其他的系统资源)。

高 效 计 算

在通常情况下，你连接到的远程服务器会是一个可以用来进行高效计算的大型计算机集合。在这些机器上运行软件要比在你自己的计算机或是一个小型服务器上分析数据复杂一些。这是因为分析软件必须被使用和设置成可以同时处理多个进程，而这些进程又要直接受控于任务管理工具，这样才能按需给不同用户分配合理的可用资源。

这里，我们简单介绍了几种经常会面临的问题，同时提供几种解决的办法。但是通常在实际使用前，你还需要咨询系统管理员才能获得关于该系统的更详细的使用信息。

并行程序

有些分析任务一次只能在一个处理器中运行。这是因为每一次计算都要用到之前的计算结果，所以把任务分配到多个处理器并不能提高速度。但是也有很多分析可以分成几个独立的部分，从而能够平行地在多个处理器中进行。每一部分在统计分析中必须是相对独立的运算单元，它们是一个巨大整体的一部分。用多个处理器解决问题需要的不仅仅是将问题分类从而在多处理器中分析获得优势，同时也需要软件本身被特殊设计，使它可以在多个处理器中使用并行工作的模式。

在最简单的情况下，一个分析过程通常是根据一个输入文件来逐行读取内容的过程，再通过这一行的内容来进行具体的运算。这样的分析过程可以用最简单的办法进行并行计算，先把输入文件分割成若干份，再同时分别分析它们，最后把结果合在一起就行。你甚至可以手动操作。比如当你的计算机是四核处理器，你可以将输入文件分成四等份，并同时开始四个分析进程(每一个输入的运算命令后面都跟上一个`&`，这样就能及时返回提示符)，最后再把所有的结果组合起来。

但是大多数情况下，这样平均分配任务往往很困难，而且计算时进程之间还需要广泛的交流来协调计算和交换数据。并行数据分析程序往往需要借助第三方软件，而很难随意拟写一个软件来解决这些复杂的问题。其原因在于，在远程计算机集群上安装有很多用于大规模分析的软件，而且它们工作时会产生相互影响。在集群上运行分析程序，首先你要告诉它你想要运行的软件的名字，包括所有与分析相关的设置，实质上就是与其他程序一起运行并行程序。需要注意的是，这些操作并不能神奇地把任何分析过程自动拆分成并行计算任务，这些分析软件只是通过工具来协调运行。

一个应用最广泛的并行分析工具软件是 Open MIP library(`www.open-mpi.org`)。根据你的系统配置，使用 `mpirun` 或者 `mpiexec` 命令来操作 Open MIP 软件进行并行分析。如果你自己的计算机有多个处理器和可用的操作系统，也可以在你自己的计算机上安装并使用 Open MIP。其他类似的技术还包括 Pthreads 和 Boost C++中的多线程库。

大型计算机集群上的任务管理工具

如果大型计算机集群上的每个人都能任意登录并随意使用软件，那样势必会造成巨大的混乱，以至于最后什么都做不了。因此需要借助任务管理工具合理安排，帮助协调怎样运行分析工作和分配计算资源等。如果你借助任务管理器运行你的分析程序，就不需要用到前面提到过的用于程序控制的一些命令了(比如 renice、nohup 和 bg)。任务管理器会帮助你照看好所有的一切，你只需使用一些必要的命令就行了。

当你通过 ssh 连接到远程计算机集群时，你可以访问很多内容，可能会用到你学过的所有熟悉的标准命令行工具。虽然你可以像在自己的计算机上一样，通过输入软件名字和指明特殊用途来进行运算分析，但是通常情况下它们会因为运行太长时间或者占用太多资源而被终止掉。因为，虽然你可以坐在计算机前用几分钟使用 gunzip 命令来解压缩文件，但无法用 5 天时间通过 phrap 命令来组装一个基因组。替代方法是你需要为这个分析准备好配置文件，然后提交给任务管理器。

通常配置文件是包含了各种命令选项，并且能被任务管理器读取的 shell 脚本。一般情况下，程序会有很多不同的命令选项，决定了分析需要占用多少核心处理器，以及它们应该如何在计算机集群上分配资源。在这些配置文件中，开始是建立登录任务，随后安排计算资源，接下来添加用于分析的命令行，可以是一行或者多行命令。

当配置文件准备好以后，你要把它提交给任务管理器。这和排队类似，如果有足够的空闲资源来执行你的任务，那么任务就会立即开始运行，否则它会等到其他占用资源的分析程序结束才能开始运行。

在学术研究集群上，两个最常用的任务管理器：一个是 Protable Batch System，也叫 PBS；另一个是 Oracle Grid Engine，之前叫 Sun Grid Engine，也就是现在所说的 SGE。上述每个系统都有它自己的配置文件格式和不同的管理任务命令。如果你要使用一个计算机集群，首先要向系统管理员要一个任务分配的脚本范例，在范本基础上根据自己的需要进行修改，这样就能够很快熟悉任务管理系统，用合适的命令来提交和管理任务了。

搭建自己的服务器

在这之前，本章所有内容都关注在如何连接和使用远程服务器上。然而在一些情况下，你需要搭建自己的服务器。有时候也许你需要把自己的计算机配置成服务器，用来测试并学习一些特殊的软件包，或者你可能想把实验室的计算机配置成服务器来分析或者提供远程数据访问。

搭建服务器并不像听起来那样令人畏惧。实际上服务器就是一个可以接受来自特定服务请求并传递和运行这些服务的一台计算机。搭建一台服务器的主要流程如下：

- 安装并配置服务器软件来提供期望它提供的服务，比如，ssh 接入点或者一个 Web 服务器。其中一些通用的服务器软件，比如用来作为 Web 服务器和 ssh 连接的软件，在很多操作系统中都默认安装了。
- 在服务器上配置防火墙，确保得到希望提供的服务访问权限，而限制不需要的服务权限。防火墙能够对网络服务提供额外的安全防护，但是有时也能可能会给服务带来干扰。

- 确保你的本地网络(比如建筑内或者校园网络)可以连接到外部的计算机。大多数本地网络都有全面防护的防火墙，就像每台计算机都有自己的防火墙保护一样。虽然这些提供了额外的安全保护，但是会导致一些必要的连接也被禁止。这时你就要跟系统管理员协调，让他授权你的计算机可以接受某些特殊的远程服务。在一些极端情况下，某些规则会禁止在任何情况下内部的计算机进行远程连接。
- 获取你的服务器 IP 地址或者主页域名，这样其他的计算机才能找到它。

通常搭建服务器就是设置和打开已经安装好的一系列软件即可，但在有些情况下则有可能变得相对复杂一些。你可能需要安装一些特殊软件，或者需要和网络管理员协商来配置服务器的访问权限。接下来我们详细讨论服务器搭建的相关细节，重点在实现 ssh 访问服务。这个例子中的网络服务配置方法与其他类型的服务器配置都有高度相似性。

> 在 Ubuntu 系统中，ssh 服务不是默认安装的，但可以使用 Synaptic 安装包管理器添加安装 openssh-server 服务

配置 ssh 服务器

在远程登录 ssh 之前，需要确保已经为你的计算机设置好了一个不容易被随意猜测到的登录密码。这个密码会用在验证 ssh 连接上。不安全的密码会是严重的安全隐患。

OS X 系统自带 ssh 服务器软件。打开系统偏好并选择分享模块就能激活它。点击远程登录复选框，这样就能开始运行 ssh 服务器软件，并可以接受远程的 ssh 连接。

OS X 系统的防火墙是通过系统偏好里的安全模块来设置的。如果你的防火墙正在工作，任何分享模块可用的服务都会被添加到防火墙许可的服务列表中去。

查找地址

想要连接到一台计算机，你必须先知道它的 IP 地址。在你的 shell 模块中，计算机的主机名被自动储存为系统变量 HOSTNAME。如果想要找到这个主机，只要简单地输入 echo $HOSTNAME 就可以。用下面的变量输入 host 命令来得到你的 IP 地址：

```
myhost:~ lucy$ host $HOSTNAME
myhost.practicalcomputing.org has address 100.200.10.20
```

用 Shell 中的 ifconfig 命令，也可以找出你的主机名，命令如下：

```
myhost:~ lucy$ ifconfig
...
en0: flags=8863<UP,BROADCAST,SMART,RUNNING,SIMPLEX,MULTICAST> mtu 1500
    inet6 fe80::11a:bbff:33bb:aa11%en1 prefixlen 64 scopeid 0x5
    inet 100.200.10.20 network 0xffffff00 broadcast 100.200.10.255
    ether 00:11:22:bb:cc:ee
...
```

由于你在计算机上可能有很多的连接选项(比如以太网和无线网卡)，这条命令就返回了比 IP 地址多很多的其他信息，这就意味着你要在一堆信息里找出 IP 地址。有线网卡的地址信息在 en0:下面一行里，紧挨着写着 inet 的地方。WiFi 地址会在下一行 en1:显示出来(需要留意的是这个地址和 en0:不在同一行，所以使用 grep 命令不是很容易找到)。

在我们这个假设的例子中，系统的 IP 地址是 100.200.10.20。这个 IP 地址会随着每次连接到互联网而改变。因为本地系统会动态地赋予你一个新的地址(你可能听说过 DHCP，也就是动态主机自动配置协议)。这个地址会随着你的计算机每次断开又重新连接而变化。这是没有办法的，因为你断开连接的时候这个号码就变了。也就是说，当你想要远程登录该机器时，你并不知道当时的 IP 地址是什么。这里有几个解决办法。首先，你可以用$HOSTNAME 返回的名字作为你的系统名，这比一个动态的 IP 地址要更加稳定。其次，你可以向网络管理员索要一个固定的 IP 地址，它固定给某个特定的计算机，不会像 DHCP 一样随时变化。

远程连接时还有可能造成另外一种潜在的地址混乱。某些路由器，包括 WiFi 基站，设置成归属于单一 IP 地址池。在这个路由器之后，会建立一个在所有计算机之间共享信息的子网络。而从外面看来它们就只是一个设备(这个路由器)，只对应一个路由器的 IP 地址，在这个设备内，路由器再把每一个计算机的网络地址分配给各个计算机，并且只能在子网络内使用。也就是说在子网络中的 IP 地址与在正常网络中的 IP 地址是不一样的。你可以很容易分辨出哪些是子网络的 IP 地址，因为它们通常有固定的格式，比如 10.1.X.X、172.X.X.X 或者 192.168.X.X。在子网络下进行远程连接时，你就需要用一个特殊的工具 **port forwarding**，对你的路由器进行一个特殊的设置。根据你使用的路由器品牌和型号，在网上可以查找到合适的外网连接设置方式。

很多网站都可以报告你在网络上的实际 IP 地址，比如 whatismyipaddress.com。如果你查询到的网络 IP 地址与执行 ifconfig 时显示的不一样，那就是因为路由器将 IP 地址重新分配给了你的计算机。执行 ifconfig 所查到的只是你在子网络上的 IP 地址。

用 ssh 连接到你自己的计算机

一旦 ssh 服务器开始运行，你还可以从自己的计算机连接到自己的计算机上。当你这样做的时候，你的计算机既是客户端又是服务器。即使你没有连接网络，你也可以连接到你自己的计算机。这听起来好像没什么意义，因为你就坐在你自己的计算机前，不需要通过 ssh 来使用它。但是当你不能连接到服务器的时候，你可以通过这样的方式来体验一下如何使用 ssh。当你对 ssh 有不理解的地方，想测试连接来解决问题时，这也是很有用的好办法。当你用前面说的方法把你的计算机成功设置为 ssh 服务器后，请尝试用 localhost 作为地址去连接它，注意要把 lucy 换成你自己的用户名，密码和一开始系统登录的密码一样。

```
ssh lucy@localhost
```

在你按下 *return* 键，再输入密码之后，你应该会看到与你第一次打开终端窗口时一样的问候语。这是因为 ssh 在登录到你自己的计算机后建立了一个新的 shell 程序。你完全可以像没用 ssh 一样操作系统和输入命令。当你想要离开这个 ssh 时，只要输入 exit，你就能重新回到你原本登录时的提示符了。

总　　结

你已经学会了：

- 在网上可以通过主机名和 IP 地址找到你的计算机；
- 客户端和服务器之间的区别；
- 如何通过 ssh 得到远程机器命令行的访问权限；
- 如何用 zip 或者 tar、gzip、gunzip 来打包或压缩文件；
- 如何使用 sftp、scp 或者图形界面在远程服务器之间传送文件；
- 如何用 ctrl + Z、bg、fg 和&管理程序；
- 如何用 ctrl + C、kill 或 sudo kill -9 终止进程；
- 如何用 ps 和 top 确定进程的 PID 和 CPU 占用程度；
- 如何用 nohup 和 disown 使程序在 shell 程序关闭的情况下继续运行；
- 远程运行大型并行分析程序和高性能计算机集群的任务提交方法；
- 把标准计算机设置成为服务器的步骤，重点在如何设置 ssh 服务器。

第21章 软件安装

几乎每个人都有过在计算机上安装软件的经历。很多常用的程序只需要双击即可安装并运行，但是，当安装某些专业的软件(如科学命令行软件)时，过程会更复杂。对于很多用户来说，在命令行的计算环境中，阻碍他们工作顺利开展的关键步骤往往在于如何安装，而不在于如何使用软件。在这一章中，你将学习到基本的软件安装流程和背景知识，这些内容将帮助你学会处理安装软件时可能遇到的各种问题。

概　述

在最简单的情况下，安装由他人编写的命令行软件，其所需步骤和安装你自己写的程序(前几章节已经有所涉及)相差无几，两者都至少有以下三个基本要求。第一，程序语言必须能被计算机识别。在前几章中，我们用于写程序的Python语言和bash语言都是能被计算机上的软件翻译识别的。第二，程序必须放在一个能被计算机找到的文件夹里(即在一个已经定义好 PATH 的文件夹中)。第三，程序文件必须有可使它运行的文件权限。你应该很熟悉如何满足后面的两个条件了，如果不清楚的话，请回顾一下第6章。实际上，如果你把examples文件夹中的脚本拷贝到了你自己的~/scripts 文件夹中，你就已经安装了由他人(即我们)编写的软件。

使用命令行中的安装工具有时候就是这么简单。但是，通常还有些其他需求，以及各种各样的因素会使得安装过程更加复杂。对于初学者来说，这可能会让你有些沮丧；对于有经验的用户来说，也会是很耗时的问题。这些难题包括：

- 软件并不会总是以计算机可识别的语言呈现。根据不同的语言，程序需要被解释(编译)成一种计算机可识别的语言。在某些情况下，还需要安装一个翻译器。
- 一个新软件通常还需要程序包、库、组件才能正常运行。在运行程序前，你必须先安装这些**附属文件(dependency)**，同时这些附属文件还有它们的附属文件。一般来说，安装许多附属文件之后目的程序才可运行的情况并不常见。
- 程序的运行需要特定的文件与指南来记录配置、储存中间文件、处理数据的输入与输出，安装时已经新建了这些文件夹。
- 软件需要了解计算机的某些特性，如联网配置，以及处理特定文件类型时优先选用的处理程序。安装脚本可自动获取这些信息，或让用户来设定。

- 在启用新程序时，常需要更改或更新某些已存在的文件，如.bash_profile等。同样地，安装过程中可自动完成变更，或让用户手动完成设置。

接下来，我们将更详细地解释这些问题，并且提供典型的解决方案。即使在开发者未给出明确帮助的情况下，你学习到的技能也将能够帮助你在计算机上正常安装和使用所需软件。

开源软件 有一种方法能够获得多种优势，既能利用编译后的二进制代码运行的高速度，还可以利用带有用户可读型代码的便利性。也就是说，在发布源代码的同时，也发布相应的二进制代码，这就是开源模式。在此模式中，用户能通过源代码查看进程，还能编译可执行的二进制文件，根据自己计算机的具体情况优化到最佳状态。开源软件的版权通常是开放的，任何人都可以使用和修改它们，并且在传输给其他人时也要求保持同样的版权特性。开源版权特性通常也适用于解释程序，甚至从程序文件的源代码文件就开始了。这就明确授权给用户，可以自由发布和修改程序。

越来越多的科学家编写程序时采用了开源模式来发布程序。当那些初学者意识到需要自己从源文件编译出二进制文件时，他们可能会十分震惊甚至充满抱怨，而实际上这却是作者的好意。

最流行的常用开源软件库有sourceforge.net、github.com、code.google.com等，像安装Python所需的比较特殊的程序和组件，都可以在pypi.python.org里找到，Perl程序的存档文件可以在www.cpan.org里找到。当你在下载和安装软件时，计算机主机对互联网是呈暴露状态的，所以千万不要忽视安全问题，应该坚持只从可信任的来源获得软件。

解释程序与编译程序

解释程序语言与编译程序语言的差异在第7章中略有涉及。在那个阶段，两者的区别可能理解起来比较抽象，但此阶段它与安装新程序是紧密相关的。计算机的大脑——微处理器，只能够识别其内建的机器语言。为了正常运行，程序必须已经使用了计算机内建的机器语言，否则必须使用其他程序(如Python或Perl语言)来快速解释为机器语言。

解释(interpreteel)程序以文本格式文件储存与运行，它包括了一系列人类和解释器都能读懂的命令行指令。在前几个章节中，你所编写的程序都使用了这种可解释语言，其解释过程由shebang行指出的程序来完成。

用原生计算机机器语言编写的程序是以二进制文件的形式储存与执行的，因此被称为二进制文件。计算机机器语言的主要便利对象是数字逻辑电路而非用户，毕竟很少有用户会直接编写二进制代码。通常，这样的文件都是先用更加人性化的语言写成的，然后再被翻译成二进制文件留以备用。用人性化语言写成的原始程序文件称为源代码，**源代码(source code)**再被翻译成二进制文件的过程称为**编译(compiling)**。在这一章中，我们不会涉及用于编写源代码的计算机机器语言，我们将重点讨论如何编译源代码，以及接下来如何安装。常见的编译语言有C、C++和Fortran。大多数的GUI(图形用户界面)就是用这样的方法开发的，还可利用专用平台的库来处理图像与用户界面元素。本章将重点关注如何从源代码进行编译的过程。

编译器(compiler)的功能是将源代码转换成可执行二进制文件。编译器的种类有很多,比如在Unix系统上常用的gcc程序。举例说明:首先,创建一个名为rosetta.c(一个小程序,具体见附录 5)的文本文件(在 pcfb/scripts 文件夹中可以找到它),然后在命令行中输入gcc rosetta.c,通过gcc创建一个默认名为a.out的可执行文件。输入./a.out就可以使a.out运行(./的作用将在稍后章节中解释)。用gcc来创建二进制文件是最基础的方法,该过程不便于充分利用其他库文件的好处或照顾用户偏好。还有一些更加灵活的编译方法,比如程序员们常使用make来完成更灵活的编译。它会事先读取一整组文件,然后把握住关键的线索,再调用gcc对各附属文件进行独立编译,并能够根据特定需求设置选项。

附属文件和平台的特异性不仅对二进制文件的编译有要求,对解释程序也有相似的要求,即需要一个事先编译好的解释器,它可以解释书写程序所用的语言,并包括了所需的库和各种组件。OS X 和 Unix 系统都带有常用语言的解释器,但如果你使用的是Windows系统,则需要自己安装。

安装软件的方法

这一节主要介绍在 shell 中如何安装二进制的命令行程序。有三种基本的安装方法,由易到难分别是:使用已被编译好的二进制文件安装,使用安装包管理系统安装,由自己来编译二进制文件后安装。通常你可以根据计算机平台,选择一个最简单的方法开始学习。

Readme.txt 和 Install.txt

已经发布的软件通常带有一个名为Readme.txt或README的文件。这个文件中包含了一些关于程序用途、开发者、证书、开发历史等重要信息,以及在安装过程中需要特殊注意的细节。你可能会对Readme.txt感到厌倦,甚至在整个安装过程中都不会点开它。但是如果迅速浏览一下该文件,后续就可以节省很多时间。初学者不妨从阅读这个文件开始,因为它通常会指导你一步一步地完成软件的安装,虽然这些都是很常规的流程。

安装细节有时不写在Readme.txt中,而是单独写在Install.txt或INSTALL中。不过一般情况下,Install.txt是个安装脚本的配置文件说明,而不能直接拿来安装软件。你需要在文件编辑模式下打开或用less指令浏览其中的内容。

通过预编译的二进制文件安装程序

开源程序并不意味着用户必须从源代码进行安装,只代表源代码也是可以获取的。开源软件的开发者们为各种计算机提供了多种编译好的二进制文件,通常就放在源代码旁边。如果你不需要查看或更改源代码,并且二进制文件又与操作系统相兼容,你就可以直接下载并安装二进制文件。有时二进制安装文件可以单独下载。但很多情况下,源代码发布时会被放到一个压缩文件包里，当你下载解压后就有源代码文件和一些二进制的安装文件。

从用户的角度来说，可执行的二进制文件和可执行的文本文件之间差别不大。它们可以储存在计算机文件系统的同样位置中，通过完全一样的方式从命令行中调用。安装一个可执行的二进制文件其实就和安装一个可执行的文本文件一样简单。二进制文件必须和你的计算机系统兼容，你不需要为此专门安装一个解释器，因为它是机器语言直接编写的，微处理器可以直接理解其语句。你可以查询第 6 章了解更多相关知识。

自动安装工具

第二种安装方法，利用了一类叫**软件包管理系统**(**package management system**)的工具，只需简单的双击就能安装开源软件。这些程序工具不仅能下载和编译源代码(或为系统下载二进制文件，如果这样的文件可以获得)，还可以安装附属文件，处理系统配置。这种方法可以节省大量时间，也无需很强的专业技巧。如果你发现需要用某个开源软件，但在你的计算机系统里还没有安装好，不妨先考虑利用这些工具来解决问题。

在 OS X 中，一个最常用于得到开源软件的系统是 Fink。你可以从 `www.flink-project.org` 上下载 Fink。Fink 在安装好以后，会更新可用开源软件的列表，你可以从中选择安装。你可以通过命令行运行 Fink，也可以通过一个名为 Fink commander 的图形用户界面来运行，后者会更为方便。

OS X 中还有另一个选择——MacPorts。这个系统优点很多，包括有大量软件库、能自动处理附属文件等。但 MacPorts 有时候也会带来不便，比如即使你的计算机上已经存在某个可用软件了，它还是会再安装一遍自己版本的这个软件。例如，你想安装一个 Python 程式包，MacPorts 会从头安装一遍 Python，这个过程会耗费数小时。但实际上你只要直接运行 Python，就可以很方便地添加程式包了。你可以在 `www.macports.org` 上下载安装 Python 所需的二进制文件。通过 `port` 命令就能完成操作。在搜索一个含有关键词或部分关键词的程式包时，输入 `port search` *`keyword`*，搜到程式包后，必须用程式包列出的名称进行安装，用如下命令：

```
sudo port install packagename
```

比如说，当你搜索 `bioPython`，会得到一系列与 Python 对应的不同版本，如 Python 2.5 和 Python 2.6。所以不能只输入 `port install Python`，你应该具体指定 `py25-bioPython` 或 `py26-bioPython` 作为安装目标。

大多数 Unix 配置都带有简易的软件安装管理器和图形用户界面，其中有些带有科学应用的扩展分类。在 Ubuntu Linux 系统中，你可以通过应用菜单里的 Add/Remove 来添加程序。你也可以通过 System ▶ Administration 来使用 Synaptic 程序包管理器。从命令行里你可以用指令 `sudo apt-get install` 来安装为 Ubuntu 准备好的程序包。至于其他类型的 Linux 系统，你可以尝试用 `yum`、`rpm` 等程式包管理器来处理。

从源代码安装命令行程序

有时，你会发现程序无法获得编译好的二进制文件，或者使用 Fink 这样的程序包管理器也无法获得；有时你会发现要修改程序才能使它在你的计算机上正常运行。遇到以上情况，解决方案就是要从源代码进行安装。由于源代码都是以 Unix 为基础的，OS X 和 Linux 都能使用那些通常为 Unix 平台编写的程序。如果是命令行程序，即使在有 OS X 版本的情况下，也不妨下载 Unix 版本。这是因为 Unix 版本经常最先更新，它为 OS X 计算机编译的版本完全可用。

准备好你的计算机

日后你可能会需要检查某个程序的版本，或者要改写、重发布、重编译某个程序，所以最好保存好源代码。建议在你的主目录里新建一个名为 src 的文件夹，用来储存源代码和你编译的各种软件。

```
mkdir~/src
```

接下来，要确保安装好了编译源代码需要的软件，至少需要一个编译器。几乎所有版本的 Linux 都会自带一个编译器，但在 OS X 和 Windows 系统上就要单独安装它。OS X 系统带有一系列编译工具，但并不会默认安装它(至少是在编写本书时还不会)。它们被命名为 XCode，放置在 Mac 的随机 DVD 中的 Optional Installs 章节下。如果安装盘不在手边，你也可以从 developer.apple.com/mac/处下载并安装，但它需要你先完成免费注册。

解压源代码

源代码几乎都是一组文件集合，而不是单个文件。这些文件集合通常会用一个存档文档来发布，你可以在自己的系统上再进行扩展。为了节省宽带和硬盘空间，这些存档文件通常需要压缩。这样的压缩存档文件，也称为打包文件，会跟有.tar.gz 或 tar.z 的后缀，或者它们会被压缩成一个.zip 格式的压缩包。这些压缩包和档案文件的相关内容，我们已在第 20 章远程服务器中讨论。

我们将用在第 19 章中讨论过的 ExifTool，作为这个演示过程的示范文件。打开你的 Web 浏览器，用我们在 tinyurl.com/pcfb-exif 建好的 URL 快捷方式来下载 Unix 版本的源代码档案。当你下载好 Image-Exif 档案文件，你的浏览器可能会保持为一个压缩存档文件，也可能会自动解压这个压缩包(得到后缀为.tar 的文件)，甚至可能对.tar 文件也进行解压，得到后缀为.tar 的文件和一个包含文件内容的文件夹。

在 Unix 的图形用户界面中，当你双击一个压缩文件或档案时，会打开一个显示压缩文件目录的窗口。这其实只是一个预览模式，你可以点击窗口上部的 Extract 按钮来完成操作。如果这个档案文件在下载后会自动扩展，请将包含有源代码的文件夹移动到~/src 文件夹下；如果不会自动扩展，请将这个档案文件直接移动到~/src 文件夹下。用 cd 进入到~/src，再用 gzip -d 或 gunzip 命令进行解压，然后用 tar -xf 将档案中的所有文件分开[1]：

```
mv ~/Downloads/Image-Exif* ~/src ←也可能被下载到了其他地方
cd ~/src
guzip Image-Exif* ←未解压
tar -xf Image-Exif*.tar ←解压
```

编译与安装二进制文件

现在你已经将含有源代码的文件夹放到了一个方便找到的位置，你可以输入 cd 进入到该文件夹，并且用 ls 浏览。某些情况下，软件开发者已经发布好了预编译好的源代码二进制文件，当中如果有一个适合你的系统，你可以通过 cp 指令把它复制到~/script 中，就可以进行接下来的步骤了(注意，程序必须放置在变量 PATH 中列出的某个位置，这样 shell 才能找到它们，我们已经建好了~/script 作为放置可执行文件的空间，并且已经把它添加到了 PATH。你也可以新建一个名为~/bin 的文件夹用于放编译好的二进制文件，并且把它添加到 PATH 中)。

在其他例子中，你通常需要找到名为 README 和 INSTALL 的文件，当中有如何编译和安装这些软件的详细指导。另一个重要文件是 Makefile，这是一个提供给编译器的文本文件，包含有如何从源代码文件建立一个二进制文件的指令。

在要用到 ExifTool 的情况下，你需要自己建立 Makefile，然后编译可执行文件。执行 tar -xf 指令，你会得到一个文件夹，包含有源文件和指导安装的配置文件。移动到程序的目录，即可开始配置、建立(用 make 指令)、安装(用 sudo make install 指令)的过程：

```
cd Image-ExifTool-8.23 ←移动到新建的文件夹中，版本数可能有所不同
perl Makefile.PL ←这个程序用 Perl 脚本写 Makefile，某些则不用
make ←用以上的 Makefile 建立(编译)这个程序
sudo make install ←使用你的超级用户特权，把文件安装到特定位置
```

默认情况下，make 指令通常的设置文件的名称为 Makefile(区分大小写)。如果包含指令的文件名称为其他名称，如 Makefile.OSX，你就需要重命名或者用-f 让 make 识别新名称：

```
make -f Makefile.OSX
```

Makefile 文件有时是其他名称，常见原因是它针对不同的操作系统和不同的计算机结构需要有不同的版本。在一切顺利的情况下，make 指令能够解析 Makefile，

1 有许多不同的命令用于解压缩和解开存档文件。有些设计为一个线性命令，可以用管道把多个 shell 命令结合在一起。比如用 tar xfz archive.tar.gz 等命令，你也就能够一步完成解压缩并同时解开存档文件。这个例子中，没有短横线(-)在 xfz 之前，与在 tar -xf 之中不同。

并且根据它来选择用哪个编译器编译哪些文件，还能够将它们组合为一个可执行的二进制文件。

在很多安装过程中(也包括这一个)，Makefile 不仅包括如何建立二进制文件的信息，而且还包括在系统的什么位置进行安装，以及安装过程中还需要做出哪些必要的改动等信息。这些后续过程可以用如下指令完成：

```
sudo make install
```

使用这个指令可以缩短构建二进制文件所需的时间。如果这个步骤执行成功，二进制文件就会从~/src 目录下拷贝到特定的系统文件夹下。每当你重新登录时，就有这个新的可用程序了。

变化情况 1：现成的 Makefile

在第 16 章我们讨论过 agrep 工具的编译和安装流程，它是非常简单的。首先要从 ftp://ftp.cs.arizona.edu/agrep 上下载 Unix 版本源代码(上面有很多文件可用，在本书印刷时相关的文件是 agrep-2.04.tar)[2]，然后将它移动到~/src 文件夹中进行解压。在这个例子中，提供了现成的 Makefile 文件，不需要另外用脚本创建了。这种情况不需要计算机做特殊的配置，通常是最简单的软件安装过程。在未解压的目录里输入 make，就可构建可执行文件。

提供的 Makefile 不包含在编译后要如何安装文件的信息，所以用 make install 就不会做任何事情。你需要自己把可执行文件放到系统里的适当位置[3]。将 agrep 可执行文件从源文件夹移动到~/scripts 或者 PATH 中的其他位置：

```
mv ./agrep ~/scripts
```

变化情况 2：用./configure 生成 Makefile 文件

在之前的 ExifTool 例子中，perl Makefile.PL 指令能够生成设置文件，但这类情况不常见。如果在你下载的源文件夹中没有 Makefile 文件，而有一个名称为 configure 的文件，它是一个单独的脚本，能生成一个定制的 Makefile 文件，用来匹配你的操作系统。在运行 make 命令前，你需要先执行这个文件。在 README.txt 文件中会解释 configure 指令什么时候该用、如何使用。有些情况下，在你执行 configure 命令时有很多选项可以指定，用来决定编译程序时需要生成哪些特性。

下一个安装例子是编译 ImageMagic 软件，它利用了 configure 指令的优点。然而由于它有很多的附属文件，所以这些指令不一定能在你的系统上按特定要求执行。如果用这些指令都无法顺利执行，你可以利用这个机会了解一下 Fink、MacPorts 或其他包安装管理器的工作机制。

---

2 注意这是 FTP 的链接，不是 Web 链接。它可能会要使用其他专门程序下载，而不是使用 Web 浏览器下载。

3 在 OS X 中，安装 agrep 的 man 文档时，可用以下指令将其从源文件夹中复制：sudo cp agrep.1 /usr/share/man/man1/。

你可能还有印象，在第 19 章中我们提到 ImageMagic 是一个功能很强的图像处理系统，实际上在某些系统中都会默认安装它(输入 convert 命令，检测一下在你的系统中是否已经安装了它)。在这种情况下，这里提到的流程能够帮助你更新它并且安装 Unix 操作手册页。

在 OS X 或 Linux 系统中，你可以从 http://sourceforge.net/projects/imagemagick/files 的项目页面，下载 Unix 版本的 ImageMagic 源文件。

合适的文件名称应为.zip 或者.tar.gz，名称中没有 windows 字符。将这个文件移动到你的~/src 文件夹中，像之前一样进行解压，然后用 cd 指令进入到解压生成的文件夹中。

如你所知，如果无法找到脚本就无法使其运行。我们已经提到过在你的 PATH 中添加位置，然而，当你的计算机上有太多配置文件时，你一定不想选择把它们全都移动到~/scripts 文件夹后再运行。另外一种运行一个不在 PATH 文件夹中的脚本的方法是，当输入指令时指定它的完整绝对路径。如果脚本位于当前工作目录下，你可以使用快捷方式来指明它的绝对路径。

请回忆，cd..指令能进入包含现有目录的文件夹，因为..是表示“包含此目录的文件夹”的快捷键。类似的，一个点表示当前位置的文件夹。因此，在运行前，需要指明当前工作目录中 configure 脚本的完整路径时，你可以在输入命令前加上./：

```
host:ImageMagick lucy$ ./configure
```

./路径说明符和~/快捷键类似，~/能够把到达主文件夹完整路径插入到命令行中，但./插入的是工作目录的完整路径。

在 ImageMagick 源文件夹中，运行./configure 会显示出一长串状态消息，在结尾处有使用什么编译器来建立可执行文件的细节信息。在编译过程中，它将这些信息写入到了一个自定义的 Makefile 文件中。完成后，你可以使用 make 指令来编译所需程序的二进制文件，这个过程耗时较长！

关于安装 ImageMagick 的指导可以在 Install-unix.txt 文件中找到。这时，这个文件将告诉你如何激活或禁用某些任选功能。如果因为附加文件不能找到或不能安装导致安装失败，你可以通过禁用某些选项，尤其是字体编码、X11、PostScript 支持(可通过一个名为 Ghostscript 的程序包实现)来检测基本功能是否正常。在你运行./configure 时就应禁用相应组件，这样才可正常生成 Makefile。如果你必须倒回去再次运行 configure，那么一定要先完成稍后将提到的清除步骤。其他常见问题解决技巧，都包括在 Install-unix.txt 文件中了。

ImageMagick 安装好后，你可以通过 convert 指令对其进行操作，所以请输入 man convert 来了解该程序的特点与功能。

安装 Python 组件

Python 组件通常都提供了安装脚本。脚本一般都在源代码文件夹中，命名为 setup.py。为了安装 Python 组件，要先移动到源目录中，然后运行安装脚本，请输入：

```
sudo python setup.py install
```

这个指令能够运行必需的编译和配置步骤，以便让库在你的计算机上能够正常工作。不必在 setup.py 前加./configure，因为这里所指的可执行文件是在 PATH 中的 python 程序。

作为一个实践的例子，请尝试安装用于串行通信的 pyserial 库。先在 pypi.Python.org/pypi/pyserial/.上下载源档案文件 pyserial-2.5-rc2.tar.gz (或者最新版本也可以)。将该文件移动到~/src 文件夹并解压解档，请记住你可以在命令行按在 tab 键来自动完成文件名：

```
host:~ lucy$ mv ~/Downloads/pyserial-2.5-rc2.tar.gz ~/src
host:~ lucy$ cd ~/src
host:src lucy$ ls
Image-ExifTool-8.23.tar.gz    agrep-2.04.tar
ImageMagick-6.6.2-8.tar.gz    pyserial-2.5-rc2.tar.gz
host:src lucy$ tar xfz pyserial-2.5-rc2.tar.gz  ←解压解档
host:src lucy$ cd pyserial-2.5-rc2  ←移动到新建文件夹
host:pyserial-2.5-rc2 lucy$ ls
CHANGES.txt MANIFEST.in README.txt  examples  setup.py  ←安装文件
LICENSE.txt PKG-INFO    documentation  serial   test
host:pyserial-2.5-rc2 lucy$ sudo Python setup.py install  ←需要授权
Password:
running install
running build
running build py
...
changing mode of /usr/local/bin/miniterm.py to 755
running install egg info
Writing /Library/Python/2.5/site-packages/pyserial-2.5 rc2-py2.5.egg- info
host:pyserial-2.5-rc2 lucy$
```

这些是安装的全部过程(直到它可以工作)。你可以看到建立程序时附加的升级更新状态，setup.py 脚本也会将文件复制到程序的安装主文件夹中，让你写的 Python 程序能够使用它。根据我们的经验，用 setup.py 流程安装 Python 库，通常比用软件包管理器更简单，并且效果更好。

故障排除

软件无法编译或安装无法完成怎么办?

软件安装过程并不总是很简单。大多数情况下，“罪魁祸首”可能就是一个或多个附属文件的问题——程序运行需要的辅助支持文件。因为它们负责处理图像、通信、读取与编写文件，与数字计算的专用程序相比，附属文件具有更高的平台特异性。安装这种极具特性的图形程序，需要一点实验和网络搜索过程。下面是一些在安装过程中常见故障的排除方法。

探索 Makefile 文件的内部奥秘 如果你查看 Makefile 文件内部，你会发现与操作系统相关的行，有些未被注释(移除#)，有些被添加了注释(在行前添加了#)，有些以其他方式被编辑过。通常(但并不总是那样)文件内部的引导注释会告诉你哪些地方需要改变。

如果你编辑了 Makefile 文件，请把原始版本重命名后保存好，以便在你需要时再找回它(之所以你需要重新命名原始文件，而不是刚编辑过的文件，是因为 make 程序只能够识别 Makefile 这个特殊的文件名，找到设置信息)。编辑完后，在用 make 编译之前，你需要清除掉之前的编译操作生成的一些文件。你可以用 make clean 命令，或者手动删除所有文件名末尾有 .o 的文件。你还可以删除这个程序的所有源文件夹，然后在你下载的原始档案文件里重新建一个文件夹。这一步骤确保了你之前对程序操作留下的文件，不会干扰对排除故障的尝试，虽然你还是要将编辑后的 Makefile 文件储存到原始文件夹中。

警告 警告消息和报错消息是有关键区别的。错误通常会导致安装失败。在很多编译过程中，都会出现一长串的警告消息，标记出了开发者在哪些地方可能用了一些快捷缩写，或者处理流程不是那么严格地适合你的系统要求。如果你的编译过程能够顺利运行到底，这些警告信息通常就可以忽略，不会有什么不利的后果。通常它只是与程序风格、完整性、严谨性等方面相关。如果二进制文件无法运行，警告中可能会提供一些线索，比如库文件无法与主程序连接的信息。如果显示 lib 或者 dylib 文件无法找到，请特别留意。

权限 如果你比较幸运，安装出错的原因可能仅仅是由于权限错误。这是一个比较容易更正的错误，你可以用 chmod u+x 指令完成权限更改，或者用 sudo make 或 sudo make install 指令激活有超级特权的 make 指令。

故障排除附属文件 如果你的程序运行失败，是因为还有一些所需的文件或者库没有安装，请先尝试分别安装它们。这一步骤能不断缩小导致程序安装失败的比例。相反，如果在完整安装前已经将附属文件分别安装好了，可是因为安装器找不到特定的库文件。当你用 MacPorts 安装一些特定文件，同时手动安装其他文件时，这类问题可能会发生。此时，你应该把这些附属文件作为安装的软件包中的一部分，再次进行安装。ImageMagick 就是一个例子，因为它依赖于很多具有平台特异性的图形库。

平台的技术细节 如果在错误的平台上编译二进制文件(例如，Linux 错为 OS X)，当你试图运行它时，可能会得到错误信息 Cannot execute binary file。如果用多处理器编译程序时，也可能会发生类似的错误。有时，一个二进制程序可能会被编译成在 64 位操作系统上运行的——这与执行时要操作多少内存储存块有关，当你在比较老的系统上操作时，会产生未知错误。这种情况下，你需要重新编译或下载合适的可执行文件，确保你选择的程序可以在 32 位操作系统上工作。如果你不知道你的操作系统支持哪一类，就直接选择 32 位，这样不会造成较大的影响。

上网求助 如果安装还是没法顺利进行，可能是 `Makefile` 出了故障或错误。这些故障通常并不是由程序员的失误导致的，所以在网上的言辞不要太过激烈。也可能仅仅因为编程时在计算机上可以运行的程序，并不一定在你的计算机上也能正常工作。网络上或许已经有人和你遇到了一样的问题，所以请到网上求助(加上引用符号，以词条搜索)，然后看看他人的建议。

从源代码安装软件虽然比较困难，但它为你打开了一个通往宽阔的软件世界的大门，否则你可能就无法使用它们了。

总 结

你已经学习了：

- 三种安装软件的方法
  使用为你的系统编译好的二进制文件；
  用 Synaptic、`aot-get`、Fink 等软件包管理器；
  从源文件编译。
- 编译步骤
  用 `gunzip` 和 `tar -xf` 来解压缩和解存档；
  用 `./configure` 生成 `Makefile`；
  用 make 编译；
  用 `sudo make install` 安装。

进一步学习

很多用于生物学多个分支学科的专用程序，只有源代码形式可用。了解并熟悉下载、编译、安装工具等知识，一定会对你的工作大有帮助。

第 22 章　电子学：与物理世界的互动

很多科学计算任务不仅仅是重新格式化数据和分析数据，有时还需要对信息进行更多地处理。首先，数据需要被输入你的计算机里，这常常是通过在物理世界中运行的各式各样的传感器自动完成的。尽管有些传感器十分精密复杂，只能作为昂贵仪器设备的部件才能购买到；但除此之外，多数常见获取数据的任务，比如监控温度或是其他环境变量，都可以通过你自己建立简单的系统来实现，这就是本章的着重点。有能力创作自己的传感器系统，根据需要自己定制电子设备与物理世界互动，可以说是最有成就感的科学计算领域之一。自己动手做设备一般都会比购买现成的产品要便宜；此外，你还可以原创定制设备的一些特殊功能，它们可能在其他预制的系统上从来没有。最后，既然如此多的设备都使用串行端口，我们就提供一些关于串行通信如何使用和疑难故障如何排除的背景知识。

生物学中定制的电子产品

生物学中定制电子产品的典型情景

很多情况下，通过定制自己构建的电子设备，可以大大地便利你的生物学研究。例如：

- 当你担心冰箱温度不够稳定，但又不想高价购买一个 400 美元、能够联网的温度监控器时，你就可以将一个温度探头安置在冰箱内，然后用电线接到连在冰箱旁边计算机上的定制电路上。只用几行计算机代码，你就可以编程电路来将冰箱的温度每分钟发送到计算机上一次。这些温度数据可以储藏到数据库里，然后你可以编程命令计算机：一旦温度超出了某一个你指定的范围，就发送一条警告邮件到你的手机上。
- 当你对抽提的 DNA 进行过柱纯化时，每滴 20 滴，你就需要转换到下一个收集管。如果你没有自动分馏收集器，每两滴间隔 1min 的话，你可能需要等上一整天。这时你就可以安装一个发光二极管和一个光电转换管，使每次滴落都会挡住一次光路，将它连接到计数电路上自动执行。这样你就可以安心离开此仪器，长时间去干别的事了。
- 如果你的实验需要在遥远的野外环境下监控太阳辐射和氧气含量，你可以将多个传感器连接到一个独立运行的电路上。此电路能够将传感器数据转换成数字，并且自动储存在记忆卡里。

- 如果你想监视海龟在海里捕食时所处海水的深度和方位，你可以创建一个电路用来记录数据，通过一个压力传感器和一个电子指南针采集所需的信息。随后将该设备用环氧树脂密封好，再黏附在海龟壳上。为了随后下载采集的数据，你可以在电路中植入一个无线数据发射模块。
- 如果你需要一个可编程的搅拌机，你希望搅拌机可以在不同时间点、不同间隔的频率来提起一组试管。你可以在架上安置一个 10 美元的模型伺服马达(一种特殊的电动马达)，连到一个执行器电路上，然后编程伺服器来控制它的动作。整个系统花费仅 40 美元，而且你使用完以后，所有部件还可以用于其他事情。

本书不会涵盖每个示例所需的所有技能，但是我们会向你指明完成类似任务所需要的最基本的工具。在这我们将重点关注通用微控制器电路板的结构和使用方法。

具有复杂微控制器的简单电路

如今对于一个没有丰富的正规工程经验的人来说，创建一个定制电路系统已经比数十年前要简单多了。40 年前，任何人想要建立一个电路都必须用到最基本的零件，如电阻、晶体管、电容、传感器和二极管等。这就要求具备丰富的电子工程理论知识，必须耗费很长时间，还要有将成百上千个零件组装在一起的经验。即使这样，电路的整体复杂性也必须加以限制，因为它要从零开始组建起来。然而，在过去的 30 年，公众已经可以获取大量各种各样类型的微芯片。这些微芯片内含有预制的数亿组件的电路，并且已经把所需组件都集合在了一起，使复杂电路的构建变得非常容易。

很多微芯片是为了完成一个特定的任务专门设计的，但在过去的十年里，拥有完整计算机功能、集合了通用微控制器的微芯片数量激增。它们虽然对错综复杂的数据分析任务来说，太过于缓慢和低效，甚至大部分芯片连驱动一个显示屏和键盘的计算能力都没有。然而，它们非常廉价(多数是低于 10 美元的)，用电很少，能够相对简单地合并到其他电路组件或者计算机上，并且被设计得很容易编程。可以将它们连到多类执行器(如电机和伺服器)和传感器。在你周围，微芯片正在替代设备中内建的专门定制的电路，如洗碗机、空调、电子微量移液器、数据记录仪、手电筒，以及任何需要电池或是插头的东西。

微控制器恰巧符合我们书中所讲述的技术内容——这些灵巧的工具可以让你应对各种任务的挑战(图 22.1)。与此同时，摆弄这些芯片也能训练动手能力。在指令的控制下，微控制器可以充当手提电脑或者台式机对物理世界交互的界面，用于数字化传感器数据、把它传输给计算机(图 22.1C)、控制执行器的动作。在这些情况下，它们相当于一个完全可定制功能的计算机外围设备。从另一方面来看，它们也可以并入独立设备中。此时它们充当的角色就是监控控制器、记录数据(例如，一个湿度记录仪)、根据传感器数据执行简单的任务(例如，滴定计数器和空调，图 22.1B)，或者作为无需传感器输入的物理设备的控制器(例如，试管摇床，图 22.1A)。

建一个定制微控制器设备需要以下几个步骤：

- 第一，想象和设计将设备连接到物理世界的用途——找出合适的传感器，思考如何与其相连接；

- 第二，将微控制器芯片连接到其他组件来建立一个传感器/执行器电路；
- 第三，将微控制器连接到电脑然后对其编程。因为微控制器没有显示屏或键盘，所有的软件必须在计算机上写好，然后传到微控制器的记忆器里；
- 第四，在有些情况下，当该设备用于作计算机外设时，编程附带的计算机去读取和分析数据。

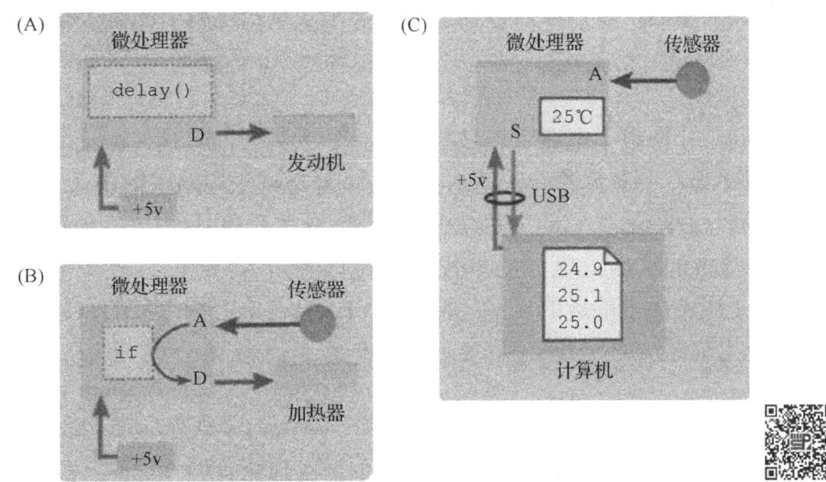

图 22.1　微控制器在生物学应用的常用用途。在微处理器方块图(橙色)中，“D”代表数字输出，“A”表示模拟端口，而“S”表示串行端口。(A)这个独立电路延迟指定时间段后会将电机转动一定数量的角度，无需用到任何传感器。(B)作为标准的独立电路，通过监控模拟输入端的温度探头，然后使用微控制器自己的程序来决定当温度低到一定的临界温度时就打开加热器。(C)微控制器作为一个计算机的外部传感器。微控制器从探头感受到温度，转换成数字值，然后从 USB 端口把数据发送至计算机存储成文件。USB 连接线同时也为微控制器提供电源。(彩图请扫二维码)

由于原理上基本相同，软件对大众也变得越来越实用，并且更容易获取，因为软件已发展得更加复杂多样，非专业人士使用复杂微控制器要比使用上一代简单的微控制器容易了很多。这是因为它们含有先进的内部电路，从而大大降低了外围电路组建的复杂程度。在最简单的实例中，微控制器甚至只需用一个电池和一两个电子零件就行了。在实践应用中，它们常常需要稍微多一点组件，包括：电源调节供应器、输入输出端的保护、(如果有必要还需要)一个按钮 y 用于软件的重置、指示灯，以及用于连接传感器和执行器界的连接原件。

电子社区已设计出简单的面包板，它们包含微控制器和其他基础组件。5min 之内，这样一个面包板便可以从组件中取出，并连到计算机上，然后设置好开始采集数据，全过程根本不需要加热烙铁。此类标准板中，最流行的就是 **Arduino**(`www.arduino.cc`)，它有多种不同尺寸和形状的内建套件。Arduino 面包板上的 Atmega 微控制器预装了简化编程过程的软件。Arduino 是一个“开源硬件”，就像开源软件一样，所有设计均免费获取，而且这些系统建立的时候就有意允许人们用新颖的方法修改利用。多个制造商生产符合 Arduino 标准的面包板，所有编程需要的软件和应用软件都可以免费下载。

电子基础

我们的目标不是在这一章之内教会你电子学，我们只是让你了解少许最基础的电子元件，它们是搭建基本微控制器电路中不可缺少的必需元件。如果你有兴趣以后从事电子和微控制器相关的事业，我们强烈建议你认真参考本章结尾列出的有关指南。

电流

与因特网不同，一个电子电路可以被想象成是一系列内部有液体流动的管道。这种“液体”就是电子，管道中水流的一些基本概念也同样适用于电路中的电子。在电路中，电子的流量叫**电流(current)**，它的度量单位是安培(通常都是用毫安)。电路里任何一个点的电势类似水管中的水压，电势的单位是**伏特(volt)**，因此我们常常称电势为**电压(voltage)**。功率是用来衡量能量的流量，简单来说，就是电流和电势的乘积，单位是**瓦特(watt)**(经常是用毫瓦)。

基本元件

了解一些基本电子元件的属性并熟悉用那些词汇来描述它们，这是一个良好的开端，不仅可以帮助你搭建自己的电路，而且能帮助你理解在网上或其他地方看到的电路。表 22.1 介绍了一些在电路图里最常见的电路元器件。

表 22.1　常见电子组件

符号	名称	属性与用途
	电阻	限制电流在路径上流动
	电容	短暂性存储电荷，抑制电压变化
	二极管	允许电流向一个方向流动；保护电路；用于“整流”交流电为直流电；也可以当作分压器
	LED	发光二极管
+	电池	电路的能量来源
	地	常用的零电势参照点；等同于负极端
	晶体管	开关或者放大信号

续表

符号	名称	属性与用途
	可变电阻器	可以灵活控制限制电流流动；可以用一个手柄或靠光、温度信号来控制其电阻大小
T		
	继电器	电磁开关；可以用一个低功率的电路来控制一个高功率电路的开关
Vcc 5 2 6 3 7 4 GND	集成电路	精密整合的电路，包装好了各种元件，可以提供如下几种功能：定时、逻辑和信号处理

电阻是最重要的电子元件之一。正如其名，电阻用于阻碍电子的流动。它类似于水管中一个狭窄的管道截面。电阻两端的电位差越高(像管道两端的水压差一样)，流过电阻的电流就会越大，两者存在精确的对应关系，取决于电阻值的大小。电阻的单位是**欧姆(ohm)**。

用电信号编码信息

传感器是一种特殊装置，可以将物理属性转换成电信号编码的信息。它可以度量的属性不计其数，包括温度、力、压力、光、方向、导电性，以及化学成分(如 pH 和含氧量等)。广泛来说，用电信号编码信息可以分两类：一类是**模拟信息(analog)**，另一类是**数字信息(digital)**。接下来，我们就简要讨论一下这些术语。

一个实际的数据获取设备中的微控制器常常含有多个输入输出连接端口，可用于各种类型的编码。通常同样的引脚(端口)可以被编程为不同功能。举个例子，一个特定的数字输入输出引脚，既可以被设置成简单的输入输出开关，也可以作为串行通信端口用来发送文本文件数据；还可以通过脉冲宽度调节生成不同的变量输出。

模拟编码

简单的传感器通常都是首先使用模拟信号的。模拟信号呈现出的电物理状态通常是电流或电压，在一定的范围内连续变化(图 22.2A)。很多传感器基本上就是一个对环境变化敏感的可变电阻器：该传感器会被串联到一个定值电阻上，然后流过一定的电流，这个传感器电阻的变化就可以用两端的电压差测量出来。例如，在一个感光检测电路中，你可能在纯黑暗时测出电压是 0V，当一个电灯泡点亮时其电压是 1.3V，如果当屋内所有灯光都打开时其电压 5.0V。大多数传感器都会有一个饱和点，所以在我们的例子里，即使光的强度继续增大到太阳光的强度，你可能看到的电压还是 5.0V。微控制器里会植入多个模拟和数字转换器(A～D 转换器)。它们能将连续性的电压变化转换成数字形式，然后可以用软件来分析这些数字。例如，0～255 的整数值与电路生成的 0～5.0V 电压变化形成线性一一对应的关系，这样就可以用具体数值对应于传感器检测到的光强。

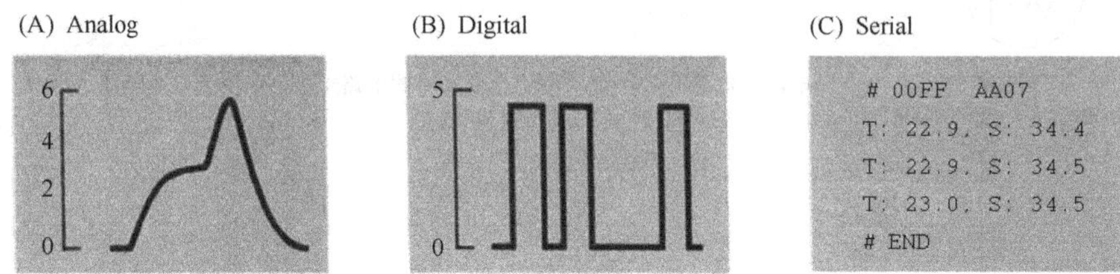

图 22.2　常见的用来编码信息的电信号类型。(A)模拟信号可以连续变化。(B)一个数字电子信号只能是打开或关闭状态。(C)串行信号是一种特殊种类的数字电子信号，用一系列开关脉冲代表复杂的数据，比如字母和数字。

数字编码信号

数字信号拥有不连续的特点，而不是连续的状态(图 22.2B)。通常这些状态是二进制的，就是说要么是开(多数仪器中都是 5V)要么是关(0V)的状态。就像模拟信号会有很多方式来呈现信息一样，数字信号也有很多不同的方式来编码信息。在此我们简要介绍其中的几个。

开关电路　一个数字信号要么是开要么是关的状态，它可以用来直接控制简单的仪器。数字输出可以直接用来控制一个指示灯的开关、控制气体阀门的开关，或是控制把动物放入实验场地的门的启闭。同样，在很多情况下，当输入端只有两种状态时，可以被轻松地编码成数字电子信号。这样的间断事件有很多，比如探测萤火虫何时发光、是否有液滴经过传感器，或者最简单的情况是按钮是否被按下了。

上述的所有事件，都可以用微控制器上的一个电子引脚来控制或测量。可以编程微控制器来监测引脚的开关状态，或是按照指令在特定的时间控制引脚的开关输出。大多数微控制器都有一定数量的引脚可以用于上述情形的输入输出。然而，将所有输入输出引脚都专用于少量特定信息的传递，虽然对简单的应用没什么问题，但是对于需要传递大量不同信息的仪器来说，就无法胜任了。

并行数据传输　你计算机里绝大多数的数据在微芯片内部和芯片之间都是通过并行(**parallel**)数据进行传输的。用一组数据线用来传递二进制数字编码(见附录 6)，每根电线指定一个特定的数字(1、2、4、8 等)，打开时与 1 对应、关闭时与 0 对应。这些数字都有特定的数字文本解释(例如，整数或浮点数，在前面关于编程的章节)，它们也可以代表其他类型的信息，比如 ASCII 代码(同样，见附录 6)。用来传输数据的电线数量，取决于微处理器计算时使用多少个二进制数字(比特，bit)。在计算机里，标准的处理器都是 32 比特和 64 比特的。但是大多数微控制器只用了 8 比特，这对于简单控制和监控电路来说绰绰有余，但是不适合进行复杂的计算。

计算机过去有连接外部设备的并行端口，主要是连接打印机。然而，这种连接方法每个比特就需要一根电线，导致插座很笨重，而且线缆较粗。其较高的造价和不便利，导致并行端口在现代计算机上已经几乎终止使用了。因此，虽然并行数据传输广泛用于仪器内部，但却很少再用于仪器之间的连接了。

串行数据传输　串行数据传输是并行数据传输的近亲。信息以开关信号的二进制数字编码进行传递。所有信号都通过同一根电线传输，而不是通过多根平行的电线分别发送独立的数字信息，它们根据时间来排列成一个序列编码的信息脉冲(图 22.2C)。常见的串行数据接口包括 USB(通用串行总线，Universal Serial Bus)、以太网、火线(FireWire)、SATA(Serial-ATA, 硬盘接口)和串行接口 RS-232。无线串行数据协议包括 WiFi 和蓝牙。如今，串行数据传输无处不在。

可能听起来串行数据传输比并行数据传输要复杂很多，在很多方面确实如此。数据必须先被打包成信号包，输入到一根信号线里，接着在另一端再解开这个信号包。这些过程都要求在背景里处理完毕。此外，由于每个数字都作为单个文件传输，而不是并行发送的，因此数据传输会比用多根电线的并行端口花的时间要长。但是随着电子装置越来越便宜，速度也越来越快，这种不便利已被轻松地克服了。与使用数十根电缆相比，海量的连接器使用串行通信方式，抵消了其他方面的开销，总体上极大地节约了成本。

传感器和仪器通常自带用来将测量值转换成串行数据的电路。大多数此类设备拥有 RS-232 串行数据接口，它古老且速度很慢，但是使用广泛而且很可靠。现在只有为数不多的计算机里还有 RS-232 端口了，不过便宜的 RS-232 转 USB 的适配器能够轻易购得。来自外部端口的串行数据可以直接用你的计算机里特殊类型的终端窗口接收，也可以通过 Python 和其他程序已安装的库和模块来读取，我们将稍后简述。

脉冲宽度调制　脉冲宽度调制(PWM)是另一种常见的编码信息方式。PWM 是一系列以标准间隔发送的脉冲，但是每个脉冲持续的时间是可变的。虽然在任何时间点上信号要么是开要么是关，但是信息是使用脉冲宽度来编码的，而不是用二进制数字来编码。如果脉冲的间隔足够短，PWM 可以被用来改变设备的平均功率，如同连续的模拟信号一样。例如，用 PWM 电路驱动灯泡，灯的发光亮度会随着脉冲的宽度增加而增加。PWM 常被用来驱动马达和其他高功率的执行器，因为通过快速开关电源调节功率远比通过降低电压来控制功率更加高效。

搭 建 电 路

电路原理图

它是一种特殊的语言，将电子电路的工作方式用二维示意图展示出来(图 22.3A)。这种图能显示出电线和各种元件，以及它们之间是如何相互连接的。当你在搭建电路的时候，你就相当于在把电路图翻译成实际物理元件之间的电路连接。

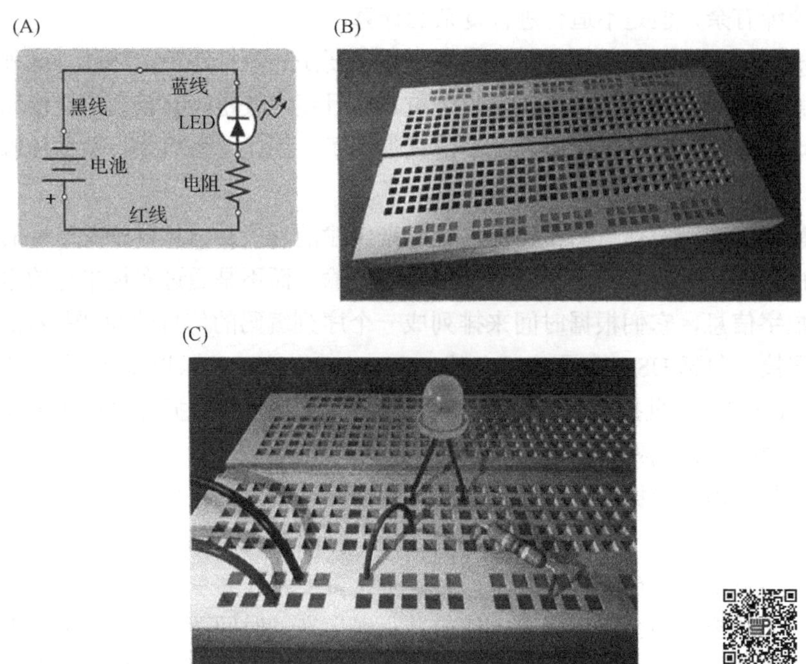

图 22.3　电路原理图、面包板和电路。(A)简单电路的电路原理图。(B)显示孔洞连接关系的面包板。(C)按照(A)图中描绘的电路，元件直接被放置在面包板上。(彩图请扫二维码)

如电路图 22.3(A)所示，这是一个极为简单的连接电池和发光二极管的电路，其中还包括了一个电阻，用于限制电流大小(没有电阻的话，发光二极管会被烧坏)。电路图显示了系统共有三个元件，在这个例子中，所有元件的名字都标注在上面了，而通常它们都只会用符号来表示。

很多元件都有极性，这意味着如果把它们在电路里放反了，电路就不会按照预期的方式工作。有极性的元件使用不对称的符号，就像元件自身的结构和标注一样。确保此类元件连接正确的方向很重要。例如，在这个例子中，发光二极管的正极一端的脚会长一点；其他元件，如电阻，是没有极性的。

实验面包板

一旦你设计好了电路，下一步就是把它转换成一个实际的电路，并把所有电子元件组装在一起。你需要的一部分元件可能已经在微控制器板上装好了，但是多数情况下，你还需要在板上补充几个元件，比如少数几个传感器，来完成你的指定任务。电子电路通常是用电烙铁将导线与元件焊接在一起(电烙铁是焊接电子元件的工具)。然而，为了初步测试和调试电路，你可以使用一种叫**面包板(breadboard)**的设备。这是一个布满小洞的长方形塑料板[图 22.3(B), (C)]。在板的表层下面，有些洞眼之间是相互连接的，这样导线和元件的脚不需要焊接就可以导通。连接微控制器和面包板有以下几种方法：①你可以使用几根电线连接微控制器和面包板；②你可以将整个微控制器当作一个电子元件插入面包板(这个适用于小面包板，如 the Arduino Nano)；③你可以将各种功能“模块”

直接镶嵌在微控制器面包板上。

如图 22.3 所示的面包板，有两行红色和绿色孔，同色的一行是从头至尾连通的。插入红色孔的电线会连通插入同一行其他红色孔的电线，但是不连通面包板另一侧的红色行（这些颜色在真面包板上是没有的，在书中只用来演示）。这几行常用于提供电源和地（也就是电池或者供电电源的正极和负极），它们给整个面包板上需要的地方供电。只需简单地将导线插到该行的一个孔上，然后将导线另一端插到需要供电的孔位上即可。

面包板中间部分的洞都是纵向连接的，如图 22.3 蓝色部分。插入同一列孔的不同电线之间会相互导电。面包板中间分隔成两栏，两侧的列是互不连通的。这里可以用来安装芯片（集成电路）的两列针脚，每个针脚与两栏的列分别相连接。如此一来，芯片上的每个针脚都方便连接了。

从电路原理图翻译成面包板电路

请观察图 22.3（C）中面包板电路，并且追踪如电路原理图所示的连接关系。黑色电线通往电池的负极（在图例外面），另一端连接到绿色孔。这样，连到绿色行的任何孔上，比如蓝色电线，都如同直接连接到电池负极上一样。蓝色电线插入面包板中部的一列，LED 的一只脚也插入了这一列。LED 的另一只脚则插入了另一列，这样它不会与蓝色电线直接导通。不过，电阻的一端连到了该列上，另一端直接连到了红色电线（电池正极），因为它连在红色行上。

如上所示，这个电路会使 LED 持续发光，直到电池用尽。如果你想给电路添加个开关，在蓝色电线的地方最为理想。中断此处的连接会阻止电流的通过，就关闭了 LED 发光。

串行通信的实践应用

与上述的独立电路不同，你的数据采集设备一般都需要设计成能与微控制器互动。这样的话，在你搭建好电子电路并连接到微控制器上以后，还需要将微控制器连接到电脑的串行端口上。这个步骤很有必要，因为这样才可以编程微控制器，才能让你的仪器一边运行一边将信息传输给计算机。微控制器板有的自带 USB 适配器，有的是 RS-232 端口。用 USB 端口的板子可以直接用连接线获得驱动电源，避免了工作时需要额外连接电源。

串行通信已被非常广泛地运用，它的重要性在于使得更多类型的物理仪器能够相互交流。这里我们提供一个通用背景知识，稍微超出与微控制器接口所需的主题之外。如果你足够幸运的话，可能已经有人建好了你做研究时正好需要的仪器，并且它能通过串行通信连接以文本格式输出你要的数据。按照正确的安装方式，连接好你的仪器和计算机，然后用不同的机制和程序来捕捉数据流，并且传送到计算机上进行分析、存储及显示（还有一些无线串行数据传输的方法可供选择，比如蓝牙、Zigbee、Xbee 等）。

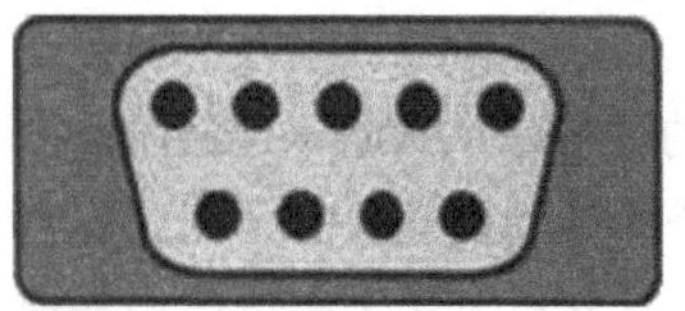

传统的串行通信连接口是用 9 个针脚的 RS-232 接口，如左图所示，叫做 DB-9(不要把它与模拟视频连接口搞混淆，视频接口有 3 行针脚而不是 2 行)。9 个针脚中只有 3 根连线是必须使用的，其中 2 根用来通信，1 根用来发送信号(TX)，1 根接收信号(RX)，剩下 1 根用来连接共同的地线。在旧的台式 PC 机上，这些附带的串行端口在操作系统界面上称为 COM1 或 COM2。新的计算机通常缺少这样的端口，但是通过 USB 转 RS232 适配器同样可以使用它们。当使用这些适配器时，你需要知道端口地址——发送和接收数据的地址。USB 转串行适配器安装好后，你的/dev 文件夹里会有一个文件像插座一样用于连接串行端口。在 Linux 和 Mac OS X 上，你可以列表/dev 文件夹内的内容，并寻找以 tty.*开头的文件。

```
Host: ~ lucy$ ls /dev/tty.*
/dev/tty.Bluetooth-Modem   /dev/tty.usbserial-A70064y
/dev/tty.Keyserial1
```

尝试/dev/tty*、/dev/ttyS*或 ttyusb0。你的设备名可能为 ttyS0

串行适配器的端口只有在插入后才会显示，所以如果现在输入这些命令，你可能看不到任何此类设备。你必须使用合适的程序路径，或是尝试通过其他数据采集系统来连接串行端口，如前所述。

波特率和其他设置

串行通信协议中有一些与数据传入传出使用惯例相关的选项。最重要的选项就是通信发生的速度，又称为**波特率(baud rate)**。如果数据以 9600 波特的速度发送，而计算机以 19 200 波特接收，那么你可能得到一些奇怪的、不可识别的字符出现在屏幕上。波特率最好能够匹配上两端都能支持的最快速度，并且能够在有效距离内无误传输。

其他影响串行通信的设置有：每个数据包的性质描述、包括的比特数、是否含有矫正比特(意思是其中一些比特是用来侦测其他比特中的错误)、多少个停止比特(每一串比特结尾的终结信号)。到目前为止，8-N-1 是最常见的设置(以上设置标准的简称)。除非有额外说明，否则你就应该使用这类设置。**握手(handshaking)**是指设备间数据何时传输和哪些串行数据可以传输的相互协商过程，可以通过程序完成(称为软件握手)，或通过额外的电线来完成(称为硬件握手)，或使用设备上内建的缓冲器(无需握手)。在最后一个选项中，一方会发送数据，并且默认对方一直在听，而且串行端口会尽量储存更多的数据，直到被程序读取为止。通常你可以关闭流量控制，并依赖缓冲区，但是一旦你需要打开它们时，软件流量控制一般为 XON/XOFF，硬件流量控制为 RTS/CTS。虽然你常会遇到多种不同的波特率设置，但数据和流量控制几乎总是使用以上所述的默认设置。

零调制解调器

计算机的 RS-232 连接端口很可能被设置使用连接器的 3 号引脚来发送数据(TX)，2 号引脚用来接收数据(RX)。相反，当一个仪器被设置与计算机对话时，它的连接器需要拥有相反的引脚顺序：3 号引脚接收数据，2 号引脚用来发送数据。这样一来，计算机通过引脚 3 发送出所有数据，而仪器的所有数据则从 2 号引脚发送出去(图 22.4A)。如果你尝试连接两个各自都认为是主设备的仪器(或两个都是从设备的装置)，它们就会产生冲突，每个设备的发送引脚都会试图推送出数据(图 22.4B)。要想解决这类问题，你可以在两仪器之间插入**零调制解调器(null modem)**。这一步相当于交换了引脚 2 和引脚 3 的位置，这样两个计算机就可以相互会话了(图 22.4C)。这种情况有时会在你设计使用串行连接的设备时发生，或是当你想将实验室的仪器连接到监控输出的电路时发生。

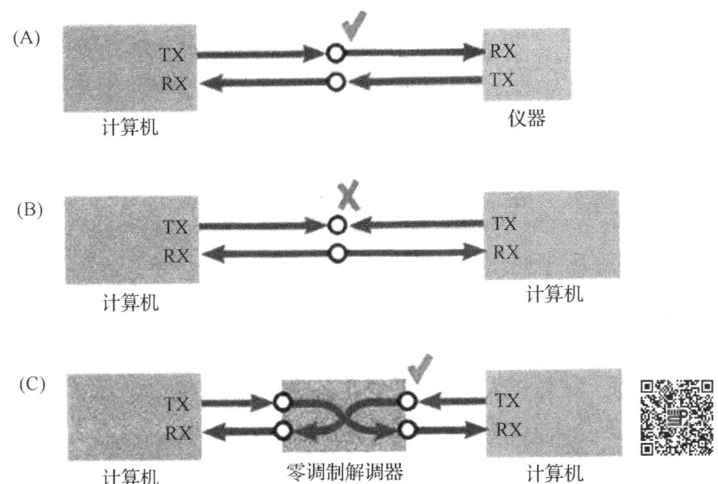

图 22.4　直接串行连接和通过零调制解调器连接的方法。(彩图请扫二维码)

串行通信的软件

有一些程序可以让你查看串行数据，并发送数据至串行设备上。在 Windows 系统环境下，你可以下载图形化应用程序 PuTTY 或 Tera Team，或可以使用 Hyperterminal 软件，在 Windows 7 以前的操作系统中，它是系统预装的实用程序。Mac OS X 上最流行的用于串行通信的图形界面软件必然是大名鼎鼎的 ZTerm。在 OS X 和 Linux 的 shell 终端窗口里，你可以用 `kermit` 或者 `minicom`，它们可能需要另外安装。

在 OS X 的 shell 环境中，串行功能也可以通过内置的 `screen` 命令使用。这里有一个在终端窗口使用 `screen` 命令的例子。请注意，只有当串行端口适配器插入的情况下才可以使用。

```
host:~ lucy$ ls -a /dev/tty.*  ←列出设备清单
/dev/tty.Bluetooth-Modem    /dev/tty.Keyserial1
host:~ lucy$ screen /dev/tty.Keyserial1 19200  ←以 19 200 波特率开始通信
```

此时你的屏幕便会开始显示任何经过串行适配器的串行数据，并且你键入的内容都会通过串行端口发送出去(通常，仪器将采用简单的文本命令来更改其采样频率或其他参数)。想要结束 `screen` 会话，键入 ctrl+A 然后紧跟 ctrl+\。

你可以用便宜的 USB 转 RS-232 适配器来享受很多乐趣，它让你可以和实验室里的仪器设备、传感器、甚至冰箱进行交流对话。

通过 Python 进行串行通信

构建一个微控制器设备通常只是任务的一部分。你可能还需要用新设备来记录信息，或者记录其他事件，或者采集另一个传感器的数据。为了处理更复杂的串行通信数据，你可以使用 Python 编程来完成，这样你就可以存储和显示各种串行数据。为了在你的程序里使用串行通信功能，你需要下载安装 `pyserial` 库，从链接 `pyserial.sourceforge.net` 里你能找到它。将存档解压并在终端窗口中用 `cd` 进入解压后的目录，安装它，请输入：

```
sudo python setup.py install  ←这时会提示你输入密码
```

请注意，安装后导入到程序中的模块叫做 `serial`，不是 `pyserial`。从很多方面而言，与串行设备交流与打开一个文件来阅读相似，使用相应的变量(在下面名为 `Ser`)作为源数据。因为串行数据流没有确定的预定长度，所以你读取时需使用 `while` 循环，而不是用 `for` 循环。当达到一定量的命令行或达到某条件时，就退出这个循环。以下展现的 `serialtest.py` 程序将从串行端口读取数据，然后将它们打印在屏幕上，该程序位于 pcfb/scripts 示例文件夹中：

```
#!/usr/bin/env python

# serialtest.py -- a demo of serial comms within python
# requires pyserial to be installed
import serial

# This address will not be the same
# find out your port name by using: ls /dev/tty.* and insert here
MyPort='/dev/tty.usbserial-08HB1916'

# be sure to put the timeout if you are using the readline() function,
#  in case the line is not terminated properly
# the other option is using ser.read(1), which reads one byte (=char)
Ser = serial.Serial(MyPort, 19200, timeout=1)
if Ser:
    i = 0
    # count lines and exit after 20
    while (i<20):
        Line = Ser.readline()   # read a '\n' terminated line
        print Line.strip()
        i += 1
    Ser.close
```

Arduino 微控制器板的实践应用

从哪里开始

Arduinos 是多用微控制器版，它们结构简单到可以用于小学生的项目，但是也能强大到足以创建复杂的机器人、仪器和各种设备。它有很多优秀的教程，有些还会教一些电子学的基本原理。我们推荐查看 Arduino 官方网站 `arduino.cc` 和 `www.ladyada.net/learn/arduino`。本章结尾处还推荐了几本与 Arduino 和电子学相关的书籍。

开始用 Arduino 最简单的方法，就是从 Adafruit Industries 公司(`www.adafruit.com`)或 SpartFun Electronics 公司(`www.sparkfun.com`)购买入门套件。这些工具箱包含了项目需要的微控制器板、面包板、导线和传感器等。提供的教程会带你练习一遍基本电路和运行需要用到的软件。一旦你成功运行了这些示例电路，你就可以添加你自己的传感器和执行器，并且更改和添加到已经提供的软件上。这将会逐步提高你的使用技能。

用 Arduino 搭建电路

Arduino 引脚可以灵活配置：有 14 个引脚可以执行数字输入或输出。其中 2 个数字引脚可在串行通信中当作 `TX` 和 `RX`，6 个用于生成脉宽调制输出(模仿模拟量输出)。6 个额外的引脚可用于模拟输入，用 10 比特信息(见附录 6)来编码 0～5V 电压，从整数 0 到 1023。这些多功能板的使用范围很广。图 22.5 显示一个简单的恒温电路，就像图 22.1B 一样，需要简单的模拟输入来读取温度，再用数字输出控制继电器来控制加热器的开关。微控制器无法直接给高功率的设备提供足够的电力，如加热器或者马达，但是它们可以通过控制中继设备，如继电器，来控制设备电源供给的开关(见表 22.1)。

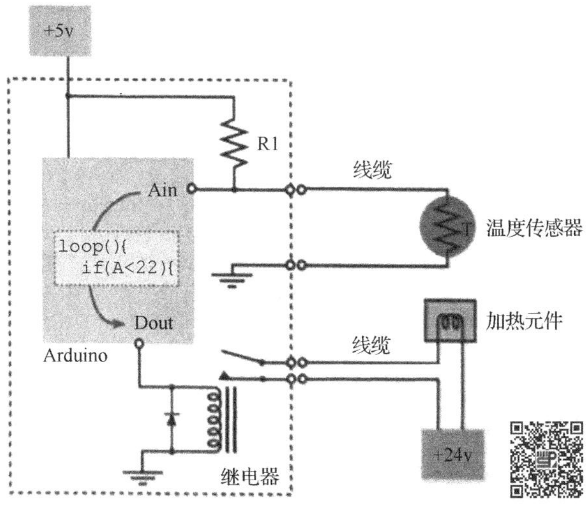

图 22.5　简单的恒温电路。将一个电阻随温度变化的温度传感器与一个固定电阻(R1)连接，可以将温度变化信息转换为变化的电压值，然后用 Arduino 的模拟输入端监控。用数字输出端驱动继电器来控制加热器的开关。加热器由一个独立的电源供电，该电源可以提供比 Arduino 更高的电压和电流。(彩图请扫二维码)

现在可以买到种类繁多的高级传感器，它们可以运行令人惊奇的功能复杂而又很容易组建的项目。传感器的种类分别有温度探头、加速度传感器、陀螺仪、光传感器、张力应变器、接近探测器、辐射传感器、磁场探测器、气体传感器、压力传感器、弹性传感器、指南针和麦克风等。大部分传感器都可以用 Arduino 软件，并且可以从供应商(如 SparkFun 电子公司)处订购到硬件，因此用它们构建项目可以说是简单到即插即用。

有一些 Arduino 微控制板，如 Arduino Uno(`Arduino.cc/en/Main/Aruino-BoardUno`)，被设计成小模块，预制好的电路板通过背部插针镶在微控制板上。前面已经提到了用于简单原型设计的面包板模块。用其他类型的小模块可以为控制器添加新功能，比如通过以太网适配器联网、通过无线连接其他 Arduino 设备、将数据记录到闪存卡、电机和伺服器的控制、通过 GPS 系统(全球定位系统)自动定位等任务。这些模块为许多科学任务做好了准备。对于微型的项目来说，the Arduino Nano 拥有功能齐全的各种模块，能减少占用体积，可直接插入面包板使用。

编程 Arduino

开源的 Arduino 编程工具(图 22.6)可以在 Arduino 网站上找到(`arduino.cc/en/Main/Software`)，适用于 OS X、Linux、Windows 操作系统。这个软件包可以用来编写程序、编译程序、将它们传送到 Arduino 芯片，还可以用来监控 Arduino 串行端口的信息流。除了在线支持之外，Arduino 还有一个非常棒的特性，就是在程序菜单中链接了许多示例脚本，所以你总是会很容易地找到可行的示例代码。

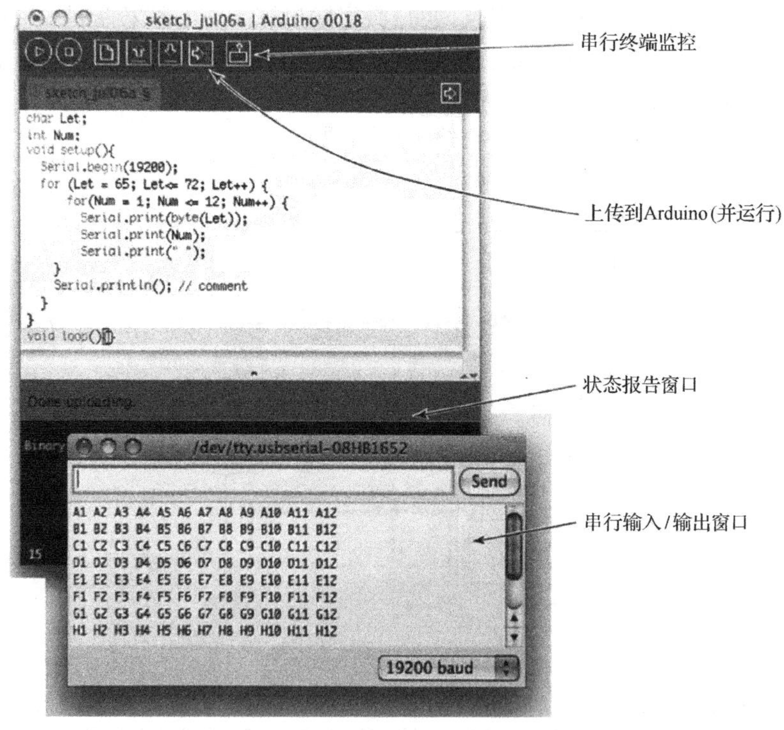

图 22.6　Arduino 编程界面显示一个示例程序。

Arduino编程语言是基于C语言的，但是就如同你已经在Python示例中见过的那样，大部分操作都不难执行。只要留意少量结构上的差异，就能帮助你加快起步速度。Arduino程序分为两大部分：setup()和loop()。setup()函数是设置启动电路时只需要单次运行命令的地方。在这里，你可以配置各引脚所需的项能，同时设为它们的初始状态。如果你可能在程序中用到串行通信的话，就需要在这里设置好串行通信：

```
int RedPin = 10;
int GrnPin = 8;
int InputPin = 14;
long previousMillis;

void setup()
{
  pinMode(RedPin, OUTPUT);    // set pin 10 as digital output
  pinMode(GrnPin, OUTPUT);    // set pin  8 as digital output
  pinMode(InputPin,INPUT);    // set pin 14 as digital input

  Serial.begin(19200);    // ...set up the serial output
  Serial.println("Starting...");

  digitalWrite(RedPin, LOW);   // LOW is predefined constant = 0
  digitalWrite(GrnPin, HIGH);  // HIGH is predefined 1
  previousMillis = millis();   // Store current time
}
// continue with loop() below ...
```

关于Arduino语言一些需要关注的事情：大多数行的结尾处需要用一个分号来表示命令结束。注释语句要用//表示，而不是用#。函数、循环语句或其他逻辑表达式的边界，在语句的开始和结尾处用大括号{}包围起来。行首空格对程序内容没有影响，但仍然是一个用来标记程序不同部分的好方法。与Python不同，你需要预先告诉系统哪种变量对应哪个名字；这时你还可以同时指定一个初始值。例如，如果你要用一个整数值，你可以写：

```
int X = 0;
```

由于用于存储数值的内存空间很有限，Arduino程序中的int类型的整数变量值只能在–32 768到+32 767的范围内。如果你加1到整数值32 767上，将会跳转到–32 768。为了避免这类问题，你可以用整数变量的long值代替，这将使值的范围增加到20亿。在Arduino实际应用中，监控时间经常要精细到毫秒。所以如果用普通整数值变量的话，你

几乎无法记录超过 1min 的时间的数据，因此即使对于很短的时间段来说，都需要使用 long 值。

在初始 setup() 函数之后，便是主程序 loop() 函数。该命令块中的命令将会被重复执行，直到 Arduino 电源关闭。这与你熟悉的相对线性的 Python 程序有着很大的区别，那些 Python 程序中可能也含有循环，但是一旦命令完成时就会自动退出循环。Arduino 这种固有的循环特性，使得它非常适用于设计监控和检测的任务。

设计用于 Arduino 程序的 loop() 函数的循环部分，通常都是在设定的周期内执行一次操作(例如，每隔 10s 测一次温度值)，而不是使用延迟 delay() 函数，它会在规定的时间间隔内一直挂起软件运行，最好让循环自由运行，通过检查时间的流逝，在超出指定时间间隔时就执行操作。这个基本惯例在许多基于 loop 循环的系统中都会用到，包括 LabVIEW，也就是我们马上要简要介绍的功能。

这里是一个实现定时循环的代码片段：

```
int Interval = 500;  // time between operations - does't change
long PreviousMillis = 0;  // current milliseconds - use long int

void setup(){
  //use the built-in millis() function to get the system time
  PreviousMillis = millis();
}
void loop()
{
  //check if an interval has passed. if not, continue looping
  if (millis() - PreviousMillis > Interval) {
   //we have passed the interval. do an operation here
   PreviousMillis = millis();  // redefine the reference time
   //continue the loop
}
```

如果你想把你的 Arduino 作品连接到图像界面上，或者连接到更复杂的数据采集程序，而不是简单的串行监控设备，那么你有如下几个选项。你可以连接到称为 Processing(processing.org)的编程环境中，其拥有高级图像功能；你也可以用一些 Python 界面协议(arduino.cc/playground/Interfacing/Python)；或者你可以通过串行接口连接到任何其他数据采集环境中，大多数 Arduino 设备都会支持这样的连接。

其他数据采集的方法

MATLAB 内建了通过串行端口采集数据的能力(在 MATLAB 提示符后，输入 `doc serial`)，所以可以在该环境中编写你的数据捕获、分析，以及展示管道等。

National Instruments(`ni.com`)的 LabVIEW 是一个功能很强大，但是价格昂贵的数据采集选项。NI 公司，众所周知，它销售了无数类型的卡和不同界面，用于对模拟、数字、串行或其他数据的采集。与多数其他语言都使用文本方式不同，LabVIEW 使用了图形符号来连通各种程序元素，如图 22.7 所示。每一种变量(例如，用户的输入、输出，测量得到的值，预先定义的常数)都是用一个盒子来表示，而且线条是用来表示各种变量、数学和逻辑运算器、循环和 `if` 语句之间的连接关系。

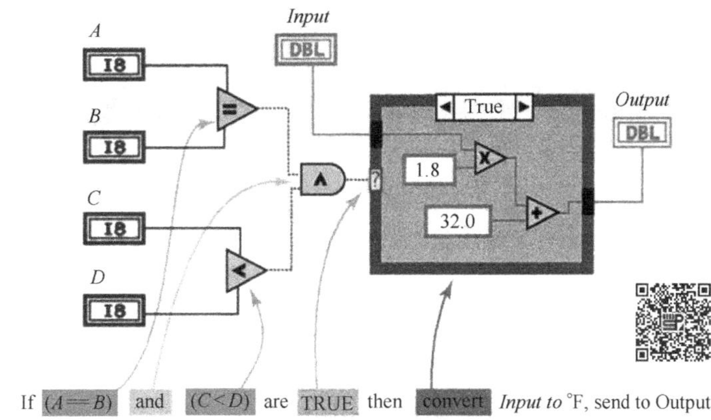

图 22.7　LabVIEW 的代码片段，并用大家熟悉的编程术语进行了翻译。(彩图请扫二维码)

LabVIEW 是一个独特而且功能强大的编程环境，可以为你的仪器迅速开发出图形界面，它内建了许多模块，可以创建旋钮和按钮、滑动手柄、图像和各种指示灯等(图 22.8)。

对于开发 LabVIEW 程序来说，有少数几个关键概念与前述有所不同。首先，它和 Arduino 一样，大多数程序都需要在循环中反复连续运行。在 LabVIEW 里，循环用一个方块来表示，方块内所有事件都会被循环重复执行。LabVIEW 可以根据图形连线的顺序，自动找出事件执行的次序，因此你无需额外考虑操作顺序了。后面计算所需要的数值，会按照适当的顺序自动获得。所以它通常无需再使用全局变量，而是使用被称为移位寄存器的特殊操作符，它位于 `while` 环路的左右两个边缘。移位寄存器右侧的变量将通过连线传回到左侧对应的端口，因此会在环路的下一次迭代中持续累加。

虽然 LabVIEW 硬件和基础软件很昂贵(至少$1000)，但是学生和教师可以获得学术许可授权，这样软件就只需要$100 了。因为 LabVIEW 程序本质上就是图形界面的，所以很容易转化为一个用户界面友好的图形软件，用于你的数据采集和任务控制，这显然是一个优先选项。有许多示例程序(称为 VI，虚拟仪器)可以从在线支持社区里下载(`forums.ni.com`)。

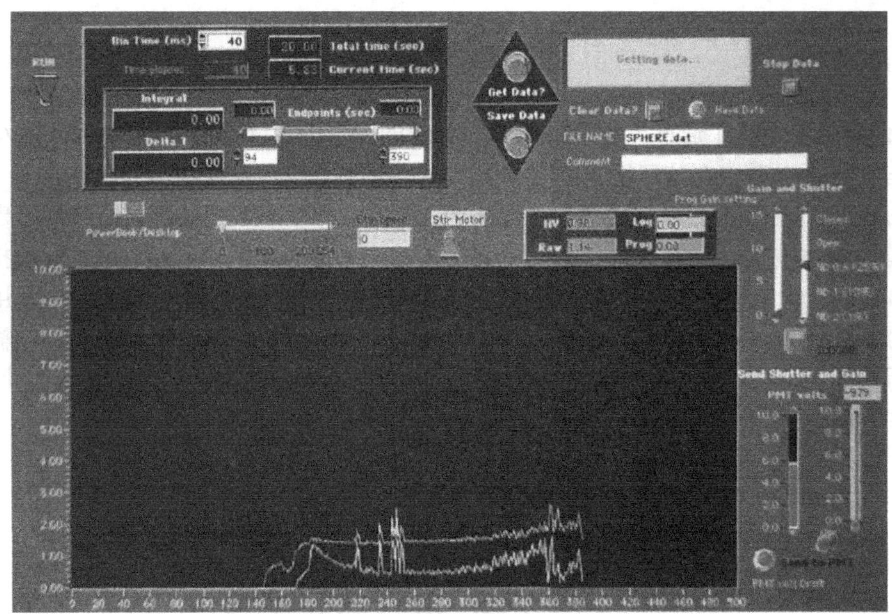

图 22.8　自定义设计 LabVIEW 虚拟仪器的图形界面。前面板上的每个项目都可以在调色板中拖动，然后在图中将各种元素连接起来，用于提供输入和输出变量。

常见的共同疑惑问题

当你阅读一本电子方面的书籍，或者使用相关教程时，你可能会遇到一些常见的共同疑问。

测量电压

就好比测量通常的压力一样，测量电压也必须有一个相对的参考标准。这个参考标准通常称为**地(ground)**，是因为历史上人们一直把地球当作零电势参照点。在一个电路内，地电位以⏚符号表示，它就是你的参照点，相当于电子学里的海平面，对应于电池或电源的负极。按照惯例，通常我们认为电路中的电流从正极流向地(请参阅下一部分，介绍了此惯例其实只是对物理实际过程的简化描述)。

在电路原理图上，你会经常看到很多线条的终止末端都被分别连接到地的符号上。这并不意味着那些导线或终端是断开的，或者存在多个不同的地电位，而是表明它们全部被连接到电源负极。如果一定要画出所有连接到地的线条，则会使电路图的画面非常杂乱复杂，所以这只是一种常见的简化方法。

电流和电子流

有时候认真思考电路中电流的流向，会很令人迷惑。在电学的角度上，早在本杰明•富兰克林时代就立下了约定，正电荷从正极流向负极。然而，在物理学意义上来说，电流是由电子从负极流向正极而产生的，那么带正电荷的“空穴”(就如同没有负电荷，负负得正)流动方向就与之相反。只要在一个电路内用同一种方式定义电流流向，就不会影响电路原理图的正确性。然而，实践结果是，如果考虑电子的流向，那么电路原理图上所有有极性的元件的标志，如二极管、晶体管和其他元件上的箭头，都和我们想象的电流方向相反(也就是说，我们认为电流方向是从正极流向地)。

上拉和下拉电阻

在你搭建电路时，比如使用 Arduino 套件，你可能会默认如果输入端不连接任何电路，端口就没有电压，或是关闭状态或是低电位，其逻辑值为零（LOW）。然而，如果你让输入端处于悬浮状态，它实际上会处于不确定的状态。如果你将它连接到正极时，它肯定是高电位（HIGH），可是在悬浮状态，它也有可能是高电位状态。

为了避免出现这样的问题，你可以用一个大的电阻(通常 4700～10 000Ω)，把输入端连接到+5V 或者地上，这样就会有极小的电流流经此处。如果你用一个**上拉电阻(pull-up resistor)**(图 22.9A)，输入端就会位于高电位，因此你需要用低电位信号(接地)来切换输入端状态。相反，你将输入端通过电阻接地(图 22.9)，它就被称为**下拉电阻(pull-down resistor)**，会将输入端保持低电位，直到施加足够强的正电位信号才会变化。无论在哪种情况下，由于电阻值非常大，在实际应用中上拉或下拉的电压信号都会被传感器电压信号淹没，只有极少的电流会从该路径流过。

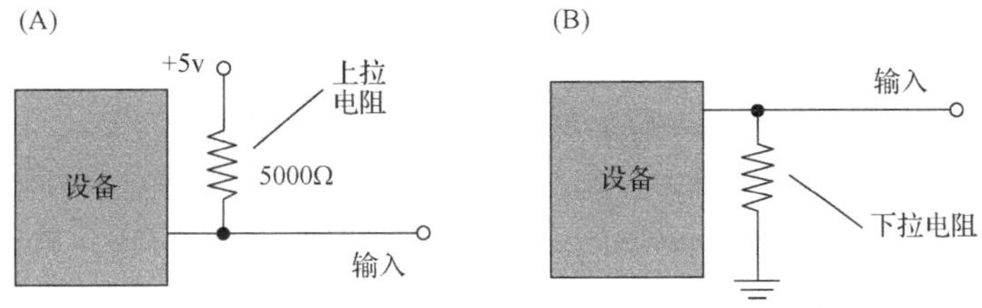

图 22.9　上拉电阻和下拉电阻。

总　　结

你已经学会了：

- 物理属性如何通过使用电子传感器进行测量；
- 如何用电信号编码信息；
- 如何用面包板搭建试验电路；
- 串行通信的基本原理；
- 使用 Arduino 微控制器板可以搭建科学仪器；
- LabVIEW 是一个功能强大但价格昂贵的数据汇集方法；
- 在起步学习电子技术时，如何避免一些常见的疑惑。

进一步学习

- 从 Adafruit Industries 公司（www.adafruit.com）或者 SparkFun Electronics 公司（www.sparkfun.com）处，为自己购买一个 Arduino 面包板，并且通过在线教程逐步学习。
- 阅读 XBee 和其他可以进行无线串行连接的无线通信系统，它们有的通信距离很远，甚至有时能超过 1km 远。
- 比较其他数据采集系统的规格和功能，如 SerIO 板和 PICaxe 微控制器。这些可能更适合你的项目需求，例如，有些具有休眠和唤醒的功能，能够显著节省电力消耗。
- 为了测试电路，你需要买个万用电表，用它来测量电阻、电压和电流等。还需要一个示波器，它可以是一个独立的仪器，或者是一个通过 USB 连接计算机的外围设备。示波器可以让你看到随着时间推移电压变化图示，分辨率能够达到微秒级别。这对了解在你的电路幕后到底发生了什么是非常有用的。
- 思考一下你所从事的哪些测量和实验过程可以自动化，或什么样的传感器可以让你的野外工作变得更轻松。与技术人员合作，或尝试自己提出电子解决方案。

推 荐 读 物

列在上面的参考文献是比较通用的大众化读物，更专业的书籍列在下面。

Mims, Forrest M. *Getting Started in Electronics*. Master Publishing, 2003.

这是一本经典的读物，对电子、元件和电路做了非常简单易读的介绍。

Mims, Forrest M. *Science and Communication Circuits & Projects*. Master Publishing, 2004.

Mims, Forrest M. *Electronic Sensor Circuits & Projects*. Master Publishing, 2004.

这两本由 Forrest Mims 撰写的小册子，包含了传感器设计和环境监控的创新解决方案。虽然内容有一点老，但它们都拥有非常清晰的解释，并含有很多有用的信息和聪明的好点子。

Scherz, Paul. *Practical Electronics for Inventors*. McGraw-Hill, 2006.

这本书提供了更专业和更全面的电子学处理方法(我们不是仅仅因为标题相似而选择这本书的)。请确保购买第二版本或更新的版本，因为在第一版中发现了相当多错误的地方。

Margolis, Michael. *Arduino Cookbook*. O’Reilly Media, 2010.

在这本书的 Problem: Solution format 章节中，包含了大量有用的例子。每个解决方案都包括电路图和示例程序，从而可以快速应用。

Igoe, Tom, and Dan O’Sullivan. *Physical Computing: Sensing and Controlling the Physical World with Computers*. Course Technology PTR, 2004.

虽然这本书不是针对 Arduino 讲述的，但是它涵盖了很多开发传感器设备、网络应用，以及微控制器的原理和概念。

附　　录

附录1　用其他操作系统工作

此附录告诉你，如果你的计算机操作系统是 Microsoft Windows 或者 Linux，而不是 Mac OS X 的话，你该如何设置的相关细节。正如在“学习之前”中描述的那样，Linux 和 OS X 都是以 Unix 为基础的，它们彼此要比 Windows 更接近。正因为如此，跟着这本书学习时，使用 Linux 会比 Windows 更简单。如果用 Windows 操作系统来学习这本书，最主要的困难是命令行相关的部分，这些在第 4～6 章中都有介绍。这些部分有很多地方涉及不同的操作系统差异，而对于这本书的剩余部分，这应该不是太大的问题。

在本书中使用到的大多数重要工具软件，在三个主要操作系统——OS X、Linux 和 Windows 中都可以获得。这些工具中的一些，比如正则表达式，是完全独立的软件平台，可以在很多程序和语言中使用。当然，其他一些工具，如特定品牌的文本编辑器，是要依赖于特定操作系统的，但在每个操作系统中它们也有或多或少的相似之处。然而，仍有一些其他工具软件，对于不同的操作系统，相似的地方很少。

此附录中的指导无法涵盖所有可能的操作系统，所以如果你遇到了困难，请自行查看 `practicalcomputing.org` 上的内容。

Microsoft Windows

我应该用 Windows 还是另外安装 Linux?

如果你的计算机是 Microsoft Windows 操作系统，那么你有两个选择。第一，是在 Windows 里安装程序、语言包和环境，添加本书所需的大多数功能，用于我们介绍的软件开发和运用技巧，比如安装 jEdit、Python 和 Cygwin。第二，也是让功能更多的选择，是在 Windows 操作系统中再安装 Linux，这让你有机会学习基于 Unix 的操作系统。使用免费而且强健的虚拟机器程序，可以使你做到不需要重定硬盘驱动器的格式，或者重启计算机，就能方便地在两个操作系统之间随意切换。

我们会在此附录中包含这两种办法，先从第一种开始——在 Windows 里安装程序来添加附属功能。

在第 1～3 章中用于编辑文本和正则表达式的文本编辑器

使用 jEdit　在此我们推荐两个在 Windows 系统中使用的文本编辑器，Notepad++（会在下面描述）和 jEdit。jEdit 是一个功能全面的开源文本编辑器，在所有主要的操作系统中都可获得它。它与 TextWrangler 有很多相同的特点和优势，TextWrangler 是贯穿本书主要文本内容的 OS X 编辑器，和 TextWrangler 一样，jEdit 也支持正则表达式。你可以从 `www.jEdit.org` 获取 jEdit。单击网站上链接的下载，然后选择 Windows 安装器来安装稳定的版本。当你运行安装程序时，只需跟随指令操作即可。你还需要有 Java 运行环境(JRE) 1.4 或更好的版本，你可以从 `www.java.com/en/download/`获得。当你安装好了编辑器，从 Search 菜单选择 Find…，查看一下确保有了 Regular expressions。

jEdit 和 TextWrangler 处理正则表达式的方式有些不同。一是当你用圆括号捕获文本时，这些文本仍然被当做数字变量，但是这些文本前是用`$`而不是`\`。例如，在 TextWrangler 中替换项为`\1\t\2\t`，而在 jEdit 中写作`$1\t$2\t`。要注意，不是所有的反斜杠都被美元符号代替，只有那些指定用来代表捕获文本的数字才需要被代替。

另一个不同是，在正则表达式检索中，jEdit 用`\n` 作为通用的行尾字符，这和 TextWrangler 是不同的。要想在打开的文件中改变这个字符(无论是回车还是换行符，或者两者都是)，单击 Utilities 菜单然后选择 Buffer Options…来打开一个对话框。在此对话框中的其中一个选项是修改行分隔符(line separator)，这里可以选择另一种行结束符。

使用 Notepad++　在 Windows 系统中，最受欢迎的文本和脚本编辑器之一就是 Notepad++，它支持很多编程特性(图 A1.1)。你可以从 `www.sourceforge.net/projects/notepad-plus/`下载它。在第 2、3 章中如果用到这个编辑器，你要用 Replace 对话框(ctrl+H)，而不是 Find 对话框，并且你要确保在对话框底部选中正则表达式选项。

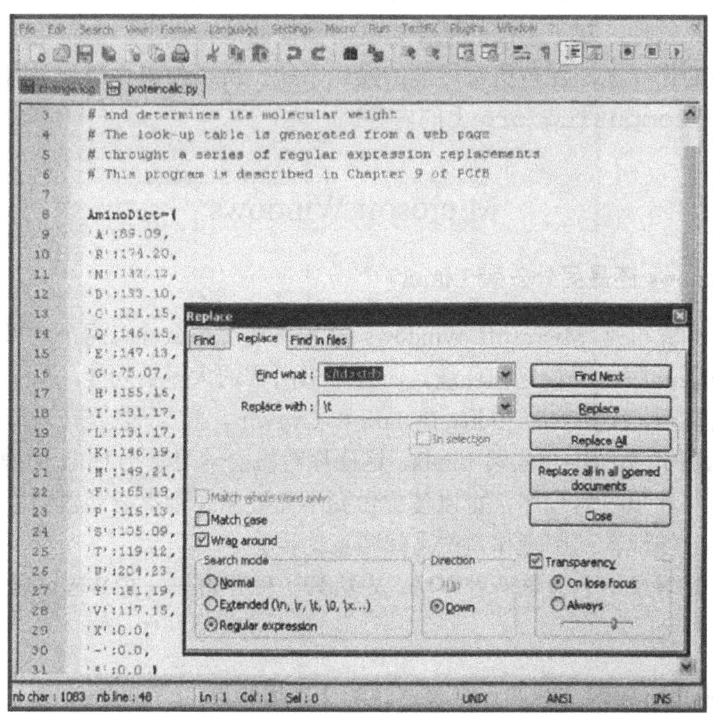

图 A1.1　Notepad++编辑器，展示了编程语句的不同着色和正则表达式检索框。

Notepad++不能支持在本书中提到的正则表达式的全部功能。由于这个原因，当你操作第 2、3 章的内容时，可能会想要用 jEdit 来代替。更多关于正则表达式和兼容性的内容请见附录 2。Notepad++不支持用`?`符号来作为数量词的通配符。它和 TextWrangler 软件用相同的转换方式，`\1` 是用来捕获文本中的替代部分。支持在检索中使用行尾字符，注意要使用扩展(Extended)模式，而不是正则表达式(Regular expression)模式。

而至于编程，Notepad++可能会给你更好的用户体验。Notepad++超过 jEdit 的一个小优势是，它不需要 Java 环境或其他辅助程序。所以文件打开和存储的对话框，会有更加熟悉的外观和感觉。

在第 4～6 章中使用 Cygwin 模拟 Unix shell 操作

在 Windows 中有 DOS 和 PowerShell 命令行用户界面可用，但是它们和 Unix 的命令行界面有很大不同，并且它们既不能在本书的例子中相互替代，也不能在日常使用中互换。为了获得通常的 Unix 命令行，你可以安装一个全新的 Linux 系统，可以按照此附录之后要提到的指导说明。然而，用 Cygwin 包部分模拟 Unix 命令行也是可行的方法。Cygwin 能从 `cygwin.com` 下载，在那里也提供了详细的安装指导。

有很多在 shell 章节中描述的程序，比如 `cd`、`ls`、`mv` 和 `cp`，都默认安装在了 Cygwin。其他需要使用的，但没有默认被安装的程序，可从 `setup.exe` 安装程序中添加，最理想的是在你最开始安装 Cygwin 时就添加好。你要确保添加的程序有：

- 编辑器：`nano`；
- 翻译器：`python`；
- 网站：`curl`。

为了勾选这些包，在安装程序 New 为标题的那一栏下的小循环箭头上单击，这样版本号就会出现在 Skip 一词本来在的地方(图 A1.2)。

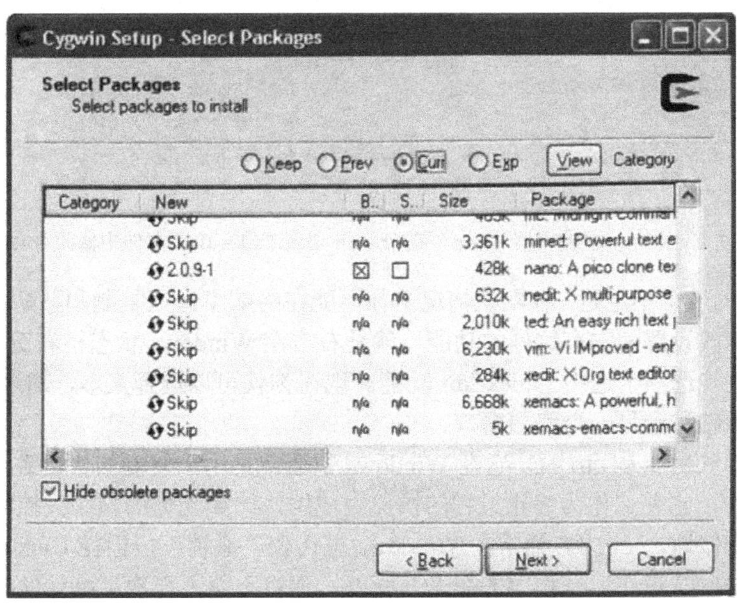

图 A1.2　Cygwin 的安装程序，它是为 Windows 提供的 Unix 的子程序。
确保安装上在文章中提到的几个选项包。

更多关于 Cygwin 安装和使用的信息可在 www.physionet.org/physiotools/

cygwin/网站上找到。当你进入 Cygwin 环境时，你会看到一个显示着 bash shell 的窗口。你就能够像文章中介绍的那样，操作使用 Unix 命令了，它在相当程度上和在真的 Unix 系统中运行一个终端程序是一样的。

Cygwin 里的根目录(目录由/特别标记，在第 4～6 章有提及)不是 Windows 的根目录，c:\却相当于是 Windows 中的 c:\cygwin 目录。例如，这也就是说在 Cygwin 环境中的文件/home/Administrator/.bash_profile 与在 Windows 里的文件 c:\cygwin\home\Administrator\.bash_profile 是同一个文件。反过来，Windows 的根目录 c:\在 Cygwin 环境中，可以从/cygdrive/c 目录得到。这允许你从 Windows 中就能直接得到文件，而不一定需要在 c:\cygwin 中复制它们。

当运行 Cygwin 时，它会自动把你放在默认的主目录里。这取决于你的系统和安装设置，它可以是/home/Administrator；或者十分容易弄混淆的位置，比如/cygdrive/c/Documents and Settings/lucy。在贯穿本书的例子中，它就是主目录/Users/lucy，并且在 Cygwin 的命令行中，你通常可以使用~/快捷键来代表主目录，而不需要把整个目录名称都打出来。

如果你正在使用 Cygwin，你应该在初次登录 Cygwin 时所在的目录里，创建你的脚本和示例文件夹作为子目录。你可以在提示符后输入 pwd 或 echo $HOME，就能找到起始目录。在你的.bash_profile 中编辑$PATH 变量，正如在第 6 章介绍的那样，在这里也适用；这是因为$HOME 变量是参考变量，在两系统之间可移植互换(图 A1.3)。

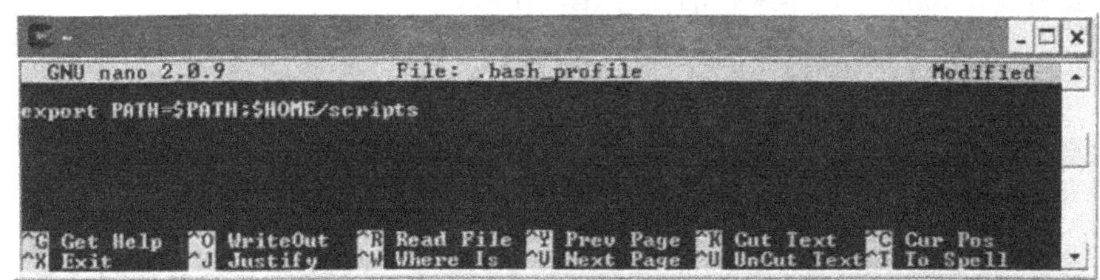

图 A1.3 在 Cygwin 使用编辑器 nano，在.bash_profile 设置文件中修改 PATH 变量。

Cygwin 的一个不足是，在默认情况下你不能在终端窗口里复制和粘贴。有一个变通的方法可以修改设置使它有这样的功能，就是右击在 Windows 状态栏右键的 Cygwin 图标，然后在性能选项卡选中 QuickEdit 功能。现在你就可以选择文本，通过按 *return* 键复制它，然后粘贴到另一个终端窗口。

另一个隐藏功能是 *ctrl*+C，它在 Windows 中通常是用于复制的快捷键；但是在 Unix 和 Cygwin 中，它普遍作为终止进程的快捷键使用，比如当你的程序失控时，就可以使用它终止。相似地，*ctrl*+Z 通常在 Windows 里代表“撤销”，但在 Unix 和 Cygwin 中是停止(暂停操作)正在运行程序的命令。所以，你将不得不再次训练你的手指，来熟悉这些快捷键的正确使用，以避免在你工作的环境中用错了命令。

第 8～12 章中在 Windows 里使用 Python

如果你要在 Windows 里使用可视的 Unix 环境——要么用 Cygwin，要么用 Linux，然后就可以跟随此附录中关于 Python 的 Linux 或 Cygwin 使用指导。若要在 Windows 上运行 Python 程序，需要先从 `www.python.org/download` 处下载 Windows 上使用的 Python。注意，考虑到本书的兼容性，请选择最新版本 Python2.x，而不是 3.x 版本。你需要管理员特权来完成安装过程。安装时要选择允许所有用户使用，并且记下安装位置的文件夹名称。你可能也打算安装 Python Win32 Extensions，可在 `sourceforge.net/projects/pywin32` 上获得它。完成这个后，你就可以支持扩展的 Unicode 字符了。

集成开发环境，或者称为 IDE，可用于 Python 的开发，并且可以在 Windows 里运行。典型的 IDE 集文本编辑器、代码调试器和语言参考源为一身。Python 中受欢迎且免费的 IDE 包括 IDLE，在 Python 安装时它会默认安装好。还有更先进的 PyDev，可在 `pydev.org` 获得。通过这些 IDE，你可以像在本书描述的那样编辑和运行 Python。在 Windows 中，读写文件的命令和我们书中的例子有点儿不同，这是因为你用的路径有区别，比如在 Windows 中用 `'C:\scripts'`，而不是 Unix 或 OS X 的路径，写作 `'~/Documents/scripts'`。即使如此，基本的用法还是一致的：在你的主目录里创建一个叫做 scripts 的新文件夹，如 `C:\scripts`，把它作为今后所有工作脚本的储存位置。

在 Windows 里，从命令提示符处运行 Python 脚本要比在 IDE 里(如 IDLE)运行起来更复杂。你要告诉 Windows 命令行环境到哪里去找 Python 程序和你的脚本。在你安装程序时，有可能已经做了第一次修改，但是也可以随后继续进行修改，以确保你的脚本文件夹能够被找到。首先你要决定把 `python.exe` 安装在你计算机的什么地方——通常这会是像 `C:\Python27` 的地址。同时，你也要让操作系统知道你之前创建的脚本目录的位置。在 Windows 的控制面板里，单击系统图标，然后选择高级系统设置。在出现的对话框的近底部，单击环境变量按钮(图 A1.4)。

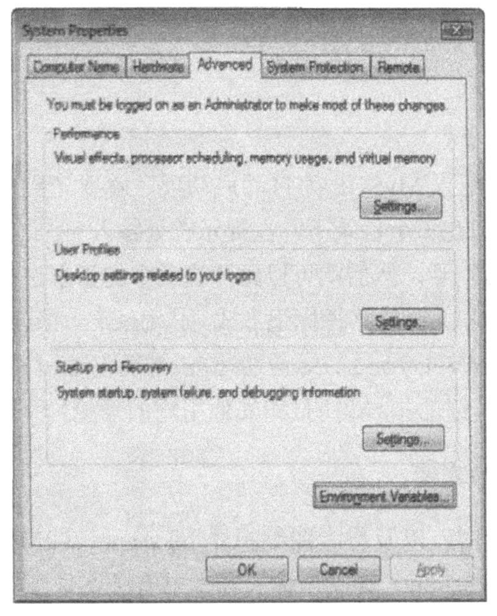

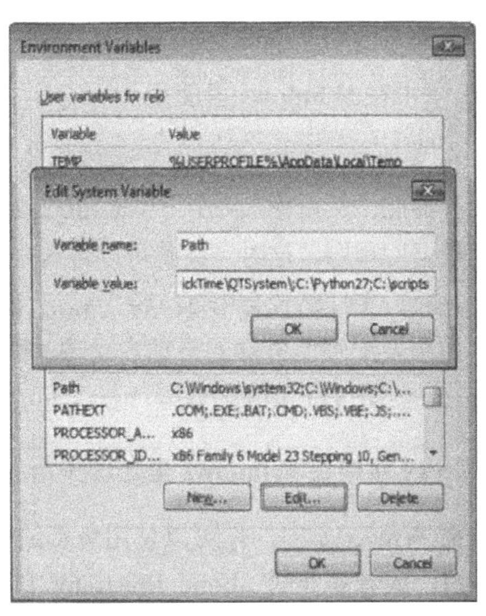

图 A1.4　在 Windows 里设置 Path 环境变量，以便 Python 能够被方便执行，脚本文件夹也能够被找到。

在环境变量的列表中下拉滚轴，直到你看见 Path 变量，双击来编辑它。在底部已经存在的属性值处，输入一个分号，随后输入包含 python.exe 的文件夹名称和脚本文件夹的位置。例如，你可能会输入类似这样的文字：;C:\Python27; C:\scripts;。

单击 OK 来保存你的新路径，由于在 Path 环境变量中加入了 python.exe，现在你就能随时在交互提示符处运行 Python 了，只要在命令提示符后输入 python 即可。在 Windows 中，你要使用 ctrl+Z，而不是 ctrl+D 来退出 Python 环境。请注意，由于 Python 安装进程已经把.py 文件与 Python 关联好了，所以在你的脚本中不是必须使用 shebang 行，而在 OS X 和 Linux 里必须严格使用。但你仍然应该习惯性使用它，这样你的程序在其他平台上也可以顺利工作了。

现在，要想执行存储在脚本目录里的脚本，只需要在命令提示符处输入它们的名称就可以了。你可以通过在任务栏单击开始按钮，然后选择 Programs ▶ Accessories ▶ Command Prompt，从而打开提示符窗口。请记住，命令提示符窗口和 Unix 命令行环境不同，因此可用的命令也都不同。你也可以在桌面或搜索窗口双击脚本文件图标来运行它，但是这只有当程序不需要命令行参数，也不需要基于工作目录读写文件，而是刚好这个文件夹里有该图标时才能正常工作。

Cygwin 下的 Python 如果你像上述那样安装好了 Cygwin，并且在安装过程中你应该也安装好了 Python 可选包。这样你就可以使用文章中描述的 Unix 命令了，但还需要一点小的修改。编辑你的.bash_profile 来设置脚本路径，这时会用到你的 Cygwin 主目录，而不是/Users/lucy，这是由$HOME 变量来设置的。在你的程序中，为了指示文件路径，你可以使用正常的斜杠，如 c:/Users/lucy，避免用反斜杠容易造成错误理解。同样的，用代码'rU'打开文件，而不是简单的'r'，以此避免行尾字符的相关问题。

第 15 章中在 Windows 里使用 MySQL

在 Windows 中，如果在安装中你还没有配置 MySQL 为自动启动项，就要先到命令提示符界面，然后输入 cd c:\mysql\bin。在那个目录下，在提示符处输入 mysql 来启动数据库程序。这时，你就可以进入 mysql 了，然后就可以跟随这章中的指示进行操作了。注意，文件路径会用 c:\特别标记，而不是 Unix 的路径标记方式，如/Users/lucy。

如果要配置服务器的自动启动项，请在 dev.mysql.com/doc/refman/5.1/en/windows-start-service.html 里查看详细的指导说明(和其他用户的评论)。

第 17～19 章中在 Windows 里处理矢量图和像素图

在 Windows 中，你可以使用免费的矢量图，以及像素图编辑器 Inkscape、GIMP 和 ImageJ，或者商业的 Adobe Illustrator 和 Photoshop。其操作体验和本书有关图像章节中描述的是一样的，只是有些组合键有一些不同。尤其是都用 alt 键替代了 option 键，以及用 ctrl 键取代了 OS X 中的 command(⌘)键。

Linux

安装 Linux

安装 Linux 的方式有很多种选择。Linux 发布了很多种类，首先要决定你需要哪种。我们推荐从 Ubuntu(www.ubuntu.com)开始，原因很简单，因为它在大多数消费类计算机上都能很好地工作。它也有着很广泛的用户基础，部分原因可能是由于它对初学者来说很容易获取。这里的指导是按照 Ubuntu 10.04 编写的，在以后的版本中一些细节可能会有点改变。请访问 www.ubuntu.com，查询更新后的安装程序，或者访问 practicalcomputing.org，以获取更多的指导。

如果你正在运行 Windows，我们推荐你像下面描述的那样，在虚拟机中安装 Ubuntu。这是 Linux 和 Windows 在同一台计算机上运作的最简单方法，并且在工作时能轻松在二者间切换。虚拟机是一个程序，它在主操作系统内运行，并且模拟出一个完整的计算机，来运行一个新的客操作系统。在此情景下，主操作系统是 Windows，客操作系统是 Ubuntu Linux。你能够运行你的虚拟机，并使用其他 Windows 程序，而且完全不需要重启计算机，就能在主、客操作系统之间随意切换，甚至可以在想要关闭虚拟机程序时暂停客机，过一会儿再重新启动，就能回到你刚才挂起的地方。

如果想要完全删除 Windows 系统，在你的计算机上只安装 Linux，或者在独立的磁盘分区上安装 Linux，以便当你重启计算机时调用 Linux，你可以跟着 Ubuntu 网站上的标准安装指示操作。通过使用 Wubi，允许设定双重开机系统，可以在开机时让你快速选择使用 Windows 还是 Linux，可以在 wubi-installer.org 找到它。然而这些标准安装在使用 Linux 系统时，如果还想使用 Windows 程序就不那么方便了。

有的虚拟机程序能运行任何主客操作系统的组合，但 OS X 系统除外，它不能在任何虚拟机上作为客操作系统安装。我们推荐由 Oracle 开发的免费的、功能齐全的虚拟机 VirtualBox。它在很多主操作系统中都可工作，包括 Windows、OS X 和 Linux。准备开始运行的第一步，你首先需要安装好 VirtualBox，然后在其中创建一个虚拟机，在虚拟机上安装好 Ubuntu，最后配置好系统(图 A1.5)。

安装 VirtualBox　如果你有一台运行 Windows 的标准 PC，请为 Windows 主操作系统下载并安装 x86 版本的 VirtualBox。可在 www.virtualbox.org/wiki/Downloads 找到这个程序。使用安装程序里所有默认设置安装好就可以了。VirtualBox 安装好后，打开程序并单击 New 按键，创建一个新的虚拟机，然后便可在其上安装客操作系统了。安装向导会在这个过程中进行指导。你可以给虚拟机取个你喜欢的名字——Ubuntu 就很好。为操作系统选择 Linux，再选择 Ubuntu 版本，然后选择最小的 512MB 作为基本内存。接下来，你需要创建一个虚拟硬盘。在虚拟硬盘窗口，单击 New...，选择创建一个动态扩展的存储磁盘选项。然后你需要为虚拟硬盘选择大小，8GB 对于大多数目的都够用了。

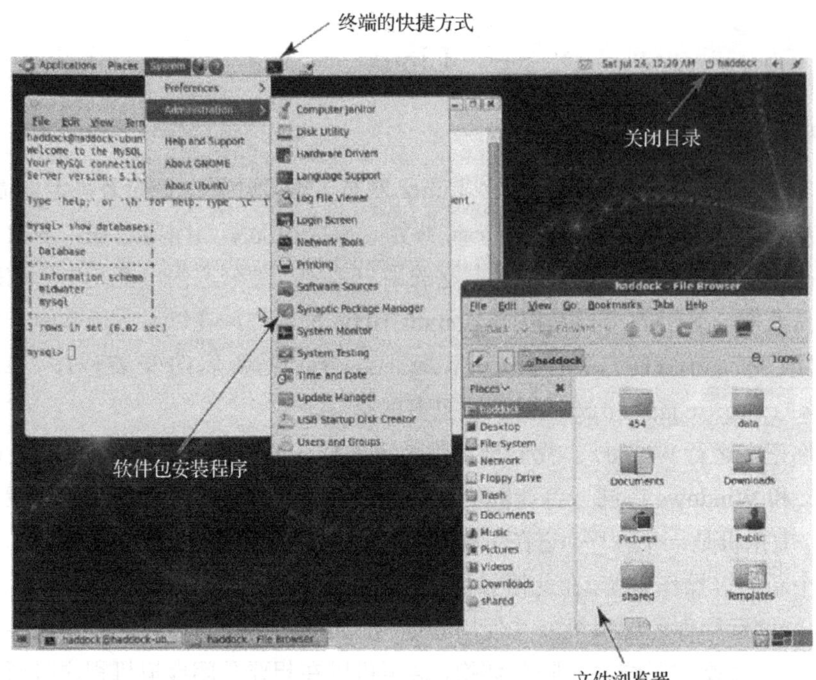

图 A1.5 在 VirtualBox 窗口中运行 Ubuntu Linux。环境注意终端窗口的快捷键，位于 VirtualBox 窗口的任务栏上。

在 VirtualBox 上安装 Ubuntu　当你已经像上述那样安装了 VirtualBox，并且创建好了虚拟机，你就可以在虚拟机上安装 Ubuntu 了。在 www.ubuntu.com 上可以找到下载 Ubuntu 的链接，选择下载 32 位的桌面版本。这是一个很大的文件，如果你的网络连接较慢，这可能需要花费几小时的时间。通过在 VirtualBox 窗口左侧双击，就可以打开在 VirtualBox 里创建的虚拟机，开始进入首次运行向导。媒体类型选择 CD/DVD-ROM 装置，单击媒体源下的文件夹图标，在弹出窗口的顶部单击添加按键，然后浏览选择你下载的 Ubuntu 安装文件。当你点击完成首次运行向导，虚拟机就会自动开启，然后 Ubuntu 会在安装过程中不断指导你。如果你对 Ubuntu 安装过程有任何疑问和困难，可以向 Ubuntu 的网站寻求帮助。

当 Ubuntu 安装程序要求设置磁盘空间时，只能看见你的虚拟盘，而不是你的整个硬盘。如果你遵循默认设置，它就会把整个虚拟硬盘提供给 Ubuntu。安装一旦完成，你就会收到要求重启计算机的消息。由于这条消息在你的虚拟机里，它会告诉你需要重启虚拟机，而不是物理计算机。你可以通过单击消息窗口的重启来完成。在重启的过程中，你会被要求拿出安装 CD。当然，事实上并没有 CD，但是你的确需要使虚拟机从下载的 Ubuntu 安装文件上断开连接。为了完成这件事，要在虚拟机窗口底部单击 CD 图标，然后选择 Unmount CD/DVD ROM 就可以断开了。然后你可以完成重启，这会让你进入新的 Ubuntu 客操作系统。当 Ubuntu 开启时，会收到更新软件的提醒，这是及时更新到软件的最新版本的好办法。

无论何时你想要使用 Linux，打开 VirtualBox，进入 Ubuntu。当你在使用 Ubuntu 时，VirtualBox 会捕获你的鼠标，阻止你把鼠标移出 Ubuntu 窗口。要释放鼠标，点击在窗口右下方的键。有很多关于 Ubuntu 和 Linux 的书及网络资源。如果你想要对这种计算机环境的特征更加熟悉，我们鼓励你去寻找这些资源。

安装 Guest Additions 在基础安装工作完成后，你可能会想做这两件事：首先，增加显示屏幕的分辨率；其次，设定共享文件夹，以便能够轻松地在主操作系统 Windows 和客操作系统 Linux 间转移文件。为了完成这些任务，你要安装 Guest Additions 软件，它能增强客操作系统，让它能更顺畅地与主操作系统交互。请遵循以下指示。

(1) 在主操作系统中，从 VirtualBox 菜单栏上，选择 Devices 菜单，然后选择安装 Guest Additions。事实上这时还不会安装 Guest Additions，它只是使安装文件在客操作系统中可用。

(2) 在 Ubuntu 屏幕顶部，单击 Places 菜单，然后选择 Computer。这会开启一个有着几个图标的窗口，包括一个 CD 的图标，名字以 VBOXADDITIONS 开头。在 CD 图标上双击来查看 Guest Additions 安装文件。

(3) 接下来你将需要通过命令行来完成安装，这需要打开终端窗口。在 Ubuntu 屏幕顶部单击应用菜单，选择附件，然后单击终端。

(4) 在命令行输入 `sudo`，其后加一个空格。然后从你之前打开的安装文件窗口拖拽文件 `VBoxLinuxAdditions-x86.run` 到终端窗口，这样就能直接插入文件全名及其路径。

(5) 按下 *return* 键。`sudo` 会问你要 Ubuntu 的口令，输入后就开始安装过程了。

(6) 当安装完毕后，重启 Ubuntu。

现在 Guest Additions 安装好了，并且准备好可以配置共享文件夹了。你只需通过调整 VirtualBox 窗口尺寸，就能修改 Ubuntu 桌面的大小。

如何设置共享文件夹 设定共享文件夹可以使你很容易地在两个操作系统间传送文件，但是仍然需要一些额外的步骤。设定共享文件夹有点儿复杂，而且不幸的是，即使这是大多数人安装了 VirtualBox 后首先要做的事之一，但是至今还没有特别好的说明文档。如果你不能按照下列指令，顺利完成共享文件夹的设置，你仍然可以通过网络或磁盘从 Ubuntu 传送文件。如果你遇到困难，请在 `help.ubuntu.com/community/VirtualBox` 处参考 VirtualBox 关于 Ubuntu 的那一页，或者在 `www.virtualbox.org/manual/ch04.html#sharedfolders` 查看 VirtualBox 的参考资料。

设置共享文件夹需要如下多个步骤。你必须在主(Windows)操作系统中创建一个文件夹，也在客(Ubuntu)操作系统中创建一个文件夹，设定 VirtualBox 将主文件夹与客文件夹分享，然后设置客操作系统让每次启动时连接两个文件夹。

(1) 在 Windows 的桌面(如果你喜欢的话，也可以在 Windows 文件系统的其他地方)，创建一个你将与客操作系统分享的文件夹。在这个例子中，我们建立一个命名为 UbuntuShare 的文件夹，然后把它放在桌面上。

(2) 在 Ubuntu 打开一个终端窗口，然后在 Ubuntu 里面创建一个文件夹。我们叫它 `hostshare`：

```
mkdir ~/hostshare
```

进入主操作系统 VirtualBox 菜单栏，然后进入 Devices 菜单，选择 Shared folders…单击加号文件夹图标，添加共享文件夹，然后浏览你之前创建的 UbuntuShare 文件夹。确保永久设置选项被勾选，然后点击两次 OK 退出。

(3) 在上方菜单栏右侧菜单，选择重启 Ubuntu。

现在你已经创建了所需文件夹，设定了 VirtualBox 程序，让主文件夹在客操作系统中可以共享了。接下来，你仍然需要进一步设定客操作系统来安置主文件夹，这是最困难的部分。首先，要收集你需要加载的文件夹信息；然后编辑一个配置文件，让 Ubuntu 每次启动时就自动加载该文件夹。在 Ubuntu 终端窗口中发布下列所有命令。

(4) 打开一个终端窗口，然后输入下列粗体命令：

```
lucy@lucy-ubuntu:~$ cd ~/hostshare
lucy@lucy-ubuntu:~/hostshare$ pwd
/home/lucy/hostshare
```

(5) 上述命令的输出，如/home/lucy/hostshare，是 Ubuntu 共享文件夹的路径。路径中间的部分是你的用户名。在这个例子中，用户名是 lucy，你的系统中可能是其他名字。在下面几步中，你会用到这个路径和用户名。

(6) 下面几步会在每次 Ubuntu 启动时，自动加载共享文件夹。在终端窗口编辑你的系统设定文件 fstab，请输入：

```
sudo nano /etc/fstab
```

(7) 在 fstab 文件下加一行，开头是#<file system><mount point>...:

```
ubuntuShare /home/lucy/hostshare vboxsf uid=lucy 0 2
```

/home/lucy/hostshare 是你在第 4 步用 pwd 命令得到的路径，lucy 是你的用户名(路径中间的部分)。当你完成输入后，按压 ctrl +X，然后按照提示符指示保存改动，退出 nano 程序。

(8) 重启 Ubuntu。尝试传送一些文件，测试一下，以确保共享文件夹能正常工作。

如果它还是不能工作，请尝试如下的附加步骤，看看共享文件夹到底是否能被加载成功。

在终端窗口用下列命令来加载文件夹。UbuntuShare 是主操作系统上文件夹的名字，/home/lucy/hostshare 是客操作系统文件夹的路径，在上一步你已获得了(这个路径也可能是其他样子，不一定与例子中一样)。这条命令需要你输入 Ubuntu 的密码：

```
sudo mount -t vboxsf -o uid=1000,gid=1000 ubuntuShare /home/lucy/hostshare
```

不用重启，你现在应该能通过把文件移到共享文件夹中，就能在两操作系统间共享文件了。可以尝试把一些文件移入和移出 Ubuntu 的 hostshare 文件夹和 Windows 的 UbuntuShare 文件夹，来测试共享文件的工作效果。如果你得到了提示出错的信息，或无法传送文件，查看文件夹名是否正确，再次重试命令。如果你还有其他问题，请咨询在前面分享介绍中提到过的网站。如果可以顺利工作，那你就差不多完工了。再次检查 fstab 行，确保你的目录名已连接。上面输入的 `mount` 命令只是临时加载，到终端关闭时就会停止。

你可以从用户指南和 `practicalcomputing.org` 论坛上，学习更多关于 VirtualBox 的使用技巧。VirtualBox 的使用说明和程序安装方法都整合在一起了，可以在下面网站获得 `http://download.virtualbox.org/virtualbox/UserManual.pdf`。

在 Linux 上安装软件　Linux 相比其他操作系统有一个很重要的优点，就是它的使用范围更广，预装的软件更多，且所有这些都是免费的。它有很多工具，从 Python 组件到全功能的办公生产软件，这些都是你每天要用到的日常基础软件。当你有需要的时候，你就可以马上安装其他软件，包括本书中描述的一些专用工具软件。

在 Linux 上安装软件有几种方法。虽然你可以从网页上下载软件包，然后自己安装，但 Ubuntu Linux 还提供了几个使安装过程简单化的安装工具。如果你想要的软件可以从这些安装工具中直接获得，那么使用它们是不错的选择，因为它们能够大大简化安装过程，并且能确保所有安装的软件在你的操作系统上都配置正确。在 Ubuntu 的命令行中，使用 `apt-get` 命令来下载并安装软件。也有一些采用图形 GUI 界面的安装程序。如果你知道你要找的程序名称，可以用 Synaptic Package Manager（在 System ▶ Administration 菜单可找到）查找。如果你只知道想要的程序类型，但是还不确定具体是哪个软件包，Ubuntu 提供了一个分类排列的程序列表，这会使你快速浏览新软件更容易。这个工具在 Applications ▶ Ubuntu Software Center 可找到。Linux 的其他版本有它们自己的包管理器，包括命令行工具 `yum` 和 `rpm`。

在第 1～3 章中用 jEdit 进行文本编辑和使用正则表达式

Ubuntu 有几个预装的文本编辑器，还有些编辑器可在 Synaptic Package Manager 中获得。我们建议你安装 jEdit。Synaptic Package Manager 不仅让安装 jEdit 非常简单，而且安装其他程序也都非常方便。选择 Ubuntu 屏幕顶部的 System 菜单，然后选 Administration 子菜单，再单击 Synaptic Package Manager。在快速检索栏检索 jEdit。单击选中列表中 jEdit 旁边的选中框，在弹出菜单中选择 Mark for Installation，然后在窗口顶部单击 Apply。一旦程序安装完成，就可以在 Application 菜单中的 Programming 子菜单中单击 jEdit 图标，就可以运行 jEdit 了。

使用 jEdit 的正则表达式和改变末尾字符的基本用法，在此附录前面的 Windows 系统中的 jEdit 章节能够看到。如果你更喜欢原生的程序，而不是 Java 应用，可以尝试使用 gedit，它在 Ubuntu 上已经默认安装好了。在应用（Applications）菜单的附录（Accessories）子菜单中，你就可以找到它。你还需要安装开发者插件（`launchpad.net/gdp`），获得正则表达式和其他有用的特征。注意，有些报道声称 gedit 有时不能直接存储文件到共享文件夹中。

在第 4～6 章中使用 Linux shell 进行 shell 操作

如果准备在 Ubuntu 中使用命令行，要从附件的应用子菜单中打开终端程序。由于你会频繁地使用终端程序，你也可以把它的图标从应用中拖拽到 Ubuntu 屏幕顶部的状态栏中(见图 A1.5)。

OS X 和 Ubuntu 都默认使用 bash shell，并且本书中的所有在 OS X 系统上使用的命令行程序，在 Ubuntu(独立安装 curl)中也都可以使用。这使得在 Ubuntu 命令行中，运用本书中的主要练习内容变得很简单。但仍然有一些小的不同之处，如果不做解释的话可能会感到困惑。

OS X 和 Ubuntu 命令行的最主要区别，是文件系统的安置有些不同。Ubuntu 的主目录位于/home 文件夹，而不是 OS X 中的/Users 文件夹。因此 OS X 的/Users/lucy 与 Ubuntu 的/homo/lucy 是一样的。不论在哪种系统中，~/都指的是当前用户到主目录的相对路径，即使实际上这些目录有着不同的绝对路径。如果你在 Windows 上使用 Cygwin，~/仍然有用，但是在主目录名前会需要一些其他的路径元素。

如果你在用 Linux，或者如果你对第 6 章以后的命令有疑问，请先查看你运行的是否是 bash shell，而不是 tcsh 或其他一些 shell 的变体。若要查看它，请在终端窗口输入：

```
echo $SHELL
```

它会返回当前正在终端窗口中运行的程序名称，应该是/bin/bash。如果你的系统报告了其他 shell，比如 tcsh、ksh 或 csh，使用命令 chsh(**ch**ange **sh**ell 的简写)可以把系统默认的 shell 改为 bash。

首先，用 which 命令确定指向 bash 程序的完全路径：

```
which bash
/bin/bash
```

然后用-s 选项运行 chsh 命令，其后跟着终端在前面返回的 bash 地址：

```
chsh -s /bin/bash
```

系统可能会向你询问登录口令，以确认操作。

设置你的.bash_profile　你的 bash 设置文件的存储可能与第 6 章中描述的不同。在 Ubuntu 和一些其他的 Linux 变体中，bash 的设置存储在文件~/.bashrc，而不是 OS X 的~/.bash_profile 文件，Ubuntu 安装时已默认有~/.bashrc 文件，所以你不需要创建它，你只需要像在本文中指示的那样修改它。你可以在文件的最后几行下面再添加几行附加内容。

如果你在使用 tcsh 或 csh 的 shell，应该到文件.cshrc 里修改路径命令，或者你也可以使用这条命令替代[1]：

1 许多隐藏的 shell 设置文件都是以 rc 结尾的，但是在 csh 中存储设置的文件名就成了.cshrc，理解后就不会感觉奇怪了。

```
setenv PATH $PATH:$HOME/scripts
```

在 tcsh 中设置别名和 bash 也有些不同。在快捷键和定义间，不是用等号，而是用空格。

```
alias ll 'ls -l'
```

其他 shell 也可能用.profile 作为设置文件。如果按照上述方法，你的 shell 设置都不能用，请在你使用的系统中找到用户登录文件的位置。

第 8～12 章中在 Linux 上使用 Python

Python 被包含在 Ubuntu 基础安装包中了，所以本书中关于 Python 使用指导的主要内容，也可以在你的系统上适用。注意在一些 Linux 安装中，python 文件夹的路径或者脚本中#!行使用的 env 程序可能不同。你可以在终端窗口输入 which env 来查看，在你的脚本开头使用那个地址来替代#!/usr/bin/env python。

许多第三方 Python 组件，包括 NumPy，都会在 Ubuntu 中默认安装。其他软件，比如 Biopython，能够通过 Synaptic Package Manager 或你的 Linux 配置包安装器很容易地进行安装。

第 15 章使用 MySQL

在 Linux 中，MySQL 的用户体验和本书中描述的应该是一样的。你不用在每次计算机启动时，都反复使用同样的 MySQL Preference Pane 来控制进入 MySQL 数据库服务器。

你可以在命令行中，或者通过图形界面 System ▶ Administration ▶ Synaptic Package Manager，使用 GUI 安装 MySQL。如果你真的打算使用命令行 apt-get 安装 MySQL，那么请首先用以下命令更新安装程序：

```
sudo apt-get update
```

然后在终端窗口输入这条命令：

```
sudo apt-get install mysql-server
```

它会多次询问你是否想要设置根口令。你可以不去设置，因为这只是演示，之后想要数据库在网络工作时，再更改设置也可以。

第 17～19 章在 Linux 中处理矢量图和像素图

本书中讨论的开放源代码的图像程序(Inkscape、ImageJ 和 GIMP)可以通过 Synaptic Package Manager 在 Ubuntu 上安装。在 Ubuntu 屏幕顶部选择 System 菜单，然后是 Administration 子菜单，再单击 Synaptic Package Manager。检索你想安装的程序，把它们选中标记为安装，在屏幕上方点击应用按键即可。

附录 2　正则表达式检索项

正则表达式——执行相应的检索和替换的方法，在第 2、3 章中有相关描述。这里我们提供一些最常见的正则表达式检索项，供读者快速参考。这里的表格和本书描述的内容没有包含全部的正则表达式。还有很多其他有用的指令，例如，把小型脚本植入你的替换项中，以及用(sword|jelly)fish 这样的语法在字符串中查找 A 或 B。如果你想要继续深入探讨，网上有许多参考资料，甚至在 TextWrangler 的帮助菜单中也有进一步的指导。

在不同程序、不同的语言之间，正则表达式的术语也会有些区别。其中通用性最好、几乎在所有支持正则表达式的地方都支持的术语，是 POSIX 拓展正则表达式，它们包含 .、*、+、{}、()、[]、[^]、^、$、?和|。由于相当多的任务都能用 POSIX 术语完成，在许多程序的语言术语中都增补了一些非标准术语。大多数这些非标准术语都是基于 Perl 正则表达式，包括下表罗列的字符分类通配符，如\d、\w 和\n。这些附加的通配符能使得编写清晰的正则表达式更容易些。当切换到一个新的背景中，由于缺少对 Perl 正则表达式的支持，是导致产生困惑的最常见原因。

如果你在一个新背景中使用正则表达式，但是发现它们并不能像预期那样工作，或者产生了错误，请查看你正在使用的工具支持哪种正则表达式。POSIX 虽然自己定义了一系列通配符，但是其句法和我们在本书中使用的 Perl 风格的\w 格式不同。这些通配符包括用[:digit:]代替本书中用的\d、用[:alpha:]代替本书的\w(但不包括数字)。这些 POSIX 的字符分类可以在一些无法获得 Perl 支持的背景中使用，其中包括 SQL 查询和命令行工具 grep。如果你不想在通配符类别间反复切换，还有一个更通用的代替字符类通配符的办法，就是直接用明确的字符范围，比如[0-9]或者[A-Z]。

通配符	
\w	字母、数字和_
.	除了\n \r 以外的所有字符
\d	数字
\t	制表符
\r	返回字符。在 TextWrangler 里是常规的行结束符
\n	换行字符。在 Notepad++里是常规的行结束符
\s	空格、制表符或行结束符
[A-Z]	方括号中字母范围内的某个字符
[^A-Z]	所有不在方括号范围内的单个字符。请注意除非特殊说明，它还包括\n，可能会使你跨行匹配
\	用来反义标点符号，这样就会用字符本身的含义被检索，而不是被当作通配符或特殊符号
\\	反义\符号本身

续表

界限	
^	表示行开始，也就是第一个字符前的位置
$	表示行结束字符的前一个位置
量词，用于字符和通配符之间的连接	
+	针对出现的字符、通配符或括号符域，搜索紧随其后的最长可能的匹配。在遵循整体表达式要求下，该匹配会尽可能延伸长
*	和上面一样，尽可能多地匹配之前出现的字符，但如果匹配还在继续，允许完全不出现字符
?	对贪婪算法中+或*的修改，旨在寻找最短的匹配，而不是最长的
{}	特别指定一定范围内的数字，来重复之前字符的匹配。例如：\d{2,4}代表一行中 2 和 4 间的数字；[AC]{4,}代表一行中 4 个及以上的字母 A 或 C
捕获和替代	
()	捕获圆括号内的检索结果，作为替换项使用
\1	按照数字顺序，把匹配的内容作为替换项。语法取决于你的文本编辑器和你所使用的语言
$1	

附录 3　shell 命令

在第 4～6、16 和 20 章中，对终端操作做了描述。对许多 bash 内置的 shell 命令，我们汇总在这里以便快速参考。若要得到更多关于某条命令及其选项的信息，请输入 man，后跟上命令的名称。如果你不确定应用哪条命令，也可以用 man -k 紧跟一个关键词来查询帮助文件的内容。

命令	描述	用法
ls	列出目录中的文件 跟随的参数可以是文件夹名(用*作通配符) -a　　显示隐藏文件 -l　　显示日期和权限 -1　　将文件名分行列出，作为把正则表达式运用到一系列命令的起点很有用 -G　　用色彩编码显示不同类型的文件 -F　　在目录名后显示斜杠	ls -la ls -1 *.txt ls -FG scripts ls ~/Documents ls /etc
cd	更改目录 没有斜杠时，文件名是从当前目录开始的相对路径 名字前有一个斜杠(/)时，从根目录开始 波浪字符(~/)表示从用户的主目录开始 两点(..)表示当前目录的“上”一层目录 一个点代表当前目录 减号表示回到之前占用的目录 用 tab 键(见下方)自动补足输入剩余部分的路径 在目录名中的空格或生僻的字符前使用反斜杠，或者把整个名称包围在引号里	cd scripts cd /User cd ~/scripts cd My\ Documents cd 'My Documents' cd ../.. cd .. cd _
pwd	列出工作目录(到你所在文件夹的路径)	
↑	↑键用来返回上一次输入的命令 光标可以用←和→键左右移动，命令也可被编辑 不管光标位于一行中的何处，都可以按 return 键再次执行命令。在 OS X 中你还可以通过在光标处单击 option 键来改变位置	
tab	在命令行自动补充完成文件、文件夹或脚本名称	cd ~/Doc tab
less	逐页显示文件内容 运行 less 时，输入这些命令也可以来查看 man 的结果 q　　退出查看 space　　下一页 b　　上一页 15 g　　到第 15 行 G　　到底 ↑或↓　　向上或向下移动一行	less data.txt

续表

<table>
<tr><th>命令</th><th>描述</th><th>用法</th></tr>
<tr><td>less</td><td>/abc 在文件中检索 abc
n 在最初的检索之后，寻找下一个出现的检索项
? 寻找上一个出现的检索项
h 显示 less 的功能和用法</td><td></td></tr>
<tr><td>mkdir</td><td>建立新目录(一个新的文件夹)</td><td>mkdir scripts</td></tr>
<tr><td>rmdir</td><td>移动目录(文件夹必须是空的)</td><td>rmdir ~/scripts</td></tr>
<tr><td>rm</td><td>移动一或多个文件
用-f 标记删除，但没有确认信息(请小心！)
用-r 标记递归地删除目录中的文件，最后删除该目录本身</td><td>rm test.txt
rm -f *_temp.dat</td></tr>
<tr><td>man</td><td>显示 Unix 命令指南
用-k 在所有指南中检索某项
用上述的 less 命令显示结果，可以使用相同的快捷键导航</td><td>man mkdir
man -k date
man chmod</td></tr>
<tr><td>cp</td><td>复制文件，原封不动保留原文件
不能对其本身所在的文件夹使用
单个句点指把目的文件复制到当前目录时，使用相同的名字</td><td>cp test1.txt test1.dat
cptemp ../temp
cp ../test.py .</td></tr>
<tr><td>mv</td><td>移动文件或文件夹，重命名或改变位置与 cp 不同，mv 可以对目录使用</td><td>mv test1.txt test1.dat
mv temp ../temp2</td></tr>
<tr><td>|</td><td>一条命令的输出连接到另一条命令的管道</td><td>history | greplucy</td></tr>
<tr><td>></td><td>发送一条命令的输出到文件，会覆盖已存在的文件
不要使用左侧符合通配符的文件作为目的文件</td><td>ls -1 *.py > files.txt</td></tr>
<tr><td>>></td><td>把一条命令的输出发送到文件，添加在已存在的文件内容之后</td><td>echo "#Last line" >> data.txt</td></tr>
<tr><td><</td><td>把文件内容发送到支持该内容为输入的命令中</td><td>mysql -u root midwater<data.sql</td></tr>
<tr><td>./</td><td>在路径中代表当前目录——和 pwd 的位置一样
后面的斜杠是可选项
能够应用于位于当前目录的文件，即使该文件的目录不包括在 PATH 中</td><td>cp ../*.txt ./
./myscripts.py</td></tr>
<tr><td>cat</td><td>没有中断地连接(合在一起)不同文件。文件内容的数据流显示在屏幕上</td><td>cat README
cat *.fta > fasta.txt</td></tr>
<tr><td>head</td><td>显示文件或命令的最开始几行
用-n 指定显示的行数</td><td>head -n 3 *.fasta
ls *.txt | head</td></tr>
<tr><td>tail</td><td>显示文件或输出数据流的最后几行
用-n 指定显示的行数
用加号可跳过那之前的几行，一直显示到底部。用-n +2 就会显示从文件第二行到最后的内容，跳过了首行</td><td>tail -n 20 *.fta
tail -n +3 data.txt</td></tr>
<tr><td>wc</td><td>对输出流或文件的行、字和字符进行计数</td><td>wc data.txt
ls *.txt | wc</td></tr>
<tr><td>which</td><td>显示在系统路径中可执行文件的位置</td><td>which man</td></tr>
<tr><td>grep</td><td colspan="2">在文件或管道列表中检索词组，然后显示匹配行：grep -E "searchterm" filelist
经常在管道连接的输出中使用：command | grepsearchterm
在检索项周围用引号，尤其是空格或像>、&、#和其他一些标点符号
若要检索或标记字符，在引号中输入 ctrl +V 再加 tab 键
可选标记：
-c 只显示文件中对结果的计数
-v 反转检索，只显示不符合的行
-i 不考虑其他情况的匹配</td></tr>
</table>

续表

命令	描述	用法
grep	-E　用完全的正则表达式 检索项要包括在引号里。用 [] 表示字符范围，而不是像在第 2、3 章中作为通配符 通常通配符的等价关系： \s　[[:space:]] \w　[[:alpha:]] \d　[[:digit:]] -l　只列出包含匹配项的文件名 -n　显示匹配行的行数 -h　在输出中隐藏文件名	
agrep	检索近似的匹配，允许插入、删除或错误的字符(必须分别独立安装)。见第 21 章 可选标记包括： -d ","　使用逗号作为记录间的定界符 -2　返回最少 2 个，最多 8 个错误字符的结果 -B -y　没有错误字符数的限制，返回最佳结果 -l　只列出包含匹配项的文件名 -i　不考虑其他情况的匹配	agrep -d "\>" -B -y ATG seqs.fta agrep -3 siphonafore taxa.txt
chmod	改变文件的权限(通常使脚本可执行或网络可连接) 第一选项为 u、g、o，代表用户、组、其他 第二选项是加或减号后跟 r、w 或 x，代表读、写或执行。也可以像附录 6 中所述那样用二进制编码	chmod u+x file.pl chmod 644 myfile.txt chmod 755 myscripts.py
set	显示环境变量，包括已定义的功能	
$HOME	包括用户主目录路径的环境变量	echo $HOME cd $HOME
$PATH	用户的 PATH 变量，即检索存储命令的目录	export PATH=$PATH:/usr/local/bin
nano	调用文本编辑器。控制键序包括： ctrl+X　退出 nano(会提示保存) ctrl+O　保存文件而不退出 ctrl+Y　向上滚动一页 ctrl+V　向下滚动一页 ctrl+C　撤销操作 ctrl+G　显示命令列表帮助	nano filename.txt
ctrl+C	终止当前程序	
sort	排序文件中的行 -k *N*　用列号码 *N* 而不是从首字母开始排序。列被一系列空白空格字符限定 -t ","　用-k 连接，逗号用作定义列的定界符 -n　用数值而不是字母值来排序 -r　按逆序排序 -u　从一系列相同的行中只返回独有的代表行	sort -k 3 data.txt sort -k 2 -t "," F1.csv sort -nr numbers.txt sort A.txt > A_sort.txt
uniq	从文件或输出流连续重复的多行中只返回一行去除文件中的所有重复行。在使用 uniq 命令连接管道前，要预先存储好数据 用-c 标记返回重复元素的计数	uniq -c records.txt sort names | uniq -c

续表

命令	描述	用法
cut	从文件中提取一列或多列数据 -f 1,3 返回 1 和 3 列，以制表符分界 -d "," 用逗号作为定界符而不是用制表符。和-f 结合起来使用 -c 3-8 返回文件或数据流中第 3～8 号位置上的字符	cut -c 5-15 data.txt cut -f 1,6 data.csv cut -f2 -d ":" > Hr.txt
curl	通过网络检索 URL 里的内容。URL 应该位于引号中。没有其他参数的话，此命令会将内容显示在屏幕上 对于一些 Linux 版本，wget 命令提供了相似功能 查看 man curl，获取同时发送用户登录信息的方法 -o 设置输出文件名来为数据保存独立文件。见下方的#1 -m 30 设置为 30s 超时 [01-25] 在 URL 中，在地址中逐个连续替换从 01 到 25 的数字 {22,33} {A,C,E} 把括号中的替换项放入 URL 之中 #1 替换值，用于生成文件名	curl "www.myloc.edu" > myloc.html curl "http://www.nasa.gov/weather[01-12]{1999,2000}" -m 30 -o weather#1_#2.dat
sudo	以超级用户写入系统的权限来运行命令	sudo python setup.py install sudo nano /etc/hosts
alias	定义在命令行使用的快捷键。为了使它长久存在，请将它添加到启动设置文件.bash_profile 或与之等效的文件	alias cx='chmod u+x'

function	创建一个 shell 函数——像是一个小脚本
	$1 是在命令之后输入的第一个用户参数
	$@是所有参数——用于下列循环
	变量名定义为格式 NAME=，没有空格。用$NAME 格式检索它
	存储在.bash_profile 使它永久生效
		myfuction() {
		  # insert commands here
		  echo $1
		}

;	在命令或脚本中，等效于按 *return* 键开始一个新行	date; ls
for	在 shell 中运行一个 for 循环。在函数环境里很有用	for ITEM in *.txt; do echo $ITEM done

if	shell 函数中的 if 表达：
	  if [test condition]
	  then
	    # insert commands
	  else
	    # alternate command
	  fi
	在比较运算中，eq 是相等，lt 是小于，gt 是大于
		if [$# -lt 1]
		then
		  echo "Less than"
		else
		  echo "greater than 1"
		fi

` `	在 shell 命令或脚本中，用反引号标志围起来命令，使得命令被执行，然后替换输出部分	cd `which python`/.. nano `which scripts.py`
host	如果可获得的话，会返回 IP 数字相关的主机名，或者主机名相关的 IP 地址	host www.sinauer.com host 127.0.0.1
ssh	开启一个加密的远程 shell 连接	ssh lucy@pcfb.org
scp	从远程地址加密复制或粘贴文件	scp lacalfile user@host/path/remotefile scp user@host/home/file.txt localfile.txt
sftp	开启一个到远程地址的文件传输连接。命令提示符会改变为 ftp 命令提示符，会用到下列命令： open 通过提示符，打开一个新的 sftp 连接 get 把远程文件带入本地服务器	sftp user@remotemachine

续表

命令	描述		用法
sftp	put	把本地文件放入远程系统	
	cd	改变远程服务器上的目录	
	lcd	改变本地计算机上的目录	
	quit	退出 sftp 连接	
gzip gunzip zip unzip	压缩和解压缩文件		gzip files.tar gunzip files.tar.gz unzip archive.zip
tar	创建或扩展一个包含文件或文件夹的存档文件		tar -cf archive.tar ~/scripts tar -xvfz arch.tar.gz
	-cf	创建	
	-xvf	扩展	
	-xvfz	扩展并解压 gzip	
&	当它放置在命令之后时，就在背景里执行命令		
ps	显示当前运行的进程。控制标记在不同系统中有很大区别。通常好的起点是用-ax。查看 man ps 可以了解更多		ps -ax | grep lucy
top	以不同参数分类显示当前进程，最有用的是处理器应用-u		top -u
kill -9	用程序 ID 强行中断程序。用 ps 或 top 命令检索 PID 值		kill -9 5567
killall	根据软件名称终止进程		killall Firefox
nohup	在背景中运行命令，且当登出或关闭 shell 窗口时也不会结束程序 按照这样古怪的格式使用，以避免程序输出导致命令中断		nohup *command* 2> /dev/null < /dev/null &
ctrl+Z	暂停操作，把它移至背景或执行其他操作		
jobs	显示背景里或暂停工作，但不显示通常活跃的进程		
bg	移动一个暂停的进程到背景中。其后的可选数字以%1 的格式出现，用来指定工作号码		
apt-get yum rpm port	不同 Unix 版本的安装包。检索并安装远程软件包。通常和 sudo 一起使用		sudo apt-get install agrep yum search imagemagick

附录 4　Python 快速参考

此附录的规定

在下面的例子中，斜体项不是真实的变量或函数名称，而是一个占位符，用来代替真实名称。如果函数名显示为 `.function()`，那么这个点符号表示它被用作一个类函数，其后跟着一个变量名，如 `MyString.upper()`。

Python 中的格式、语法和标点符号

- 用行缩进定义了语句块，指明在循环、决策和函数中执行的区域。
- 注释用#标记，并且一直延伸到那行结束。多行注释可以在两边用三个引号标记括起来。
- 若要语句在下一行继续，需要在行末使用\字符。
- 圆括号 () 把变量传递到函数[1]。
- 方括号 [] 用来定义列表和检索子集，可以针对字符串、列表、目录和其他类型。
- 花括号{}定义字典的条目。

Python 脚本从 shebang 行开始，并且包含选项行，使其可以支持 Unicode 字符集：

```
#! /usr/bin/env python
# coding: utf-8
```

命令行解释器

从命令行键入 python 开始。用 ↑ 回到 Python 命令的历史记录。用 `quit()` 或 *ctrl*+D 退出(在 Windows 中用 *ctrl*+Z)。

你可以把整个程序直接粘贴到命令行解释器中使用，但有时循环或条件语句的扩展区域可能会无法正确传送。对于涉及用户输出或读写文件内容的程序，在 Python 命令提示符后直接粘贴命令也不能很好工作。此外，终端程序的缓冲区可能无法容纳较大的粘贴块，结果会导致文本粘贴发生错误。

---

1 它们也用于定义数组、不可变列表变量，在本书中我们不做进一步解释。

命令总结

变量类型和统计

改变变量类型和信息获取	
把数字和其他类型转换为字符串 当对一个文件使用.write()函数，或使用sys.stderr.write()函数时，需要这种转换	`str()`
把整数值或字符串转换为浮点数值	`float()`

可在基本交替进制系统中指定进制数。若要指定为十六进制，用int(Mystring,16)	`int(3.14)`
	`int("3")`
	`int("4F",16)`

给出字符串、列表或目录的长度	`len("ABCD")`
	`len([1,2,4,8])`
	`len(Diction)`

字 符 串

定义和格式化字符串	

字符串用单(')或双(")引号定义，但不要用弯曲引号(“ ”)	`Location = "Hawai'i"`
	`Region = "3'-polyA"`
	`Genus = 'Gymnopraia'`

多行字符串用三引号标记为一整行	`MultiString = """`
	`Triple-quoted strings`
	`can span several lines.`
	`They also act like comments`
	`"""`

把数字转换为字符串	`str(100.5)`
用ord()找到字符串的ASCII码	`ord('A')`

处理字符串	
用.upper()和.lower()改变大小写	`MyString.upper()` `MyString.lower()`
用+连接两字符串	`MyString + YourString` `'Value' + str(MyValue) + '\n'`
用*重复字符	`print '=' *30` `==============================`
用.replace()进行文字替换(不需要使用通配符或正则表达式)	`MyString.replace('jellyfish','medusa')`
用.count()计数'A'在MyString中出现的次数	`MyString.count('A')`
用.rstrip()移除最右端的所有空白 只移除换行符，而不是制表符	`MyString.rstrip()` `MyString.rstrip('\n')`
用.strip()除去字符两边的所有空格	`MyString.strip()`

在此附录中查看处理列表，获取更多关于转换字符串或字符列表的信息，以及正则表达式检索的信息，在此附录中也能获得更多关于高级检索和替换的技巧。

收集用户输入

在程序执行过程中，获取用户的输入内容	`raw_input("Enter a value:")`
当程序在命令行中运行时，得到以空格分隔的参数。你可以用通配符传递参数，如 dive*.csv	`import sys` `sys.argv`
用零参数表示脚本或程序名	`sys.argv[0]`
所有附随的命令行参数	`sys.argv[1:]`
通过使用 len() 函数，来决定提供多少个命令行参数	`if len(sys.argv) > 1:`

建立字符串

屏幕输出字符串	
以空格为分隔打印输出变量	`print MyString, MyNumber`
不以空格为分隔打印输出变量	`print MyString + str(MyNumber)`

用格式操作符%生成字符串：

```
MyString = '%s %.2f %d' % ("Value",4.1666,256)
```

↳替换点　　↳插入值

这会创建字符：' Value 4.17 256'

给定字符串 s = '%x' % (4.13)，这里的%x 是占位符，其可能有如下情况：

占位符	类型	结果
%s	字符变量	'four'
%d	整数值	'4'
%5d	至少有五个位置的整数	' 4'
%f	浮点数值	'4.130000'
%.2f	精确到两位小数	'4.13'
%5.1f	精确到一位小数，共五个位置为一个整体(包括小数)	' 4.1'

比较和逻辑运算符

比较运算符[a]

比较	如果……则为 True
x == y	x 与 y 相同
X != y	x 与 y 不同
x > y	x 大于 y
x < y	x 小于 y
x >= y	x 不小于 y
x <= y	x 不大于 y

[a] 基于比较的结果，这些操作返回 True(1)或 False(0)。

逻辑运算符[a]

逻辑运算符	如果……则为 True
A and B	A 和 B 都是 True
A or B	A 或 B 是 True
not B	B 是 False(反转 B 的值)
(not A) or B	A 是 False 或 B 是 True
not (A or B)	A 和 B 都是 False

[a] 在此表中，A 和 B 代表 True/False 的比较，就像前一个表中列出的那样。

请注意，在 Python 中，当一个表达式涉及逻辑操作并且是真值的时，会返回第一项测试为正确的值，而不是 True 本身。

```
>>> 1 and 2
2
>>> 3 or 4
3
```

数学运算符

应用正常的优先次序。运算只涉及整数值，也只能产生整数值，即使会导致损失精确度。

加	+
减	-
乘	*
除	/
取余(整除后的余数)	% 7 % 2 → 1
乘方	** 2**8=256
短除(结果不包括余数)	// 7//2.0 = 3.0
在变量上增加值	+= X += 2

决　策

if、elif 和 else 命令根据逻辑测试控制程序流程。基于这些命令的语句都用冒号结尾。以下是对每个命令的描述，右侧是示例。

```
if logical1:
    # do indented lines
    # if logical1 is True
elif logical2:
    # if logical1 is False
    # and logical2 is True
else:
    # do if all tests
    # above are False
```

```
A=5
if A < 0:
    print "Negative number"
elif A > 0:
    print "Zero or positive number"

else:
    print "Zero"
```

循　环

for 和 while 循环的定义以冒号结尾。用 for 循环使命令在一定范围和列表内反复运行。如下是一系列循环示例，编码显示在右边。

for 循环使用 range()

```
for Num in range(10):
  print Num * 10
```

带列表的 for 循环

```
for Item in MyList:
  print Item
```

带字符串的 for 循环

```
for Letter in "FEDCBA":
  print Letter
```

while 循环

```
X=0
while X < 11:
  print X
  X = X + 2
```

用正则表达式检索

用 regexp 在字符中寻找匹配子集

在程序中使用 regexp 提取和替换部分字符。其基本格式是：

```
Results = re.search(query,string)
```

查询是一个包含正则表达式的文本字符，这些文本字符是你打算放在 Find 对话框中的内容。

输入单元	`import re`
用原始字符定义一个检索查询	`MyRe = r"(\w)(\w+)"`
确定要检索的字符串	`MyString = "Agalma elegans"`
检索并保存匹配项	`MyResult = re.search(MyRe, MyString)`
显示所有的匹配项	`MyResult.group(0)`
显示第一个匹配项	`MyResult.group(1)`
把所有的匹配项分类显示	`MyResult.groups()`

用 regexp 在字符串中做替换

其基本格式是：

```
re.sub(query, replacement, string)
```

当在程序中使用时，对于那个字符串来说和使用 Replace All 命令是一样的。

输入单元	`import re`
用原始字符定义一个检索查询	`MyRe = r"(\w)(\w+) (.*)"`
定义替换项，用\1、\2 等代替用括号捕捉的内容	`MySub = r"\1. \3"`
确定要检索的字符串	`MyString = "Agalma elegans"`
检索并保存匹配项	`NewString = re.sub(MyRe, MySub, MyString)`
结果保存在 NewString 中	`"A. elegans"`

使 用 列 表

列表是事物的有序集合。列表中的项目可以是任何类型，包括可以是其他列表，也可以是不同种类型项目的混合。其第一个元素的索引是 0，所以如果有一个列表包括了 5 个成员，那么索引 5 是没有对应任何项的。

创建列表	
用字符串或其他类型变量创建列表 如果变量是字符型，列表元素将为字符串中的每个字符	`list(MyString)`
用方括号定义	`MyList = [1,2,3]` `OtherList = [[2,4,6],[3,5,7]]`
定义一个空列表；在添加元素之前需要一个空列表	`MyList=[]`

用 range()函数定义数组列表
左边的元素被包含在检索数组内，右边的索引项不包含
指定一个参数，range(N)会从 0 到 N-1，创建 N 个元素。第三个参数会在两元素间设置步长间隔，正数或负数都行
	函数 / 结果：
	`range(5)` → `[0, 1, 2, 3, 4]`
	`range(1,8,2)` → `[1, 3, 5, 7]`
	`range(5,0,-1)` → `[5, 4, 3, 2, 1]`

用.split()把字符串解析为列表 默认分界符是任意数量的空格，或在()中的特殊分界符	`MyList=MyString.split()`
用.append()添加元素	`MyList.append(10)`

在冒号两边重复单个索引来插入元素	`MyList=range(5)`
	`MyList[3:3]=[9,8,7]`
	`>>> MyList`
	`[0, 1, 2, 9, 8, 7, 3, 4]`

用 del 从列表中删除元素 标记=[]用来删除指定索引的元素	`del MyList[2:5]` `MyList[2:5]=[]`

存取列表的元素	

用[]提取元素
索引范围：开始元素可被恢复，结束元素不能
索引要么从开始记数，要么从列表末尾用负数记数
	`MyList[Start:Finish]`
	
	`MyList[begin:end+1:step]`

跳过列表的首元素	`MyList[1:]`
除了最后一个外，其余所有元素	`MyList[:-1]`
按逆序返回列表元素，保留原表不变 分类列表，修改原列表	`MyList[::1]` `MyList.reverse()`

提取奇数或偶数元素	`MyList=range(8)`
	`MyList [1::2]`
	`[1, 3, 5, 7]`
	`MyList[0::2]`
	`[0, 2, 4, 6]`

一次性打开列表，取出两个及以上元素	`a,b=MyList[0,1]`

列表信息和转换	

用.join()把字符串列表转换为字符串
.join()方法使用有点反向的意思，它使原来的字符再次连接在一起，以列表为参数
	`''.join(MyList)`
	`MyList=['A', 'B', 'C', 'D']`
	`print '-'.join(MyList)`
	`A-B-C-D`

用 in 操作符查看项目是否在列表里	`print 'A' in MyList` `True`

用 set()创建一个仅有独特元素的列表	`MyList=list('aabbbcdaa')`
	`print list(set(MyList))`
	`['a','b','c','d']`

排序列表
返回一个排序后的列表，保留原表不变
按位置排序，修改原列表
	`NewList= MyList.sorted()`
	`MyList.sort`
	`Keys=Diction.keys()`
	`Key.sort()`

用 enumerate()同时检索元素和它们的索引	`Ind, Elem = enumerate(MyList)`

列表的理解

对列表的每项运行操作，再以列表返回结果。理解列表对于用 Python 处理列表十分有用。

```
Seqares = [Val**2 for Val in MyList]
Strings = [str(Val) for Val in MyList]
```

词　典

词典在某种程度上和列表一样，除了列表中的变量通过按序排列的索引来获得，而词典没有这样的键序，可以按照你想要的顺序自由获取。键和值有很多类型，包括数字、字符串或列表，它们可以在一个词典中同时出现。在词典中每个键只能出现一次，但值可重复出现；也就是说，键要求独一无二，而值不需要。词典内容没有固定的顺序，值只通过键返回，而不是其位置或键入的顺序。

定义词典	

用花括号以{key-value}的格式定义条目
key-value 组以逗号分隔
在花括号内，定义可以跨过几行，缩排并不重要
	`Diction={1:'a', 2:'b'}`
	`Diction={`
	`'Lilyopsis' :3, 'Resomia'   :2,`
	`'Rhizophysa':1, 'Gymnopraia':3 }`

有相同数量元素的键列表和值列表可以在一起压缩为一个词典	`SiphKeys = ['Lilyopsis','Rhizophysa',`
	`  'Resomia','Gymnopraia']`
	`SiphVals = [3,1,2,3]`
	`Diction = dict(zip(SiphKeys,SiphVals))`

用方括号和已编号的值添加条目 需要预先已经存在一个没有条目的词典	`Diction={}` `Diction['Marrus'] = 2`
用 del 删除词典条目 以前用[]清除列表元素的方法，对字典是无效的。键仍然会继续存在	`del Diction['Marrus']`

从词典中提取值	

用方括号[]和键索引
 	
如果键不存，就会出现错误
	`print Diction['Resomia']`
	`2`
	`print Diction['Erenna']`
	`...KeyError: 'Erenna'`

用.get()恢复
如果键不存，可以预先提供一个返回值
	`print Diction.get('Resomia')`
	`2`
	`print Diction.get('Erenna',-99)`
	`-99`

词典的信息	

用.keys()和.values()获取一列键或值，但不需要按任何规律排列
然而事实上顺序是与两列表内在的顺序保持一致
	`Diction.keys()`
	`['Resomia','Lilyopsis',`
	`'Gymnopraia','Rhizophysa']`
	`Diction.values()`
	`[2, 3, 3, 1]`

一个词典中的总条目数	`len(Diction)`

创 建 函 数

在程序使用函数之前，需要预先定义函数，或者从外部文件导入函数。定义函数时，可以使用附加参数，也可以不用它，参数可以预先设置默认值。

```
def function_name(Parameter = Defaultvalue):
    # insert statements that calculate values
```

```
        return Result   # send back the result
```

在程序里运用函数，在括号内传递值：

```
    MyValue = function_name(200)
```

处 理 文 件

读取文件	
打开关联的文件	`InFile = open(FileName, 'rU')`
连续读取每一行	`for Line in InFile:` `    # perform operation on Lines`
或者，一次性将所有行读取到一个列表里(在上述命令执行后就不可以了，因为 InFile 已经在文件的末尾处了)	`AllLines = InFile.readlines()`
关闭关联的文件	`InFile.close()`

举例说明，一个短文件的读取程序：

```
FileName="/Users/lucy/pcfb/examples/FPexcerpt.fta"
InFile = open(FileName, 'rU')
for Line in InFile:
    MyLine = Line.strip()
    if MyLine[0]==">":
        print MyLine[1:]
InFile.close()
```

获取文件相关信息	
使用 os 模块	`import os`
查看字符串是否通向文件；如果该文件不存在或者它是文件夹而不是文件，则运行失败	`os.path.isfile('/Users/lucy/pcfb/')`

查看某文件夹或文件是否存在
如果用~/作为路径的一部分，则运行失败
	`os.path.exists('/Users/lucy/pcfb/')`
	`True`
	`os.path.exists('~/pcfb/')`
	`False`

得到一个与参数匹配的文件列表，可以用*通配符	`import glob` `FileList = glob.glob('pcfb/*.txt')`

写入文件	
打开文件流，如果该文件已存在则覆盖写入	`OutFile = open(FileName, 'w')`
打开文件流，如果该文件已存在则在末尾添加	`OutFile = open(FileName, 'a')`
把字符串写入指定的 OutFile 行末字符不会自动添加，数字需要先转换为字符串，要用 str()函数或格式操作符%	`OutFile.write('Text\n')`
当写入完毕后关闭 OutFile 文件	`OutFile.close()`

使用模块和函数

首先要导入模块，然后调用函数，通常其后会跟着一些参数。

从模块导入函数的几种方法	
先导入模块的所有函数，随后通过在模块名称后添加附加函数名来使用	`importthemodule` `themodule.thefunction()`
先导入模块，但是在程序中由不同的名字来表示	`import longmodulename as shortname` `shortname.thefunction()`
从模块输入所有函数，通过函数名来使用它	`from themodule import *` `thefunction()`
输入一个特定的函数，就使用它的名字	`from themodule import thefunction` `thefunction()`
若要看模块中的命令列表，需在 Python 交互环境输入	`dir(modulename)` `help(modulename)`

若要创建你自己的模块，像上面那样使用 def 定义函数，把它们放在各自的文件里，然后以 .py 结尾的文件名储存在某个文件夹中，该文件夹要位于 PATH 中。用不加 .py 扩展的文件名导入你的脚本中。

一些内建模块	
random	生成随机样本和随机数
urlib	下载网络资源与其交互
time	有关当前时间和已运行时间的信息
math	一些基本的三角函数和常数
os	有关文件系统的项
sys	系统层面命令，比如命令行参数
re	用于检索和替换的正则表达式
datetime	日期转换和计算函数
xml	读取和写入 XML 文件
csv	用 csv.reader()函数读取逗号分隔文件

其他可供安装的模块	
MySQLdb	与 mysql 数据库进行交互
PySerial	通过串行端口连接到外部设备。用 import serial
matplotlib	MATLAB 式的绘图功能
numpy,Scipy	具备高级数学和统计分析功能的工具包
Biopython	用于处理分子序列文件和检索的函数。用 import Bio 或者 from Bio import Seq

容易混淆的 Python 操作

显示警告和反馈

sys.stderr.write()

将输出发送到屏幕上(但当使用重定向功能，比如>>时，输出结果不会发送到文件)。

捕捉错误

在 try:函数下，语句缩进会被执行直到发生错误。如果有错误出现，随后 except:下缩进的语句块就会被执行。

Python 里的 shell 操作

os.popen("rmdir sandbox")

在圆括号内指定的 shell 命令会被执行。命令通常会把结果输出到屏幕上，如果你想要读取这些结果，请添加.read()：

Contents = os.popen("ls -l").read()

例如，os.popen(pwd)会尝试操作，无论反馈结果是否打印输出。

参考及寻求帮助的渠道

- 在 python 命令行中使用 dir(item)来查看某变量或输入模块内的函数。用 type(item)得到关于变量类型的简单陈述。
- 根据变量的不同，help(item)可能给你几页关于一个函数或变量的信息，显示与该类型相关的信息。
- 当卡壳时，请咨询网站，如 diveintopython.org。

附录5 程 序 模 板

为了给你一些不同的计算机语言风格的概念，在此附录中我们会展示几种用不同的流行语言编写的一小段代码。这些代码都会生成如我们在第 9 章讨论 range() 函数输出那样的结果。

每个示例(你可以把它们复制粘贴到独立的程序文件中尝试)的源代码都可在文件 ~/pcfb/scripts/rosetta.txt 中获取。每个程序的理想输出是：

```
A1 A2 A3 A4 A5 A6 A7 A8 A9 A10 A11 A12
B1 B2 B3 B4 B5 B6 B7 B8 B9 B10 B11 B12
C1 C2 C3 C4 C5 C6 C7 C8 C9 C10 C11 C12
D1 D2 D3 D4 D5 D6 D7 D8 D9 D10 D11 D12
E1 E2 E3 E4 E5 E6 E7 E8 E9 E10 E11 E12
F1 F2 F3 F4 F5 F6 F7 F8 F9 F10 F11 F12
G1 G2 G3 G4 G5 G6 G7 G8 G9 G10 G11 G12
H1 H2 H3 H4 H5 H6 H7 H8 H9 H10 H11 H12
```

程序会使用两种基本方法生成输出结果。在所有程序中使用的嵌套循环，都以 ASCII 值为 Letter 字符变量，Number 为数字变量。一些程序(C、C++、bash、JavaScript、Java 和 Arduino)就会生成一对一对的字符，然后在每次字母改变时就输入行尾字符。其他一些程序(Python、Perl、MATLAB、PHP 和 Ruby)会通过添加成对字符建立一个长的字符串，然后当字符增加时就输出一整行。这两种方法都可以用任何一种编程语言完成任务。请注意，不同编程语言中 for 循环的语法有什么不同、注释字符有什么不同，以及不同语言是如何合并字符生成输出的。

这个章节的目的，旨在表明一旦当你理解编程中的基础构架后，只要学习不同语言的特殊语法和风格，你就能很快适应它们。

Python 2.7 或更早的版本

```
#!/usr/bin/env python
 for Letter in range(65,73): # step character 65 to 72
   Labels=''
   for Number in range(1,13):
     Labels += chr(Letter) + str(Number) + ' '
   print Labels     # print the whole line
```

Python 3

Python 的下一个版本 Python 3 已经发行，但一些和 Python 3 兼容的重要模块至今还没有更新，所以这本书中我们仍然主要关注 Python 2.x。有一个叫做 2to3.py 的工具包能够把 Python 2.x 脚本转换为 Python 3 格式。两个版本的语言十分相似，但也有很关键的不同点——比如说，一些函数已经被移动到其他模块或被整体移除，以及 print 函数操作方法也不同，如下所示：

```
#!/usr/bin/env python
 for Letter in range(65,73): # step character 65 to 72
   Labels=''
   for Number in range(1,13):
     Labels += chr(Letter) + str(Number) + ' '
   print(Labels)     # print the whole line
```

Perl

Perl 一直以来都是文本操作和分析生物学资料的热门语言，尽管近几年来更常使用 Python 来完成原本是用 Perl 完成比较好的任务。你仍然会遇到许多 Perl 工具和 BioPerl 库。Perl 在 Unix 上被默认安装好了，在 Perl 中执行脚本和在 Python 中是一样的。

```
#!/usr/bin/env perl
for ($Letter = 65; $Letter < 73; $Letter++) { # step character 65 to 72
    $Labels = "";
    for ($Number = 1; $Number < 13; $Number++) {
        $Labels .= chr($Letter) . $Number . " " ;
    }
    print $Labels . "\n "  # print the whole line
}
```

bash shell

bash shell 是一个用户环境，但也是一套功能齐全的脚本语言。这对在文件系统(如移动、重命名和登录信息)中工作尤其有用，但在独立的数据编程环境中不那么有用。请注意，当定义变量时，在等号两侧都没有空格。

```
#! /bin/ bash
for Letter in {A..H}
do
   LABEL=""
   for Number in {1..12}
   do
       LABEL="$LABEL $Letter$Number"
   done
   echo $LABEL  # print the whole line
done
```

C

C 和它的衍生出的语言(Objective-C、C++)是开发复杂软件最流行的计算机语言，它在你的计算机图形界面里运行。

```
#include <stdio.h>
char letter;
int number;

int main(void){
   for (letter = 65; letter <= 72; letter++) {
      for (number = 1; number <= 12; number++) {
         printf("%c%d ",letter,number);
      }
      printf("\n");  // print the line break
   }
   return 0;
}
```

C 是编译语言，而不是解释语言，所以你要把它存储为 rosetta.c，然后用终端命令编译后才能运行：

```
gcc rosetta.c
```

在这里，我们假定你已经安装了 C 的编译器 gcc。通过这条命令产生可执行文件，称为 a.out，如果它的目录不在你的预置路径中，你可以输入下列命令，从它所在的目录里运行：

```
./a.out
```

C++

和 Objective-C 一样，C++是 C 语言的一个高度面向对象的衍生语言。你可以在 C++里直接使用 C 的代码，但是你也可以用以对象为基础的方式执行更多操作，这也是现代计算的一项基本原则。

```
#include <iostream>
using namespace std;

char letter;
int number;

int main(){
    for (letter = 65; letter <= 72; letter++) {
        for (number = 1; number <= 12; number++) {
            cout << letter << number <<" ";
        }
        cout << endl; // print the end of line char
    }
}
```

请注意若要运行这段程序，你要把它存储为 `rosetta.cpp`，然后用终端命令编译它：

```
g++ rosetta.cpp
```

和我们 C 的例子一样，这是假定你已经安装了编译器，此时 C++的编译器是 `g++`。在成功运行后，可执行文件会被叫做 `a.out`，如果存储 `a.out` 的目录不在你的路径中，你可以输入下列命令，从它的目录里运行：

```
./a.out
```

Java

Java 也是一种编译语言，它有个明显优点，就是在多数情况下都能跨平台使用。一段为特定操作系统或仪器编写的程序也能够在其他平台上运行。

```
class Rosetta {
   public static void main(String[] args){
     //Step through the ASCII values
     for(int letter=65; letter<73; letter++){
       for(int number=1; number<13; number++){
         //print w/o LineFeed
         System.out.print((char)letter + (number + " "));
       }
       System.out.println();
     }
   }
}
```

把程序存储为 rosetta.java。若要运行它，首先要用 javac 编译器编译它：

```
javac rosetta.java
```

这会生成一个.class 文件。若要运行它，你只要用程序的基础名(事实上它是由程序的 class 语句决定的，而不是它的文件名)和 java 命令：

```
java Rosetta  ←首字母大写，因为它要指明是.class 文件，而不是.java 文件
```

JavaScript

JavaScript 是把网页变动态的语言。它由你的 Web 浏览器来解释，所以把这个脚本以.html 的扩展名存储在文件里，并把它拖拽到浏览器窗口，查看输出：

```
<html> <body>
<code>
Table of values<br><br>
<script type="text/javascript">
var letter, number;
document.write("<br>");
   for (letter = 65; letter <= 72; letter++) {
      for (number = 1; number <= 12; number++) {
          document.write(String.fromCharCode(letter) + number + " ");
      }
      document.write("<br>"); // print an html line break
   }
```

```
</script>
</code>
</body></html>
```

PHP

PHP 也是 Web 的一种解释语言，但是它在发送到浏览器之前，要由服务器先执行。这样能够更好地保护隐私，因为别人看不到你 php 的代码源——他们只能看到已公布的结果。为了测试这个脚本，你可以把自己的计算机当作网络服务器。打开 System Preferences ▶ Sharing 里的 Web Sharing，然后把文件以 rosetta.php 名称存储到你的 ~/Sites/文件夹里，通过在浏览器的 URL 中键入 http://localhost/~lucy/rosetta.php(这里的 lucy 你可以用你的用户名替代)来查看。

```
<html><body>
<code>
Table of values<br><br>
<?php
for($Letter = 65; $Letter <= 72; $Letter++) {
   $Label='';
   for($Number = 1; $Number <= 12; $Number++) {
      $Label .= chr($Letter) . strval($Number) ." ";
   }
   echo $Label . "<br>"; // print an html line break
}
?>
</code>
</body></html>
```

Ruby

Ruby 是一款很受欢迎的面向对象的脚本语言，在一些 Web 应用中它在后台运行。

```
#! /usr/bin/env ruby

# note, in ruby, uppercase variable names mean that they are constant
# here we could either use lowercase, or start with an underscore

for letter in 65..72 # step character 65 to 72
```

```
  label = ''
  for number in 1..12
   label += letter.chr + "#{number}" + " "
  end  # end for number
  puts(label) # print the whole line
end  # end for letter
```

MATLAB

作为一个强大的编程环境，MATLAB 可以用于计算、信号和图像处理、数据采集、模拟和开发图形用户界面。它十分有用，并且对于数据分析方面设计得很好(几乎每一个变量都可成为多维数组)，但如果你没有得到学术应用折扣，它的应用许可费和维修费用会非常昂贵。

```
for Letter = 65:72   % step through character 65 to 72
   Labels = '';
   for Number  = 1:13
     Labels = [Labels char(Letter) number2str(Number) ' ' ];
   end % for Number
   disp(Labels)  % print the whole line
end % for Letter
```

R

R 编程和分析环境很强大而且免费。我们推荐你学习它，用于数据分析和绘图。下面的程序叫做专用 Rscript 处理器，它负责在命令行运行程序，而不是在 R 控制窗口中运行。

```
#! /usr/bin/env Rscript
for (Letter in 65:72) {   # step through character 65 to 72
   Lines = ""
   for (Number in 1:12) {
     cat(intToUtf8(Letter),Number,' ',sep="")
   } # end for Number
   cat("\n")  # print the end-of-line character
} # end for Letter
```

Arduino

这款程序被设定为要上传到 Arduino 设备，然后它会生成你想要的输出，并且通过串行端口发送数据。连接到 Arduino，选择适合的串行端口，控制串行连接，然后重启设备，在串行端口监视器窗口查看输出：

```
char Letter;
int Number;

void setup(){
   Serial.begin(19200);
   for (Letter = 65; Letter <= 72; Letter++) {
      for (Number = 1; Number <= 12; Number++) {
         Serial.print(byte(Letter));
         Serial.print(Number);
         Serial.print(" ");
      }
      Serial.println(); // print a line break
   }
}
void loop(){} // the program needs a loop function, even if empty
```

附录 6　二进制、十六进制和 ACSII 码

交替的基本系统

当从零往上计数时，似乎十分自然地就从一位数的 9，数到了两位数的 10。在从 19 数到 20 的时候，我们也不会停下来思考，即使是从某位数最右边的数字增加一位，跳到下一位数的时候，我们仍然不会停下来思考。这是因为我们在直觉上知道数字中不同的位数或位置上的值，比它右边位数上的数字大 10 倍，当你数过某位数的最大值时，你会在更高的位置上增加一，然后重置数字为零。然而，尽管我们在增加数字时使用 10 的倍数，但对于 10 这个数字本身，并没有任何固有的特殊意义，与每个位置代表它相邻位数的 8 倍的系统相比，它并没有更自然或更真实。如果我们生来每只手就有 4 根手指，有可能我们就会使用别的数字系统了。

在一个指定的数字系统中，连续相邻高位数之间使用的乘数称为**基数(base)**。我们使用一个 10 基数的数字系统(**十进制，decimal**)，而我们只有 4 根手指的朋友则使用 8 基数的系统(**八进制，octal**)。在一个八进制计数系统中，不存在数字 8 和 9。计数以 6、7、10、11 的形式递增，而 10(称为一零，不称为十)相当于 8 的进位。你感到迷惑了吗？可能会有点儿。但是尽管如此，非十进制系统非常有用，尤其是在编程中。

有一个十分常用的数字系统以 2 为基础(**二进制，binary**)。这是因为对于计算机或线路来说，表达 `0`(关闭)和 `1`(打开)是非常容易的，在电子记忆体和计算操作中都是如此。此附录末尾处的表格展示了二进制的数字序列。一个特定位数上只能有 0 或 1，所以如果你把 `1` 加到 `1` 上，这样数位就满了，然后不得不进位到下一个数位来存储，也就是二进制数 `10`，相当于十进制的 `2`。把 `1` 加到 `11` 会再进一位，得到 `100`，这是二进制里对于十进制 4 的表达。

正如你看到的这样，二进制数能快速涨到很大的位数(叫做**比特，bit**)，但是确定二进制数，比如 `1110` 的十进制值并没有看似那么难。你使用的基本方法和十进制是一样的，尽管在以 10 为基础时，你可能察觉不到在使用它。为了得到十进制数，比如 254 的值，你把数位所代表的值与此数位上的值相乘，再把它们相加：$2\times100+5\times10+4\times1=254$。正如十进制数字的数位代表增加 10 的幂次(1、10、100、1000)，二进制数的数位代表增加二的幂次——每个数位是它旁边数的翻倍所得(1、2、4、8、16、32)。所以二进制 `1110` 的十进制值是 $8+4+2+0=14$。

二进制编码和 chmod　想象你想描述房间里三个开关的状态，每个开关要么开要么关，所以通过使用三个二进制数位，你就可以快速表示任何情况——比如说，当只打开 2(`010`)，或只将 3 关闭(`110`)。现在，怎样快速告诉你精通计算机的朋友开关的状态？你可以只给他们二进制数位的十进制表达。第一种情况是 2，第二种是 6，

并且所有值都可以用 0 到 7 之间的数字表示。

计算机使用相似的编码表示一段二进制数。例如，在第 6 章中，shell 命令的输出是 `ls -l`，这表示了读、写和执行文件的权限。如果你把这些权限想象成你的三盏灯的开关，你就可以用一个十进制数表示每一种组合。读写权限打开，但执行权限关闭，就是二进制数 `110` 或十进制数 6，如果只有读权限打开就是 `100` 或十进制 7。你以 `chmod u+x` 的形式使用的 `chmod` 命令，事实上把这些十进制数接受为输入。要知道你有三组 `rwx` 权限可以设置：第一组是对用户的(也就是你)，下一个是对组，最后是对其他人。这三组权限可以一起表示为三个数。对于文件 `data.txt` 来说，若要给你自己读和写的权限(6)，但是其他人只有读的权限(4)，你就要用命令 `chomd 644 data.txt`。若要使你自己和其他人能执行脚本 `myscript.py`，但只允许你自己能写文件，你就要用命令 `chmod 755 myscript.py`。参数 `u+x` 能改变一个元素，而这个语法能使你一次性设置 9 个比特的信息。

计算机指定特定数量的二进制数位来存储信息。这些通常是连续的二的幂次，以 8 个比特(称为一个字节)开始，然后是 16、32 或 64 比特。因此，在编程内容里一定的数字会反复重复出现。如果一个项目以 8 比特(一个字节)表示，它就能表示从 0～255(二进制 `11111111`)的值。如果你在这个值上加一，它就会回到零。你可以看见最多有 255 个值可以编码字符(见此附录“ASCII 码和 Unicode”字符部分)，它用来编码图像的颜色(见此附录“图像和颜色”部分)。整数值通常分配了 16 比特，所以它们可以包括从 0 到 65535 的编码范围(或加或减去它的一半，最高到 32767)。如果一个文件占据 2K 内存，也就是说它使用 2000 字节的信息(通常情况下，事实上是 2048 字节)，或者等价于 16 000 个开/关值。由于 8 比特编码的值需要如此频繁地使用增量，因此另一个计数系统叫做十六进制(hexadecimal)，用来编码它们，方便直接操作。

十 六 进 制

计数系统不仅限于使用少于 10 的数字，也可以用更高的数字。在二进制后，以 16 为基数(**十六进制，hexadecimal**，或 hex)是下一个在编程中使用最频繁的数字系统。这个系统使用字母 `A～F` 代表十进制数 10～15，这就像在一副牌中，Jack、Queen、King 能代表值 11、12、13 一样。以十六进制计数的话，你要以 `1`、`2`、`3`、`4`、`5`、`6`、`7`、`8`、`9`、`A`、`B`、`C`、`D`、`E`、`F`、`10` 的方式，这里十六进制 `10` 表示十进制 16 的值。在十六进制系统中，你会得到数字 `11`，再到 `1A`、`A1` 和 `FF`。为了说明使用了哪一个数字系统，十六进制的数前通常会加一个 `0x`(也就是说，0 和一个 `x` 表示十六进制)，所以 `0x10` 是十进制 16。十六进制对一位数值通常会再加一个零，比如 `0x0A` 就是十六进制 `A`。十六进制数位的值可以用你在二进制中使用的同样方法来确定：把位置和它的值相乘再把所有都加起来，例如，`0x10` 是 1×16，`0x1A` 是 16＋10，`0xF1` 是 15×16＋1＝241。

那么为什么要以 16 为基数呢？是因为它能用一个高效且易读的形式来编码二进制信息。二进制里 4 位数的最大值 `0x0F`，而一字节的 8 比特恰好对应于两个十六进制数位。所以十进制 255 = 二进制 `11111111` = `0xFF`。这种一对二的字节与十六进制的关联模式是使它们如此好用的部分原因：不像十进制值，位置与二进制的增量不能同步，一个十六进制数位恰好对应 4 比特，如图 A6.1 所示。这就意味着它们可以分别被解析，也可以再联系起来，并保持着正确的值。

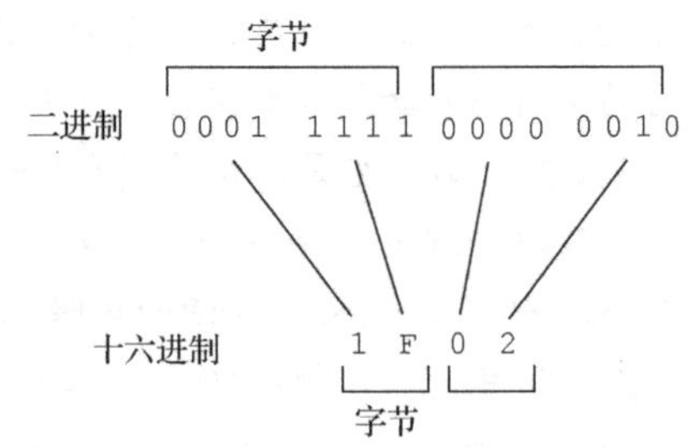

图 A6.1　十六进制和二进制数字节间的关联。

ASCII 码和 Unicode 字符

当计算机显示文本时，需要一些独特的编码来把字符储存在内存里，这样其他软件也能理解这数字化的表达。对于这些字符，最古老和使用最广泛的编码是 ASCII 码。这种编码用 7 个比特的内存存储每个字符，所以在 ASCII 系统里有 128 个(包括 0)可能的字符(字符通常在内存里以字节的形式储存，每字节最左边的数位是 0)。在 ASCII 码中可编码的字符包括大写和小写字母、数字、标点、制表符、空格、行结束符、退出键、ctrl+C，甚至还有提示音[1]。ACSII 码编码的字符和它们对应的数值也在此附录末以表格的形式呈现出来了。

你可以用 ASCII 的十进制数值和 Python 的 `chr()`功能，在第 9 章和附录 5 中遍历字母表的前几个字母。除了程序，另一个经常看到 ASCII 值的地方是网址和网页源代码。网址不能准确表达特定字符，所以这些字符通常都被一个百分号后接 ASCII 十六进制码代替。例如，空格的 ASCII 码是十进制 32(在十六进制中是 20)。如果在网址中出现了一个空格(实际中是要避免的)，链接就会插入`%20` 来替代。你会在第 6 章使用 `curl` 和 CrossRef 数据库时用到此替换。其他常见的替换值有`%2F`(斜杠)、`%3F`(问号)和`%3D`(等号)。你可以在 ASCII 表中找到这些值，许多文本编辑器能够让你为网页编码标志。

字母表中只有 26 个字母，所以 ASCII 系统的 128 个值应该能包含所有字符，是吗？并非如此。其他的字母表，甚至是常见的英语用法，可能需要更多的字符和符号——甚至连花括号都没有包含在基础 ASCII 字符集中。这就引发了其他标准的发展，包括 Unicode 的 UTF-8 和 UTF-16，它们收集了更多比特来编码成百上千的字符。UTF-8 使用 1～4 字节来编码字符，字符长度取决于字符集。前 128 个值与 ASCII 字符集编码相同的符号(所幸是相同的)。UTF-8 用了 2 字节存储 2000 个额外的符号和标点。这些附加字符

1 在终端窗口输入 `echo` ctrl+G 或只输入 ctrl+G，或在一些编程环境里输入 ASCII 值 07 可以实现。

包括一些常见的重要标点符号和重要字符(é、ü、Ø、å、°、""、∫、ß、Σ、π)，这些都可能会出现在你的数据集中。

如果不能支持 Unicode 编码，就会阻止网页正确解释许多非英文字母，并且操作与本书某些相关部分的时候，这也可能会使你的程序毫无预兆地无法运行。特别的，像 tr 的 shell 程序不能处理非 ASCII 字符的，因此你可能需要在运行 bash 脚本前清理你的数据集。为了在你的 Python 程序里添加对 UTF-8 的支持，你可以一开始在组织行下添加一行命令：

```
#! /usr/bin/env python
# encoding: utf-8    ←区分大小写
```

现在你的程序能够从扩展的字符集中读取和输出了。Python 的函数 unichr()能够和 chr()把值转换为ASCII码一样，把值转换为Unicode字符。一个名为 asciihexbin.py 的示例脚本对如何生成一个像此附录中的表格给出了一个简要的示范。

图像和色彩

你会发现自己需要使用十六进制语言的另一种情形是当你处理图像的时候。对于许多图像格式，每个像素都用从 0～255 的值来编码。在一个灰度图中会有这样的一个值，()表示全黑，255 表示全白。在一个 8 比特的 RGB 图像中，红、绿、蓝的值会分别存储在一个字节中。第四字节通常指该像素的透明度(如果你对每种颜色设定为 16 字节，不会使它们的颜色更淡，而是在黑色和纯色中增加了更多的颜色等级，也就是增加了动态范围)。对每种颜色使用一个二位的十六进制数，总共有三对，来代表描述每个像素颜色的三字节是很方便的。当输出的时候，这些值就会联结起来，这样一来第一对编码红色，第二对绿色，第三对蓝色。值 FF0000 表示完全饱和的红色，而 000088 是深蓝色，FF9900 是暗橘色(红和绿可混合为黄色的阴影)。

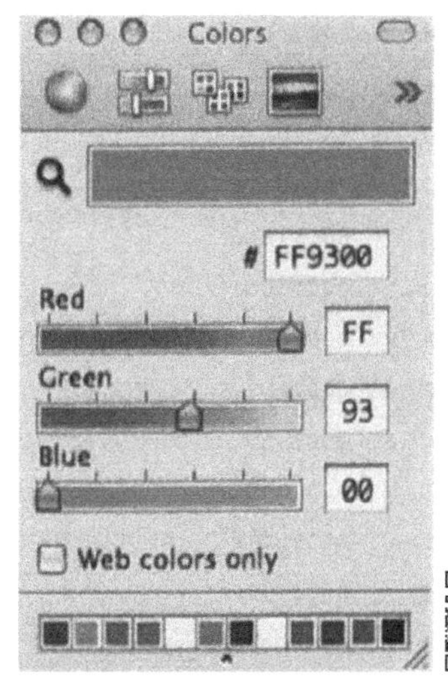

图 A6.2　一个图像编辑程序中典型的颜色选取器，通过十六进制数显示颜色。(彩图请扫二维码)

这些颜色参数在创建网站内容时会被用到，在设计网站的样式表中包含这一内容。在这块内容中，参数前通常有一个数字符号，比如 color="#A788D2"。你可以在大多数图像程序、网页和样式表编辑器中通过颜色采取器来处理这些参数(图 A6.2)。许多编程语言和分析工具也常用 6 个十六进制数描述 RGB 颜色。在一些语言中，还会再加 2 个数位(也就是总共 8 个数位)来确定透明度。例如，红色部分，FF 在这个位置意味着完全不透明，00 是完全透明，80 是 50%透明。

十进制、十六进制、二进制和 ASCII 码

十进制	十六进制	二进制	ASCII 字符或按键
0	0X0	00000000	^@ - Null character
1	0X1	00000001	^A
2	0X2	00000010	^B
3	0X3	00000011	^C - Interrupt
4	0X4	00000100	^D
5	0X5	00000101	^E
6	0X6	00000110	^F
7	0X7	00000111	^G - BELL
8	0X8	00001000	^H - backspace
9	0X9	00001001	^I - tab
10	0XAP	00001010	^J -Line Feed
11	0XB	00001011	
12	0XC	00001100	
13	0XD	00001101	^M - Carriage Return
14	0XE	00001110	
15	0XF	00001111	
16	0X10	00010000	
17	0X11	00010001	
18	0X12	00010010	
19	0X13	00010011	
20	0X14	00010100	
21	0X15	00010101	
22	0X16	00010110	
23	0X17	00010111	
24	0X18	00011000	
25	0X19	00011001	
26	0X1A	00011010	
27	0X1B	00011011	^[ESCape
28	0X1C	00011100	
29	0X1D	00011101	
30	0X1E	00011110	
31	0X1F	00011111	
32	0X20	00100000	space
33	0X21	00100001	!
34	0X22	00100010	"
35	0X23	00100011	#
36	0X24	00100100	$
37	0X25	00100101	%
38	0X26	00100110	&
39	0X27	00100111	'
40	0X28	00101000	(
41	0X29	00101001	)
42	0X2A	00101010	*
43	0X2B	00101011	+
44	0X2C	00101100	,
45	0X2D	00101101	-
46	0X2E	00101110	.
47	0X2F	00101111	/
48	0X30	00110000	0
49	0X31	00110001	1
50	0X32	00110010	2
51	0X33	00110011	3
52	0X34	00110100	4
53	0X35	00110101	5
54	0X36	00110110	6
55	0X37	00110111	7
56	0X38	00111000	8
57	0X39	00111001	9
58	0X3A	00111010	:
59	0X3B	00111011	;
60	0X3C	00111100	<
61	0X3D	00111101	=
62	0X3E	00111110	>
63	0X3F	00111111	?
64	0X40	01000000	@
65	0X41	01000001	A
66	0X42	01000010	B
67	0X43	01000011	C
68	0X44	01000100	D
69	0X45	01000101	E
70	0X46	01000110	F
71	0X47	01000111	G
72	0X48	01001000	H
73	0X49	01001001	I

十进制	十六进制	二进制	ASCII 字符或按键
74	0X4A	01001010	J
75	0X4B	01001011	K
76	0X4C	01001100	L
77	0X4D	01001101	M
78	0X4E	01001110	N
79	0X4F	01001111	O
80	0X50	01010000	P
81	0X51	01010001	Q
82	0X52	01010010	R
83	0X53	01010011	S
84	0X54	01010100	T
85	0X55	01010101	U
86	0X56	01010110	V
87	0X57	01010111	W
88	0X58	01011000	X
89	0X59	01011001	Y
90	0X5A	01011010	Z
91	0X5B	01011011	[
92	0X5C	01011100	\
93	0X5D	01011101	]
94	0X5E	01011110	^
95	0X5F	01011111	_
96	0X60	01100000	`
97	0X61	01100001	a
98	0X62	01100010	b
99	0X63	01100011	c
100	0X64	01100100	d
101	0X65	01100101	e
102	0X66	01100110	f
103	0X67	01100111	g
104	0X68	01101000	h
105	0X69	01101001	i
106	0X6A	01101010	j
107	0X6B	01101011	k
108	0X6C	01101100	l
109	0X6D	01101101	m
110	0X6E	01101110	n
111	0X6F	01101111	o
112	0X70	01110000	p
113	0X71	01110001	q
114	0X72	01110010	r

十进制	十六进制	二进制	ASCII 字符或按键
115	0X73	01110011	s
116	0X74	01110100	t
117	0X75	01110101	u
118	0X76	01110110	v
119	0X77	01110111	w
120	0X78	01111000	x
121	0X79	01111001	y
122	0X7A	01111010	z
123	0X7B	01111011	{
124	0X7C	01111100	|
125	0X7D	01111101	}
126	0X7E	01111110	~
127	0X7F	01111111	
128	0X80	10000000	
129	0X81	10000001	
130	0X82	10000010	
131	0X83	10000011	
132	0X84	10000100	
133	0X85	10000101	
134	0X86	10000110	
135	0X87	10000111	
136	0X88	10001000	
137	0X89	10001001	
138	0X8A	10001010	
139	0X8B	10001011	
140	0X8C	10001100	
141	0X8D	10001101	
142	0X8E	10001110	
143	0X8F	10001111	
144	0X90	10010000	
145	0X91	10010001	
146	0X92	10010010	
147	0X93	10010011	
148	0X94	10010100	
149	0X95	10010101	
150	0X96	10010110	
151	0X97	10010111	
152	0X98	10011000	
153	0X99	10011001	
154	0X9A	10011010	
155	0X9B	10011011	

十进制	十六进制	二进制	ASCII 字符或按键
156	0X9C	10011100	
157	0X9D	10011101	
158	0X9E	10011110	
159	0X9F	10011111	
160	0XA0	10100000	
161	0XA1	10100001	¡
162	0XA2	10100010	¢
163	0XA3	10100011	£
164	0XA4	10100100	¤
165	0XA5	10100101	¥
166	0XA6	10100110	¦
167	0XA7	10100111	§
168	0XA8	10101000	¨
169	0XA9	10101001	©
170	0XAA	10101010	ª
171	0XAB	10101011	«
172	0XAC	10101100	¬
173	0XAD	10101101	¯
174	0XAE	10101110	®
175	0XAF	10101111	¯
176	0XB0	10110000	°
177	0XB1	10110001	±
178	0XB2	10110010	²
179	0XB3	10110011	³
180	0XB4	10110100	´
181	0XB5	10110101	µ
182	0XB6	10110110	¶
183	0XB7	10110111	·
184	0XB8	10111000	¸
185	0XB9	10111001	¹
186	0XBA	10111010	º
187	0XBB	10111011	»
188	0XBC	10111100	¼
189	0XBD	10111101	½
190	0XBE	10111110	¾
191	0XBF	10111111	¿
192	0XC0	11000000	À
193	0XC1	11000001	Á
194	0XC2	11000010	Â
195	0XC3	11000011	Ã
196	0XC4	11000100	Ä
197	0XC5	11000101	Å
198	0XC6	11000110	Æ
199	0XC7	11000111	Ç
200	0XC8	11001000	È
201	0XC9	11001001	É
202	0XCA	11001010	Ê
203	0XCB	11001011	Ë
204	0XCC	11001100	Ì
205	0XCD	11001101	Í
206	0XCE	11001110	Î
207	0XCF	11001111	Ï
208	0XD0	11010000	Ð
209	0XD1	11010001	Ñ
210	0XD2	11010010	Ò
211	0XD3	11010011	Ó
212	0XD4	11010100	Ô
213	0XD5	11010101	Õ
214	0XD6	11010110	Ö
215	0XD7	11010111	×
216	0XD8	11011000	Ø
217	0XD9	11011001	Ù
218	0XDA	11011010	Ú
219	0XDB	11011011	Û
220	0XDC	11011100	Ü
221	0XDD	11011101	Ý
222	0XDE	11011110	Þ
223	0XDF	11011111	ß
224	0XE0	11100000	à
225	0XE1	11100001	á
226	0XE2	11100010	â
227	0XE3	11100011	ã
228	0XE4	11100100	ä
229	0XE5	11100101	å
230	0XE6	11100110	æ
231	0XE7	11100111	ç
232	0XE8	11101000	è
233	0XE9	11101001	é
234	0XEA	11101010	ê
235	0XEB	11101011	ë
236	0XEC	11101100	ì
237	0XED	11101101	í

十进制	十六进制	二进制	ASCII 字符或按键
238	0XEE	11101110	î
239	0XEF	11101111	ï
240	0XF0	11110000	ð
241	0XF1	11110001	ñ
242	0XF2	11110010	ò
243	0XF3	11110011	ó
244	0XF4	11110100	ô
245	0XF5	11110101	õ
246	0XF6	11110110	ö
247	0XF7	11110111	÷
248	0XF8	11111000	ø
249	0XF9	11111001	ù
250	0XFA	11111010	ú
251	0XFB	11111011	û
252	0XFC	11111100	ü
253	0XFD	11111101	ý
254	0XFE	11111110	þ
255	0XFF	11111111	ÿ

附录 7　SQL 命令

SQL 是 Structured Query Language 的缩写，像第 15 章中讨论的那样，是用来与相关数据库交互的语言。尽管我们的示例都是用 MySQL，但学习 SQL 的基础知识可以帮你处理几乎任何类型的数据库系统。MySQL 有很棒的网上参考、教程和示例。有许多信息可以在网站 dev.mysql.com/doc/refman/5.1/en/找到。

在第 15 章中介绍了如何安装 MySQL。下列表格中的命令都可以输入 mysql>命令提示符后运行，请先运行如下命令，来启动 mysql>命令提示符：

安装和运行指导见附录 1

```
mysql -u root
```

如果你对根账号设置了密码，那么请在上述命令结尾处添加-p。除了 root 用账户以外，如果你配置了其他用户，也可以用其他用户身份登录。

数据库被整理存储在包含许多字段(相当于列)的各种表里，这样各种键值的相关信息就被整理存储在行里。

在 MySQL 命令提示符下操作

目的	示例

运行命令
命令可以跨越多行，只有当以分号结尾时，才会当作一条命令来运行。缩进方式和大小写只是为了提高可读性，对运行不会产生影响。
	`SELECT genus FROM specimens`
	`  WHERE vehicle LIKE 'Tib%'`
	`  AND depth > 100`
	`;`

中断一个命令或者取消键入一半的命令。 不要用 ctrl+C，因为这会终止你所有的 mysql 会话	\c return
退出 MySQL	EXIT; \q return
寻求常见帮助，可以针对一条命令或话题寻求帮助	HELP HELP SELECT HELP LOAD DATA

可选的 MySQL 数据类型

数据类型	描述
INTRGER	整数型，也简写为 INT
FLOAT	浮点数，包括科学符号
DATE	'YYYY-MM-DD'格式的日期
DATETIME	'YYYY-MM-DD HH:MM:SS'格式的日期和时间
TEXT	一个字符串最多容纳 65 535 个字符
TINYTEXT	一个微字符串最多容纳 255 个字符
BLOB	二进制对象，包括图片或其他非文本数据

创建数据库和表	
创建一个新的空数据库	`CREATE DATABASE databasename;`
选择一个数据库作为随后命令的目标	`USE databasename;`
创建一个新表，包含对字段的定义	`CREATE TABLE tablename` `(fieldname1 TYPE, fieldname2 TYPE2);`

创建一个带有自动增加主键值的新表，然后定义其他列	`CREATE TABLE tablename`
	`(primarykeyname INTEGER`
	`NOT NULL AUTO_INCREMENT`
	`PRIMARY KEY,`
	`nextfield TYPE, anotherfield TYPE );`

将数据添加进表的字段里	
输入格式与之前定义的列完全一致的文本数据	`LOAD DATA LOCAL INFILE` `'path/to/infile';`
为表中已定义的字段依照顺序添加一行值	`INSERT INTO tablename VALUES` `(1, "Beroe", 5.2, "1865-12-18");`
将值以另一个标准重新定义	`UPDATE tablename SET values = x` `WHERE othervalues = y;`

数据库和表的信息	
列出数据库或表的名称	`SHOW DATABASES;` `SHOW TABLES;`
显示表中字段的名称、类型和其他信息	`DESCRIBE tablename;`
显示表中的条目总数	`SELECT COUNT(*) FROM tablename;`

用 SELECT 命令从表中提取数据	
列出表中的所有行和列。可以末尾用 where 语句限定检索的行	`SELECT * FROM tablename;`
显示表中指定列的值	`SELECT vehicle,date` `FROM specimens;`
显示某列中独特不重复的值	`SELECT DISTINCT vehicle` `FROM specimens;`
显示某表中值的总计数	`SELECT COUNT(*)` `FROM specimens;`

显示某字段值的总计数，并以此字段独有的值聚类。类似于 SELECT DISTINCT，但带有总计数	`SELECT vehicle,COUNT(*)`
	`FROM specimens`
	`GROUP BY vehicle;`

用 WHERE 命令限定 哪些行被检索	

WHERE 对 SELECT 命令检索的记录(行)进行限定。限定标准包括与数字或字符串比较大小或是否相等。!=是不等的意思	`SELECT vehicle FROM specimens`
	`WHERE depth > 500`
	`AND dive < 600;`

若要寻找相似的匹配，可用%作为通配符代表任意字符	`WHERE vehicle LIKE "Tib%"`

用正则表达式寻找匹配记录。除了行首和行尾之外，不是所有的通配符都能被支持。. [] +是支持的	`WHERE field REGEXP query`
	`WHERE vehicle REGEXP "^T"`
	`WHERE species REGEXP "galma$"`

将标准与逻辑运算符结合起来
用圆括号对记录分组
	`SELECT vehicle from specimens`
	`WHERE (vehicle LIKE "Ven%")`
	`OR (vehicle LIKE "JSL%");`

数字与统计操作符	
基本的数学运算符	+,-,*,/
基本比较	<,>,=,!=
平均值	AVG()
计数	COUNT()
最大值	MAX()
最小值	MIN()
标准差	STD()
求和	SUM()

删除记录和表格	
从表中清除所有记录	DELETE FROM *tablename*;
清除所有符合 WHERE 标准的记录	DELETE FROM *tablename* WHERE vehicle LIKE "Tib%";
删除整个表格。小心使用。无法撤销	DROP *tablename*;

保存文件	
将一个查询结果存储到制表符分割的文件中	SELECT * FROM midwater INTO OUTFILE '/export.txt' FIELDS TERMINATED BY '\t' LINES TERMINATED BY '\n' ;
将整个数据库输出到一个存档里。这条命令是在 shell 命令行界面运行的，而不是 mysql 命令行。在结果文件中有创建原数据库表的全部命令	mysqldump -u root *databasename* > datafile.sql
一次全部读取已经创建数据库 读取一个 SQL 命令文件 这条命令也在 bash 命令行界面运行，并且目标数据库必须已经存在	mysql -u root *targetdb* < mw.sql

用户管理[a]	
为当前用户设置密码(从 mysql 命令行)。记得要用等号	SET PASSWORD = PASSWORD('mypass'); SET PASSWORD FOR 'python_user'@'localhost' = PASSWORD('newpass') OLD_PASSWORD('oldpass');
添加一个限定地址的新用户，用之前设置的密码能够连接到该地址	CREATE USER 'newuser'@'localhost' IDENTIFIED BY 'newpassword';
指定用户权限。功能、数据库和表，用户和持有者都能被指定权限。主 IP 域中使用%作为通配符	GRANT SELECT, INSERT, UPDATE, CREATE, DELETE ON midwater.* TO 'newuser'@'localhost';
用密码登录(从 shell 命令行)	mysql -u newuser -p

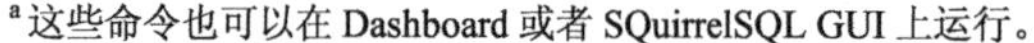

[a] 这些命令也可以在 Dashboard 或者 SQuirrelSQL GUI 上运行。